冷冻干燥工艺学

李玉岭　李　燕　编著

河北科学技术出版社

·石家庄·

图书在版编目（CIP）数据

　　冷冻干燥工艺学 / 李玉岭, 李燕编著. -- 石家庄：
河北科学技术出版社, 2023.10
　　ISBN 978-7-5717-1821-3

　　Ⅰ.①冷… Ⅱ.①李… ②李… Ⅲ.①真空干燥－工
艺学 Ⅳ.①TB45

　　中国国家版本馆CIP数据核字(2023)第211509号

冷冻干燥工艺学

LENGDONG GANZAO GONGYIXUE

李玉岭 李 燕 编著

责任编辑：张　健
责任校对：胡占杰
美术编辑：张　帆
封面设计：史　铮
出　　版：河北科学技术出版社
地　　址：石家庄友谊北大街 330 号（邮政编码：050061）
印　　刷：三河市嵩川印刷有限公司
经　　销：新华书店
开　　本：710mm×1000mm 1/16
印　　张：23.5
字　　数：421千字
版　　次：2023 年 10 月第 1 版　2024 年 1 月第 1 次印刷
书　　号：978-7-5717-1821-3
定　　价：88.00 元

编委会

主　编

李玉岭　山东大树达孚特膳食品有限公司

李　燕　大连理工大学

副主编

王永华　西北大学

马　燕　菏泽市食品药品检验检测研究院

陆世海　山东大树达孚特膳食品有限公司

李树瑞　山东大树达孚特膳食品有限公司

编　委

薛　冰　苏菏本源（苏州）健康科技有限公司

艾庆蕊　山东康爱制药有限公司

张大虎　山东大树达孚特膳食品有限公司

赵贵红　菏泽学院

相光明　山东省食品药品检验研究院

王春晓　山东省食品药品检验研究院

杨　凯　聊城市检验检测中心

于伟东　山东大树达孚特膳食品有限公司

张东立　山东大树达孚特膳食品有限公司

徐　飞　山东大树达孚特膳食品有限公司

张　乾　菏泽市食品药品检验检测研究院

李建平　菏泽市现代医药港管理服务中心

丁喜玲　菏泽市现代医药港管理服务中心

王　波　菏泽学院

刘　建　菏泽学院

宋慧波　菏泽学院

陈凤真　菏泽学院

侯少阳　菏泽学院

郑　伟　菏泽学院

戈超超　菏泽学院

王　冰　菏泽学院

曹春泉　菏泽学院

宋宪博　菏泽学院

戚聿伟　山东大树达孚特膳食品有限公司

张瑞红　山东大树达孚特膳食品有限公司

刘艳飞　山东大树达孚特膳食品有限公司

石亚新　山东大树达孚特膳食品有限公司

袁守彦　山东大树达孚特膳食品有限公司

张丽媛　菏泽市立医院

刘维豪　山东大树达孚特膳食品有限公司

王岱杰　山东省科学院菏泽分院

直国富　上海翡诺医药设备有限公司

陆　超　上海翡诺医药设备有限公司

朱险峰　山东省菏泽市曹县市场监督管理局

序　言

　　真空冷冻干燥技术（简称"冻干技术"）是在真空低温环境下，研究被冻干物料内外传热传质过程、特点和规律的科学。这是一门跨学科的综合技术，它的发展需要真空、制冷、加热、自动控制等各项技术的支持。自诞生以来，真空冷冻干燥技术在生物工程、医药工业、材料加工、电子信息、食品与农副产品深加工等领域有着广泛的应用且承担重要角色，其规模和领域随着工业化进程的推进还在不断扩大当中，故冻干技术被誉为21世纪最重要的应用技术之一。冻干技术结合了冷冻和干燥的优点，生产出了拥有众多优点的产品，覆盖领域从生物制品、药品发展到食品行业。

　　当前冷冻干燥相关研究论文已经出现在众多领域学术期刊中，并且数量呈逐年上升趋势，但是目前十分缺乏学科相关的系统而全面的综合性书籍，本书的出版目的是为该学科的建设与推广添砖加瓦，为读者呈现和提供冻干技术国内外最新研究进展。本书共7章，第一章重点介绍了与冷冻干燥相关的原理、发展历史、过程详述、分类、放大问题等。第二章对冷冻干燥整体过程中所涉及的工艺、设备、一系列重要系统控制等进行了详细阐述。第三、四、五章则主要聚焦于国内外冷冻干燥实际应用。其中第三章汇总了冻干技术在食品领域所做出的贡献以及相关研究，对不同种类食物的冷冻干燥进行了详细介绍，并对过程中的工艺优化及发展前景等问题进行了分析。第四章主要介绍了冻干技术在中药以及西药两个领域所取得的成就，并且列举了大量相关研究与实例。而第五章对细菌、酵母等微生物，抗生素、蛋白质、酶等生物质，人体细胞与组织等其他领域的冷冻干燥发展与应用分别进行了研究与归纳。在冻干过程中所需的保护剂、添加剂与常用辅料我们在第六章进行了展开讨论。在第七章则是针对冻干技术存在的问题提供了解决措施与方法并进行了展望。

　　本书的出版得到了大树集团公司的大力支持。大树集团在现有产业发展基础上，以大树1000亩健康食品产业园为核心，辐射周边4平方千米，打造鲁苏豫皖四省交界处最大的健康食品产业园区，立项实施了国内最大的冻干健康食品项目。集团下属企业承担了多项药＋食省重大科技专项，其中包括特色中药提取和现代制剂关键技术研究与示范（项目编号：2021SFGC1202）、药食同源特色产品创新研发与应用示范（项目编号：2021SFGC1205）、基于临床大数据和多维组学的药食同源组方及产品转化（项目编号：2021CXGC010509）等，项目中关于冻干技术的相关研究已形成多项技术成果。最终，主编李玉岭根据企业与产业技术发展的需要，组织公司技术骨干，并联合业内多位专家学者，尤其是西北大学王永华教授和大连理工大学李燕副教授主持编撰了本书。除编委会成员外，两位教授所在的课题组成员，包括张鲁霞、孙颖、姚文博、史宇杰、潘维利、于文艺、葛健、刘永炜都对此书的出版做出了贡献。本书的作者付出了辛勤的劳动，以广泛汇总与整理国内外最新相关文献与资料，但限于著者研究水平，若书中有疏漏及错误，还请各位专家学者不吝与我们联系，提出任何宝贵意见与建议。

作　者

2022 年 10 月

目　录

第一章　绪论

第一节　冷冻干燥概述

水是生命所必需的，它提供了支持细胞进行正常生化活动的良好环境，使新陈代谢得以继续和维持所有的生命过程。很简单，在没有水的情况下，会导致活细胞死亡或休眠，或抑制细胞提取物的生化活性。水也在储存物质的降解中起着重要作用，它提供了增强自溶或促进腐败生物生长的条件[1]。

为了稳定不稳定的产品，有必要固定或减少储存样品的含水量。疫苗、其他生物材料和微生物可以通过冷冻来稳定其状态。然而，保持和运输冷冻状态下的样品是昂贵的，而冷冻分解可能导致有价值产品的完全损失[2]。另外，生物制品可以在空气中使用高温进行干燥。传统干燥通常由于高溶质浓度或热失活而导致产品的物理和化学性质的显著变化，并且更适合于脱水低成本的产品，如食品。冻干结合了冷冻和干燥的优点，提供了一种干燥、有活性，货架期长，且易于溶解的产品[3]。

真空冷冻干燥（Vacuum Freeze-drying）也称冷冻干燥（Freeze-drying），简称冻干（FD），它可以将物料冻结到共晶点温度以下，使物料中的水分变成固态的冰[4]，然后在较高真空环境下，通过外加给热给物料加热，可以将冰直接升华成水蒸气，随后再用真空系统中的水汽凝结器将水蒸气冷凝，最后获得干燥制品[5]。真空冷冻干燥技术（简称冻干技术）是在真空低温环境下，研究被冻干物料内外传热传质过程、特点和规律的科学。这是一门跨学科的综合技术，它的发展需要真空、制冷、加热、自动控制等各项技术的支持[6]。人们用了几种不同的定义来描述冻干。从操作上来说，可以将冷冻干燥定义为一种可以控制的真空脱水不稳定产品的方法。早期对冻干的描述表明，冰只能通过升华来去除，并将这一步骤定义为初级干燥，循环的延长是通过二次干燥或解吸来实现的。

冷冻干燥通常被认为是一种温和的干燥材料的方法，但实际上是一个潜在的破坏过程，每个过程阶段应该被视为一系列相互关联的，每个阶段都有可能损害敏感的生物产品。在过程中的一个步骤中持续的损害可能会在过程链的后续阶段中加剧，甚至过程中例如容器变化等明显的微小变化都有可能将一个成功的过程转变为一个不可接受的过程[1]。冷冻干燥不会逆转配方之前的损伤，在选择适当的细胞类型或技术用于培养或纯化细胞或其提取物之前，必须小心谨慎。21世纪，冻干已成为一个不断发展壮大的重要课题。可以说冻干是现在许多行业中日益重要的工具，尽管是一项高度复杂的技术，但仍远未成熟，值得进行大量的基础和应用研究，这给设备制造商带来了不断的挑战，它们必须提供能够以可复制和可靠的方式处理大量高治疗价值和材料价值的仪器[7]。

一、冷冻干燥的原理

冷冻干燥的主要原理是一种称为升华的现象，当一个分子获得足够的能量从周围的分子中挣脱出来时，就会发生升华。对于水来说，即水直接从固态（冰）进入蒸汽状态，而不经过液态。

水有3种聚合态（又称相态），即固态、液态和气态，这3种相态之间达到平衡时必有一定的条件，这种条件称为相平衡关系[8]。平衡关系是研究和分析含水物料冻结干燥原理的基础。图1-1所示为水的三相平衡图。图中 OS 线为固相与气相的分界线，称作升华线；OK 线为液相与气相的分界线，称作汽化线；OL 线为固相与液相的分界线，称作融化线。O 点为三相点。根据压力减小，沸点下降的原理，只要压力 P 位于三相点之下，物料中的水分可以从固相冰不经液相而直接升华为水汽[8-9]，这就是真空冷冻干燥原理的物理学基础。水的三相点（气、液、固三相共存）温度为0.0098℃，压力为610.33Pa，在低于三相点的固、气两相平衡线上，若给以足够的热量（升华潜热），固态的冰可以直接升华为气态的水蒸气逸出，而不经过转化为液态水的过程[10]。

由此可知，先将物料冻结到共晶点温度以下，将物料中的水分先冻结成冰，将经过前处理的预冻物料装入干燥仓内，然后将其置于三相点以下的低温、低压条件下，由加热板导热或辐射方式供给以必需的升华热，物料中的水分将由冰直接转化为水汽。干燥仓前沿和冷凝器之间的水汽浓度梯度是冻干过程中去除水分的驱动力。不断升华出的水蒸气，由真空泵组抽至捕水仓内，在 -40 ~ -45℃的排管外壁上凝结被捕，直至按冻干曲线达到规定的要求而停止供热和抽真空，最终得到残余水量为1% ~ 4%左右的干制品，完成物料冻干全过程[7, 10-11]。

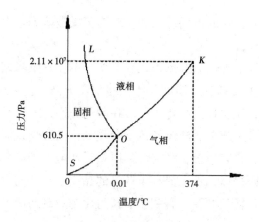

图1-1　水的相平衡图

二、冷冻干燥的特点

近十余年来，真空冷冻干燥技术在我国发展非常迅速，冻干产品由生物制品工业至药品再发展到食品行业。冻干设备从大批引进到国产化，再到部分出口，这是一个很大的飞跃和跨越，也是改革开放带来的巨大成果。真空冷冻干燥机具有真空和低温两个特殊的优良条件，其应用范围越来越广泛。事实上，冷冻干燥与其他干燥方法相比拥有很多特点，这其中就包括[12]：

冷冻干燥是在低温下进行的，且处于高真空状态下细菌不滋生，它能排除95%以上的水分，这种环境下微生物的生长和酶的作用都会受到抑制，可以保证食品不变质且长期保存，不被氧化的同时营养损失特别少。其可以有效保存干燥物料的各级营养成分，例如对维生素C的保存率能达到90%以上。在真空环境下氧气十分少，如油脂类等易氧化的物质可得到有效保护。冻干能最大限度地保持产品原有的色、香、味，如蔬菜的天然色素保持不变，各种芳香物质的损失可减少到最低限度。冷冻干燥还可以适用于热敏性高和极易氧化的食品的干燥，使其不致变性或失去活力，物质中挥发性成分损失少，如生物制品及药品的生产、食品冻干脱水、人体组织器官贮藏以及超导材料粉末的制备等[9, 11, 13]。

在干燥过程中可以避免物料变形，能保持原有固体骨架结构和物料原有的形态。干燥后物料呈海绵状具有多孔结构能快速吸水至原有状态，因此，具有很理想的速溶性和快速复水性。复水时，比其他干燥方法生产的食品更接近新鲜食品。在升华过程中，溶于水中的可溶性物质就地析出。而一般干燥方法中，物料会因为内部水分向表面迁移，而将无机盐和营养物携带到物料表面造成表面硬化和营养损失的现象，冻干可以避免这些问题。冷冻干燥食品的优秀品质使得冷冻干燥在食品行业具有巨大的市场诱惑力，冷冻干燥被认为是生产高品质干燥食品的最好的方法[10, 14]。

物料在冻结条件下干燥后的体积几乎不变，不会发生收缩现象。真空冷冻干燥的蔬菜经压块，重量减少十几倍，体积缩小几十倍，包装运输方便、费用低，并且便于携带运输，易实现商品化生产。在制药方面，通过真空冷冻干燥技术处理的液体药品经过升华浓缩后液体颜色不会受到任何影响，而且在对相关浓缩液体药品进行稀释后，具有速溶、稳定性强以及受环境污染概率小等现实优势，从而使药品的保存期限得以延长，提高了药品的品质。与此同时，利用冻干技术处理后的药品更便于运输与储存，有利于缩减生化企业制药成本，达到获取更高经济效益的目的[9, 15]。

但是，冻干也有不太适合的情况：例如含油或含糖的物料，培养基不会结冰；如果产品形成了不透水表面，在处理过程中会阻止蒸汽的迁移；真核细胞在只有添加剂存在时才能保持活力，这可能与冻干过程不相容[1]。

三、冷冻干燥的应用简述

21世纪的生物、材料、电子、信息科学等领域得到了重大发展，真空冷冻干燥技术也发挥了重要作用。在食品方面，冻干食品被认为是高档的脱水食品，占方便食品的比例越来越大，并广泛应用到食品工业的各个领域，肉类、海鲜、水果、蔬菜、奶品、蛋品、咖啡、茶、饮料等食品原料都可以经过冷冻干燥处理而达到保鲜的目的[14, 16]。

在医学方面，冻干技术也为医学的发展提供了技术依托。对于离体生物组织通过冻干处理来保持活性的研究，包括其从简单的细胞组织到复杂的细胞结构的变化过程的研究，都正处于深入发展阶段。该技术也广泛应用于药品研发中，以提高不稳定药物的稳定性和长期贮存性。冻干满足了制药技术中的一个重要需求，即允许在低温下干燥热敏药物和生物制品，条件是允许通过升华去除水分，或在不经过液相的情况下将其相态从固体变为蒸汽。药物冷冻干燥最常见的应用是生产注射剂型，该工艺也用于生产诊断制剂，有时也用于口服固体剂型，其中需要非常快的溶出速率[7, 16]。

在纳米材料领域，冻干作为低温化学制粉过程，因其产品品质和性能的优越，且可用于尖端领域或宇航、军事等特殊领域，因而具有良好的开发应用前景。进入21世纪以后，我国真空冷冻干燥技术已得到了长足的发展，主要是研究在真空低温环境下，被冻干物料内、外传热传质过程、特点和规律。冻干技术的发展需要真空、制冷、加热、液压和自动控制等技术的支持。冻干技术的应用涉及生物工程、医药工程、食品工程和材料工程等领域。这部分将会在本书后几章详细讨论。

第二节 冷冻干燥的历史

冷冻干燥这种方法可以追溯到史前时期，那时阿兹特克人和爱斯基摩人用这一方法来保存食物[1]。1813年，美国人Wollaston发现在真空低温条件下，水易汽化，水在汽化时将导致温度的降低，这说明水的饱和蒸汽压与水的温度有关，因此可用该方法对生物体进行脱水处理[4]；1890年，Altman在制作用于显微镜下观察的组织和细胞切片时，为了保持原来成分又不使样品变形，使用了该技术，从而创建了生物制品的冷冻干燥技术；1909年，Shackell用冻干技术对抗毒素、菌种、狂犬病毒及其他生物制品进行了冻干保存，目的是使制品易于储藏并且避免蛋白样品的高温变性[8]，这些都使冷冻干燥技术在实际中得到应用；1933年，美国宾州大学的Flosdorf和Mudd用玻璃器皿系统，首次实现了血清的冷冻干燥[17]。此外，真空冷冻干燥食品的试验是1930年弗洛斯道夫最先开始的，最原始的真空冷冻干燥技术和设备则出现在丹麦，那时已经可以称呼冻干为现代技术是因为其从时代层面看已经加入了现代高新技术领域的行列[18]。

1935年，冻干技术逐渐引起了各国学者的重视，学者们纷纷开始了对冻干技术的改进研究。冻干过程中首先开始采用强制加热手段以加快改冻干过程[19]，而事实上，第一台冷冻干燥机问世就在1935年，主要用于培养基、荷尔蒙和维生素等药品生产[20]。1938年，牛津大学的Chain实现了青霉素的冷冻干燥，并和Florey一起，使冻干的青霉素在临床医学上发挥了重要作用，他们也获得了1945年的生理学–医学诺贝尔奖[21]；1940年，军队开始采用该项技术来保存青霉素及血浆，推动了该项技术的应用[19]，冻干人血浆也开始进入市场[5]；1942年第二次世界大战期间，血液制品和抗生素的需求量急剧增加，也促使冷冻干燥技术在医药工业中得到了迅猛发展[22]。此外，在这一期间冻干技术也应用于大量的商业生产上，如冻干菌种、培养基、荷尔蒙、维生素、人血浆及药品等，使真空冷冻干燥技术开始真正应用于医药生物工业中[19]，从那时起，冷冻干燥也已成为保存热敏生物材料的最重要的方法之一。1950年后，各种形式的冷冻干燥设备相继出现，冻干技术进一步得到提高[23]，食品的工业冷冻干燥加工也逐渐开始。

从 20 世纪 60 年代开始，世界冷冻干燥工业有了大踏步的发展，推动其快速发展的因素主要有以下四个方面[13]：

首先是快速冷冻干燥（AFD）技术的发明。1960 年，设在英国苏格兰 Aberdeen 的实验工厂发明了快速冷冻干燥技术，从而使这个本要倒闭的工厂起死回生。AFD 发明之前，15m 厚的物料按传统冷冻干燥方法冷冻干燥时间平均要 48h，而采用 AFD 技术时，冷冻干燥时间则减少到 8h。

其次是冷冻干燥设备的研究与开发。冷冻干燥的经济性主要取决于冷冻干燥设备的水平，冷冻干燥设备制造商在减少水汽流阻、提高传热效率和冷凝能力等方面做了许多努力，使冷冻干燥设备更加先进。从 20 世纪 60 年代起，研究改进冷冻干燥设备已经成为各冷冻干燥设备制造商投入大量经费研究的焦点。第一代工业用冷冻干燥设备是利用蒸汽喷射泵来制造真空和排除产品升华时产生的水汽，后来则采用真空泵和干式冷凝器取代了蒸汽喷射泵。1964 年，阿特拉斯开发了连续除霜冷凝器，它使冷冻干燥加工方法得到优化。连续除霜冷凝器还使连续式冷冻干燥成为可能。1968 年，第一套阿特拉斯公司生产的牌号为 CONRAD（康拉德）的连续式冷冻干燥设备在瑞士投入运行，用于冷冻干燥咖啡。到 80 年代初，欧美日生产的冷冻干燥设备均已实现电脑控制，对压力、加热温度、物料温度、冷凝温度等控制参数实现了自动采集、显示和控制，并能自动描述冷冻干燥曲线，实验机还能采集、显示脱水率，这样便能对冷冻干燥过程进行透彻的认识和了解，充分掌握各种物料的冷冻干燥规律，大大减少实验和试产工作量，最合理控制冷冻干燥过程，大大降低生产成本。

然后是冷冻干燥工艺的研究。影响冷冻干燥效率的因素分为内部因素和外部因素，内部因素是指被冷冻干燥原料自身的干燥特性，如原料的共晶点、原料干燥表层的热传导特性和汽阻特性等。外部因素是指原料的冷冻干燥条件，如加热温度、加热方式和压力等。冷冻干燥的速度是由热量通过原料干燥表层向内传导和原料内部升华水汽通过干燥表层向外转移的速度决定，因此，了解原料干燥表层的热传导特性和干燥表层对升华水汽的透过性以及冷冻干燥条件对这两个特性的影响，对开发最佳冷冻干燥工艺具有重要的意义。在过去的 30 多年来，提高热效率，降低冷冻干燥成本一直是人们研究的目标之一。

最后是速溶咖啡的产生。20 世纪 60 年代前，冷冻干燥工业处于一个冷落时期，到 60 年代，可以说是速溶咖啡饮料的兴盛，带动了冷冻干燥工业的发展。冷冻干燥咖啡首次上市是在 1964 年，当时，立即以其明显超越喷雾咖啡的品味和速溶性引起消费者的兴趣，冷冻干燥咖啡高品质带来的高附加值可以在冲销成本后仍有很好的利润。

1989 年 10 月 17 日，在保加利亚的索非亚成立了低温生物学和冷冻干燥技术研究所（Institute of Cry-obiology and Lyophilization in Sofia，简称 ICL），主要研究宇航食品、儿童食品、方便食品、保健食品和营养食品等。该研究所目前在世界上排名第三位，仅次于美国和俄罗斯[24]。根据 Mordor Intelligence 的数据，全球冻干食品市场正以每年 7.4% 的速度增长，美国市场预计到 2021 年将达到 665 亿美元。水果占全球冻干食品市场的最大份额，占 32%。此外，北美拥有全球冷冻干燥市场的最大份额，占 35%。南美和亚太地区是增长最快的市场。

近年来，将冻干技术应用于药品制备变得日益广泛，而且尝试将其用于血液制品和生物制品的冻干保存也正在成为新的研究热点[13]。

在中药制备方面，冻干技术可最大限度地保存药用有效成分的活性，较好地保持药材的外观品质、颜色、气味，脱水彻底，保存性好，拥有其他干燥技术无可比拟的优越性，代表产品有人参、冬虫夏草、山药等。随着中药现代化技术和冻干技术的发展，冷冻干燥制剂的应用也越来越广泛，不仅可应用于多肽蛋白类药物的临床开发，还广泛应用于植物药现代化剂型的研究和开发[25]。

在西药制备方面，用这种方法制造出的药品的特征是结构稳定，生物活性基本不变；药物中的易挥发性成分和受热易变性成分损失很少；呈多孔状，药效好；排除了 95% ~ 99% 的水分，能在室温下长期保存，如阿莫西林钠[26]。

在生物制品的保存方面，经过数十年的研究，人们已经实现了许多重要细胞和组织的低温保存，如在皮肤、血管、角膜、骨骼等的保存方面获得了重要的应用。自 20 世纪 60 年代起，就有科学家研究红细胞的冻干保存，在经历无数次的失败后取得了初步成功。但到目前为止，冷冻干燥红细胞的恢复率仍然低于50%，说明了血液细胞冻干的复杂和困难。由于组织和器官的极度复杂性，该技术目前处于探索阶段，尚未取得临床应用[27]。西药、血液制品和生物制品的冻干工艺比较难，工艺成熟与否关系重大，产品质量将直接关系到人的生命安全，所以从事该研究的人员比较少，研究成果有一定时间的保密性。西药冻干的关键是避免染菌，一旦染菌就会造成重大事故。生物制品要求则更加严格，除避免染菌外，还要防止菌种变异，保持活菌活毒的活性，在冻干过程中要加入添加剂和保护剂，这是技术水平很高的工作，必须对药品在冻干过程中的损伤和保护机理进行进一步的研究，同时利用先进的制冷和真空设备及控制手段开发价格低、性能好的冷冻干燥机，继续完善低温低压下的传热传质理论，优化冻干工艺[28]。

与发达国家相比，我国真空冷冻干燥技术的发展历史较短，中国从20世纪50年代引进真空冷冻干燥装置，50年代初期，武汉、北京等生物制品研究所及部分兽药厂先后进口了一批冻干机。60年代北京、天津、南京、上海、大连等地相继建立了一些实验性冻干食品生产厂并先后仿制了一批冻干机，其特点是整体式，搁板温度不均匀，手动操作，能自动记录[11]。近十几年来，真空冷冻干燥技术在我国也日趋完善。目前国内冻干技术已从应用阶段逐步走向研究阶段，从偏于冻干技术、生物制品及食品的生产，逐步转向冻干基础理论研究及冻干的机理性研究。近几十年来，国内各大专院校和科研机构相继开展了冻干技术的研究，有关冻干技术方面的书籍也相继出版，国际、国内学术交流也日益增多。

近年来，国内在冻干设备及冻干工艺和冻干产品上发展非常迅速，一些厂家生产的冻干机达到了国外同类产品水平。但真空冷冻干燥技术的理论研究还很不完善，还需要进一步的加强[20]。为加快发展我国冻干技术，机电部将工业真空冷冻干燥机列入1986年工业技术发展基金项目，由华中理工大学承担并与浙江真空设备厂协作进行研制，产品于1989年通过部级鉴定。该机结构紧凑、功能齐全，搁板间距可调，采用微机程控[11]。90年代初才应用于食品行业，真空冷冻干燥装置也从最初的引进、仿制，到目前已实现工业化生产，形成了多品种、多规格的系列产品。此外，清华大学核能设计研究院引进俄罗斯大型食品真空冷冻干燥设备的先进技术，直接与国家一级企业烟台冰轮集团合作共同研制开发，探索出一条发展我国冷冻干燥事业的新路，提高了我国大型食品冷冻干燥机的整体设计及控制水平[29]。鉴于市场前景的吸引，目前已有20余个企业和研究机构从事冷冻干燥设备的研制。从总体说，由于基础理论的研究不足，加上对国际发展情况了解不深，目前我国冷冻干燥设备的研究也就处于国际20世纪70、80年代的状况[30]。

我国国产第一台连续式真空冷冻干燥设备于2000年由沈阳制冷技术研究所研制成功。真空室采用矩形结构，进出料仓与干燥仓之间设有隔离片，进出料仓内均设有自动称重系统，能判断出冻干食品的干燥速率、出水量和最终干燥程度。两个外置式捕水器交替工作，实现连续式捕水和融冰。经过10余年的发展，目前，我国干燥设备行业已经开始进入较成熟的阶段，能够比较好地满足各个领域用户的实际需要，鉴于真空干燥设备"绿色"优点，应用日益广泛。在食品、药品干燥方面，对较大规格的真空干燥设备需求量将逐步增加，市场前景非常巨大。但从总体水平上来说，真空干燥设备发展比较缓慢，技术水平和使用观念都相对落后。在农作物的干燥方面，谷物连续式真空干燥设备发挥着重要作用，但谷物干燥量很大，必须采用连续式干燥设备，再加之真空干燥成本太高，因此，真空干燥设备在农业领域的使用频率并不高。

从上述可以看出，真空干燥设备的发展并不平衡，特别对于我国国产产品来说，更需要在技术方面加强研发，同时也要扩大产品的推广，让消费者了解并深入认识产品，让其的使用可以更加全面。（来源：中国食品机械设备网）

从国家药品监督管理局数据库得知，目前国内已有注射用重组人粒细胞巨噬细胞集落刺激因子、注射用重组人干扰素 α2b、冻干鼠表皮生长因子、外用冻干重组人表皮生长因子、注射用重组链激酶、注射用重组人白介素 –2、注射用重组人生长激素、注射用 A 群链球菌、注射用重组人干扰素 α2b、冻干人凝血因子ⅤⅢ、冻干人纤维蛋白原、间苯三酚口服冻干片等冻干药品获准上市[19]。

目前，大部分国产食品冻干机生产厂家走的是仿制道路。有的厂家在采用国外先进技术的同时，进行了很大的改进。除仿制之外，国内自己的研制能力也在提高，有的单位已经脱离了仿制国外机型，抽气系统采用低架式水蒸气喷射泵抽水蒸气，省去了捕水器和制冷系统，使设备价格有所降低。

当然国产冻干机还存在一些不足之处，这其中就包括：

①搁板温度不均匀，造成冻干产品含水率不均匀，产品合格率受影响。造成温度不均匀的原因各不相同：或者是搁板结构和材料质量不好，或者是加热流体分流或流程有欠缺，或者是捕水器在干燥箱内绝热不好。

②干燥速率低，干燥箱内各点干燥快慢不一致，反映在产品上仍然是合格率受影响。其原因除搁板温度不均匀外，还与真空系统配置得不合理有关。主要体现在：捕水器配置得不合理，水蒸气喷射泵性能不稳定，抽气口位置不合理等。

③捕水器效率低。主要体现在捕水器面积大而捕水量小，有部分无效面积，其根本原因是捕水器设计不合理。

冻干机的突出特点是产量高、脱水量大。因此，要求真空系统排气量大，真空度不高。目前除采用大型捕水器和罗茨旋转泵机组之外，多采用几级串联的水蒸气喷射泵，这种泵能直接以气态排除水蒸气，系统中不必设置捕水器。食品冻干机中，丹麦阿特拉斯的 RAY 型间歇式和 CONRAD 型连续式冻干机，日本共和真空株式会社的无隔离干燥过程水汽凝结器除冰再生技术和 TL 型液体食品密闭系统管式冻干机可代表世界食品冻干机的先进技术。要想使国内的冻干技术更上一个台阶，还需要对理论、设备优化等方面投入大量的研究，使国内拥有自己一套完整的技术和品牌[11]。

第三节　冷冻干燥过程

冷冻干燥是通过升华从冷冻产品中除去水或其他溶剂的过程。当冷冻的溶剂不经过液相而直接进入气相时，就会发生升华。当冰升华时，它会在干燥的残余物质中留下空隙，使其很容易再水合。这适用于某些药品和生物制品的生产，这些药品和生物制品在水溶液中长期储存时不耐热或不稳定，但在干燥状态下是稳定的[7]。在冷冻干燥过程中，首先对配方进行冷冻，然后通过减压升华过程除去冷冻溶剂，然后通过解吸过程除去未冷冻溶剂。因此，在一个完整的冻干过程中，有两个同样重要的主要过程：冷冻和干燥，在此过程中，几乎所有的溶剂（冷冻的和未冷冻的）都从配方中除去。根据干燥过程的机理，将干燥过程进一步分为升华过程（一次干燥）和解吸过程（二次干燥）两个步骤。

冷冻是冻干过程的第一步，对冷冻过程中物理化学变化的基本理解至关重要，因为冷冻过程决定了冰晶的形态、大小和分布，而这些又反过来影响了几个关键参数，如干燥产品的阻力、一次和二次干燥速率、产品结晶度的程度，和干燥产品的可复性。此外，冷冻是一个关键步骤，涉及生物活性和稳定性的原料药，特别是药物蛋白。冷冻过程中的物理变化分为3个阶段：①冷却阶段；②相变阶段；③凝固阶段。

在冷却阶段，溶液的温度降低到其平衡冻结温度以下，直到第一个冰核开始形成。第一个冰核形成的温度称为冰成核温度（nucleation temperature，T_n）。溶液低于平衡冻结温度的物理状态称为过冷，溶液在形成第一个冰核之前保持过冷状态的程度称为过冷度。也就是说，过冷度是平衡冻结温度与冰成核温度之间的温度差。过冷的程度决定了冰晶的数量、大小和形态。过冷程度的变化很大，不同容器之间的过冷程度也有显著差异，受外来颗粒、容器表面积、工艺条件、样品体积、基体组成、样品与容器接触面积等因素的影响。这种过冷程度的随机性质影响了冰的成核，并导致了小瓶到小瓶和批次到批次的冰成核的异质性。这反过来又给冻干过程的开发、优化和放大增加了一个重大挑战。此外，由于颗粒水平的差异，不同生产规模下的过冷程度也会受到影响，这为冷冻干燥工艺的规模化增加了额外的挑战。

在相变阶段，冰核的形成正在发生。形成冰核的数量、冰的增长速度以及冰晶的大小都取决于过冷的程度。过冷度越高，过冷溶液能吸收的结晶热越多，瞬间结冰的水的比例也就越多，从而形成许多冰晶。另一方面，过冷度小的溶液只吸收少量的结晶热。这导致一小部分可冻结的水立即冻结，因此，很少形成冰晶是有利的。

在凝固阶段，相变阶段形成的冰晶尺寸增大，溶液浓度增加。对于结晶溶液，当溶质和溶剂全部结晶时，凝固停止，而对于非晶溶液，溶液浓度的增加阻止了冰的进一步增长。对于结晶溶液，完全凝固是在溶液的共晶温度以下实现的，而对于非晶溶液，完全凝固是在最大冻结浓度溶液的玻璃化转变温度以下实现的。过冷度的变化是冻干工艺发展和规模化的主要挑战。因此，在冻结阶段控制它是至关重要的[31]。

冷冻干燥主要用于去除敏感产品中的水分，这些敏感产品多为生物来源，不会对产品造成损害，因此容易保存，处于永久保存状态，只需加入水即可进行重组。冻干产品的例子有：抗生素、细菌、血清、疫苗、诊断药物、含蛋白质和生物技术产品、细胞和组织以及化学品。要干燥的产品在常压下冷冻。然后，在最初的干燥阶段称为初级干燥也称为一次干燥，水（以冰的形式）通过升华去除，在第二阶段，称为二次干燥，它被解吸去除。冷冻干燥在真空下进行，在一些工艺中也会存在预处理步骤，包括在冷冻前处理产品的任何方法。这可能包括浓缩产品，配方修改（添加组分以增加稳定性和/或改进工艺），减少高蒸汽压溶剂或增加表面积。在许多情况下，对产品进行预处理的决定是基于冻干的理论知识及其要求，或根据循环时间或产品质量考虑。预处理方法包括：冷冻浓缩，溶液相浓缩，配方以保持产品外观，配方以稳定反应产物，配方以增加表面积，减少高蒸气压溶剂等[32]。

传统的冻干技术是通过几个连续的步骤进行的：

①冻结。即将样品冷却，直到部分液体形成纯结晶冰，而样品的其余部分被冷冻浓缩成玻璃状态，此时黏度过高，不允许进一步结晶[32]，冻干的产品是低温冷冻的。

②一次干燥。在低温真空下通过升华去除冷冻过程中形成的冰，在剩下的非晶溶质中留下一个高度多孔结构，通常是30%的水。该步骤在10^{-4}至10^{-5}个大气压下进行，产品温度为-45℃至-20℃，干燥过程中的升华是传热传质过程耦合的结果[32]。在这一阶段，冰被升华，通常在减压下工作。当冰升华时，升华的表面留下了一个干燥物质的多孔外壳。在升华界面产生的蒸汽流过干燥的物料进入冻干室和连接到冻干室的冷冻疏水阀，冰冷凝器不断地清除它。升华过程的驱动力是升华冰表面和冷凝器处的水的分压差。在小瓶冻干中，热量通过

加热架连续供应给产品，这是至关重要的，因为升华过程是吸热的，因此需要能量[7]。

③二次干燥。在保持低压的情况下，随着样品温度的逐渐升高，大部分剩余的水从玻璃中被解吸。理想情况下，最终的产品是一个干燥，易于重组的，具有高表面积的饼状结构。在冻干过程的最后一个阶段是解吸步骤，在这个步骤中，残留的水分被强烈地吸附到部分干燥的饼上，从而降低到一个较低的水平，确保在室温下产品的长期保存。此步骤通常在高真空和中等温度下进行，图1-2描述了从样品制备到最终产品形成的冻干步骤[7, 32]。

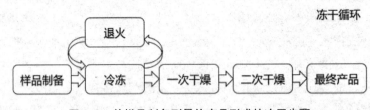

图1-2 从样品制备到最终产品形成的冻干步骤

一、冻结

冻结过程就是冻结材料，在此过程中大部分溶剂被转化为冻结固体。样品冻结减少产品的热变性，固定溶液成分还可以在样品内诱导出所需的冰晶结构，这都有利于干燥[1]。在实验室里，这通常是通过将材料放入冻干烧瓶中，然后在称为壳式冷冻器的槽中旋转烧瓶来实现的，该槽通过机械制冷、干冰和甲醇或液氮来冷却。在更大的范围内，冷冻通常是用冷冻干燥机来完成的。在这一步中，重要的是将材料冷却到其共晶点以下，即材料的固相和液相可以共存的最低温度[7]。冻结的方法和冷冻产品的最终温度会影响成功冷冻干燥材料的能力。

较大的晶体更容易冷冻干燥。为了产生更大的晶体，产品应该缓慢冷冻，或者可以在温度上下循环，这种循环过程称为退火。退火是一个过程步骤，偶尔用于结晶配方成分，其中样品需要在一个特定的温度下保持一段时间。如果溶质以结晶形式析出，则称为共晶温度。相反，如果形成非晶形形式，则该温度被称为玻璃化转变温度（T_g）。该临界温度的确定对优化冻干循环的发展具有重要意义。无定形（玻璃状）材料没有共晶点，但有一个临界点，低于该临界点时，产品必须保持在该临界点以下，以防止在一次和二次干燥过程中熔化或塌陷[7]。在一次干燥之前增加退火步骤，主要有两个原因：首先，在冻结过程特别是快速冻结过程中，配方中结晶成分往往来不及完全结晶，但如果该成分能为冻干药品结构提供必要的支撑或者蛋白质在该成分完全结晶后会更稳定，那就有必要使其完全结晶。当退火的温度高于该配方浓缩液的玻璃化转变温度时，会促进再结晶的形成，使结晶成分和未冻结水结晶完全。退火持续时间与配方组成及加热速度有关。其次，通过退火，从非晶相中除去玻璃化转变温度较低的结晶成分，可以提高非晶相的玻璃化转变温度[33]。

退火先于干燥过程，以改善配方的冻干特性。这样做通常是为了促进制剂中某一成分（无论是原料药还是赋形剂）的结晶。退火的基本原理是基于与玻璃化转变相关的迁移率，迁移率在玻璃化转变温度之上显著增加。根据热力学原理，退火温度应高于最大浓缩液玻璃化转变温度，因为只有高于此温度时，已固化的非晶相才会回复成溶液状态，促进非晶态溶液中的水和其他物质重新结晶。将系统保持在亚稳玻璃的玻璃化转变温度之上，然后可能允许不结晶的组分结晶。退火除促进溶质结晶外，还能促进玻璃体系中未冻结水的结晶。即使退火温度低于玻璃化转变温度几度，也可以使非晶相失塑，从而使玻璃化转变温度易于测量[34]。

退火可以在冷冻干燥的不同步骤中进行，包括在初始冷却时的保持温度和在冷冻后的升温和保持步骤中，然后再重新冷却[35-36]。退火对改善冰晶大小和干燥行为的一致性有深远影响。正如 Searles 所证明的[35]，退火过程中冰晶形态变化的机制是由于小冰晶和大冰晶之间的表面自由能的不同。根据开尔文方程，曲率半径越小，表面张力对其产生的压力就越大，因此需要更高的蒸汽压力才能使水从小曲率的冰晶表面升华，换句话说，曲率半径较小的冰晶会引起较高的蒸汽压力，因此，在退火导致的体积流动性增加时，半径较小的冰晶区域会优先熔化，因为其蒸汽压力较高，与半径较大的冰晶区域相比，会引起较高的自由能[36]。此外，退火过程中更高的温度增加了退火物料的扩散流动性，反过来，在退火过程的时间范围内增加了融化的冰晶向幸存的冰晶的扩散。因此，退火过程中温度和时间的选择是一个关键步骤。退火也可以促进冷冻浓缩的完成，因为重新升温到高于 T_g 的温度可以使无定形的水结晶[37-38]。然而，退火并不适合在玻璃转化温度以上容易发生变性和降解的配方的工艺。缩短干燥时间的好处可能会被退火循环所需的额外时间所抵消。

直到最近，关于退火对随后干燥过程影响的报告数据是存在争议的。Pikal 等人[39]发现，对于在玻璃盖玻片之间快速冷冻的小型（5ml）样品，退火会导致更大的冰晶尺寸。在冷冻干燥过程中，通常会采用面积归一化干燥产品阻力来评估干燥过程中的结构和形态变化。另外，退火导致非晶态配方的面积归一化干燥产品阻力下降约 50%，结晶配方则高达 60%，另一方面，Lu 和 Pikal 报告说[40]，甘露醇–四氢氯化钠配方的退火增加了干燥产品的阻力，从而增加了初级干燥时间。他们推测，退火样品的干燥产品阻力的增加是由于退火期间溶质所产生的结晶。据 Liu 等人的研究[41]，在比较货架斜面冷冻与在 –10℃下冷冻、退火 4h 以及在 –2.5℃下冷冻、退火 4h 时，一次干燥时间分别减少了 10% 和 17%。但是在 Liu 等人的研究中，一次干燥时间减少的来源并不清楚，因为在使用相同的架子温度和室压时，3 种冷冻方案的一次干燥期间的平均产品温度是相同的。这是因为如果退火有助于减少对蒸汽流动的阻力，若货架温度和腔室压力相同，产品温度就会降低。Searles 等人[38] 报道了主干燥速率的主要决定因素是冰成核温度，在此温度下，较高的过冷度会导致更小的冰晶、更高的传质阻力和更慢的干燥速率。然而，在常规药物冷冻干燥中，冰的成核不是直接可控的。在温度高于 Tg 的配方退火可以增加冰晶体的尺寸。这不仅减少了由冰形核变化引起的干燥速率的不均一性，还导致初级干燥速率增加了 3.5 倍。温度低于 Tg 的退火不会导致干燥速率的增加[34]。另一方面，Esfandiary[42] 等人最近的一项研究表明，与没有退火的冷冻方案相比，当同一配方在 –15℃下退火 2h 时，一次干燥时间增加了 20%。此外，Assegehegn 等人还报告了退火对高固体含量的无定形配方的影响不明显。他们发现，由于退火步骤而增加的循环时间高于后续干燥过程中任何循环时间的减少。然而，克拉伦斯·伯德赛则发现对于食物或有活细胞的物体，大的冰晶会打破细胞壁。此外，冻结阶段是整个冷冻干燥过程中最关键的阶段，因为如果做得不好，产品可能会变质。大型物体则需要几个月才能冻干[7]。

为大幅度地缩短干燥时间、提高能量的利用率、降低冻干成本，需要对冷冻干燥的过程进行强化。为了实现这一目标，有以下几种解决方法，包括控制冷冻速率、调节冰晶成核和退火处理。它们的共同特点是：增加冰晶尺寸和均匀性，使升华干燥阶段的传质阻力降低。但是传统冷冻干燥时间长、能耗高的问题依旧存在，上述方法只是有一定程度的强化效果。"初始非饱和多孔介质冷冻干燥"的技术思想则可以为这一问题提供新的解决方案。该技术思想兼具产品质量高、干燥速率快、过程消耗低的优点，在液体物料的应用方面具有良好的普适性，该方法将对传统冷冻干燥过程产生极其深远的影响。

二、一次干燥

在大气条件下，液态水通过变暖转化为水蒸气，这个过程被定义为蒸发。然而在低大气压下冰可以直接转化为蒸汽升华。冷冻样品的冰升华会导致一个开放的、多孔的、干燥的结构，其中的溶质像在原始溶液或悬浮液中那样在空间上排列。与蒸发不同，在干燥过程中成分是浓缩的，真空下的升华最大限度地减少了浓缩的影响，提供了活性和容易溶解的干燥产品。将溶液冷冻后，下一步就是将冰直接升华为水蒸气，使样品干燥。为了保持冻干条件，必须将水的分压降低到三相点以下，以确保冰直接转化为水蒸气，防止样品融化。真空将降低产品上方的空气浓度并有利于升华，确保排除泄漏到系统中的空气[1]。

在最初的干燥阶段，系统压力的降低（几毫巴的范围内）足以使室内气氛变薄，并便于样品的蒸汽迁移。工业和发展冷冻干燥机通常在恒定的室压下操作，以方便热传递到样品，系统压力可以通过将空气送入室、冷凝器或真空系统来控制，或者将泵与腔室隔离，通过增加从样品迁移到腔室的水分子数来提高腔室压力。在这个条件下向材料提供足够的热量使水升华，材料中约95%的水被升华，所需的热量可以用升华分子的升华潜热来计算。然而，作为水蒸气从干燥样品中提取的热量必须小心地与添加到样品中的能量相平衡。如果不保持这种平衡，产品温度就会降低，从而影响干燥效率，导致熔体或崩溃，损害产品质量。在干燥过程中，必须保持干燥室的条件，以维持水从样品冰中移出，样品温度（严格的冻干界面温度）必须保持在共晶、玻璃化转变、坍塌或熔化温度以下，以尽量减少干燥过程中样品的损伤[1]。这个阶段可能会很慢（在工业上可能需要几天），因为如果添加过多的热量，材料的结构可能会发生改变，压力是通过应用部分真空来控制的。真空加速了升华，使它的干燥过程加快。

在一次干燥过程中，样品的干燥边界（升华界面）随着时间的推移，会逐渐从样品表面向样品内部移动。升华界面穿过冷冻样品，从而在冷冻样品上方形成一个越来越深的干燥样品层。热量从架子上通过瓶底和冷冻样品层传导到升华前沿，冰在那里转化为水蒸气。升华前沿通过干燥层的这种逐渐后退的现象会产生若干后果，其中包括[1]：

①由于升华冷却，使冷冻区维持在低温状态。

②随着干层厚度的增加，蒸汽迁移的阻力增大，升华率降低。

③因为升华界面代表了样品温度和含水量最大变化的区域，所以界面代表了结构软化或塌陷可能发生的区域。

④从升华前沿迁移的水可以重新吸收到升华界面以上的干燥材料中。

由于升华界面是冻干发生的区域，所以界面的温度监测对产品监测至关重要。然而，由于升华前线不断地在样品中移动，因此使用传统的温度探头无法有效地监测界面温度。虽然升华界面被定义为一个离散的边界，但这只适用于理想的共晶配方，其中的冰晶是大的、开放的，并且彼此相邻。对于典型的无定形制剂，如疫苗，升华前沿要宽广得多，由单个冰晶嵌入无定形相中。在这些条件下，虽然冰在孤立的晶体中升华，但水蒸气必须通过非晶相（其本身正在逐渐干燥）扩散，直到它可以从干燥的样品基质中自由迁移[7]。使升华率的精确预测变得复杂的是，冰晶之间的干饼中的裂缝可以提高干燥效率。所有这些因素，包括由样品表面皮肤的发展所引起的系统阻抗，都必须在样品配方和周期开发计划中加以考虑。尽管在精确定义初级干燥方面存在这些复杂因素，但升华仍然是一个相对高效的过程，用于初级干燥的条件包括使用足够高的货架温度来加速升华，而不会通过诱导塌陷或熔化而影响样品质量，再加上旨在优化从货架到产品的热传导的高系统压力。当升华被判断为完成时，将产品取出，但若显示的水分含量总是太高（7% ~ 10%），无法提供长期的储存稳定性，干燥周期就会被延长，以通过解吸或二次干燥去除额外的水分[7]。升华阶段的真空度在 10^{-30} Pa 时，较有利于热量的传递和升华的进行。若压强过低，则对传热不利，物料不易获得热量，升华速率反而降低，而且对设备的要求也更高，因而会增加成本；而当压强过高时，物料内冰的升华速度减慢，物料自身温度会上升，当高于共熔点温度时物料将发生熔化而导致冻干失败。干燥室壁温、底盘侧边高度、小瓶的排列方式均会影响传热效果，并将影响升华速率[33, 43]。

此外，冷凝器室或冷凝器板为水蒸气提供表面以在其上再固化，冷凝器温度通常低于 -50℃。低温冷凝板将蒸发的溶剂从真空室中转化回固体，从而将其除去。这就完成了分离过程。所得产品具有非常大的表面积，从而促进干燥产品的快速溶解。这种冷凝器在保持材料冻结方面没有任何作用，相反，它会阻止水蒸气到达真空泵，这可能会降低泵的性能。值得注意的是，这个阶段的热量主要由传导或辐射产生，对流效应可以认为是微不足道的。

三、一次干燥过程中的传热传质

冰的升华热必须通过从冷冻干燥机货架到升华前沿的冰的一系列阻力来传递热量。当然，这必须在不融化与容器底部接触的冷冻材料的情况下进行。相对于冻干过程的时间，固 - 气相变的速率为瞬时。随着相的变化，水蒸气必须通过流动通过多孔基体的部分干燥产品。此时，丰富的传热和传质的知识对于开发的最佳工艺条件就必不可少[34]。

事实上，热量可以通过三个机制进行转移：传导热流的分子运动在一个微分的体积元素材料和下一个对流，交换散装液体流动引起的热量辐射，热流由热激发产生电磁辐射。

冻干传热的主要机理是导热。对这一传热过程的分析[44]表明，控制传热的阻力来源于冻干机架子的表面和产品之间的热接触不良。当对小瓶进行冷冻干燥时，这种接触电阻尤其重要。因此，传热速率是由气相的导热系数决定的，它是腔室压力的函数。在汽相自由分子流动的条件下，汽相的热导率随压力呈线性增加。当系统压力增加到约0.1mmHg（1mmHg=133.3Pa）以上时，蒸汽流动状态变为过渡状态，热导率随着压力的增加而缓慢增加，事实上，在更高的压力下，流动状态是黏性的，气体的热导率与压力无关。由此，通过对传热过程的分析可发现，在冷冻干燥过程中，极低的室压通过抑制传热来减缓干燥速度。

在最佳系统压力的选择上，必须考虑到传热和传质之间的权衡。在初级干燥过程中，干燥室的压力几乎完全由水蒸气产生[45]，必须低于产品中冰的蒸汽压力，才能进行干燥。然而，压力过低会不必要地阻碍这一过程。最佳的室压取决于初次干燥时所需的产品温度。在初次干燥过程中，选择最佳的干燥室压力的合理指导方针是：干燥室压力不应超过约一半，也不应小于约四分之一所需产品温度下冰的蒸汽压。

在传质分析上，遵循与传热分析相同的一般方法，即升华速率＝压差/阻力。传质总阻力由三个部分组成：①干燥产品层，其厚度随着干燥过程的进行而增加；②部分插入的塞子；③冷冻干燥器本身对从干燥室流向冷凝器的蒸汽的阻力。Pikal等人对冻干中的传质进行了严格分析，其极限阻力被确定为干燥产品层，通常占总阻力的90%以上。干燥产品阻力的测量比传热系数的测量更复杂。最精确的方法是Pikal报道的微量平衡技术，它需要专门的设备。Pikal也报道了"小瓶法"，它也需要特殊的设备来测量小瓶顶空的压力。由于产品阻力是传质的控制阻力，且该阻力随产品厚度的增加而增加，因此应尽可能地减小填充深度。一般来说，最好的做法是避免灌装超过三分之一的瓶子。这也有助于防止瓶子在冷冻期间破碎。

四、二次干燥

与一次干燥相比，二次干燥是一个与高蒸汽流速相关的动态过程，二次干燥的效率要低得多，二次干燥时间占总工艺时间的30%～40%，但只能去除样品总水分的5%～10%[1]。这部分水主要由范德华力、氢键等弱分子键吸附在物料上，需要更多的能量才能将其除去。冷冻干燥过程的这一部分由材料的吸附等温线控制。在这个阶段，温度升高到比一次干燥阶段更高，甚至可以超过0℃，以打破水分子和冷冻材料之间形成的任何物理化学相互作用。在二次干燥条件下，样品接近稳态条件，其中水分根据相对湿度和货架温度从样品中解吸或吸收。通过提高货架温度，利用室内的高真空条件，从而降低系统的蒸汽压力或相对湿度，有利于解吸。反之，当货架温度降低，通过加热冷凝器增加系统中的蒸汽压力时，干燥后的样品将重新吸收水分，并表现出含水量的增加。虽然在二次干燥过程中样品塌陷的可能性一般比一次干燥过程中塌陷的可能性小，但通过将样品暴露在高于其玻璃化转变温度的温度下，有可能诱发干燥基体的塌陷[1]。

　　冻干产品既具有吸湿性，又有巨大的暴露表面积。因此，将干燥的产品暴露在大气中会导致潮湿的空气重新吸收到产品中。水和空气都会对干燥的样品造成损害，导致降解性变化及差的稳定性。因此，冷冻干燥过程完成后，通常在密封材料之前，要谨慎地将样品塞在冻干机内，用惰性气体（如氮气）填充来减少泡沫，在全真空条件下加塞为确保产品的稳定性提供了理想条件。在操作结束时，产品中的最终残余水含量在1%到4%左右，这是极低的。在工艺结束时，将干燥的样品密封在真空中或惰性气体中，这两种方法都可以排除活性的、不稳定的大气中的气体，如氧气或二氧化碳进入干燥的样品，并防止潮湿的空气进入冻干的样品中。不过需要注意的是，冻干产品的干表面积将大为扩大，因此对空气变性或水分的重吸会变得极为敏感[1]。

　　二次干燥是去除没有结冰的水。这是蛋白质配方干燥的一个特别重要的方面，因为不同于传统的低分子量药物，蛋白质可能会因过度干燥而失去活性。与一次干燥过程中的传热传质一样，了解冷冻干燥二次干燥阶段的速率限制过程是有用的。可能性包括：①在玻璃基质中向固体表面扩散；②在固体表面蒸发；③水蒸气通过固体的多孔床传输。二次干燥速率随固体比表面积的增大而增大，且与室压无关。此外，研究发现二次干燥的速率并不依赖于干燥产品层的深度。这一点，再加上二次干燥速率对压力的独立性，支持了速率限制步骤不是水蒸气通过固体多孔床的结论。因此，限速步骤必须是水通过固体的扩散或固体表面的蒸发[34]。

　　当残留水分的微小变化对一个关键的产品质量属性（如稳定性）有重大影响时，小瓶之间和残留水分水平的分布可能与平均残留水分水平一样重要。小瓶到小瓶的可变性应该通过工艺验证期间的广泛取样来确定，理想情况下是通过将残留水分水平作为冻干机中位置的函数来"映射"。"边缘"效应可能是显著的，在架子边缘的小瓶干燥速度更快，由于侧面、门和腔室后部的横向传热，其残留的水分水平比大部分小瓶更低。Pikal 和 Shah[47]研究了瓶内水分的分布。根据其理论分析预测，冻干饼的顶部附近的残余水分低于底部，特别是在填充深度较大的情况下。实验数据表明，冻干物料的顶部比底部更干燥，但是物料的"外部"部分，即离小瓶壁最近的部分始终是最干燥的。不过迄今，如何更好地定义残留水分在冻干蛋白质稳定性中的作用和更好地控制二次干燥过程，都是具有重大现实意义的课题，需要更多的研究[34]。

到目前为止，冷冻干燥机的运行过程已从手工控制、机电、光学振荡器发展到现在的计算机程序控制。冻干工艺过程的各个阶段一般采用计算机编程控制。各种温度、真空度信号分阶段集中调控，由各阶段的热工参数组成完整的自控系统并将全过程的各种温度、压力数值由记录仪自动记录下来。近年来，还出现了将冻干机的核心控制单元与性能日益增强的微型计算机相接，构成一台微机对一台或多台冻干机进行监控调节的智能化集中控制系统，控制系统的显示界面也日益迅速地由数显方式向微型计算机图形界面转移[33]。

第四节　冷冻干燥的优缺点

冷冻干燥技术的优点为：

· 传统干燥会引起材料皱缩、细胞破坏，但在冷冻干燥的过程中样品的结构不会被破坏，因为固体成分被在其位置上的坚冰支持着，在冰升华时会留下孔隙在干燥的剩余物质里。这样就保留了产品的生物和化学结构及其活性的完整性，冻结物干燥前后形状及体积也不发生变化[8]。

· 储存在干燥状态，因此稳定性问题很少，适用于对氧气和空气敏感类药物。

· 干燥材料的成分保持均匀分散，通常不会导致正在干燥的材料收缩或增韧。干燥材料的储存比溶液形式便宜[7]，当样品被分配为液体而不是粉末时，可促进其分配精度[1]。

· 在一些专业实验室，科学家正在开发更复杂的工艺，将冷冻干燥技术与电子显微镜、生物化学和精细手术相结合。与此同时，化妆品行业也正在增加冻干的使用，以有助于提供对美容面膜、染发剂和面霜开发的复杂技术上的支持。此外，在化学工业上也开始使用冷冻干燥技术来制备精制化学品、催化剂和选择性过滤器[7]。

· 冷冻干燥可以保存食物，使其非常轻。与其他如热风烘干、远红外线烘干等干燥方法相比，冷冻干燥工艺有其显著的优越性。主要体现在能够维持原有的形状，不干裂、不收缩、不硬化，保持原有的色、香、味，复水速度快，复水效果好等多方面[33]。这些都使得该工艺在保存食品方面很受欢迎。

• 如果通过密封冻干物质以防止其水分的再吸收，则该物质可在室温下储存，无需冷藏，产品含水量低，易于贮藏、保质期延长并可防止多年变质，能够最大限度地保持其营养成分与活性成分的不被破坏[33]，因为其大大降低的含水量会抑制微生物和酶对所含物质的破坏或降解作用[48]。

• 冷冻干燥比其他使用更高温度的脱水方法对物质造成的损害更小。事实上，冻干技术可以确保在不过度加热的情况下去除水分，水不是唯一能够升华的化学物质，其他挥发性化合物如醋酸（醋）和酒精的损失可能会产生不良结果[7]。干燥产品的水分含量可以降低到较低的水平。一般来说，样品在干燥到低水分含量时，货架稳定性更好，尽管过干燥可能会降低敏感生物材料的货架稳定性[1]。

• 冷冻干燥的过程是在低温状态下进行的，该工艺过程对组分的破坏程度小，热畸变极其微弱[19]。冻干产品可以更快更容易地再水化（重组），因为过程会留下微小的孔隙。这些孔隙是由升华的冰晶形成的，在它们的位置留下空隙或孔隙。这一点在医药用途方面尤为重要，因为这可以延长某些药物的保质期多年，对不耐热药物特别是蛋白质多肽类药品非常适合，尽量减少了其可能产生的化学分解过程。

• 产品为液态工艺，易于处理液体。冷冻干燥的药剂为液体，定量分装比粉剂或片剂精度高；用无菌水溶液调配且通过除菌过滤、灌装，杂质微粒小、无污染，简化了无菌处理。制品为多孔结构，质地疏松，较脆，复水性能好，重复再溶解迅速完全，便于临床使用[19]。

• 由于产品通常在真空或惰性气体下密封，氧化变性减少。干燥后真空密封或充氮密封，消除了氧化组分的氧化作用。

• 浓缩效应，如蛋白质的盐析，干燥产品中组分分布的改变等，可以通过冷冻干燥最小化。当样品采用冻干而不是喷雾或风干时，颗粒污染往往会减少[1]。

当然，冷冻干燥也存在着缺点：

主要的缺点包括设备造价高、工艺时间长，事实上一个典型的干燥过程周期需要 20h 左右。此外，该过程的生产成本高，能源消耗大，工艺控制的要求也高。冷冻干燥其他存在的缺点还有[8]：

• 挥发性化合物得通过真空去除。

• 重组时需要无菌稀释液，并且在无菌与灭菌相关的工艺也会存在相关问题。

- 设备投资大，干燥速率小，干燥时间长，能耗高，使用昂贵的机组运行。
- 随处理产品的敏感性、复杂性和价格的上升，冷冻干燥面临着困难的挑战。
- 大型物体往往需要几个月才能冻干。
- 如果添加过多热量，材料的结构可能会发生改变。
- 与个别药物相关的稳定性问题。新的抗生素和药物、免疫产品、来自基因工程的物质、高分子量蛋白质和复杂的肽非常脆弱，难以冷冻，并且对残余水分的含量高度敏感[7]。
- 溶剂不能随意选择，只限于水或一些冰点较高的有机溶剂，因而很难制备某种特性的晶型，甚至冻干产品在复水时会出现浑浊现象。
- 最终产品中极低的含水量可能导致不稳定，应确定其最佳含水量。作为开发研究的一部分，所需的残留水分必须与长期储存期间的稳定性相关。
- 非晶态（玻璃状）材料没有共晶点，但有一个临界点，必须将产品保持在该临界点以下，以防止在一次和二次干燥过程中熔化或塌陷。
- 大程度的过冷导致的快速成核和生长率导致了更多的小冰晶，这反过来又呈现出一个大的冰水界面。蛋白质暴露在这个冰水界面上会导致变性。
- 小冰晶产生的孔隙的体积 – 表面积较小，因此导致扩散通量较低，升华速度较慢[7]。
- 生物活性物质（如多肽和蛋白质药物）制成冻干制剂主要是为了保持其活性，但如果配料（如保护剂、溶剂、缓冲剂等）的选择不合理，冻干设备选择不当，工艺操作不合理，都可能导致冻干制品失活。这是生产冻干制剂的关键，因此需要对其进行基础性研究和针对特定产品进行反复试验与分析[33]。在没有适当稳定剂的情况下，在干燥过程中去除蛋白质和脂质体等产品的水合壳会导致蛋白质结构的不稳定和脂质体的融合。脂质体、蛋白质和病毒等不稳定产品也可能引发冷冻损伤。冷冻应力也会破坏脂质体双层和乳液结构。

第五节　冷冻干燥的分类

一、喷雾冷冻干燥

喷雾干燥（Spray Drying，SD）作为最古老和成熟的工艺之一，广泛用于香料和油脂的封装[49]。它是将雾化液体中的水快速蒸发到喷雾室中，热空气在腔室中以顺流或逆流方向流动蒸发雾化颗粒中的水，并将含水进料转化为干粉产品。喷雾干燥有利于以快速干燥速率生产具有可控粒度范围的自由流动粉末。它具有加工成本低、与多种材料相容、连续运行等优点。尽管存在上述积极方面，但由于在高入口温度下操作，该方法也可能会遭受挥发性材料的重大损失、热敏材料的热降解、材料由于其热敏感性而显著氧化等问题。因此，需要研究喷雾冷冻干燥（Spray Freeze Drying，SFD）这种新方法，以保护各种材料在低温过程中不被氧化。由于喷雾冷冻干燥在产品结构、质量、挥发物和生物活性化合物的保留等方面优于其他干燥技术，因此在高附加值产品中具有潜在的应用前景。在其他干燥技术无法提供这些产品属性的情况下，喷雾冷冻干燥脱颖而出，尽管其也涉及一些成本和技术复杂性问题。

喷雾冷冻干燥是一种集喷雾干燥和冷冻干燥于一体的独特的、非传统的串联干燥技术，它克服了两者的局限性，并且发挥了两者的优势。SFD 特别适用于处理对工艺极端温度和时间成本敏感的挥发物、生物制品和食品添加剂，它能够生产出具有独特特性的适用于雾化的干燥粉末，可以保护它们免受环境挑战，并减少干燥时间[50]。与使用有机溶剂的方法不同，SFD 是生产温度、pH 和盐浓度敏感药物的最佳选择。SFD 方法涉及快速冷冻过程，提供了更好的分子分布并实现了相关效应。与 SFD 相比，SD 和 FD 具有一定的局限性。SD 使用高干燥温度，FD 工艺耗时。SFD 相比 FD，前者对粒径的控制要好得多；SFD 与 SD 相比，则具有无热降解、形成高孔隙率、高雾化性的稳定球形颗粒以及较高的粉体回收率，在小规模生产和低剂量用药等领域拥有突出优点，且 SFD 提高了生产现场的灵活性[51]。图 1-3 为 SFD 生产过程的示意图。（资料来源：https：// powderpro. se/ background/ technology/）

SFD 可以产生低密度的多孔粒子，并具有良好的雾化性能，经常被用于生产吸入用干粉[52]。一般来说，它包括通过喷嘴将液体原子化成低温液体，在低温液体中液滴瞬间冻结，然后对颗粒进行冻干，使冰晶在真空下升华，从而形成多孔颗粒。喷雾冷冻干燥颗粒的一个引人瞩目的特点是其密度低，降低了空气动力学直径，使其易于分散吸入[53]。喷雾冷冻干燥过程中有许多工艺参数会影响粉末的性能。许多研究者都探讨了喷雾冷冻步骤的参数对喷雾冷冻干燥粉末的气动性能的影响，如超声波喷嘴的频率或使用双流体喷嘴时雾化气体的流量。据报道，这些因素会影响液滴大小，进而影响喷雾冷冻干燥颗粒的大小[54]。

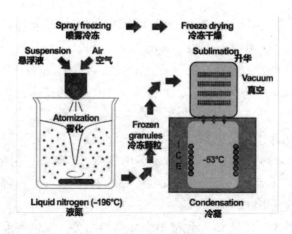

图1-3 SFD过程示意图

典型 SFD 工艺涉及的三个主要步骤包括[55]：①喷雾冷冻成蒸汽。这是一种技术，涉及使用喷嘴雾化液体，并使喷雾与冷干燥气体直接接触以导致冻结液滴的形成。在这一阶段，控制冻结液滴微观结构的因素是冻结速率和成核速率；②将冻结液喷射到液体上方的蒸汽中，其中溶液通过喷嘴雾化。在汽隙中，液滴开始凝固，最后与液体接触时冻结。雾化步骤非常关键，会影响所获得粉末的特性；③喷雾冷冻成液体，其原理是从雾化器中流出的液体与制冷剂发生剧烈碰撞。与喷雾冷冻成蒸汽的方法相比，这种技术能产生更小的液滴。因此，喷雾冷冻成液体产生的颗粒更小，具有极好的微观结构。根据所涉及的压力范围，它们可分为大气压或亚大气压 SFD。在大气压下 SFD 可以产生 10～30μm 的颗粒。这些粉末是自由流动的，颗粒是球形的。重要的是，在冰和冻结的共晶液体之间的液滴内部没有发生相变。此外，作为一种变体，可以采用大气压或亚大气压范围内的流化床概念[56]。

（一）雾化与喷雾器

与 FD 相比，雾化步骤使 SFD 工艺及其粉末性质变得独特。雾化过程是指将原料液分解成大量的小液滴。雾化过程至关重要，因为它直接影响到液滴的粒度分布，进而影响到通过 SFD 工艺获得的粉末的粒度。在雾化过程之后，液滴会经历快速冻结。影响雾化的因素包括进料黏度、雾化能量、进料流量和表面张力。因此，为了获得较小的液滴尺寸，需要较高的雾化压力。雾化后，在液氮等制冷剂存在下，在零下温度下进行冷冻。SFD 生产的特色粉末一直是其关注的焦点，特别适合应用于药物输送到人体系统。与其他干燥方法相比，它还具有许多优点。其中，应用较低的温度来减少干燥和提高活性成分的保留率是一些显著的好处。与 SD 和 FD 相比，SFD 在处理过程中保留了敏感元件。它能产生高稳定性和高质量的粒子，处理时间也明显低于 FD。SFD 颗粒具有高度的多孔性，因此促进了瞬时再水化。此外，使用 SFD 配制的颗粒比 SD 和 FD 区域具有更高的比表面积，可以用于药物的缓释。由于 SFD 过程中的速冻过程，颗粒保留了雾化过程中获得的球形 [5]。此外，为了提高喷雾冷冻干燥药物分子的稳定性和微粒完整性，还必须选择合适的辅料。不同种类的稳定剂，包括糖（如海藻糖、蔗糖、甘露醇等）、氨基酸（如亮氨酸、苯丙氨酸、丝氨酸、精氨酸等）、聚合物（包括 PVP 和 PVA 等），及表面活性剂（如吐温和 Span 等）都已被证明对 SFD 制备的干粉质量有积极影响 [57]。

在喷雾干燥中，液滴粒度分布与喷雾密切相关，该过程涉及喷雾或雾化进料，及最终产品的粒度分布。喷雾器的选择对实现高质量产品的经济生产至关重要。大多数关于喷雾冷冻干燥的实验工作要么涉及传统的单流体喷嘴，要么涉及双流体喷嘴 [58]。然而，这些产生了范围广泛的液滴大小，进而影响冻结率。为了解决这个问题，Rogers、Wu、Saunders 和 Chen[59] 都分别探索了单分散液滴发生器的使用。发现喷嘴的型式能够产生具有预定轨迹和窄尺寸分布的液滴，而液滴的形成是通过第二种流体的剪切、静电斥力或直接对液体施加压力来调节的。

最近的喷雾冷冻干燥实验使用了四个流体喷嘴和超声波喷嘴。Niwa、Shimabara、Kondo 和 Danjo[60] 开发了用于制药应用的喷雾冷冻干燥工艺，采用四流体喷嘴代替传统的两流体喷嘴。在他们的研究中，提供了两个单独的液体进料，它们被单独的气流雾化，而液滴在喷嘴尖端相互碰撞。然后，这些气体进入喷嘴下方 20cm 处的液氮中。结果表明，该颗粒具有良好的多孔结构及较大的比表面积，而且使用四个流体喷嘴的喷雾冷冻干燥技术有潜力为水溶性差的活性药物成分开发新的增溶制剂。对于水溶性非常低的药物，该技术也在有机溶剂中得到证实，尽管这些粒子的孔隙率和比表面积低于使用水溶剂时的孔隙率和比表面积。

D'Addio 等人 [54] 则研究了超声波喷嘴控制喷雾冷冻干燥颗粒的粒径和空气动力学特性的能力，以用于肺部输送。其选择了甘露醇、溶菌酶和 BSA 蛋白作为实验材料。研究表明，超声波喷嘴雾化器可用于从一系列水溶性材料中制备大的多孔颗粒。控制颗粒几何尺寸的关键参数是控制液滴尺寸的超声喷嘴频率。颗粒大小由雾化液滴大小决定，而平均颗粒密度由溶质浓度决定。因此，超声波方法可以通过改变超声波喷雾器的频率来提供对颗粒大小的高度控制。

（二）喷雾冷冻法

迄今，在形形色色的喷雾冷冻法上的研究探索主要有：

1. 气体中喷雾冷冻（Spray-freezing into vapour，SFV）[56]

SFV 涉及液体的原子化，并将产生的喷雾与冷干燥气体接触以冻结液滴。SFV 是一个复杂的过程，涉及许多机制：①单个液滴相对于彼此和气体的形成和运动，这是由喷雾的流体力学决定的；②气体和液滴之间的传热，这取决于局部条件，例如气体温度、液滴温度和液滴 - 气体滑动速度；③液滴内的冻结和冰结晶。在喷雾冷冻过程中，冷冻速率（冷却速率）和随后的成核速率是影响冻结液滴微观结构的两个重要因素。一旦水分被去除，它们就可以用来确定冻干颗粒的微观结构。

2. 液体上部气体内喷雾冷（Spray-freezing into vapour over lioquid，SFV/L）

在 SFV/L 工艺中，进料溶液通过位于沸腾低温液体上方一小段距离的喷嘴雾化。液滴可能在通过蒸汽间隙时开始凝固，然后在与液体接触时完全冻结[61]。Costantino 等人[62]对该方法进行了改进，他们用四个喷嘴引导液氮喷雾实现接触喷雾。然后将悬浮的冷冻颗粒从液氮中分离出来。之后通常采用传统的冻干工艺去除其溶剂。

3. 冷冻液内喷雾冷冻（Spray-freezing into liquid，SFL）

与 SFV/L 不同，SFL 将喷嘴插入表面下方并直接插入冷液体中。液体可以是低温液体，如液氮、氩气、氢氟醚或戊烷，这些液体可以在大气压下使用。或者可以使用加压系统，在这种情况下，可以使用液态 CO_2、丙烷或乙烷。液滴形成后立即开始冻结。可通过插入容器中的叶轮搅拌制冷剂，以避免颗粒结块。冷冻后的颗粒被冻干，得到干燥、自由流动的粉末。SFL 的工作原理是：从喷嘴流出的加压进料溶液与低温液体之间发生液液碰撞。与气体相比，液体的黏度和密度要大得多，这意味着可以产生比雾化成气体时小得多的液滴。因此，强烈的原子化形成极小的（微粉化）液滴。由于制冷剂的固有温度较低（例如液氮温度为 196℃），再加上液滴的高比表面积和高传热系数，因此实现了超快速冷冻速率[56]。

（三）喷雾冷冻干燥过程的建模与应用

数值模拟的一个目的是优化操作条件，以获得更好的生产率，而不会显著降低质量，甚至可能会提高质量。迄今，对于喷雾冷冻干燥过程的研究已经提出了数值模型，旨在预测干燥时间、温度历史和过程中的温度分布[63]。计算流体力学（Computational Fluid Dynamics，CFD）就是这样一种模拟工具，它利用功能强大的计算机和应用数学相结合来模拟流体流动状况，帮助工业过程的优化设计。该方法包括求解质量、动量和能量守恒方程，利用数值方法预测系统内部的速度、温度和压力分布。近年来，CFD 在食品加工中的应用日益广泛。在喷雾干燥操作中，CFD 模拟工具现在经常使用，因为在大型干燥器中很难获得干燥室内的空气流量、温度、颗粒大小和湿度的测量值，而且成本很高。

Anandharamakrishnan 等人 [64] 利用 Fluent 6.3，采用离散相模型，对同流 SFV 过程进行了三维 CFD 模拟。该模型不仅可以预测气体的温度和速度，还可以预测颗粒的温度、速度和停留时间，及模拟颗粒在容器壁上的撞击位置，并确定收集效率。他们的研究考虑了三种情况，即：①用实心锥形喷雾进行喷雾冷冻；②用空心锥形喷雾进行喷雾冷冻；③用实心锥形喷雾进行改进的喷雾冷冻室设计。研究中采用了有限体积法求解模型的偏微分方程。该模型考虑了熔融潜热的影响，将其纳入了一个修正的比热容中，该比热容在一定范围内是均匀分布的。通过这一模型，该研究对固体和空心锥形喷雾进行了模拟，结果表明空心锥形喷雾能更有效地均匀冷却颗粒，但颗粒的收集效率较低。

喷雾冷冻干燥的应用类型主要包括以下几种：①高价值食品的干燥；②药品的干燥；③对周围环境敏感的活性化合物的封装。前两类侧重于作为单元操作的干燥，后一类侧重于感兴趣的成分的封装。包封低水溶性药物的能力以及所产生的多孔颗粒的独特空气动力学性质 [54]，使得该方法成为制备肺部输送颗粒的特别有吸引力的方法。同时，喷雾冷冻干燥技术在低孔隙率陶瓷颗粒的制备、土壤石油污染的修复、烟气脱硫、味精废水和造纸黑液处理，以及无机纳米粉的制备等 [65] 多方面也有应用。

（四）SFD 在输送系统中的应用

在靶向给药的开发过程中，对于其体内给药特性的正确描述的缺乏是一个必须解决的难题。而随着世界多种高新技术的飞速发展，纳米技术已经开始为食品和制药技术领域的里程碑式创新铺平了道路，尤其是当今世界纳米技术的发展唤起了制药领域对改进靶向给药系统的需求，使用的载体或标记物包括脂质体、纳米颗粒、微球、微乳、单克隆抗体、生物体、纳米悬浮液、重封红细胞和胶束。这类载体经过喷雾干燥（SD）、冷冻干燥（FD）、沉淀和喷雾冷冻干燥（SFD）过程后被送入人体。迄今，已有多种技术用于新型药物输送系统（Drug delivery system，DDS）的配制，SFD 也有生产具有改善物理和治疗性能的药物粉末的潜力。物理性能关注的是颗粒的粒度分布、空气动力学行为和体积密度，治疗性能则是指其在生物系统中的活性，有几项工作已经证明了 SFD 在疫苗、胰岛素、干质粒，以及重组人血管内皮生长因子中的潜力[52]。

实际上，这些对于靶向给药系统的改良研究主要集中在口服给药、肺部给药和皮肤给药几方面：

1. 口服给药

在一项提高维生素 E 口服生物利用度的研究中[66]，采用不同的技术（如 SD、FD 和 SFD）进行微胶囊化。在所使用的各种技术中，SFD 产生的多孔颗粒具有较高的溶解速率。此外，还发现维生素 E 的 SFD 方法比其他干燥方法提高了其体内口服生物利用度。同样，在一项使用 SFD 技术提高阿奇霉素——一种高度不溶于水的抗生素的口服生物利用度研究中发现[32]，SFD 后药物的溶出度比其他制剂提高了 8.9 倍。载体材料与药物之间也没有相互作用，说明 SFD 工艺是有效的。阿奇霉素比表面积的减少归因于 SFD 过程，这些结果导致药物分子在载体内明显分散。可以进行化学修饰、共溶剂性、pH 调节、微粉化固体分散体以改善水溶性差的药物的溶解性，从而通过口服给药途径使药物具有较高的生物利用度。除药物外，SFD 技术还可用于对各种益生菌菌株，包括植物乳杆菌、干酪乳杆菌和副干酪乳杆菌的封装处理。结果表明，与其他技术相比，SFD 技术处理后的药物其口服生物利用度提高，包封率更高。因此，SFD 可用于提高药物，尤其是水溶性差的药物的口服生物利用度[67-70]。

2. 肺部给药

大多数喷雾冷冻干燥药物可用于肺的靶向治疗，其中颗粒的性质和大小起着重要的作用。气动粒径是控制颗粒在该系统中输送的主要因素。由于碰撞效应和最大尺寸，高粗颗粒会滞留在呼吸道的上部。然而，由于粒径为 1 ~ 5μm 的超细粉末往往悬浮在呼吸道的肺泡区域，因此只有有效的药物递送才能提高药效。事实上，更细的颗粒粉末可以深入肺部内部。例如对于鼻腔给药，颗粒的空气动力学直径应为 4.8 ~ 23μm；而对于表皮给药，空气动力学直径应为 40 ~ 70μm[71]。除了粒径分布外，药物的溶解度对获得所需的活性和体内循环也起着重要作用。据报道，近 40% 的处方药由于粒径较大，溶解度较低，因此为使药物获得更好的药理特性，必须纠正这一点。此外，生成稳定性更高的粒子在药物传递系统的设计中起着至关重要的作用。因此，为了解决上述因素，SFD 被认为是生产具有改良特性药物的新兴技术。

干粉吸入在生物制药中的应用越来越广泛。SD、机械研磨和沉淀技术通常用于制备干粉。虽然 SD 技术可以在给定的粒度范围内产生自由流动的粉末，但在高入口温度下操作时材料的挥发性和热降解也是其主要缺点。此外，药物的敏感性也导致了对低温干燥技术的需求。由于 SFD 能产生较大的多孔颗粒，因此与其他干燥技术相比，SFD 可用于生产具有更好气溶胶特性的颗粒。事实上与 SD 相比，SFD 至少可以实现 50% 以上的雾化效果，其产量大于 95%[52]。此外，使用 SFD 技术还制备了布地奈德颗粒，这些颗粒通常被吸入用于哮喘的治疗中[72]。研究还发现，SFD 制备的粉体具有良好的气雾性能，可有效地用于肺部给药。据报道[73]，喷雾冷冻干燥的颗粒比使用其他干燥机制配制的颗粒能够进入肺部细胞内区域。以类似方式，使用 SD 和使用海藻糖的 SFD 固定化胰蛋白酶，并对其进行表征的研究发现，海藻糖与胰蛋白酶的比例为 1∶1 时，对酶活性的保护效果优于 SD[74]。

此外，还有研究表明，使用 SFD 技术配制的疫苗粉末可以更好地替代传统的 DDS。SFD 作为鼻腔给药的替代品制备流感疫苗，并通过对粉末的气溶胶特性进行表征时发现，颗粒的形态显示为高度多孔的颗粒，其空气动力学直径为 5.3μm，有利于颗粒在肺部的沉积，从而提高了药物的免疫原性反应。在另一项使用双流体喷嘴 SFD 技术制备鲑鱼降钙素——一种用于治疗骨质疏松症和帕吉特氏病的激素的研究结果[57]表明，所制备的颗粒具有高度的球形多孔性，可用于药物的肺部给药，而且颗粒具有令人满意的细颗粒分数，颗粒在肺泡区的沉积也较好。因此，与生产吸入用粉末的其他工程方法相比，SFD 被认为是一种更适宜的生产球形、高比表面积和低密度颗粒以便于其肺部沉积的方法。研究还发现，喷雾冷冻干燥的颗粒更容易到达肺深部，具有独特的空气动力学特性，有助于改善药物的体循环[56]。

3. 皮肤给药

药物经皮给药以皮肤作为连续给药和全身循环的场所。通常，在皮肤上贴上药物黏合剂贴片的目的是方便将控制剂量的活性制剂释放到血液中，该过程关注的重点在于需要通过皮肤控制释放药物。经皮给药方法可以提高许多药物的治疗价值，因为它克服了肝脏首过效应，使药物的生物利用度得到提高。此外，它也允许通过一个狭窄的治疗窗口有效地使用生物半衰期较短的药物。迄今，药物经皮给药已被患者广泛接受，因为其能作用于靶部位而不破坏皮肤膜。药物在透皮层内的渗透机制是通过表皮，也称为经表皮来吸收。经表皮途径遇到的主要阻力最初是角质层，其厚度约为 1020μm[75]。下一步则是药物通过表皮渗透，最后渗透到真皮层。由于药物在透皮层内的扩散途径简单，并不会产生任何副作用。

任何透皮给药系统的设计都取决于药物的通透性，以使药物较为容易地到达靶点。对于药物的经皮给药，在一项研究中使用超声 SFD 技术和冻干法制备了重组人表皮生长因子（rhEGF）脂质体粉末[75]，因为制备 rhEGF 微粉时选择脂质体作为药物的良好载体，可以提高药物的治疗性能。研究结果表明，由于 SFD 法制备技术所涉及的快速冷却冻结过程中避免了冰晶的形成，超声 SFD 法制备的脂质体粉末具有多孔性，其结构完整性并无明显变化。且与冻干法制备的 rhEGF 脂质体相比，SFD 法制备的 rhEGF 脂质体粒径范围小，通透性高，在干燥过程中更能防止药物泄漏。同时，SFD 法还可以产生具有不同粒径和密度的高流动性粉末[52]。因此，与传统的给药系统相比，SFD 可以作为一种有效的技术来提高药物的治疗性能。

（五）未来研究的局限性和方向

虽然有一些报道介绍了 SFD 的优点和独特的性能，但与其他技术一样，SFD 也有其自身的局限性，即其主要缺点是固定成本和操作成本高[76]，这是由于真空和间歇操作模式要求的高能耗操作导致了额外的高成本[77]。尽管大气冷冻干燥被视为解决这一限制的方法，但每千克干燥产品的成本取决于干燥温度，因此，若原料的冷冻溶液具有较低的共晶温度或玻璃化转变温度，需要较低的干燥温度，则成本会急剧增加。特别是由于低压和低温要求，该技术在资本和运营成本方面都很昂贵[76]。在扩大规模的背景下，目前大多数开发出的 SFD 装置是批量式的，不适合完全商业化使用。在此方面，Meridion Technologies 已将使用半连续 SFD 工艺制造单克隆抗体的工艺进行了商业化。其工艺中获得的粉体残余水分 < 0.1%，流动性好，在温和搅拌下，SFD 粉末在 2 ~ 4min 内完全复原，且经过长期储存后也未发现颗粒聚集现象[52]。此外，安进公司还利用 SFD 技术，使用中试规模的装置进行了蛋白质气溶胶输送。然而，设计精确尺寸的喷雾冷冻室和冷冻干燥室仍然是一个挑战。在操作安全方面，使用液氮等制冷剂还需要额外的预防措施，并需要考虑进行合理的设计以尽量减少浪费。总之，与传统 SD 技术相比，SFD 的处理成本高出了 30 ~ 50 倍[78]。此外，其喷雾干燥的热效率较低。因此，如何提高该工艺的热效率和促进节能，以及细粉的淘洗都是需要继续研究克服的开发瓶颈。

在各种食品和生物成分的干燥方面，SFD 也提供了一种非常有效的技术。此外，与食品行业相比，制药领域对 SFD 的应用研究要普遍得多，这主要是因为食品行业的利润率非常低。这项技术可以在获得定制的最终产品并进行微调，使产品不仅具有特定的颗粒结构，也能够提供预期的功能特性，特别是在含有生物活性分子或高挥发性化合物的高价值食品的情况下。SFD 技术在缩短干燥时间、提高保健品和挥发物活力等方面都具有极大潜力，并能对产品质量产生重大影响。此外，SFD 还可用于对香气挥发物、香精油和蛋白质等成分的包封上，具有更好的通用性以满足工业和研究的要求，从整体来看，这项技术在产品开发中的可能性很大。总的来说，在这些领域 SFD 工艺可行性已经显示出巨大的应用前景，对类似研究所取得的成功也为该技术的苗壮发展提供了强有力的证据，相信以 SFD 为导向的产品将在不久的将来跨越实验室规模的研究，使 SFD 最终成为食品和制药等工业中的一种有利工艺，就像其他现有的成功工业干燥技术一样[56]。

二、微波冷冻干燥

（一）微波干燥原理

微波是指波长在 1mm ~ 1m 之间，并且频率在 300MHz ~ 3000GHz 之间的，具有穿透性的一种高频的电磁波，通常被称为"超高频电磁波"。作为一种电磁波，微波也拥有波粒二象性。穿透、反射、吸收是微波的三个基本性质。微波对于不同材质的物体有不同的作用，对于玻璃、塑料和瓷器，微波几乎是穿越而不被吸收，对于水和食物等就会吸收微波而使自身发热，而对金属类的东西，则会反射微波。微波拥有诸多重要特点，其中包括穿透性、选择加热性、拟光性、拟声性、非电离性等。对于食品等工业来说，微波的热效应是应用最广泛的性质之一。在我国的工业加热上只允许使用 915MHz 和 2450MHz 频段的微波。到现在为止，微波可以在各种领域发挥自己独特的作用，这其中就包括了加热、化工、木材、食品干燥、杀虫、造纸、灭菌、医疗等领域的应用。微波具有的这些独特优点使得其发展速度很快，相应地，微波干燥作为众多应用领域之一，其研发潜在的市场也很大[79-83]。

传统干燥方式采用的都是外部加热干燥，如热风、火焰、电加热、蒸气等，其原理是物料表面吸收的热量通过热传导渗透入至物料的内部，转而进行升温干燥。而微波干燥是使被加热物料本身成为发热体，省略了先加热空气的环节，微波从四面八方穿过物料，不需要传热介质，也不利用对流，热量由内向外渗透的加热方式对物料进行干燥，所以这又被称为内部加热法。不同物质由于介电损耗因数各有差异导致会产生完全不同的受热结果，损耗因数大的物质能够更好地吸收微波能。由于微波的选择加热性，介电损耗因数大的物质往往被优先加热，相对的介电损耗因数小的受热慢[82-83]。

被加热介质物料中的水分子为极性分子，在快速变化的以每秒几亿次速度进行周期变化的微波场作用下，水分子极性取向将随着外电场的变化而变化，以同样的速度做电场极性运动，这就造成水分子的自旋运动。在这阶段彼此频繁碰撞进而在这个过程中产生大量的摩擦热使物料温度上升，水分蒸发实现干燥。微波场的场能转化为介质内的热能，可以使物料温度升高，达到微波加热干燥的目的，其加热速度只需要传统加热方式的几分之一或几十分之一，干燥设备中微波能转换为热能效率高达 80%。此外，微波干燥还具有传热与传质方向一致，物料内部升温导致内、表水分扩散均匀，干燥速度快的特点 [81, 84-85]。

微波干燥的过程可以分为加速干燥、恒速干燥和降速干燥三个阶段，微波加热与间歇时间的综合影响所得到的干燥速度，是影响干燥后食品质量的重要因素 [86-87]。

（二）微波冷冻干燥过程

由于常规加热的冷冻干燥技术存在种种弊端，其中包括传热传质速率较低，能耗大，干燥时间过长等，所以限制了其进一步的发展与推广 [88]。它与传统的加热方式有着很大的不同，它拥有自己独特的体积加热方式。传统的加热方法分为以下几个步骤：外源热量通过传导、辐射或对流三种方式积累在物体表面；通过热传导传递到物料内部；最终完成物料的整体加热。而微波加热则通过内部分子在微波场中受到微波作用使微粒相互摩擦、反复极化产生能量，从而实现物料从内到外温度的整体升高 [89]。

微波加热过程中不需加热介质，整个过程便于控制并且热效率高，被称为第四代干燥技术 [90]。另外由于微波对物料可以直接作用，对环境与设备不存在热损失，所以效率高，能量损耗小，能量利用率高，会比常规方法省电 30% ~ 50%。微波干燥使物料中水分的移动方向与温度梯度方向相同，这样不但减小了传热阻力，还减小了传质阻力，可进一步提升其干燥速率，避免物料在干燥过程中皱缩，从而保持复水性。与此同时，它也伴随着一些缺点，其中就包括了微波冷冻干燥良品率较低的问题。另外，存在一部分使用该技术所生产的产品会很难达到冷冻生产产品的质量要求问题，还需要对相关产品进行综合品质控制。当然这其中也具有物料不易氧化变质，能够达到灭菌或抑制某些细菌的活力的优点。由于该工艺的温度梯度较小，可以使物料整体受热较均匀，不会产生极端现象，且干燥较为均匀 [91]。

一般来说，微波冷冻干燥可以满足食品干燥的四个主要要求：操作速度、能源效率、操作成本和干燥产品的质量。在微波干燥系统中，能量直接被水分子吸收，在食品材料中升华，而不受干燥区的影响。微波冷冻干燥系统由冷冻干燥系统和微波加热系统组合而成。这其中主要包括制冷、微波加热、真空系统、微波真空物料室以及其他辅助设备。图 1-4 为微波冷冻干燥系统的组成简图 [92]。

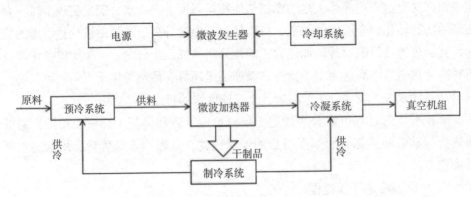

图 1-4　微波冷冻干燥系统组成简图

与传统的冷冻干燥相比，微波冷冻干燥有很大的应用空间与前景，但是现阶段仍存在一些问题需要解决，这些困难主要包括：加热过程中的加热不均匀、辉光放电、工艺优化问题等 [93]。

加热过程中由于微波场的分布不均会导致加热不均匀，原因主要有两个：微波升温的选择性和电场的尖角集中性。大量研究都发现，被干燥物料的边缘与尖角会出现不同程度的焦糊等问题，这是由于这些位置在微波场中容易过热 [94]。由于被干燥物料的情况复杂，且各物料内部含水量大不相同，其成分状态也不同，所以理论上要完全解决由于加热不均匀性带来的问题是很困难的。但是在这几年的发展过程中已经出现了一些理论解决措施，例如微波干燥室内的能量分布理论及物料层内的能量分布理论等，但还有一些问题有待于进一步研究解决。

此外，辉光放电 [90]（glow discharge）是微波冷冻干燥另一个技术难题。在高电场点以及加热腔的突出位置，由于压强较低、水分含量较高等原因，在内场强集中处会产生辉光放电现象。发生辉光放电现象会使干燥物料受到不同程度的不良影响，引起物料局部过热，同时还会增加能耗，导致有效功率大量损失浪费，严重时还可能损坏设备。在食品应用领域中，辉光放电会造成食品的变性、变味，影响食品品相与品质。电场中发生辉光放电的最小场强与水蒸气分压有关 [90, 95]。

由于微波和传热传质相互影响，该技术的推广与发展受到了限制，现阶段的微波冻干工艺仍需解决一些问题，其工艺的优化和控制也是微波冷冻干燥中的一个重要问题。工艺优化主要是在保证物料品质的前提下提高干燥速率，同时降低干燥所需的能耗与成本 [95]。造成工艺优化困难的根源在于对整个干燥过程的数值模拟与理论基础还不完善，微波场强分布是这其中的重要因素之一。干燥过程中微波场强分布不均匀且与传热传质相互影响，会随着干燥的进行不断发生变化，这就增加了微波冷冻干燥工艺优化和过程控制的难度。但迄今为止，对微波场分布模型的研究仍然是少之又少。该技术由于是基于介电加热方式，加热效率和物料的介电属性在这其中扮演着十分重要的角色。由于液态水的介电系数远高于冰的介电系数，食物冻结区的局部熔化可能导致热失控，导致加热极不均匀。因此为了避免热失控，研究食品材料的介电性能，以及材料介电性能与微波场的关系是非常重要的 [96]。但现阶段对食品、生物材料、农产品等的介电特性研究较少，这些同样限制了对该工艺进行优化的进展。

（三）微波真空冷冻干燥技术

微波真空冷冻干燥（microwave vacuum freeze drying，MFD）作为微波技术的其中一种，兼备了微波干燥与真空干燥的优点，可以有效地缓解能耗大的问题。总的来说，在真空及共晶温度以下，这种技术可以将冻结成固态的含水物质进行升华干燥，并通过微波发生器向待干燥物料提供升华所需的潜热，从而除去水分 [97]。微波真空冷冻干燥工艺流程及其主要系统如图 1-5 所示 [98]。

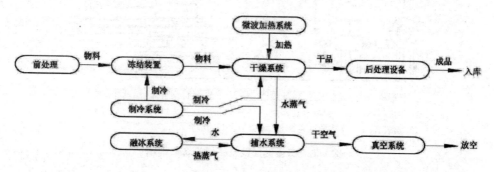

图1-5 微波真空冷冻干燥工艺及系统组成

只要有微波辐射，物料即刻得到加热。在食品应用方面，该技术可以最大限度地保留食品原有的各种属性，适合长途运输和长期保存。不过由于其设备一次性投资成本高、干燥速率低，产品达到要求设备所需的耗时就会大幅度增加，制冷与真空系统的能耗相应就增加，干燥成本随之增加，并且在真空状态下微波发生器可能会发生放电现象，这些缺陷都使得这种技术在应用于工业生产的难度变得较大 [98-101]。

（四）微波热风干燥技术

微波热风干燥技术是微波与热风同时作用于干燥物料的新型干燥方法和技

术，该技术有效地避免了由于耗时、营养成分严重损失等问题所带来的不良影响，图1-6展示的是Uprit等设计的干燥设备原理图[102]。目前，微波热风联合干燥分为两种，分别是微波热风串联干燥和热风微波耦合干燥。它不但可以加快干燥速度，提高产品质量，还可以降低干燥成本。并且两种干燥方式可以充分发挥自己的优势，热风的处理量大，干燥成本低，而微波场中热、质传递快。该技术与单一的微波干燥相比，不仅改善了微波加热的不均匀性，避免了产品出现热点和热失控，同时还可以提高干燥物料的品质[103-104]。随着近几年的发展，微波热风干燥技术与工艺将会走向成熟，成为节能的干燥新技术广泛应用于农业与食品工业中。

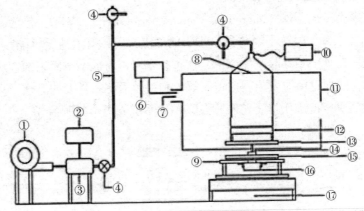

1–鼓风机 2–自耦变压器 3–加热器 4–阀门 5–镀锌钢管 6–温度和湿度指示器
7–出风口 8–钢丝网 9–马达支架 10–温度指示计 11–干燥室 12–样品座
13–旋转盘 14–支撑杆 15–圆板 16–马达 17–电子天平

图1-6 微波热风联合干燥设备原理图

第六节 与冷冻干燥相关的放大问题

一、冷冻干燥的放大

冷冻干燥是生物技术制造中的一项关键工艺技术，以避免血浆、酶、疫苗、单克隆抗体等温度敏感产品的变质[105-106]。冷冻干燥工艺设计的一个重要目标是开发一种经济性高的工艺，以不管尺寸和设计如何，都可以容易地转移到所有的冷冻干燥机上。为了完全可转移，当在不同的冷冻干燥机上进行相同的冷冻干燥过程时，该过程应该是等效的 [107]，当然为实现这一目标就带来了一些技术上的挑战。

事实上，当将一个过程转移到不同的设备时，会有很多影响因素导致其转移后效果的变化，这就包括：

①制造区域的环境条件：它们会影响成核温度，从而影响冰晶大小的分布和干燥层在初步干燥过程中对蒸汽流量的阻力 [108]。

②搁板表面温度：由于设备设计、温度控制策略和负载的差异，即使加热设定值和冷却液温度保持不变，不同机器的搁板表面温度也可能不同。此外，货架上的温度可能会有变化，特别是在需要大量热交换的情况下，温度分布通常是设备和负载特性的函数 [107, 109]。

③辐射效应：搁板和室壁的辐射会影响产品的热传递。这一贡献取决于设备特性，即搁板之间的距离、壁温、小瓶与壁的接近度以及表面的发射率 [110]。

④腔室压力：腔室压力的局部值取决于操作条件和设备的几何特性，它们既能影响产品的热通量，也能影响从升华界面到腔室的质量传递 [111]。

⑤加热和冷却速度：它们的最大值取决于设备的类型，因此，在某些情况下，不可能在两个不同的冷冻干燥机中使用相同的配方 [109]；此外，如果冷冻步骤在两个冷冻干燥器中不是以相同的方式进行的（即，产品温度随时间的变化相同），即使使用相同的操作条件在干燥步骤中获得的干燥饼的结构可能显著不同，这将影响初级干燥期间的产品温度。

配方放大的问题，这是每个从事冷冻干燥行业的从业者所熟知的。从文献调研来看，冷冻干燥配方的放大仍然是一个未解决的问题。美国食品和药物管理局于 2004 年发布的《过程分析技术行业指南》强调，需要深入了解生物技术过程以提高制造效率，目标是在过程中提高产品质量 [112-113]。放大问题的主要来源之一是实验室规模和工业制造规模上冷冻干燥过程中冰核的差异 [108]。其他放大问题包括货架表面温度分布的差异、干燥机负荷的差异、传热传质性能的差异、辐射热贡献的差异、腔室压力的差异 [114-115]、边缘瓶效应和成核温度不均匀性的影响等。

在此框架下，克雷默等人最近研究了使用数学模型对冷冻干燥配方进行真正放大的可能性 [116]。中试货架温度是使用稳态值近似计算的，该稳态值是使用中试设备中获得的模型参数值计算的，并忽略了初级干燥过程中产品阻力的变化以及不同冷冻干燥机中产品阻力的变化。Pikal 等人发现边缘瓶效应可以准确地进行计算，并有望用于放大计算。边缘瓶效应取决于架子、墙壁和门的温度和发射率。由于实验室烘干机和生产烘干机之间的壁和门温度的差异不大，对于一个给定的过程，边缘瓶效应的放大效应差异并不大，只在运行在故障边缘附近的过程中至关重要[117]。

与此同时，在实验室规模、中试规模和临床规模的干燥机上研究了干燥机负荷对关键工艺参数的影响[118]，这对于工艺放大问题有着很好的指导作用。这就包括了几种结合使用实验测试和数值模拟的程序，以促进放大[119-120]。还有研究者对该工艺进行了流体动力学建模，以模拟压力和压力梯度或可变货架间隔距离下的流速[111, 120]，以说明灭菌管或连接管道中隔离阀对流速的影响[121]，量化变压和小瓶分离条件下不同传热成分的贡献，或预测冷凝器上的三维不稳定积冰。这些结果对于重新考虑冷冻干燥机硬件的传统设计非常有用，对于后期的配方工艺放大也有着深远的影响。

长期的实验活动通常在实验室规模上进行，以确定加热架温度和干燥室压力的值，从而获得质量上可靠的产品。一般认为，如果在初级干燥过程中，即当冰通过升华从冷冻产品中去除时，产品温度保持在极限值以下，就可以达到这个结果。最近，有研究者提出了基于模型的工具，如 SMARTTM 冷冻干燥机[122] 和 LyoDriverTM[123]，以便通过进行一些实验来优化配方，从而缩短配方开发的步骤。在实验室规模的设备中获得的相同配方通常不能在没有修改的情况下直接用于在中试规模或工业规模的冷冻干燥机中冷冻干燥产品，因为它不能保证获得相同的产品温度和冰含量的动态。

此外，通常假设配方和容器在配方的放大过程中没有被修改。在这方面，必须强调的是，垂直几何形状的微小变化，尤其是底部形状的变化，可能会产生重大影响。最后，由于腔室压力对过程的影响，必须确保两种冷冻干燥机的压力控制是相似和有效的，即干燥机的高阻抗会导致阻塞流动，从而导致腔室中不受控制的更高压力。如使用不同类型的压力传感器，如电容压力计和皮拉尼压力计，则必须避免相同的压力设定点[124]。

Tsinontides[119] 等人描述了一种将不稳定药物产品的冻干过程从试验工厂转移到生产工厂的主要方法和工具。根据中试工厂的数据，他们在有限的生产放大试验中对冻干周期进行了测试以确定参数设定值和测试过程参数范围，然后在数学模型中使用有限的生产数据来确定生产冻干机的传热系数，并随后评估了放大操作条件下的循环稳定性，随后在目标参数设定值下成功演示了冻干循环过程。他们以经济高效的方式适当扩大冷冻干燥过程，包括在生产条件下的有限实验中智能使用实验工具来监控产品的干燥过程，通过评估围绕目标设定点开发的制造周期的稳健性，建模的使用极大地提高了成功的可能性。此外，该研究还描述了将不稳定药物产品的冻干过程从试验工厂放大和转移到生产工厂的方法。它们的实验数据是在有限的生产放大试验中使用记录器收集的，以确定冻干设定点和工艺的操作范围。其所获得实验数据被用来计算合适的传热系数。冻干机使用了单瓶冷冻干燥模型，该模型随后被用于评估冻干循环在不同操作条件下的稳健性，包括货架温度、腔室压力和小瓶填充量的变化。在实验和理论工作相结合的基础上，确定了生产过程中的冷冻干燥周期，并进行了实验验证。研究发现，冷冻干燥循环的放大必须基于不同规模的等效干燥速率和干燥程度，且在开发和技术转移活动中监控冻干机内的产品温度是确保成功扩大规模的一种方法。在参数上，他们发现仅靠提高搁板温度和室压设定值可能是不够的，因为不同的装置可能有不同的热特性，而与尺寸无关，从而产生不同的产品传热速率。

Rambhatla[107]等人利用升华试验获得的数据，评估了冷冻干燥机之间因固有设计特性而产生的传热传质差异，该研究还旨在为冷冻干燥过程的方便放大提供指导。他们将从实验室规模、中试和生产冷冻干燥机上进行的升华测试所获得的数据用于评估各种传热和传质参数，其中就包括搁板表面温度的不均匀性、管道阻力、制冷系统和冷凝器等。还对相关表面如室壁和冷冻干燥机门进行发射率测量，以评估放大过程中非典型辐射传热的影响，且在不同冷冻干燥机的货架表面上识别出"热"点和"冷"点，研究了货架表面温度的变化对一次干燥时间和一次干燥过程中产品温度的影响。在不同冷冻干燥机上使用发射率测量进行的计算表明，实验室冻干机中的前瓶比生产用冷冻干燥机中的前瓶接收到的热量多1.8倍，生产用冷冻干燥机在货架温度为 –25℃和初始干燥期间的室压为150mTorr的条件下运行。他们还采用了稳态传热和传质方程来研究冻干循环中不同放大问题的组合。研究者通过给定实验室和生产干燥器的操作鉴定（Operation qualification，OQ）数据以及已知的小瓶传热系数的变化，描述了生产操作中传热的区间变化的估计，然后计算了产品温度和干燥时间的相应变化。其从升华测试获得的 OQ 数据可用于测试已知热负荷条件下冻干机的性能，并提供所需的数据以确保从一个冻干机到另一个冻干机的冷冻干燥循环的等效性。考虑到干燥器之间不同的性能因素，可以使用简单的稳态传热传质方程来估计干燥器变化对冻干循环的影响，特别是初级干燥时间和初级干燥过程中的产品温度。这种理论计算对于冷冻干燥过程的优化和实验室生产过程的放大都非常重要。

Fissore 和 Barresi[120]提出了一种简单有效的配方放大和工艺转移方法，该方法考虑了主干燥过程中产品阻力的变化，以及不同冷冻干燥机中产品阻力不相同的可能性。这种方法包括使用数学建模来模拟所选配方的产品演变，以及一些实验来确定模型参数和表征不同的冷冻干燥机，其中参数的不确定性以及批次不均匀性的影响很容易解释。在冷冻干燥机设备中已经获得了配方，并可能进行了优化（即实验室规模的冷冻干燥机），这样的配方必须转移到设备中试或工业规模的冷冻干燥机中。研究者所提出的算法可用于两个冷冻干燥机不是热等效的情况。这种方法无需使用任何（昂贵的）设备进行过程监控和模型参数估计，计算非常简单，而且该方法可以真正有效解决配方扩大（和过程转移）的问题。此外，他们还发现可以估计新冷冻干燥机的设计空间，从而不仅传递配方，还传递整个设计空间。该设计空间包含更多信息，包括允许成功执行干燥步骤的全套条件的知识。这种方法效率高，因为在这种情况下，配方将针对所考虑的冷冻干燥机进行优化。配方中包含的安全裕度知识也将允许人们评估最大产品温度的增加结果是否可以接受，从而指导最佳操作条件的选择。例如，在滤饼电阻发生变化的情况下，可以评估是否有可能保持干燥时间不变。

最后，这项工作还证明了以下问题：当扩大配方时，产品的目标演变应该是以较高的传热 Kv 值为特征的小瓶，以保证产品在第二台设备中的温度不高于在第一台设备中达到的最大值，但这可能导致干燥时间延长。在扩大配方时，产品的目标演变应是小瓶的特性。如果新配方过于保守，即干燥时间增加到不适合该工艺的值，则可以使用搁架上方中心位置的样品瓶的动力学作为目标来重复放大。显然，产品温度可能会超过搁架侧面小瓶中的极限值，因此，这些小瓶中可能会出现收缩或塌陷。如果在两个冷冻干燥器中干滤饼对蒸汽流的阻力不同，放大程序的目标应该是产品温度，以避免可能的过热。由于许多参数的不确定性，预计在两个不同的冷冻干燥机之间不会有显著差异，因此最高产品温度和干燥时间的累积分布也不会受到显著影响。

另外，冻干程序的放大转移主要需要注意两个方面[125]：

首先，冻干程序放大转移要考虑冻干机的差别，即不同型号的冻干机在结构和性能上有差异，边缘效应在小试机更明显。小试机常使用体积小响应灵敏的 T 型热电偶探头，生产机型使用耐受蒸汽灭菌的比较长的 Pt100 探头，探头上部暴露在液面之上会增加测量误差。探头本身是干扰因素，放置探头的制品往往提前成核，冰晶大升华快，其热力学表现和未放置探头的制品有差异。手动放置探头可能对无菌制品带来污染，更不适于自动装卸冻干机。压力温度测量法采集压力升数据，用拟合的数学公式计算整体制品升华界面的温度，已经成功用在实验型冻干机。大型冻干机隔板多体积大，隔板中心部位压力高于边缘部位。生产型冻干机的监控系统往往不如实验型冻干机精确。空载性能相近的冻干机在满载生产时的传热系数和传质系数也可能有明显差异。

其次，冻干程序放大转移要注意 T_n 的差别：成核需要溶液接触面和内部微粒作凝结核触发，制品的 T_n 通常为 –5 ~ 15℃。药物生产是在洁净环境中进行，容器经过严格清洗，液体经过除菌过滤，溶液中微粒大幅度减少。故实际生产中制品的 T_n 往往更低。这是实验室和无菌生产的重要差别。T_n 主要取决于药液组分的性质、瓶子规格和操作环境，与溶液浓度无关。成核是一个难于控制的随机过程，大型冻干机同一批制品的 T_n 差异可达 10℃，成核时间相差 60min。T_n 低则过冷度大、冰品细小，升华后遗留的通道会细微增加升华阻力。由于过冷度加大，生产型冻干机的升华干燥期要比小试长约 20%。有研究者曾探索了用冰雾、超声波或电场等各种方式控制成核。日前，已成功用于实验型和工业型冻干机的有普莱克斯（Praxair）气体公司的加压成核技术和林德（Linde）气体公司的冰雾诱导技术。加压法将氮气压入制品溶液，在接近冰点温度突然减压，溶解的氮气快速溢出扰动液体诱发成核。冰雾法喷射冷的氮气将注射用水制成冰雾，沉入制品作为晶种诱发成核。这两种技术均可以将 T_n 控制在冰点 1℃之内，减低过冷度明显缩短升华干燥时间，改善产品质量、收率和均一性，控制成核技术也有助于冻干程序的转移放大。

尽管放大问题的存在已久，但文献中很少出现关于配方放大的论文，在这里仅提供几种简单有效的解决方案：第一种方法包括设计一个重要的配方，在假设两台设备实际上是等效的情况下，该配方既可用于实验室规模，也可用于中试规模或工业规模的冷冻干燥机，结果是通过在实验室规模的设备中使用稍微不同的货架温度值和室压值来摸索放大效应。如果获得质量合格的产品，则认为配方足够坚固，可用于中试或工业规模的设备[126]。处理放大问题的第二种方法是定义初级干燥步骤的设计空间，即在冻干过程结束时在不同的冷冻干燥器中保持产品质量的一组操作条件（采用合适的统计工具可以达到这个结果）[127]。作为替代方案，通常建议采用试错法来扩大配方规模。Tsinontides 等人[119]提出使用数学模型来研究在小型设备中开发的配方在大型冷冻干燥机中的产品演变，其很少需要实验来确定产品的传热系数。Kuu 等人[128]则提出了一个程序，将实验室和生产用冷冻干燥机之间的一些关键参数，如货架和产品之间的传热系数以及干燥产品对蒸汽流的阻力关联起来，并使用数学模型来研究所选配方对最高产品温度的影响，从而摸索出在大型设备中必须使用的参数。

二、新型容器系统中的冷冻干燥

在过去的几十年里，冷冻干燥领域在工艺开发和放大知识方面有了很大的进步。冷冻干燥工艺以前是用"试错法"设计的，现在可以在充分了解配方特性和传热传质基本原理的基础上进行设计。用于冷冻干燥的容器封闭系统也取得了进展。这些新型容器系统的冷冻干燥对冷冻干燥工艺的发展和规模化提出了独特的挑战。玻璃瓶被广泛使用，并且在冷冻干燥过程中具有良好的传热和传质特性[46, 129]。迄今，在新型容器系统中的冻干研究主要集中于：

（一）注射器冷冻干燥

传统上，产品在玻璃瓶中冷冻干燥，冻干产品用稀释剂重新配制，并用注射器给药。目前的市场需要许多新兴的生物制药产品的替代包装。因此，许多冻干产品现在以双腔注射器或筒供应。冻干产品在一个腔室中，稀释剂在另一个腔室中。通常情况下，首先对产品进行冷冻干燥，然后将塞子推入注射器筒中以分离两个腔室，然后在另一个腔室中填充稀释剂。在柱塞的推动下，可以快速方便地实现重构。从最终用户的角度来看，预填充注射器非常方便，因为它们在给药前过程不繁琐，所以无菌危害的风险较小。此外，与小瓶相比，剂量更精确，与小瓶相比需要更少的过量[130-131]。

然而，文献中很少有描述注射器冷冻干燥传热传质的报道。据报道，小瓶和注射器[132]之间没有冷冻差异。由于冷却均匀，获得了均匀的冰晶形态。在一次干燥过程中，升华速率随着干燥室压力的增加而降低，随着货架温度的增加而增加[133]。总传热系数随气体温度的升高而增大，说明悬浮在架子上的注射器的主要传热方式是气体对流。最后，在升华速率方面，注射器干燥与小瓶干燥没有显著差异。然而，这些结果与另一文献[134]截然相反。在这项研究中，玻璃注射器通过有机玻璃支架悬挂。注射器中的产品过冷度相对较低，因此产品阻力较低。与先前的研究[133]一致，观察到升华速率随着腔室压力的增加而降低，但发现注射器传热系数与压力无关，主要的传热方式是辐射。如果气体对流是传热的主要模式，那么干燥室中的气流动力学可能会随着冷冻干燥机的尺寸和几何形状而变化。对于辐射换热，放大问题则没有那么严重。

此外注射器放在铝块上钻的孔内，从架子到铝块以及从铝块到注射器的传热都是通过三种方式进行的，即气体传导、接触传导和辐射。与有机玻璃保持架相比，铝块大大改善了传热，但在相同的货架温度和箱压条件下，与小瓶冷冻干燥相比，产品温度较低，干燥时间较长。

（二）金属托盘

从架子到托盘的热传递也是通过三种方式进行的：气体传导、接触传导和辐射。散装冷冻干燥传统上是在开放的不锈钢托盘进行，这有几个缺点。其中一个问题是由于产品喷吹造成设备污染，因为升华率高，导致材料损失和清理问题。此外，托盘在重复使用时会发生翘曲，从而导致从搁板到托盘的传热不良且多变。如果使用热电偶来确定一次干燥的终点，它们可能表明一次干燥是在传感器周围的局部区域进行的，但如果循环进入二次干燥，托盘中仍可能有冰块区域导致产品融化。在这种情况下，基于干燥室中气体成分监测整个批次的技术就显得尤其重要，例如 Pirani 真空计与电容式压力计压差或露点[135]。一般来说，由于铝托盘的导热系数相对较高，因此铝托盘比不锈钢托盘更受欢迎。但是，药物不能暴露在铝中，因此需要内有不锈钢，外有铝的层压锅。

（三）Lyoguard® 托盘和容器

戈尔公司（W. L. Gore & Associates）生产的 Lyoguard® 托盘和容器代表了散装冷冻干燥的一项最新创新。与金属托盘相比，它有几个潜在优势，包括产品可以无菌冷冻干燥[136]。托盘顶部用 GORE-TEX 膨化聚四氟乙烯层压板制成的半透膜密封，该层压板专为冷冻干燥无菌内容物而开发。半透膜使水蒸气易于流动，阻力很小，但同时防止任何产品飞出。托盘底部用一层薄薄、透明、柔软的聚丙烯薄膜密封。对于托盘，在前面提供一个带螺帽的端口来填充产品。与产品接触的建筑材料是聚丙烯。

制造商对托盘进行的一些初步表征表明，Lyoguard 托盘中的传热比不锈钢托盘[136]更均匀、更好。半透膜确实对传质产生阻力，但是，与产品的正常干层阻力相比，膜阻力微不足道。因此，膜阻力与冻干瓶塞阻力相似，仅占总传质阻力的 10% ~ 15%。然而，目前还没有文献对冻干过程中的传热传质进行定量研究。这些数据将有助于冻干工艺条件的合理设计，并最终有助于扩大其工艺规模。

托盘冷冻干燥的一个普遍问题是无法密封冷冻干燥机内的容器。对于吸湿性材料，这一缺陷可能是一个严重的问题，因为产品在进入完全密封的容器系统进行长期储存之前，暴露在室内条件下时可能会吸收水分。对于 Lyoguard 托盘，由于采用了半透膜，原则上在样品处理的小时间段内，应很少吸收大气中的水（由于没有对流，水分子必须通过半透膜扩散）[114]。

（四）玻璃安瓿冷冻干燥

玻璃安瓿是常用的冻干生物标准物质，其纯度高、价值高。这些标准物质的目的是非常长时间的存储，因此高稳定性是一个基本要求。世界卫生组织建议使用玻璃安瓿制备生物标准物质，以尽量减少使用橡胶塞密封玻璃瓶时可能出现的水分或氧气进入的风险。据文献报道[137-139]，由于橡胶塞中的水分与产品的平衡，橡胶密封瓶内的水分和氧气含量增加。将配制的 5% 人血清白蛋白在玻璃安瓿中与玻璃瓶中储存期间的氧和水分含量进行比较，在环境温度和更高温度下，玻璃安瓿中的氧和水分含量在 1 年的储存期内没有变化；但是，观察到玻璃瓶中的氧和水分含量有了显著增加，而在低于 0℃ 的低温下小瓶和安瓿之间未观察到氧气或水分含量的差异。由于在低温下转移速度减慢，因此在长期储存稳定性研究中，即使在较低温度下也可能存在差异。对于储存在小瓶中的产品，产品和塞子之间存在水平衡，这导致干产品的残余水增加或湿产品的残余水减少。带有处理过的塞子的小瓶与安瓿一样有效，可在一定温度和湿度条件下的加工和储存过程中保持碱性磷酸酶的活性[140]。塞子通常经过处理（蒸汽灭菌，然后真空干燥）以去除多余的水分。对于蒸汽灭菌后真空干燥 8h 的塞子，在储存期间残余水位只有少量增加。此外，橡胶塞是一个关键因素。例如，由 Daikyo Seiko, Ltd. 制造的 Flurotec® 塞由氟树脂制成，氟树脂可防止塞中的水分释放。另一方面，安瓿需要在冻干机外部进行火焰密封。然而，特殊的毛细管闭合装置做成的安瓿的塞子，被发现与生产冷冻干燥机兼容[141]。据报道，相对于打开的安瓿，这种封闭系统在 30min 内可将水分和氧气的进入量分别减少 13 倍和 17 倍。然而，即使使用这种特殊的封闭系统，安瓿中的初始含氧量也高于小瓶。在火焰密封之前，空气（即氧气）进入安瓿。因此，在冷冻干燥机外火焰密封安瓿的过程是一个潜在的问题，特别是在处理对氧气和水分都敏感的生物制药产品时。

将小瓶和安瓿之间的传热和传质进行比较，有助于在容器封闭系统中将安瓿改为小瓶。这种比较将有助于确定在切换到新的容器系统时，为实现相同的产品温度曲线所需的工艺修改。由于安瓿和小瓶均由具有类似几何形状的相同材料（即硼硅酸盐玻璃）制成，并以类似的六角形包装阵列放置在架子上，因此人们预计安瓿的传热系数和传质阻力的大小在质量上与小瓶的相似。然而，文献中没有这样的数据[114]。

（五）96 孔板冷冻干燥

VirTis 开发了一种 96 孔冷冻干燥系统，该系统由玻璃或塑料瓶组成，置于专门设计的铝块中，用于均匀传热，消除了标准 96 孔塑料板中出现的非典型边缘瓶效应。

在注射器和 96 孔板中冷冻干燥的一个重要考虑因素是冰升华界面的几何形状。由于这些容器系统的壁具有显著的热传递，当约 30% 的冰已经升华时，在升华试验中通常会形成一个锥形结构。但是，产品的干燥方式与纯冰不同，因此，容器封闭系统是冷冻干燥中需要适当考虑的一个重要变量。了解这些新型容器系统中的传热和传质，对于开发具有最小放大问题的循环条件至关重要。表征冷冻差异和干燥过程中不同的传热模式将有助于基于科学而非经验主义的循环设计。

冷冻干燥是一个昂贵且耗时的过程，在这三个步骤中，冷冻干燥过程中的主要干燥步骤通常耗时最长，因此通常是工业过程优化的重点。在初级干燥过程中，热量从架子传递到产品上，冰从留在干燥层后面的冷冻溶液升华。因此，传热传质耦合关系决定了冷冻干燥过程的主要干燥步骤。冷冻干燥过程背后的原理现在已经很好理解，并且已经开发出能够准确预测产品温度、残余水、玻璃化转变温度和主要干燥时间的完整的理论模型。文献中报道了几种描述冷冻干燥过程的理论模型 [46, 142-143]。这些模型之间存在差异，例如关于冰升华界面几何形状的假设、初始条件、边界条件以及其他一些基本假设。然而，在一次干燥过程中，理论计算的工艺参数（如干燥时间和产品温度）与实验测定的各种常用辅料的工艺参数之间的一致性令人满意。通过理论模拟，可以预测干燥层中冰升华界面的位置、水分分布和玻璃化转变温度，这在实验上是很难得到的。这些理论模型可用于预测各种工艺参数（如货架温度、升温速率、腔室压力、升华速率和干燥时间）对关键产品质量属性（如产品温度、残留水）的影响。这种方法有助于创造设计空间，在该空间中，工艺操作不会出现任何问题，同时满足产品规范。此外，理论建模使工艺开发和放大过程中所需的实验数量最小化。但是实验是必需的，为了获得这些模型的输入参数值，需要对配方和容器封闭系统进行系统的描述。此外，通过对感兴趣的构型子集的理论和实验之间的比较来验证理论计算始终且必须是谨慎的 [114]。

根据负载条件、干燥器设计和容器封闭系统的不同，传热和传质存在明显差异。在工艺开发和放大过程中，需要考虑这些差异，以便在整个干燥过程中获得相同的产品温度历史，而不受干燥器规模的影响。此外，了解冷冻干燥机的局限性也很重要（即最小可实现的腔室压力、最大升华）。容器封闭系统是冷冻干燥中另一个重要的过程变量。除了描述产品和容器封闭系统之间的相互作用外，对于冷冻干燥过程的开发和放大来说，重要的是正确选择和描述这些容器封闭系统中的传热和传质。如果在中试或生产规模的干燥器上使用实验室规模的干燥器的固定循环时间，则产品可能无法满足所需的规格。因此，当冷冻干燥过程从实验室扩大到中试，最终扩大到生产规模时，需要通过改变货架温度或腔室压力来调整冷冻干燥循环。这一过程的设计应该基于良好的传热传质原理，而不是一种试错法[114]。

参考文献

[1] Adams G D J，Cook I，Ward K R. The principles of freeze-drying [J]. Methods in Molecular Biology，2015，1257：121-143.

[2] Fanget B，Francon A. A varicella vaccine stable at 5 degrees C [J]. Developments in Biological Standardization，1996，87：167-171.

[3] Gheorghiu M，Lagranderie M，Balazuc A M. Stabilsation of bcg vaccines [j]. developments in biological standardization，1996，87：251-261.

[4] 郭树国. 人参真空冷冻干燥工艺参数试验研究 [D]. 沈阳农业大学，2012.

[5] 韩娜. 真空冷冻干燥技术研究进展 [J]. 食品工程，2007（03）：28-29+47.

[6] 徐成海，刘军，王德喜. 发展中的真空冷冻干燥技术 [J]. 真空，2003（5）：1-7.

[7] Shukla S. Freeze drying process : a review [J]. International Journal of Pharmaceutical Sciences and Research，2011，2（12）：3061-3068.

[8] 曹筑荣，贺丽清，梁铃. 冷冻干燥技术用于生物制药的研究进展 [J]. 长江大学学报（自然科学版）农学卷，2010，7（02）：76-78.

[9] 王继先，徐伟君. 真空冷冻干燥工艺及其在农产品加工中的应用 [J]. 包装与食品机械，2001（02）：26-28.

[10] 周礽，李臻峰，李静，等. 真空冷冻干燥技术的研究进展 [J]. 黑龙江科技信息，2014（30）：76-77.

[11] 王立业，谢国山. 真空冷冻干燥机的开发现状与发展趋势 [J]. 化工装备技术，2003（06）：8-11.

[12] 史伟勤. 食品真空冷冻干燥国内外最新进展 [J]. 通用机械，2004（12）：10-11+19.

[13] 鲁勤舫. 食品冷冻干燥技术的发展与应用 [J]. 食品工业，1998（05）：43-45.

[14] 徐成海，刘军，王德喜. 发展中的真空冷冻干燥技术 [J]. 真空，2003（05）：1-7.

[15] 李仲艺. 真空冷冻干燥技术在生物制药方面的应用分析 [J]. 中国新技术新产品，2018（01）：76–77.

[16] 于光荣. 冷冻干燥工艺对设备的要求及发展方向 [J]. 机电信息，2009（11）：50–52.

[17] Flosdorf E W，Mudd S. Procedure and apparatus for preservation in "lyophile" form of serum and other biological substances [J]. The Journal of Immunology，1935，29：389–425.

[18] 徐成海. 真空冷冻干燥技术 [J]. 真空与低温，1994（02）：95–99+94.

[19] 朱传江. 冷冻干燥工艺原理及相关设备装置 [J]. 齐鲁药事，2006，25（8）：503–504.

[20] 曹有福，李树君，赵凤敏，等.红枣冻干工艺参数的优化[J].农产品加工，2009（10）：64–67.

[21] Rey L，May J C. Freeze–Drying/lyophilization of pharmaceutical and biological products [M]. New York：Marcel Dekker Inc，2004.

[22] 徐成海，张世伟，彭润玲，等.2008.真空冷冻干燥的现状与展望（一）[J].真空，45（2）：1–11.

[23] 董充慧，苏杭，张特立，等. 真空冷冻干燥技术在生物制药方面的应用 [J]. 沈阳药科大学学报，2009，26（增刊）：76–78.

[24] 刘频，吴惧，冀春生，等. 保加利亚冷冻干燥技术和宇航食品发展考察报告 [J]. 食品工业科技，1994（3）：59–61.

[25] 任迪峰，毛志怀，和丽. 真空冷冻干燥在中草药加工中的应用 [J]. 中国农业大学学报，2001，6（6）：38–39.

[26] 华泽钊. 人体细胞的低温保存与冷冻干燥 [J]. 制冷技术，2007，2（4）：11–13.

[27] 陈光明. 蛋白质药品冷冻干燥技术研究进展 [J]. 制冷空调与电力机械，2003，9（3）：25–26.

[28] 刘旖旎，陈雨. 对药品冷冻干燥技术工艺的研究 [J]. 科技信息，2005，8（8）：14–15.

[29] 王小光，张颜民.ZDG–160 食品真空冷冻干燥设备 [J]. 真空与低温，1998，4（3）：170–174

[30] 朱永祺，朱卫华. 食品冷冻干燥技术与 LG 系列冻干设备 [J]. 沈阳航天新阳速冻设备制造有限公司，2004：12–18

[31] Assegehegn G, Fuente E B, Franco J M, et al. The importance of understanding the freezing step and its impact on freeze-drying process performance [J]. Journal of Pharmaceutical Sciences, 2019, 108 (4): 1378-1395.

[32] Nireesha G R, Divya L, Sowmya C, et al. Lyophilization/freeze drying-an review [j]. international journal of novel trends in pharmaceutical sciences, 2013, 3 (4): 87-98.

[33] 霍贞. 冷冻干燥的工艺流程及其应用 [J]. 干燥技术与设备, 2007, 5 (5): 261-264.

[34] Nail S L, Jiang S, Chongprasert S, et al. Fundamentals of freeze-drying, development and manufacture of protein pharmaceuticals [J]. Pharmaceutical Biotechnology, 2002 (14).

[35] Searles J A. Freezing and annealing phenomena in lyophilization. in : louis r, joan cm, eds. freeze drying/lyophilization of pharmaceutical and biological products [M]. 3rd ed. London : Informa Healthcare, 2010: 52-81.

[36] Randolph T W, Searles J A. Freezing and annealing phenomena in lyophilization : effect upon primary drying rate, morphology, and heterogeneity [J]. Am Pharmaceut Rev, 2002, 5 (4): 40-46.

[37] Kasper J C, Friess W. The freezing step in lyophilization : physico-chemical fundamentals, freezing methods and consequences on process performance and quality attributes of biopharmaceuticals [J]. European Journal of Pharmaceutics and Biopharmaceutics, 2011, 78: 248-263.

[38] Searles J A, Carpenter J F, Randolph T W. Annealing to optimize the primary drying rate, reduce freezing-induced drying rate heterogeneity, and determine T_g' in pharmaceutical lyophilization [J]. Journal of Pharmaceutical Sciences, 2001, 90 (7): 872-887.

[39] Pikal M J, Shah S, Senior D, et al. Physical chemistry of freeze-drying : measurement of sublimation rates for frozen aqueous solutions by a microbalance technique [J]. Journal of Pharmaceutical Sciences, 1983, 72 (6): 635-650.

[40] Lu X, Pikal M J. Freeze-drying of mannitol-trehalose-sodium chloride-based formulations : the impact of annealing on dry layer resistance to mass transfer and cake structure [J]. Pharmaceutical Development and Technology, 2004, 9 (1): 85-95.

[41] Liu J, Viverette T, Virgin M, et al. A study of the impact of freezing on the

lyophilization of a concentrated formulation with a high fill depth [J]. Pharmaceutical Development and Technology, 2005, 10: 261–272.

[42] Esfandiary R, Gattu S K, Stewart J M, et al. Effect of freezing on lyophilization process performance and drug product cake appearance [J]. Journal of Pharmaceutical Sciences, 2016, 105 (4): 1427–1433.

[43] Gan K H, Bruttini R, Croszer O K, et al. Freeze–drying of pharmaceuticals in vials on trays : efects of drying chamber wall temperature and tray side on lyophilization performance [J]. International Journal of Heat and Mass Transfer, 2005, 48 (9): 1675.

[44] Nail S L. The effect of chamber pressure on heat transfer in the freeze–drying of parenteral solutions [J]. Journal of the Parenteral Drug Association, 1980, 34: 358–368.

[45] Nail S L, Johnson J W. Methodology for in–process determination of residual water in freeze dried products [J]. Developments in Biological Standardization, 1992, 74: 137–151.

[46] Pikal M J. Use of laboratory data in freeze–dry process design : Heat and mass transfer coefficients and computer simulation of freeze–drying [J]. PDA Journal of Pharmaceutical Science and Technology, 1985, 39: 115–138.

[47] Pikal M J, Shah S. Intravial distribution of moisture during the secondary drying stage of freeze–drying [J]. PDA Journal of Pharmaceutical Science and Technology, 1997, 51: 17–24.

[48] Pharmaceutical dosage forms parenteral medications second edition [M]. CRC Press, 2018.

[49] Carneiro H C F, Tonon R V, Grosso C R F, et al. Encapsulation efficiency and oxidative stability of flaxseed oil microencapsulated by spray drying using different combinations of wall materials [J]. Journal of Food Engineering, 2013, 115: 443–451.

[50] Deotale S M, Dutta S, Moses J A. Stability of instant coffee foam by nanobubbles using spray–freeze drying technique [J]. Food and Bioprocess Technology, 2020, 13: 1866–1877.

[51] Shokouh M K, Faghihi H, Darabi M, et al. Formulation and evaluation of inhalable microparticles of rizatriptan benzoate processed by spray freeze–drying [J]. Journal of Drug Delivery Science and Technology, 2021, 62: 102356.

[52] Wanning S, Suverkrup R, Lamprecht A. Pharmaceutical spray freeze drying [J]. International Journal of Pharmaceutics, 2015, 488: 131–153.

[53] Vishali D A, Monisha J, Sivakamasundari S K, et al. Spray freeze drying : emerging applications in drug delivery [J]. Journal of Controlled Release, 2019, 300: 93–101.

[54] D'Addio S M, Chan J G Y, Kwok P C L, et al. Constant size, variable density aerosol particles by ultrasonic spray freeze drying [J]. International Journal of Pharmaceutics, 2012, 427: 185–191.

[55] Mutukuri T T, Wilson N E, Taylor L S, et al. Effects of drying method and excipient on the structure and physical stability of protein solids : Freeze drying vs. spray freeze drying [J]. International Journal of Pharmaceutics, 2021, 594: 120169.

[56] Ishwarya S P, Anandharamakrishnan C, Stapley A G. Spray freeze-drying : a novel process for the drying of foods and bio-products [J]. Trends in Food Science and Technology, 2015, 41 (2): 161–181.

[57] Poursina N. The effect of excipients on the stability and aerosol performance of salmon calcitonin dry powder inhalers prepared via the spray freeze drying process [J]. Acta Pharmaceutica (Zagreb, Croatia), 2016, 66: 207–218.

[58] Al-Hakim K, Wigley G, Stapley A G F. Phase Doppler anemometry studies of spray freezing [J]. Chemical Engineering Research and Design, 2006, 84 (A12): 1142–1151.

[59] Rogers S, Wu W D, Saunders J, et al. Characteristics of milk powders produced by spray freeze drying [J]. Drying Technology, 2008, 26: 404–412.

[60] Niwa T, Shimabara H, Kondo M, et al. Design of porous microparticles with single micron size by novel spray freeze drying technique using four fluid nozzle [J]. International Journal of Pharmaceutics, 2009, 382: 88–97.

[61] Adams T H, Beck J P, Menson R C. Novel particulate compositions [P/OL]. 1982, US Patent 4, 323, 478.

[62] Costantino H R, Firouzabadian L, Hogeland K, et al. Protein spray-freeze drying. Effect of atomisation conditions on particle size and stability [J]. Pharmaceutical Research, 2000, 17 (11): 1374–1383.

[63] Song C S, Yeom G S. Experiment and numerical simulation of heat and mass transfer during a spray freeze-drying process of ovalbumin in a tray [J]. Heat and Mass

Transfer，2009，46：39–51.

[64] Anandharamakrishnan C，Gimbun J，Stapley A G F，et al. Application of computational fluid dynamics（CFD）simulations to spray–freeze drying operations [C]. 16th International Drying SYMPOSIUM，2008，537–545.

[65] 杨浩，蔡源源，唐敏，等 . 喷雾干燥技术及其应用 [J]. 河南大学学报（医学版），2013，32（01）：71–74.

[66] Parthasarathi S，Anandharamakrishnan C. Enhancement of oral bioavailability of vitamin E by spray–freeze drying of whey protein microcapsules [J]. Food and Bioproducts Processing，2016，100：469–476.

[67] Adeli E. The use of spray freeze–drying for dissolution and oral bioavailability improvement of Azithromycin [J]. Powder Technology，2017，319：323–331.

[68] Rajam R，Anandharamakrishnan C. Spray freeze–drying method for microencapsulation of Lactobacillus plantarum [J]. Journal of Food Engineering，2015，166：95–103.

[69] Sidira M，Galanis A，Ypsilantis P，et al. Effect of probiotic–fermented milk administration on gastrointestinal survival of Lactobacillus casei ATCC 393 and modulation of intestinal microbial flora [J]. Journal of Molecular Microbiology and Biotechnology，2010，19（4）：224–230.

[70] Semyonov D，Ramon O，Kaplun Z，et al. Microencapsulation of lactobacillus paracasei by spray freeze–drying [J]. Food Research International，2010，43（1）：193–202.

[71] Patton J S. Mechanisms of macromolecule absorption by the lungs [J]. Advanced Drug Delivery Reviews，1996，19（1）：3–36.

[72] Saboti D，Maver U，Chan H K，et al. Novel budesonide particles for dry powder inhalation prepared using a microfluidic reactor coupled with ultrasonic spray freeze–drying [J]. Journal of Pharmaceutical Sciences，2017，106（7）：188 –1888.

[73] Liang W，Chan A Y，Chow M Y，et al. Spray freeze–drying of small nucleic acids as inhaled powder for pulmonary delivery [J]. Asian Journal of Pharmaceutical Sciences，2018，13（2）：163–172.

[74] Zhang S，Lei H，Gao X，et al. Fabrication of uniform enzyme–immobilized carbohydrate microparticles with high enzymatic activity and stability via spray drying and spray freeze–drying [J]. Powder Technology，2018，330：40–49.

[75] Yin F，Guo S，Gan Y，et al. Preparation of redispersible liposomal dry powder using an ultrasonic spray freeze-drying technique for transdermal delivery of human epithelial growth factor [J]. International Journal of Nanomedicine，2014，9：1665-1676.

[76] Wolff E，Gibert H. Atmospheric freeze-drying part 2：modelling drying kinetics using adsorption isotherms [J]. Drying Technology，1990，8（2）：405-428.

[77] Matteo P D，Donsi G，Ferrari G. The role of heat and mass transfer phenomena in atmospheric freeze-drying of foods in a fluidized bed [J]. Journal of Food Engineering，2003，59：267-275.

[78] Gharsallaoui A，Roudaut G，Chambin O，et al. Applications of spray drying in microencapsulation of food ingredients：An overview [J]. Food Research International，2007，40（9）：1107-1121.

[79] 王绍林. 微波加热原理及其应用 [J]. 物理，1997（04）：42-47.

[80] 祝圣远，王国恒. 微波干燥原理及其应用 [J]. 工业炉，2003（03）：42-45.

[81] 杨晓清，田俊. 微波技术在我国食品工业中的应用与发展 [C]. 中国农业机械学会，2008.

[82] 苏理，陈云刚. 微波干燥设备的性能特点及其市场前景探究 [J]. 机电信息，2011（06）：94-95.

[83] 庞维建. 适用于玉米特性的微波干燥工艺探究 [D]. 东北农业大学，2019.

[84] 潘焰琼，卓小芬. 微波干燥在食品工业中的应用及前景 [J]. 广东化工，2013，40（17）：117-118.

[85] 廖雪峰，刘钱钱，陈晋，等. 微波加热在干燥过程中的研究现状 [J]. 矿产综合利用，2016（04）：1-5.

[86] 王述昌. 微波能技术在食品工业中的应用 [J]. 农机与食品机械，1995（04）：4-6.

[87] 崔正伟，许时婴，孙大文. 微波真空干燥技术的进展 [J]. 粮油加工与食品机械，2002（07）：28-30.

[88] 王绍林. 微波加热技术的应用——干燥和杀菌 [M]. 北京：机械工业出版社，2003.

[89] 牟婧婧. 微波冷冻干燥技术与应用 [J]. 现代食品，2018（24）：37-39.

[90] 王海鸥. 微波冷冻干燥中试设备及关键技术研究 [D]. 南京农业大学，2012.

[91] 张朔 . 初始非饱和多孔物料微波冷冻干燥的实验研究 [D]. 大连理工大学，2020.

[92] 孙恒，朱鸿梅，张洁，等 . 微波冷冻干燥技术的研究现状 [J]. 真空与低温，2004（02）：57-61.

[93] 闫沙沙，段续，任广跃，等 . 微波冷冻干燥传热传质模型的研究进展 [J]. 食品与机械，2015，31（01）：244-248+256.

[94] 段续，张慜，朱文学 . 食品微波冷冻干燥技术的研究进展 [J]. 化工机械，2009，36（03）：178-184.

[95] 孙恒，张洁，朱鸿梅，等 . 微波冷冻干燥技术的发展和有待解决的问题 [J]. 食品科学，2005（05）：256-260.

[96] Duan X, Zhang M, Mujumdar A S, et al. Trends in Microwave-Assisted Freeze Drying of Foods [J]. Drying Technology, 2010, 28（4）, 444-453.

[97] 张建龙，董铁有，朱文学 . 微波冷冻干燥技术的特点及发展前景 [J]. 食品工业科技，2002（12）：88-89.

[98] 胡志超，陈有庆，谢焕雄，等 . 微波真空冷冻干燥技术研究及应用现状 [J]. 农机化研究，2009，31（09）：6-9.

[99] 潘永康 . 现代干燥技术 [M]. 北京：化学工业出版社，1998.

[100] Litvin S, Mannheim C H, Miltz J. Dehydration of carrotsbya combination of freeze drying, microwave heating and airor vacuum and airor vacuum drying [J]. Journal of Food Engineering, 1998, 36: 103-111.

[101] Tao Z, Wu H, Chen G, et al. Numerical simulation of conjugate heat and mass transfer process within cylindrical porous media with cylindrical dielectric cores in microwave freeze-drying [J]. International Journal of Heat and Mass Transfer, 2005, 48: 561-572.

[102] 孙帅，崔政伟 . 微波联合干燥方法的发展趋势及展望 [J]. 食品工业，2013，34（01）：158-161.

[103] 张鹏，颜碧，李江阔，等 . 果蔬微波联合干燥技术研究进展 [J]. 包装工程，2019，40（19）：16-23.

[104] 徐毅锋，杨晚生 . 微波与热风耦合干燥技术的研究发展现状 [J]. 企业科技与发展，2021（02）：41-42+45.

[105] Franks F. Freeze-drying of pharmaceuticals and biopharmaceuticals [M]. Royal Society of Chemistry：Cambridge，2007.

[106] Matejtschuk P, Malik K, Duru C, et al. Freeze drying of biologicals : Process development to ensure biostability [J]. American Pharmaceutical Review, 2009, 12: 54–58.

[107] Rambhatla S, Tchessalov S, Pikal M J. Heat and mass transfer scale–up issues during freeze–drying, III : Control and characterization of dryer differences via operational qualification tests [J]. AAPS PharmSciTech, 2006, 7: E61–E70.

[108] Rambhatla S, Ramot R, Bhugra C, et al. Heat and mass transfer scale–up issues during freeze drying : II. Control and characterization of the degree of supercooling [J]. AAPS PharmSciTech, 2004, 5: 58.

[109] Mungikar A, Ludzinski M, Kamat M. Evaluating functional equivalency as a lyophilization cycle transfer tool [J]. Pharmaceutical Technology, 2009, 33: 54–70.

[110] Rambhatla S, Pikal M J. Heat and mass transfer scale–up issues during freeze drying: I. Atypical radiation and the edge vial effect [J]. AAPS PharmSciTech, 2003, 4: 14.

[111] Rasetto V, Marchisio D L, Fissore D, et al. On the use of a dual–scale model to improve understanding of a pharmaceutical freeze–drying process [J]. Journal of Pharmaceutical Sciences, 2010, 99: 4337–4350.

[112] Read E K, Park J T, Shah R B, et al. Process analytical technology (PAT) for biopharmaceutical products : Part I. Concepts and applications [J]. Biotechnology and Bioengineering, 2010, 105: 276–284.

[113] Read E K, Park J T, Shah R B, et al. Process analytical technology (pat) for biopharmaceutical products : part ii. concepts and applications [J]. Biotechnology and Bioengineering, 2010, 105: 285–295.

[114] Patel S M, Pikal M J. Emerging freeze–drying process development and scale–up issues [J]. AAPS PharmSciTech, 2011, 12: 372–378.

[115] Barresi A A. Overcoming common lyophilization scale–up issues [M]. PharmTech, 2011.

[116] Kramer T, Kremer D M, Pikal M J, et al. A procedure to optimize scale–up for the primary drying phase of lyophilization [J]. Journal of Pharmaceutical Sciences, 2009, 98: 307–318.

[117] Pikal M J, Bogner R, Mudhivarthi V, et al. Freeze–drying process development and scale–up : scale–up of edge vial versus center vial heat transfer

coefficients, kv [J]. Journal of Pharmaceutical Sciences, 2016, 105（11）: 3333–3343.

[118] Patel S M, Jameel F, Pikal M J. The effect of dryer load on freeze drying process design [J]. Journal of Pharmaceutical Sciences, 2010, 99: 4363‑4379.

[119] Tsinontides S C, Rajniak P, Pham D, et al. Freeze drying–principles and practice for successful scale–up to manufacturing [J]. International Journal of Pharmaceutics, 2004, 280: 1–16.

[120] Fissore D, Barresi A A. Scale–up and process transfer of freeze–drying recipes [J]. Drying Technology, 2011, 29: 1673–1684.

[121] Alexeenko A A, Ganguly A, Nail S L. Computational analysis of fluid dynamics in pharmaceutical freeze–drying [J]. Journal of Pharmaceutical Sciences, 2009, 98: 3483–3494.

[122] Tang X C, Nail S L, Pikal M J. Freeze–drying process design by manometric temperature measurement : Design of a smart freezedryer [J]. Pharmaceutical Research, 2005, 22: 685–700.

[123] Pisano R, Fissore D, Velardi S A, et al. In–line optimization and control of an industrial freeze–drying process for pharmaceuticals [J]. Journal of Pharmaceutical Sciences, 2010, 99: 4691–4709.

[124] Jennings T A. Transferring the lyophilization process from one freezedryer to another [J]. American Pharmaceutical Review, 2002, 5: 34–42.

[125] Kasper J C, Winter G, Friess W. Recent advances and further challenges in lyophilization [J]. European Journal of Pharmaceutics and Biopharmaceutics, 2013, 85（2）: 162–169.

[126] Sane S V, Hsu C C. Strategies for successful lyophilization process scale–up [J]. American Pharmaceutical Review, 2007, 10: 132‑136.

[127] Jo E. Guaranteeing a quality scale–up [J]. Pharmaceuticals Manufacturing Packing Sourcer, 2010, 49: 62–68.

[128] Kuu W Y, Hardwick L M, Akers M J. Correlation of laboratory and production freeze–drying cycles [J]. International Journal of Pharmaceutics, 2005, 302: 56–67.

[129] Pikal M J, Roy M L, Shah S. Mass and heat transfer in vial freezedrying of pharmaceuticals: role of the vial [J]. Journal of Pharmaceutical Sciences, 1984, 73（9）:

1224-37.

[130] Polin J B. The ins and outs of prefilled syringes [J]. Pharm Med Packaging News, 2003, 11（5）: 40-3.

[131] Swain E. Functional packages protect and deliver [M]. Pharm Med Packag News, 2001.

[132] Hottot A, Andrieu J, Vessot S, et al. Experimental study and modeling of freeze-drying in syringe configuration. Part I : freezing step [J]. Drying Technology, 2009, 27（1）: 40-8.

[133] Hottot A, Andrieu J, Hoang V, et al. Experimental study and modeling of freeze-drying in syringe configuration. Part II : mass and heat transfer parameters and sublimation end-points [J]. Drying Technology, 2009, 27（1）: 49-58.

[134] Patel S M, Pikal M J. Freeze-drying in novel container system : characterization of heat and mass transfer in glass syringes [J]. Journal of Pharmaceutical Sciences, 2010, 99（7）: 3188-204.

[135] Patel S M, Doen T, Pikal M J. Determination of end point of primary drying for freeze-drying process control [J]. AAPS PharmSciTech, 2010, 11（1）: 73-84.

[136] Gassier M, Rey L. Development of a new concept for bulk freeze-drying : LYOGUARD freeze-dry packaging [J]. Drugs and The Pharmaceutical Sciences, 2004, 137: 325-48.

[137] Grazio F L. Closure and container considerations in lyophilization [J]. Drugs and The Pharmaceutical Sciences, 2004, 137: 277-97.

[138] Donovan P D, Corvari V, Burton M D, et al. Effect of stopper processing conditions on moisture content and ramifications for lyophilized products : comparison of "low" and "high" moisture uptake stoppers [J]. PDA Journal of Pharmaceutical Sciences Technol, 2007, 61（1）: 51-8.

[139] Earle J P, Bennett P S, Larson K A, et al. The effects of stopper drying on moisture levels of Haemophilus influenzae conjugate vaccine [J]. Developments in Biological Standardization, 1992, 74: 203-10.

[140] Ford A W, Dawson P J. Effect of type of container, storage temperature and humidity on the biological activity of freezedried alkaline phosphatase [J]. Biologicals, 1994, 22（2）: 191-7.

[141] Phillips P K, Dawson P J, Delderfield A J. The use of DIN glass ampoules

to freeze-dry biological materials with a low residual moisture and oxygen content [J]. Biologicals, 1991, 19（3）: 219-21.

[142] Hottot A, Peczalski R, Vessot S, et al. Freeze-drying of pharmaceutical proteins in vials : modeling of freezing and sublimation steps [J]. Drying Technology, 2006, 24（5）: 561-70.

[143] Pikal M J, Cardon S, Bhugra C, et al. The nonsteady state modeling of freeze drying : in-process product temperature and moisture content mapping and pharmaceutical product quality applications [J]. Pharmaceutical Development and Technology, 2005, 10（1）: 17 - 32.

第二章 冻干工艺基础与设备实现

第一节 概述

冷冻干燥是一种通过将冰升华为蒸汽来去除目标物中水分的干燥技术。与使用其他干燥技术时观察到的变化相比，在低温和低压（低于三相点）下的干燥使干燥产品的物理和化学变化更小，从而生产出高质量的产品[1]。

冷冻干燥的基本过程如下[2]：

①制品的制备（前处理）：如药物的培养、灭菌、分装、洗瓶、半加塞等，食品原料的挑选、清洗、切分、灭酶、分装等。

②制品的冻结（预冻）：将制品冻结为固态。

③第一阶段干燥（升华干燥）：将制品中的冰晶以升华的方式除去。

④第二阶段干燥（解吸干燥）：将残留于制品中的水分在较高温度下蒸发一部分，使残余水分达到预定的要求。

⑤密封包装：已干制品一般应在真空或充满惰性气体条件下密封包装，以利于储存。

对应于上述基本过程，主要的设备包括两大类，一是工艺设备，一是辅助设备。工艺设备具体可以细分为冷冻设备和干燥设备。辅助设备主要是为了辅助各个工艺阶段进行，包括真空系统、冷阱和冷阱制冷系统、气动系统、液压系统、控制系统等。

自1890年Altmann采用冷冻干燥工艺冻干了多种器官和组织[2]以来，冷冻干燥的工艺已经取得了长足的发展，在制药领域[3]和食品干燥[4]领域得到了广泛的应用，但是冷冻干燥工艺的进一步发展受到成本因素的限制，因此在冻干工艺开发过程中，关键目标之一是尽量缩短干燥时间（主要是升华干燥时间，这是冻干三步中最长的一步）[5]。

第二节　冻干工艺

被干燥物质的品种不同，冻结、干燥的设备和处理方法也不相同。例如，物质是液态还是固态，是生物制品、药品、食品还是标本，在冻结、干燥时所用的设备，分装的容器，前后处理的方法等都不完全一样。但其基本原理和方法却又都差不多。本章以当前我国冷冻干燥法应用最多的生物制品、药品的冻干为主，对冻干流程中主要工序的有关工艺原理进行较详细的阐述。

一、预冻

由于冷冻干燥的升华干燥是一种从固相的水（以冰晶的形式）到气相（水蒸气）的状态变化以达到为冻干制品除去大部分水的目的，所以要冷冻干燥的物料必须首先进行充分的预冻。冷冻完成后，产品将获得一种在冷冻干燥过程中无法改变的冷冻结构，而且在很大程度上升华干燥和成品的质量会受到这种晶体结构的影响。事实上，我们认为冻干过程中最关键的阶段是预冻过程。这一步骤决定了冰晶的形态、大小和尺寸分布，从而影响到关键参数，如干燥产品的阻力、一次和二次干燥率、产品的结晶度、比表面积以及干燥产品的可重组性[6-7]。

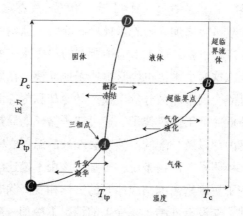

图2-1　一种物质的典型相图，该物质具有三相（固体、液体和气体）和一个超临界区域

物质有固、液、气三态。物质的状态与其温度和压力有关。图2-1所示为某种物质的典型状态平衡图。图中 AB、AC、AD 三条曲线分别代表汽化曲线、升华曲线、熔化曲线。这三条曲线将整个画面划分成三个主要区域，分别是气相

区、液相区、固相区。另外在临界温度之上（$T > T_c$）和临界压力（$P > P_c$）之上（临界点 B 点右上角区域）形成的超临界区域，因其不在本书所介绍的冷冻干燥的范围之内，不予介绍。AB 曲线上，两箭头分别表示汽化和冷凝，代表两个气相区和液相区之间的能量物质交换。同样的，AD 曲线上两箭头分别表示熔化和冻结，刻画了液相区和固相区之间的物质能量交换；AC 曲线上两箭头分别表示升华和沉积，表征了固相区和气相区之间的物质能量交换。三条曲线的交点 A 为气液固三相共存的状态，称为三相点。在三相点以下不存在液相，若将冰面的压力保持在 P_{tp} 以下，且给冰加热，则冰就不会出现液相，而是直接变成气相，这一过程称为升华。冻结制品的过程与图 2-1 上的 AD 曲线上向左的箭头所描述的一致，也就是从液相区通过改变温度压力条件转移到固相区。

首先，必须强调的是，"低温"的定义是比较随意的。生命科学家通常会把"低温"等同于"零度以下的温度"，而对物理学家来说，也许是研究超导现象，这个词意味着 1K 附近的温度。低温经常被等同于冰冻的原因可能是"普通"水的冰点位于 –40 ~ +40℃ 温度范围的中心附近，我们将其与这个星球上的生命过程联系起来。

没有得到普遍重视的是，低温本身的影响与冷冻之间的根本区别。当我们谈论低温对液态水或水溶液的影响时，我们应该只考虑在冷却一个均匀的液体系统时观察到的各种物理和 / 或化学性质的变化，但没有任何液 / 固相变。另一方面，冻结一个均匀的溶液，正是从这样一个过渡开始的（液态水→冰）。在进一步冷却时，溶液中的冰的数量会增加。随着水被冷冻除去，原始溶液的浓度随着温度的降低而增加，这一过程也就是冻干术语中所谓的"冷冻—浓缩"[8]。

同样，冷却和冷冻这两个术语也经常被错误地互换，在理解冻干过程中可能会出现混淆，并且可能会因未能区分货架或产品冷却和冷冻而使整个问题变得更加复杂。冷却是指降低冷冻干燥机架子、通过架子循环的导热流体、小瓶和托盘样品堆、冷冻干燥机内部以及分配的溶液或悬浮液的温度。冷却并没有从液体到固体的状态变化的这一假设。严格来说，冷却应该用于描述冷冻干燥的初始阶段预冻的温度降低。冻干更侧重水冻结成冰时的突然相变。除非常复杂的生物分子或对冷敏感的细胞外，在没有冻结（寒冷）的情况下冷却一般不会对生物材料造成损害。

当溶液或悬浮液被冻结时，它们可能会在冰形成之前冷却到明显低于其测量的冰点，这种现象被定义为过冷。过冷度取决于冷却速度、样品成分和清洁度、容器类型、样品冷却方法等。即使是简单的溶液反复冷却或升温，过冷的发生和程度也会因周期不同而不同。在过冷状态下，虽然溶液的成分不变，但被冷却的液体在热力学上是不稳定的，对冰的形成很敏感。当溶液冷却到较低温度时，冰结晶的概率会相应增加。冷冻干燥工艺的优化，其最大的努力应该是在悬浮液中诱导过冷，以促使整个样品溶质的均匀冷却和冷冻[9-11]。

样品冻结可定义为悬浮液突然转化为冰和溶质浓缩物的混合物。冷冻是一个两步走的过程，在这个过程中，水首先生成晶核，然后是冰晶的生长，渗透到溶质相中，从而形成冰和溶质浓缩物的混合物。相变的发生需要在母相内事先产生子相的核。因此，晶体在饱和溶液中的生长需要事先产生核，由一定数量的分子组成，可能以特定的构型，可以促进其他分子的凝结，形成具有特征性有序结构的晶体。能够触发结晶的团簇的实际结构，仍然是一个不确定的主题[12]。至于纯水中冰的生成，晶核是通过随机的密度波动在液态体内产生的，晶核动力学可以合理地从这种分子团的生长和衰变率以及它们促进晶体生长的能力方面来处理。密度的波动源于分子的自我扩散（布朗运动），成核的概率取决于高密度域的大小和结构以及它们的生命期。我们顺便强调一下，冰的成核在生态环境中具有相当重要的意义，例如在一个极端的云层物理学，以及在另一个极端的生物物种的耐冻性和避免机制[12]。详细讨论成核理论超出了本书的范围，但总结其一些定量方面，对工业冷冻过程具有指导意义。

在典型的加工条件下，冰在悬浮液内的微观颗粒周围形成异质核，并通过降低温度和搅拌过冷悬浮液来增加成晶核和水团之间的接触概率。成核取决于悬浮液或溶液内颗粒杂质的数量和物理性质。冰是一个特别有效的成核焦点，低温生物学家可能会故意在样品中播种冰来诱导成核。其他有效的冰成核剂包括玻璃碎片和特制的成核促进剂。虽然可以在实验系统中添加成核辅助剂，但刻意将冰诱导剂添加到药物材料中是不符合《药品生产质量管理规范》的[13]。

与成核相反，冰晶的生长是通过提高温度来促进的，从而降低了悬浮液的黏度。在低于玻璃化温度的温度下，冰的成核和增生受到抑制，而高于熔化温度时，悬浮液或溶液将融化。这些参数的后果和测量是配制工作的重要内容[13-16]。

预冷冻应满足以下要求[17]：

①冻结溶液中的成分，又因为常在真空下操作，因此该防止溶液发泡。

②尽可能避免分装产品的热失活现象。

③在冰块内诱导形成特定冰晶结构，这将有助于或阻碍干燥饼产品中的蒸汽逸出。总之，冻结期间形成的冰晶结构，将决定随后的冻干行为和最终的冻干产品的形态。

　　理想情况下，冷冻的目标应该是最大限度地减少溶质浓度的影响，并促使样品中所有成分在分散系溶液空间上的均分分布。为了便于水蒸气从干燥块中升华，冰晶应该是大的、宽的、连续的，从产品底部向其表面延伸，从而为蒸汽逸出提供最优的结构基础。然而，对典型的溶液或悬浮液进行冷冻时，可能无法实现这一理想状态。当溶液在托盘或小瓶中冷冻时，在冷冻干燥过程中通常观察到的晶体结构包括树状结构，其中冰晶从成核点和球状形态中连续地分支，由于溶液黏度高，或使用快速的冷却速率，因此不建议冰晶中出现次分支结构。当解决水溶液或悬浮液的冷冻问题时，需要同时考虑配方中的溶剂和溶质。

（一）控制成核

　　溶液结晶的晶粒数量和大小除与溶液本身性质有关外，还与晶核生成速率和晶体生长速率有关，而这二者又都随冷却速率和温度的不同而变化。一般来说，冷却速率越快、过冷温度越低，所形成的晶核数量越多，晶体来不及生长就被冻结，此时所形成的晶粒数量越多，晶粒就越细；反之，晶粒数量越少，晶粒就越大。水在接近0℃时，晶核生成速率很小，但生长速率却迅速增加。因此如果让溶液在接近0℃冻结，则会得到粒径粗大的结晶。若使之在较低温度下结晶，则将得到数量多粒径小的结晶。

　　晶体的形状也与冻结温度有关。在0℃附近开始冻结时，冰晶呈六角对称形，在6个主轴方向生长，同时还会延伸出若干副轴，所有冰晶连接起来，在溶液中形成一个网络结构。随着过冷度的增加，冰晶将逐渐丧失容易辨认的六角对称形，加之成核数多，可能形成一种不规则的树枝状，它们是有任意数目轴的柱状体（轴柱），而不像六方晶型那样只有6条。最高冷却速率时获得渐消球晶，它是一种初始的或不完全的球状结晶，通过重结晶可以完成其再结晶过程。

　　冷冻的方法和冷冻产品的最终温度都会影响材料成功冷冻干燥的能力。快速冷却会产生小冰晶，对保存结构进行显微镜检查很有用，但会导致产品更难冻干。较慢的冷却会产生较大的冰晶，在干燥过程中基体中的通道限制性较小。产品冻干有两种方式，取决于产品的构成。大多数进行冷冻干燥的产品主要由水（溶剂）和溶解或悬浮在水中的物质（溶质）组成。大多数要进行冷冻干燥的样品都是共晶体，共晶体是在比周围水更低的温度下冻结的物质混合物。当水悬浮液冷却后，产品基体中的溶质浓度会发生变化。而随着冷却的进行，水与溶质的分离，因为水变成了冰，形成了更多的溶质集中区域。这些集中区域的分子团簇的冷冻温度比水低。虽然产品可能会因为所有的冰块存在而看起来被冻结，但实际上，直到悬浮液中的所有溶质都被冻结，它才会被完全冻结。不同浓度的溶质与溶剂的混合物构成了悬浮液的共晶。只有当共晶混合物全部冻结时，悬浮液才是正确的冻结。这就是所谓的共晶温度。在冷冻干燥过程中，将产品预冻到共晶温度以下再开始冷冻干燥是非常重要的。否则残留在产品中的小块未冻物质会膨胀，影响冻干产品的结构稳定性。

（二）货架冷却率

货架冷却率[18]是最简单的控制参数，程序化的冷却率是研究和生产型冻干机的标准选项。由于货架温度和产品的反应并不完全相同，因此定义货架冷却率并不能完全定义产品行为。虽然我们关注的是每个小瓶内可达到的冷却速率，但与货架冷却相比，这个参数不太容易监测，而且冻干周期一般由程序化的货架冷却而不是样品的反馈控制。产品／细胞悬浮液的冷却速率在不同的小瓶和整个小瓶内的样品中会有很大的变化，因此，在固定位置测量小瓶内容物的温度只能得到样品温度变化的近似值。

观察排列在架子上的一些小瓶的冷冻模式将证明，虽然一些小瓶的内容物会从小瓶底部缓慢冻结，但相邻的小瓶可能会保持不冻，并在瞬间冻结之前明显过冷。这种随机的冷冻模式将反映冰结构的差异，从小瓶到小瓶，并转化为不同的干燥几何从样品到样品小瓶。总之，冷冻模式将与以下因素有关：

①每个小瓶内的成冰潜力。

②小瓶在架子上的相对位置，导致各个小瓶暴露在冷点或热点中。

③边缘效应，每个架子外围的小瓶中的样品将受到通过室壁或门传递的热量。

④温度计插入样品中，将诱导冰的结晶。

⑤样品冻结时潜热的演变，这往往会温热相邻的容器。

⑥容器底座几何形状的变化，可能会阻碍样品和货架之间的热接触。

样品冷冻所产生的冰和溶质晶体结构对随后的冷冻干燥行为有重大影响，鼓励样品有效地干燥，或根据所使用的冷冻速率而产生诸如熔化或塌陷等缺陷。优选的由大的连续冰晶组成的冰结构是通过以 0.2 ～ 1.0℃/min 的慢速冷冻样品来诱导的。缓慢的冷却也将诱导在使用较快的冷却速率时不愿结晶的溶质的结晶。但是，缓慢的冷却速度可能会加剧表面皮层的形成，从而抑制升华效率。缓慢的冷却也会延长样品与溶质浓缩生物分子的接触时间，从而使生物制品失活。然而，快速冷却会导致许多小的、随机定向的冰晶的形成，嵌入到无定形的溶质基质中，这可能是难以冻干的。使冷冻制度的选择更加复杂的是，当样品填充深度超过 10mm 时，最佳的冷却速率无法持续。简而言之，确定冷却速率往往需要在样品要求上做出妥协。

（三）冰晶结构和冷冻巩固

在样品冷却结束时，有一段巩固期（定义为保持时间）是必要的，以确保样品批中的所有小瓶内容物都已充分冻结，不过过长的保持时间会增加样品冻结的时间，影响整个循环时间。假设在这段凝固期间诱导的冰结构保持不变是一种谬误，由大量小冰晶组成的冰结构，在快速冷却诱导下，在热力学上不如由较少、较大的冰晶组成的冰结构稳定。热力学平衡可以通过冰从小晶体到大晶体的再结晶来维持，这个过程被称为晶粒生长。虽然冰结构的变化从小瓶到小瓶随机发生，保持期是冰的再结晶中的一个主要因素，冰的重结晶会导致从样品到样品的晶体结构和随后的升华效率的显著变化，采用越长的保持期变化越显著。

作为增加保温时间以促进冰再结晶的替代方法，一种更可控和更省时的诱导再结晶的方法是对冷冻样品进行热退火 [19]。基本上，热退火是通过以下方式实现的：

①冷却产品到冷冻溶液水和结晶溶质。

②在冷冻阶段提高产品温度，使冰从小冰晶基体重新结晶为大冰晶基体。（注：此升温阶段也可使不愿通过冷却结晶的溶质结晶。）

③在送进冻干室之前，将产品冷却到终端保持温度。

热退火（也定义为回火）对以下方面特别有用：

①将冰结构转化为结晶形式，从而提高升华效率。

②将冷却过程中不愿结晶的溶质结晶化。

③使整个产品批次的结构更加均匀、干燥。

④与快速冷却相结合，热退火可最大限度地减少样品表面皮的发展，从而促进升华。

⑤由于热退火诱导出一个更多孔的饼状结构，具有改善的干燥效率，可以获得较低的干燥样品含水量，并改善溶解度。

虽然加热退火会增加周期中冷冻阶段的长度，但由于加热退火可提高干燥效率，因此整个冷冻干燥周期时间可能会大大缩短。在操作时应注意小心谨慎地选择热退火的温度和保温时间，尤其是在确定样品升温的上限温度时。例如若将疫苗等脆性产品置于高于共晶温度的温度下，当样品部分熔化时，会使样品暴露在高渗溶液浓缩物中，从而损坏敏感的生物分子。

（四）溶液冷冻行为

图 2-2 所示为氯化钠水溶液的温度 - 质量分数图。图上的任意一点均表示溶

液的某一状态，例如，点 A 表示温度为 T_1，质量分数为 1 的氯化钠水溶液。线 BE、CE 为饱和溶解度线，该线上的点所表示的溶液的溶解度均处于饱和状态，该线上部区域的点所表示的溶液的溶解度为未饱和状态，其下部的点为过饱和状态。

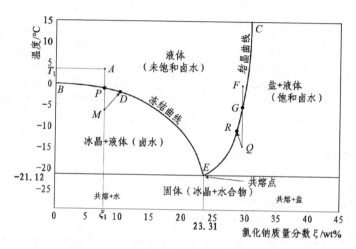

图2-2　氯化钠水溶液的温度和质量分数图

若使状态为 A（温度 T_1，质量分数 $\xi 1$）的溶液冷却，开始时质量分数 $\xi 1$ 不变，温度下降，过程沿 AP 进行。冷却到 P 以后，如溶液中有"种冰"（或晶核），则溶液中的一部分水会结晶析出，剩下溶液的浓度将上升，过程将沿析冰线 BE 进行，直到点 E。溶液质量分数达到其共晶浓度，温度降到共晶温度以下，溶液才全部冻结。E 点称为溶液的共晶点。同理，若使状态为 F 的溶液冷却，到达 G 后先析出盐，然后沿析盐线 CE，一边析出盐一边温度下降，直到共晶点 E 才全部冻结。其过程线为 $F-G-E$。当溶液冷却到平衡状态 P 时，溶液中无"晶核"存在，则溶液并不会结晶，温度将继续下降，直到溶液受外界干扰（如植入"种晶"、振动等）或冷却到某一所谓核化温度，在溶液中产生晶核，这时溶液中的超溶组分才开始结晶，并迅速生长，同时释放出结晶热，使溶液温度升到平衡状态。其浓度也随着超溶组分的析出而变化。其过程为 $A-P-M-D-E$ 或 $F-G-Q-R-E$。图 2-3 表示了上述过程中温度随时间变化的趋势。

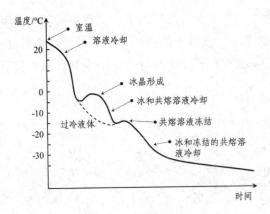

图2-3　典型的冷冻曲线

　　在冷冻阶段，溶质可能会出现结晶。在实践中，溶质通常只有在低于平衡凝固点约10~15℃的过冷度后才会成核和结晶。那些没有结晶的溶质在温度降到最大浓度的溶质（或冷冻浓缩物）的玻璃转化温度（T_g'）以下时，会转化为无定形固体。因此，这个过程也被称为凝固。在蛋白质制剂的冻干过程中，一般来说，蛋白质在冷冻过程中不会结晶，而是在T_g'处转变为刚性的无定形（玻璃态）固体，这通常被称为玻璃化或玻璃化[20]。

　　在冷冻干燥中，T_g'这个符号专门用于描述冷冻过程中形成的"最大浓度溶质"或"冷冻浓缩物"的玻璃转化温度。一般来说，无定形固体的玻璃化温度表示为T_g，它取决于体系中的水分含量。

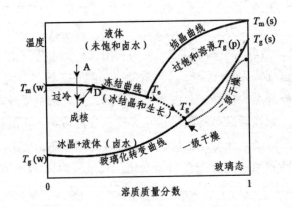

图2-4　典型的溶质（如糖）/水系统的补充相图

　　注：箭头表示冻干过程。A代表冷冻干燥填充物中的配方水溶液；$T_m(w)$和$T_m(s)$分别表示水和溶质的熔化温度；$T_g(w)$和$T_g(s)$分别表示水和溶质的玻璃转化温度；T_g'和$T_g(p)$分别表示配方的冷冻浓缩物和冷冻干燥产品的玻璃转化温度；T_e表示共晶温度。

图 2-4 展示了一个典型的溶质（如糖）/ 水系统的相图 [20]，用于冷冻干燥。
A 点状态的溶液在降温至平衡冻结曲线以下，但是体系中仍然没有出现结晶，也
就是过冷现象，在热力学上处于亚稳态。一旦体系遇到任何扰动，比如播种种冰
或振荡，体系会开始成核，释放结晶热，促使体系温度小幅上升，然后冰晶沿着
平衡冻结曲线生长。随着温度的降低，溶质 s 在 T_e 下不会共熔结晶，由于溶质
浓度和低温带来的高黏度，所以冷冻浓缩物的温度超过了 T_e，并在 T_g' 下经历了
黏稠的液体 / 玻璃态转变。

如果初级干燥期间的产品温度超过了共晶熔化温度（T_e）或玻璃转化温度
（T_g'），共晶晶体固体就会融化，或者无定形溶质相的黏度下降。这两种相变都
会在制剂系统中引起足够的流动，导致干燥后的基质中孔隙结构的丧失。从视觉
上看，结构的丧失会导致冻干产品的"蛋糕塌陷"，不管是晶体熔化还是非晶体
塌陷。然而，从历史上看，塌陷温度（T_c）只适用于非晶态系统，类似于晶体系
统的共晶熔化温度。无定形体系的塌陷温度指的是温度，超过这个温度，与冰相
邻的干燥区域就会失去其结构 [21]。

无论精确的冷冻模式如何，冰的形成将使容器内的剩余溶液趋向于集中。随
着混合物中冰的比例增加，溶质浓度也会相应增加。在 1%（w/v）盐水溶液的情
况下，这种浓度效应将是相当大的，在冻结前会增加到约 30%（w/v），对生物分
子的损害是溶质浓度暴露的结果，而不是冰晶的直接损害。溶质浓缩物中溶质的
行为取决于溶质的性质、浓度、冷却速度以及存在于介质中的各个溶质之间的相
互作用，并在溶液配方开发工作中形成实验检查的基础。

总的来说，在冷冻干燥过程中可以观察到四种溶质反应模式：

①溶质容易结晶，不管冷却速度或冻结条件如何，都会形成冰和溶质晶体的
混合物（这种行为称为共晶冻结）。

②溶质结晶，但只有当溶液缓慢地冷却时才会结晶。

③溶质只有在溶液受热退火后才会结晶。

④无论采用何种冷却速度或制度，溶质都不能结晶，溶质仍与不冻水相关
联，成为可转移的非晶质或玻璃。

对于结晶溶质来说，共晶点是系统中残余液相和固相处于平衡状态的最低温
度。在共晶点以上，冰和溶质浓缩物持续存在，而在共晶点以下，则形成冰和
溶质晶体的混合物。含有结晶盐的水溶液的共晶温度对每种溶质来说都是有特点
的，并且明显低于水的冰点（例如，氯化钠的共晶温度 -21.1℃）。将细胞或蛋白
质长期暴露在含有高渗盐浓度的共晶溶液中，可通过质溶或"盐析" [22] 沉淀造

成损害。

共晶区是包括系统内所有共晶温度的温度范围。对于两部分的水/溶质体系来说，共晶温度是一个离散的、可量化的温度，而对于多溶质体系来说，可以观察到一个共晶区，它代表了一个温度范围，其中最低共晶温度低于介质中的任何单个共晶温度。

根据操作要求，产品可以用各种方式进行冷冻。

在转移到冻干机进行干燥之前，液体制剂可以在冷冻室或冷却隧道中进行冷冻。优点是增加了样品的年产量，因为冻干机只用于干燥。缺点是由于需要将材料从冷冻室转移到干燥器中，导致融化或污染的风险更大。

颗粒冷冻。严格地说，这不是一种冷冻方法，但在处理散装产品，包括随后进行粉末灌装的疫苗时，可能会很有用。将悬浮液喷入低温液体中或喷到低温表面上，形成冷冻液滴，然后将其放入托盘或烧瓶中进行冷冻干燥。在这些条件下，升华率通常非常高，因为干燥层的厚度只受颗粒半径的限制，而且干燥是以几乎无障碍的方式从每个颗粒中进行的。

最广泛使用的技术是将最终容器中的液体制剂直接在冻干机架上冷冻。尽管这种方法有一个缺点，即干燥器在部分周期内被用作冷冻室，但在一台机器内冷冻和干燥样品，不需要将样品从冷冻室转移到干燥器，因此改善了样品的温度控制，同时也减少了产品的脆弱性。这通常是便于监测的首选方法。

产品可以采用控制成核的方式进行冷冻，即在液态下装载，在成核机制被触发之前，货架温度降低到0℃以下（通常在 −2 ~ −8℃ 之间）。如本章前面所列，可以采用一些不同的机制。控制成核有助于获得更均匀的冰晶大小，这可以对冷冻干燥原理的成功产生积极的影响，减少冷冻阶段的时长，提高初级干燥阶段的效率，就像前面讨论的退火一样。此外，由于它是从表面到底部发生的，它还可以帮助最大限度地减少表皮（结壳）形成的可能性。

二、升华干燥

干燥周期的第一步被定义为初级干燥，也就是升华干燥，代表着冰（通常占产品总含水量的 70% ~ 95%）被转化为水蒸气的阶段。升华是一个相对有效的过程，尽管初级干燥用时的精确长度取决于产品配方、溶质浓度、填充深度和容器的传热特性以及其他因素。在初级干燥过程中，产品在一个不连续的边界（升华界面）上干燥，随着干燥的进行，升华界面在产品中从表面逐步向内推移，冰晶升华后残留下的空隙变成下一时刻升华水蒸气的逸出通道。

在大气条件下，液态水通过升温转化为蒸汽，这一过程被定义为蒸发。然而，水的三种状态（冰、液体和蒸汽）在三相点上共存，说明在亚大气压下，冰可以通过升华直接转化为蒸汽。冰从冷冻的水溶液或悬浮液中升华，会形成一个开放的、多孔的、干燥的结构，其中溶质在空间上的排列与原始溶液或悬浮液一样。与蒸发不同的是，在蒸发过程中，成分会随着干燥的进行而浓缩，而在真空下升华可以最大限度地减少浓缩效应，提供一种具有活性和易溶的干燥产品。在冷冻了液体制剂后，下一步是通过将冰直接升华为水蒸气来干燥它。为了启动升华过程，必须降低箱体压力，使水的分压力保持在相应的蒸汽压以下，以确保冰直接转化为水蒸气。

（一）升华速率和操作室压力条件

初级干燥经常是冷冻干燥过程中最耗时的阶段。在初级干燥过程中，产品温度的提高将大大减少初级干燥的时间，前提是干燥室的压力是固定的。因此，一个优化的工艺必须在允许的最高产品温度附近操作，即无定形系统的 T_g' 或结晶系统的 T_e，温度的提高会大大加快升华速率，但产品要以多孔饼的形式留下，并应具有良好的脱水性能和可接受的外观。

另外操作室的压力也会影响到升华速率。通过降低样品上方的气体或蒸汽浓度，为水分子从产品中迁移提供最小的阻力，降低腔室压力将提高升华速度。然而，降低系统压力超过一定程度就会产生反作用，事实上，与预期相反，在非常低的系统压力下，升华速率会下降，因为操作室中的气体或蒸汽分子数量减少，无法将热能从架子上传导到产品中。从本质上讲，在高真空条件下，室内会产生"保温瓶"效应，从而抑制了来自货架的热传递。在高压（低真空）条件下，从货架到产品的热量传递主要是通过气体/蒸汽传导（热对流），而在低压（高真空）条件下，通过气体传导的热量传递减少，输入到产品的能量主要是通过辐射热传递，这是一个相对低效的机制。作为一般的经验法则，为了通过气体传导提供足够的热量输入，同时也允许一些升华冷却和每个产品容器内的温度梯度，操作室通常将保持在相当于产品中的冰在其测量（或计算）温度下的蒸汽压的三分之一到二分之一的压力，如标准蒸汽压力表所定义的。操作室压力可能会作为设计质量（Quality by Design）方法的一部分进行更严格的优化[23]。

（二）蒸汽压差和干燥效率

为了维持冷冻干燥，有必要建立一个压力梯度，从产品（高压）到冷凝器，最后到真空泵（低压），以便在干燥过程中水从产品迁移到冷凝器。尽管产品的温度必须高于冷凝器的温度，以确保水从产品中净迁移，但系统推动力代表蒸汽压力的差异，而不是产品和冷凝器之间的温度差异，可以计算，因为有两者之间压差。例如，产品在 20℃时的界面压差为 0.78Torr，冷凝器在 40℃时（相当于 0.097Torr 的压差），推动力为 0.683Torr。冷凝器在 70℃运行时，驱动力几乎没有改善（压差为 0.002 托，提供的压差为 0.778 托）。这个例子说明，通过提高产品温度而不是降低冷凝器温度，可以获得更大的升华效率，选择合适的辅料，在冻干过程中使用高加工温度而不影响产品质量，在工艺和循环发展中起着重要作用。

　　一般情况下，冻干面积相当于或大于 50m² 的食品真空冷冻干燥设备即可视为大型真空冷冻干燥设备 [24]。在这一类真空冷冻干燥设备中，总是存在着不同位置的物料干燥率不均匀的现象 [25]。其原因一般是由于物料板的温度分布不均匀 [25-26]。但是，操作室中蒸汽压力的分布不均匀这一情况通常被忽略了。实际生产中，为了提高生产效率和产量，大型真空冷冻干燥设备在构造上常采用多层大面积料板架的设计形式。为了提高操作室的容积利用率，冷冻干燥设备的料板之间的空间相对狭窄，操作室的抽气口总是在其一侧。所有这些设备结构的特点都导致了从板上材料的蒸发面到真空室的抽真空口之间形成了一条弯曲的、狭长的流动传递通道，并会产生可观的流动阻力。而在大型真空冷冻干燥设备中，升华干燥阶段的水蒸气流量相当大，所以在狭长的通道中存在着明显的水蒸气压力差，这最终导致的结果是，在大真空冷冻干燥设备中，不同板块甚至同一板块的不同位置上，物料的干燥速率都存在差异。

　　分析真空冷冻干燥过程中大型真空冷冻干燥设备中的蒸汽压力分布，对正确评价干燥速率的不均匀性及其降低具有重要意义。以前对冻干设备中蒸汽传质的研究多集中在待干燥物料中的扩散过程和平均干燥速率上 [27-29]。但对蒸汽从物料表面流向冻干室排空口的过程以及流动阻力造成的物料不同部位的干燥速率差异的研究较少。Shiwei Zhang 等人 [30] 建立了一个数学模型，描述了冻干设备中物料外的蒸汽流动，确定了蒸气压力的分布和各影响因素的参数关系，并提出了物料不同位置的干燥速率的定量分析方法和冻干设备的关键结构和加工参数的理论设计依据。模型计算结果表明在大型真空冷冻干燥设备中因流动阻力的存在产生了不均匀的蒸汽压差分布。通过合理安排抽气口的位置和抽气通道的结构可以改进不均匀的蒸汽压差。模型计算结果表明模型特征系数超过 15% 后，物料存在着肉眼可见的干燥程度差异。

（三）传热和传质

从本质上来说，冻干过程属于质量传递和能量传递的一个表现形式，从物料中移走能量，使得物料转变成冻结的形式，在低压下，对物料提供能量，使得冰晶升华后变成水蒸气，未冻结的水在提供足够的能量后变成水蒸气从吸附位点脱离下来，从整个物料体系逸出，在能量传递的帮助下，完成质量传递，从而达到了耦合状态下的平衡。

D. F. Dyer 和 J. E. Sunderland 等人 [31] 对升华脱水进行了分析研究，显示了参与该过程的重要机制的影响。考虑了二元气体混合物存在的影响。该解决方案的边界条件是所有可直接控制的外部条件，即温度、总压、受热面的水蒸气分压，以及与受热面相对的面的温度。分析涉及同时解决适当的连续性、动量和能量方程，以及存在的每种气体成分的状态方程。对牛肌肉的冷冻干燥给出了典型的结果，发现其干燥率随着总压力和水蒸气浓度的降低而增加，并提出了扩散运输与体积运输相比的相对重要性。结果表明，通过明智地利用通过冷冻区域的热传导，可以大幅提高干燥率。

Zhao Hui Wang 和 Ming Heng Shi 等人 [32] 从理论和实验上研究了不同加热方式下生牛肉冷冻干燥过程中的热量和质量传递，分析了辐射加热和微波加热在冷冻干燥过程中的区别。通过微波加热或辐射加热进行冷冻干燥时，冷冻区和干燥区的最高温度将随着样品厚度的增加而增加。辐射加热的干燥区域的最高温度比微波加热大，而且辐射加热的表面温度更容易超过热降解温度。因此，辐射加热板的温度不应该是工具性的。另一方面，微波加热的冷冻区域的最高温度比辐射加热大，因此熔化现象更容易发生。在微波冷冻干燥过程中，需要较低的真空压力来避免熔化现象。辐射加热和微波加热的干燥时间比是样品厚度的函数。结果表明，较大的样品厚度需要微波加热，而辐射加热适合于较小的样品厚度。临界样品厚度取决于被干燥材料的不同特性。一般来说，对于共晶温度较低的材料，辐射加热会得到更好的冻干产品的质量，而对于热降解温度较低的材料，微波加热会得到更好的冻干产品。此外，由于干燥时间不同，操作条件将影响产品质量。

Mohammed Farid[33] 开发了两种方法，并根据蜡的冷冻和熔化、肉的微波解冻、薯片的油炸、牛奶的喷雾干燥和肉的冷冻干燥等的实验测量进行了测试。理论预测和大多数测试的实验测量之间的一致性吻合良好。但分析也指出可能很难将分析结果应用于中等温度下的常规干燥，因为在这样的过程中存在质量传递的限制。有可能将移动边界分析应用于广泛的实际情况中，其中可能发生相变。这些应用中的分析可以用一个单一的微分方程来描述，需要的实验参数最少。

总的来说，目前文献中有两类比较重要的模型，一类是应用比较广泛的忽略显热效应的准稳态模型 [32, 34]，另一类很少应用的是在冻结和干燥区域求解瞬时热传导方程[31, 33]。还有一些研究者在冻结和干燥区域联立求解质量扩散方程和热传导方程[32]。不过在冻干机理上公认的看法是冻干是一个传热控制过程，而不是传质控制。

冻干过程的本质取决于在真空下通过升华将冰转化为水蒸气和将水蒸气从冷冻物中去除之间保持一个关键的平衡。为了保持升华，对产品提供热量以补偿升华的冷却。然而，水蒸气从干燥产品中带走的热量必须仔细平衡添加到产品中的热量，以达到不会对物料造成局部融化的同时维持升华的继续进行的目的。除非能保持这种平衡，否则产品温度要么下降，从而降低干燥效率，要么上升而诱发熔化或塌陷最终影响产品质量。产品升温以提高干燥速度和蒸汽逸出之间的这种关键平衡由传热和传质方程确定。在升华的早期阶段，平衡很容易维持，因为干燥结构对蒸汽流动的阻力最小。然而，随着干燥的进展和干燥层深度的增加，对蒸汽流动的阻碍也会增加，除非降低工艺温度，否则产品可能升温到足以融化或崩溃。减少能量输入的一个后果是降低干燥速度和延长周期时间，但如果要保持产品质量，这可能是无法避免的[35]。

（四）冷却和加热产品

安装在冻干机中用于支持产品容器的架子可以选择冷却，以初步冻结产品或在整个干燥周期中保持架子的恒定温度，或者加热，以提供干燥的能量。基本上，可以安装两个系统：

①在架子上嵌入一个独立的冷却线圈，通过它提供冷的制冷剂（这个系统被称为直接膨胀），并将一个加热元件黏合到架子的底部。通过交替操作加热器或冷却器来维持架子的控制。其中，直接膨胀系统相对便宜，但无法实现比 ±5℃ 更好的温度控制。

②对于工业或开发活动，为了满足良好生产规范的要求，必须将架子控制在 ±1℃ 以内，并让一种导热流体（常用硅油）在架子上循环，一个单独的冰箱/热交换器将导热流体保持在预设温度。

机理和进入产品的热量的相对数量将取决于：

①产品的性质，如它的填充深度、浓度等。

②产品容器的尺寸和几何形状，以及该容器是直接放在架子上还是支撑在一个托盘上。

③冻干机的设计。

④操作室真空条件。

产品温度可以通过提高或降低架子温度或通过交替的系统压力来保持，这对提高或降低传热效率有影响。无论冻干机采用哪种精确的系统，货架温度条件可以手动控制，也可以使用电脑或微处理器控制进行编程。

（五）升华界面

有多种说法，如干燥边缘、冻干边界等，从宏观上看，升华界面可以被看作是一个离散的边界，系在冷冻产品中移动，在冷冻产品上面形成越来越深的干燥产品层。热量从货架上通过瓶底和冷冻产品层传导到升华界面，在那里冰被转化为水蒸气。升华界面在干燥层中的逐渐后退产生了一些后果，其中包括：由于升华冷却，冷冻区保持在一个较低的温度；随着干燥层厚度的增加，对水汽迁移的阻力增加，升华速率下降；因为升华界面代表了产品温度和含水量的最大变化区，界面代表了结构软化或塌陷可能发生的区域；从升华界面迁移的水蒸气可以重新吸收到升华界面以上的干燥材料中。

因为升华界面是发生冷冻干燥的区域，所以界面的温度监测对产品的监测是最重要的。然而，由于升华前线在产品中不断移动，使用传统的温度探测器无法有效监测界面温度。尽管升华界面被定义为一个离散的边界，但这只适用于理想的共晶配方，即冰晶是大的、开放的、彼此相邻的。对于典型的无定形配方，如疫苗，升华边界要宽得多，由嵌入无定形相（非晶相）中的单个冰晶组成。在这些条件下，尽管冰在孤立的晶体内升华，但水蒸气必须通过无定形相（其本身也在逐渐干燥）扩散，直到它能从干燥的产品基质中自由迁移。在这些条件下，升华速率比使用共晶模型系统得出的数据所预期的要低很多。使升华速率的精确预测复杂化的是，冰晶之间的干饼的断裂可以提高干燥效率。所有这些因素，包括产品表面表皮的发展所造成的系统阻抗，都必须在产品配方和周期发展计划中加以考虑。

在板式加热的冷冻干燥中，关于干燥的真正机制，文献显示了一些相互矛盾的结论。大多数研究者都认为，干燥是从材料的非加热表面发生的。其他人则[36]指出，干燥是从加热表面发生的，这表明通过干燥层而不是冷冻层的热量传递控制了干燥过程。另有报道认为[37]，两种干燥机制都可能发生，取决于材料的性质，但没有提供进一步的解释。在一些研究者的板式加热冷冻干燥的实验工作中，报道了非恒定的升华温度[38]，而另一些则报道了在整个干燥期间恒定的升华温度。

应用板式加热和辐射加热，干燥可能从两边发生[39]。在这种应用中，会形成双界面，传统的移动边界分析变得更加难以应用。焓值或有效热容量方法可以应用于这种情况。该方法是针对在一定温度范围内发生相变的材料而开发的，如冻肉[40-41]。然而，已经证明[42]该方法甚至可以应用于在固定温度下熔化和凝固的纯材料，只要假设相变发生在 2～4℃的狭窄温度范围内。数学问题被简化为在选定的熔化温度范围内具有可变热容量的热传导解决方案。在这项工作中，同样的方法被应用于冷冻干燥，它通常在几乎恒定的升华温度下发生。微波加热被认为是在冷冻干燥中向材料供热的有效手段[43-45]，其中，热量被材料吸收的程度不同，取决于其位置、含水量和微波频率。

尽管在精确定义升华干燥方面存在这些复杂的问题，但升华仍是一个相对有效的过程，用于升华干燥的条件包括使用足够高的货架温度，以加快升华速率，而不会因诱发塌陷或融化而影响产品质量，并与较高的系统压力相结合，以优化从货架到产品的热传导。当升华被判断为完成时移除产品，这样的物料会是一个看起来很干燥的产品，但其含水量总是太高（比如会达到10%），达不到长期稳定储存的要求，这样只能延长干燥周期，在二次干燥期间通过解吸去除额外的水分。

三、解吸干燥

对于无定形制剂来说，在完成初级干燥后，残留的水量仍然非常高，可能会影响冻干制品的储存稳定性。剩余的水是指吸附在溶质基质中的未冻结的水，其含量可能是初始水含量的 5%～20%（取决于制剂的固体含量）[46]。另一方面，完全结晶的制剂在完成初级干燥后的水含量是微不足道的，这是因为所有可用的水在冷冻步骤中被结晶了。在这方面，Pikal 等人报告说，吸附在结晶产品表面的未冻结的水可能是造成结晶制剂在一次干燥后水含量不为零的原因[47]。

无论哪种情况，在初级干燥结束后去除任何残留的水对于减少残留的水分含量是至关重要的，从而提高干燥产品的玻璃转化温度（T_g'）。这一参数对储存稳定性有很大影响。干燥后的产品应储存在远低于其 T_g' 的温度下，以避免熔化和损坏。此外，T_g' 在很大程度上取决于干燥产品的残留水分含量，因为残留的水作为增塑剂，可以增强整个物料流变性，从而降低了 T_g'。

在冷冻干燥过程中，二次干燥是一个术语，用来描述通过解吸去除任何吸附的（未冻结的）水。在一个完整的解吸过程中会发生以下过程[47]。吸附的水从无定形固体的内部基质扩散到固体表面；水从固体表面蒸发；水汽从干燥产品的内部运输到冰冷凝器。前两个过程被认为是二次干燥过程中的限速（控制）步骤。因此，为了克服上述限制速度的因素，二次干燥期间的温度应该提高到高达40℃的数值[48-49]。二次干燥过程中的最高温度受到以下限制：制剂成分的热敏感性，其中一些成分在高加工温度下会失去其治疗特性或其他功能；以及制剂的玻璃转化温度 T_g'（主要针对非晶态制剂）。由于在完成初级干燥后会留下大量的水，产品的 T_g' 非常低。因此，在二次干燥过程中，加热速率和最终干燥温度都应谨慎选择，以使实际产品温度始终保持在瞬间玻璃化温度（T_g'）以下。如上所述，产品的 T_g' 随着水分的不断流失而升高；因此，二次干燥通常在高达 40℃的最终温度下进行 [48-49]。产品在最终的干燥温度下保持多久，最终的残留水分就达到一个可接受的水平，通常低于 2wt% 的干基。

从工艺效率的角度来看，温控过程应该是高温—短时二次干燥优于低温—长时二次干燥。然而，在二次干燥过程中，斜率和最终干燥温度的选择都应考虑到特定配方的特点。二次干燥步骤的优化一直是众多研究的重点。

Getachew Assegehegna 等人 [50] 开发了一个实验设计来研究干燥温度、干燥时间、药瓶位置和药室压力对 Fresenius Kabi 公司的一种药物制剂（FK1）的水分含量和玻璃转化温度（T_g'）的影响。这里得到的结果表明，干燥温度对水分含量和玻璃化温度（T_g'）的影响在较短的干燥时间内很强，这意味着提高干燥温度可以使到达设计的水分含量和玻璃化温度（T_g'）所需的干燥时间大大减少。箱体压力在 0.05 ~ 0.40mbar 之间的变化对水分含量和玻璃化转变温度（T_g'）的影响不大。还观察到水分含量和玻璃化转变温度（T_g'）随小瓶位置的变化，其中边缘小瓶的水分含量较高，因此其玻璃化转变温度（T_g'）比中心位置的小瓶低。此外，实验设计的结果被用来为 FK1 的二次干燥步骤构建工艺设计空间（PDS）。对 PDS 的实验验证表明，PDS 定义的水分含量和实验确定的玻璃转化温度值（T_g'）之间有很好的一致性。因此，PDS 促进了 FK1 的工艺优化，并可作为该工艺放大和转移过程中的一个重要工具。

Davide Fissore 等人 [51] 开发了数学模型，用来研究操作条件 [货架温度（T_{shelf}）和腔室压力（P_c）] 对产品温度（必须保持低于极限值）和升华通量（必须低于会导致空间密闭的水平）的影响。该算法考虑到了由于干燥层厚度的增加而导致的设计空间随时间的变化。除了 T_{shelf} 和 P_c，干燥层厚度被用作研究空间的第三个坐标，产生一个结果图，可用于建立具有可变操作条件的样例，以及分析工艺故障的影响。这种结果与不考虑设计空间随时间变化时得到的结果进行了比较；在这种情况下，设计空间包括那些在整个初级干燥过程中满足操作限制的操作条件，因此在设计工艺时给出了更保守的样例，或在分析工艺故障时可能会产生误导性结果。最后，该研究所提出的方法已被用于设计和实验验证一种药品配方的样例。

　　Davide Fissore 等人[52] 提出了一个创新的软件传感器，用以可靠地估计产品中的残留水分和完成二次干燥所需的时间，也就是达到残留水分或解吸率的目标值。这样的结果是通过耦合过程的数学模型和溶剂解吸率的在线测量，以及通过压力上升测试或其他可以测量干燥室中蒸汽通量的传感器（如风车、激光传感器）来获得。建议的方法不需要在操作过程中提取任何小瓶，也不需要使用昂贵的传感器来离线测量残留的水分。此外，它不需要任何初步实验来确定解吸率和产品中残留水分之间的关系。所提议的方法的有效性是通过在一个试验规模的设备中进行的实验来证明的：在这种情况下，从干燥室中提取一些小瓶，测量水分含量以验证软传感器提供的估计值。

　　Irene Oddone 等人[53] 研究了真空诱导成核对二次干燥动态的影响，特别是对解吸率和样品物料之间的不均匀性的影响。为了跟踪二次干燥过程中残留水分的变化，通过真空密闭取样装置定期收集小瓶；然后通过卡尔－费歇尔滴定法和扫描电子显微镜分别测定残留水分和多孔饼的形态。对冷冻的控制促进了较大冰晶的形成，因此加速了冰的升华，减缓了解吸过程。发现真空诱导成核减少了总的（一级和二级）干燥时间，产生的批次比传统的冷冻获得的批次要均匀得多，而且这种积极的效果从一级干燥结束时就开始观察到了。总之，对冷冻的控制有利于减少总的干燥时间，以及小瓶到大瓶的均匀性，并能更好地控制产品的不均匀性。

　　Ioan Cristian Trelea 等人[54] 建立了冻干乳酸菌制剂平衡含水量和解吸动力学的模型。观察到两种不同的解吸动力学，可以同化为单层（缓慢解吸）和多层（快速解吸）的水。模型中包括了温度对解吸动力学的影响，结果显示，特征解吸时间（单层／多层）的比率几乎为 30。在 15 ~ 40℃的范围内，温度依赖性被阿伦尼乌斯定律充分地描述。模型参数鉴定同时使用了具有高时间分辨率的重力测量和直接的卡尔－费歇尔滴定法，并进行了几个处于不同的温度和时间变化的实验。所开发的模型旨在用于设计和优化冷冻干燥方案，其中达到接近或低于单层的水分含量的解吸时间可能需要整个冷冻干燥时间的很大一部分。对最终水分含量的准确预测可以避免干燥不足和过度干燥，这两种情况都不利于产品的稳定性。

　　升华干燥是一个与高蒸汽流速相关的动态过程，与此相反，解吸干燥的效率要低得多，解吸干燥的时间通常占总工艺时间的 10% ~ 25%，但只能去除最初存在于液体配方中的总水分的一小部分。在解吸干燥条件下，产品接近稳态条件，水分从产品中解吸或吸收，以响应相对湿度和货架温度。通过提高货架温度，利用操作室内的高真空条件，从而降低系统的蒸汽压力或相对湿度，有利于解吸的进行。相反，当货架温度降低，系统中的蒸汽压力通过加热冷凝器而增加时，被干燥的产品将重新吸收水分，表现出水分含量的增加。尽管产品在解吸干燥过程中崩溃的可能性通常小于升华干燥过程中的崩溃，但通过将产品暴露在高于其玻璃转化温度的温度下，有可能诱发干燥后的基体崩溃。

第三节　冻干设备

　　整个冻干过程是三个不同过程的组合，其中包括液体制剂的冷冻和通过升华和解吸进行干燥，后两个过程通常在减压下进行。在大多数冷冻干燥过程中，液体制剂被装入初级包装容器（如小瓶或水泡），并装载在冷冻干燥机的架子上。然后，架子逐渐冷却，直到液体制剂完全凝固，然后在架子温度升高的同时降低室压，这样升华过程就开始了。升华过程持续进行，直到所有结冰的溶剂被清除。升华完成后，架子上的温度进一步提高，以通过解吸促进未冻结的溶剂的去除。为了在一台设备中完成这三个不同的过程，需要几个设备的同步操作。图2-5显示了主要的组成部分，下面会详细介绍。

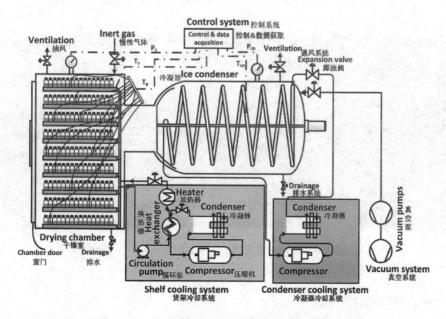

图2-5　典型的工业冻干机的示意图

如图 2-5 所示，一般的冷冻干燥设备主要由制冷系统、真空系统、加热系统、电器仪表控制系统所组成。主要部件为干燥箱、凝结器、冷冻机组、真空泵、加热/冷却装置等。其中，冻干设备应用较好的国内企业，如大树集团在食品、中药材、蔬菜、水果、乳制品、真菌等多个领域都通过冷冻干燥技术实现了冻干产品的生产，其都离不开强大的设备支持，其中包括杭州荣星机械设备有限公司 ZG-1 平方接触式冻干机（图 2-6）、上海翡诺医药设备有限公司 FNLY-0.5 冷冻干燥机（图 2-7）等等，下面是一些设备的展示图。

图2-6　杭州荣星机械设备有限公司制造的ZG-1平方接触式冻干机

图2-7　上海翡诺医药设备有限公司制造的FNLY-0.5冷冻干燥机

一、冻干机的分类

冻干机基本上有三类：歧管式冻干机、旋转式冻干机和托盘式冻干机。所有类型的冻干机都有两个共同的部件：一个真空泵，用于降低装有待干燥物质的容器中的环境气体压力；一个冷凝器，用于通过在冷却到 –40℃至 –80℃的表面冷凝来去除水分。

歧管式、旋转式和托盘式冻干机的不同之处在于被干燥物质与冷凝器的连接方法。在歧管式冻干机中，通常用一根短的圆形管子将多个装有被干燥产品的容器与冷凝器连接起来 [56]。旋转式和托盘式冻干机有一个大的贮藏室来存放被干燥的物质。旋转式冷冻干燥机通常用于干燥颗粒、方块和其他可塑物质。旋转式干燥器有一个圆柱形的贮液器，在干燥过程中旋转，以实现整个物质更均匀的干燥 [57]。托盘式冻干机通常有长方形的贮液器，上面有架子、产品，如药物溶液和组织提取物，可以放在托盘、小瓶和其他容器里。歧管式冻干机通常在实验室环境中使用，用于干燥小容器中的液体物质，以及产品将在短时间内使用的情况 [58]。歧管干燥器干燥后的产品中的水含量可以低于 5%。不提供热量，只能实现初级干燥（去除未结合的水），其必须添加一个加热器进行二次干燥，这将去除结合水，最终产生水含量更低的产品。托盘式冻干机通常比歧管冻干机大，而且更复杂。托盘式冻干机可用于干燥各种材料，常用于生产最干燥的产品，以便长期储存。托盘式冷冻干燥机可以实现产品原地被冻结，然后进行初级（非结合水去除）和二级（结合水去除）冷冻干燥，从而产生最干燥的最终产品。托盘式冷冻干燥机可以干燥散装或小瓶或其他容器中的产品 [59]。在小瓶中干燥时，冷冻干燥机提供一个塞子加塞操作，它通常由不锈钢制成，内部通常高度抛光，外部是绝缘和包层 [60]，门锁由液压或电动马达控制。启动加塞操作后可以将塞子压入小瓶封口，在小瓶暴露于大气之前将其密封以用于长期储存，如疫苗。

目前正在开发改进的冷冻干燥技术，以扩大可以冷冻干燥的产品范围，提高产品的质量，并以更少的劳动力更快地生产产品为宗旨。冻干机由一个真空室组成，其中包含能够冷却和加热容器及其内容物的产品架，还有一个真空泵、一个制冷装置和相关的控制装置与真空室相连 [57]。化学品通常被放置在玻璃瓶等容器中，这些容器被放置在真空室内的架子上。架子上的冷却元件将产品冻结。一旦产品被冻结，真空泵将真空室抽空，产品被加热。热量通过热传导从架子上转移，通过小瓶而最终进入产品 [61]。

二、冻干机的具体元件

（一）物料存贮容器

存贮待冻干物料的容器必须允许导热，在冻干周期结束时能够严格密封，并尽量减少渗透到其墙壁和密封处的水分[62]。冻干工艺的成功在很大程度上取决于该设备良好的导热性。因此，冻干过程中所使用的容器必须能够满足良好热传递的要求。具体来说，即这些容器不仅应该由具有良好导热性的材料制成，还应该与冻干机架有良好的热接触（因为冻干机架是加工过程中的热源），并且应该有最低限度的隔热作用，这一效应会将热源与需要加热的产品分开。冻干工艺导热性差往往是由于使用了传热系数低的材料制成的容器，它也可能是由容器的形状、大小或质量造成的[63]。它可能来自热障，如过多的物料，这些材料可以起到隔热作用，阻止能量传递到冻冰和干燥产品的接触界面[64]。

（二）干燥室

干燥室通常是一个外围方形的中间圆柱形空腔的操作室，其为真空密封箱，有时被称为冻干室。该室包含用于处理产品的架子或货架，设计成允许传热液体在其中均匀循环。在冷冻和干燥过程中，传热液体被用来精确控制产品架的温度（大约 –55 ~ +55℃）[65]。传热液体流向货架的速率由位于液体入口和出口的热电偶控制。干燥室还包含几个用于产品温度测量的热电偶（非无菌过程）、一个用于装载和卸载产品的压力和真空密封门，用于室压测量的真空计，以及不同的端口，如通风、压力回填和排水端口。

（三）货架及其冷却系统

一个小型的研究型冻干机可能只有一个架子，但所有其他的架子都会有几个。架子的设计变得更加复杂，因为它必须执行几种功能。架子作为一个热交换器，在冷冻过程中从产品中移除能量，并在冷冻干燥周期的初级和二级干燥部分向产品提供能量。货架将通过固定或灵活的软管与导热流体系统连接。冻干过程要求首先对产品进行冷冻，然后在整个周期的干燥阶段以热的形式提供能量。这种能量交换传统是通过在货架上以所需温度循环液体来完成的[66]。该温度是在一个由冷却热交换器和电加热器组成的外部热交换系统中设定的。

货架冷却系统是冻干机制冷室的另一个子部件，其核心目的是提供和保持货架在预定的温度。如图 2-5 所示，货架冷却系统包含一个制冷区，其中制冷剂液体通过压缩机、冷凝器、膨胀阀和热交换器进行循环。此外，上述系统还包含一个单独的工艺流体或传热流体（通常是硅油），在循环泵的帮助下，通过热交换器、电加热器和产品货架循环。由于在冷凝器冷却系统中使用的直接膨胀法不允许对冷却系统进行精确控制，货架冷却系统使用一种被称为"导热流体循环"的方法[20]。在这种方法中，热交换器作为一个蒸发器，通过该交换器的传热液体被用来冷却或加热货架。上述方法使货架的温度保持在 –55℃ 和 +55℃ 之间的

1℃以内[19-20]。然而，这种方法存在一个明显的缺点，即其需要包括一台泵，以迫使导热流体在环路中流动。这台泵会产生热量，这些热量又被耗散到冷却系统中，从而降低其效率。上述机制的第二个缺点是，过程流体（硅油）在温度低于−50℃时会变得非常黏稠，这增加了泵送难度。然而，由于大多数冷冻干燥过程不需要这么低的货架温度，上述方法通常是货架冷却系统的首选方法，因为严格的温度控制是主要的优先事项[20]。由于导热流体不受高压影响，可以使用柔性管，这样可以使货架在冷冻干燥机内移动，从而允许使用限位器机制。

（四）冰冷凝器及其冷却系统

冰冷凝器有时仅被称为冷凝器或冷阱。它被设计用来在干燥过程中捕集溶剂，通常是水。工艺冷凝器将由线圈或有时是板组成，这些线圈或板被冷却到设定的温度。这些冷却的线圈或板可能在一个独立于室的容器中，或者它们可能位于与架子相同的室中，因此，有"外部冷凝器"和"内部冷凝器"的区别。从位置上来说，外部冷凝器常被放置在干燥室后面，但它也可以在侧面、下面或上面等方位。对于内部冷凝器来说，制冷线圈或板在较小的机器上放置在架子下面，在较大的机器上放置在架子后面，但同样没有性能限制，只有干燥室的几何形状的差异。

冰冷凝器的主要目的是去除干燥过程中产生的水蒸气。在第一次升华过程开始之前，产品容器、干燥室和冰冷凝器内的压力是相同的。一旦升华开始，由于水蒸气的不断积累，产品容器内的压力增加，这导致了在产品容器和干燥室之间产生了压力差。这个压力差使得水蒸气从产品容器中流向干燥室，从而增加了干燥室的压力，这又在干燥室和冰冷凝器之间产生了压力梯度，水蒸气从干燥室流向冰冷凝器。因此，清除冰冷凝器中的水蒸气以保持压力差并确保升华过程的进展是至关重要的。这是通过将冰冷凝器冷却到一个非常低的温度（通常低至−80℃）来实现的，这样水蒸气就会在冰冷凝器线圈上冷凝并转化为冰。从冰沉积率和总冰沉积量来看，冰冷凝器的容量应与升华率和单次冷冻干燥过程中升华的水蒸气总量相匹配。换句话说，冰冷凝器应该能够在一个干燥过程中以最大可能的升华率捕获所有水蒸气。如果水蒸气没有从干燥室中排出，干燥室的压力就会增加，直到与冰的蒸汽压力平衡，升华过程就会达到动态平衡。

冰冷凝器冷却系统是冻干机制冷室的一个子部件，主要包括一个压缩机、一个冷凝器和一个膨胀阀，用于将冰冷凝器盘管冷却到所需温度（通常为−60～−80℃）。冰冷凝器冷却系统中使用的制冷方法被称为"直接膨胀"，依靠制冷剂直接蒸发到作为蒸发器的冰冷凝器盘管中。直接膨胀法的优点，如操作简单、能源效率高、能够实现低温，使其适用于冷凝器冷却，但其有限的精度使这种方法不大适合用于货架冷却[67]。

准备冻干的物料要么在进入烘干机之前被冷冻，要么在货架上被冷冻。这项工作需要相当多的能量。一般来说，压缩机需要液氮提供冷却能量。大多数情况下，需要多台压缩机，而且压缩机可以执行两个任务，一个是冷却货架，另一个是冷却工艺冷凝器。在某些情况下，可以使用一个单一的制冷系统，也就是合并货架冷却系统和冰冷凝器冷却系统，其中制冷剂在冷凝器和货架之间共享。在冷冻阶段，制冷系统的全部制冷量被引向货架，以确保其最大限度地冷却。在冰冷凝器冷却期间，制冷系统的全部制冷量被切换到冰冷凝器膨胀阀，以确保冷凝器的最大冷却。在这期间，货架温度可能会增加几度。尽管这种增加对整个过程没有明显的影响，但为了防止货架温度的大幅上升，需要有较短的冰冷凝器降温时间。现代冷冻干燥机在温度范围为 +20 ~ −45℃时，冰冷凝器的降温时间小于30min。在干燥期间，制冷系统的容量由冰冷凝器和货架共享，主要用于维持冰冷凝器的温度，而一小部分制冷剂被保留用于精确的货架温度控制。值得注意的是，即使使用单一的制冷系统，冰冷凝器和货架的冷却机制也不会改变。这意味着冰冷凝器采用了直接膨胀冷却机制，而架子则采用了导热流体循环冷却机制。

（五）真空系统

真空系统是冻干机的一个必要组成部分，通常由冗余真空泵组成，用于在合理的时间内去除升华或解吸逸出的溶剂并将干燥室和冰冷凝器的压力保持在所需的数值上。所需的真空度通常在 5 ~ 10Pa 之间。为了达到如此低的真空度，需要使用两级旋转真空泵。对于大型室，可以使用多个泵。只有当干燥室的压力低于所需产品温度下的冰的蒸汽压力时，升华才能开始。例如，冰在 −30℃时的蒸汽压力为 38Pa，为了使升华发生，干燥室内气压应保持在 38Pa 以下。真空系统应该具有很好的鲁棒性，以便在整个过程中维持室压在用户定义的数值。

（六）控制系统

最后，控制系统配备了许多通信和仪表线路，作为用户和冻干机之间的通信接口。所有必要的参数，如货架温度、干燥室压力、冷却率、加热率、保温时间等，都由用户提供，并由控制系统来精确控制不同设备部件的运行。对于生产型机器来说，控制可能是完全的或通常是全自动的。所需的控制元素如上所述，主要包括货架温度、干燥室压力和冻干周期时间等。一个控制程序将根据产品或过程的要求设置这些数值。其中，时间可能从几小时到几天不等，而其他数据，如产品温度和冰冷凝器温度以及冰冷凝器压力，也可以被记录下来[68]。

参考文献

[1] Bando K，Kansha Y，Ishizuka M，et al. Innovative freeze-drying process based on self-heat recuperation technology [J]. Journal of Cleaner Production，2017，168：1244-1250.

[2] 赵鹤皋，郑效东，黄良槿，等 . 冷冻干燥技术与设备 [M]. 武汉：华中科技大学出版社，2005：10.

[3] Williams N A，Polli G P. The lyophilization of pharmaceuticals：a literature review [J]. PDA Journal of Pharmaceutical Science and Technology，1984，38（2）：48-60.

[4] Harper J C，Tappel A L. Freeze-drying of food products [J]. Advances in food research，1957，7：171-234.

[5] Gaidhani K A，Harwalkar M，Bhambere D，et al. Lyophilization/freeze drying - a review [J]. World Journal of Pharmaceutical Research，2015，4（8）：516-543.

[6] Searles J A，Carpenter J F，Randolph T W. The ice nucleation temperature determines the primary drying rate of lyophilization for samples frozen on a temperature - controlled shelf [J]. Journal of Pharmaceutical Sciences，2001，90（7）：860-871.

[7] Searles J A，Carpenter J F，Randolph T W. Annealing to optimize the primary drying rate，reduce freezing-induced drying rate heterogeneity，and determine T_g' in pharmaceutical lyophilization [J]. Journal of Pharmaceutical Sciences，2001，90（7）：872-887.

[8] Franks F，Auffret T. Freeze-drying of pharmaceuticals and biopharmaceuticals [M]. The Royal Society of Chemistry，2008.

[9] Franks F. Freeze drying：from empiricism to predictability [J]. CryoLetters，1990，11：93-110.

[10] Franks F. Improved freeze-drying：an analysis of the basic scientific principles [J]. Process Biochemistry，1989，24：3-8.

[11] Mackenzie A P. Basic principles of freeze-drying for pharmaceuticals [J]. Bulletin of the Parenteral Drug Association，1966，20（4）：101-130.

[12] Franks F. Nucleation of ice and its management in ecosystems [J]. Philosophical Transactions of the Royal Society of London. Series A : Mathematical, Physical and Engineering Sciences, 2003, 361 (1804): 557–574.

[13] Cameron P. Good pharmaceutical freeze–drying practice [M]. 1st ed. Chemical Rubber Company Press, 1997.

[14] Willemer H. Experimental freeze–drying : procedures and equipment [J]. Drugs and the Pharmaceutical Sciences, 1999, 96: 79–121.

[15] Pikal J M. Mechanisms of protein stabilization during freeze–drying and storage : the relative importance of the thermodynamics stabilization and glassy state relaxation dynamics[M]//REY, L. Freeze–drying/lyophilization of pharmaceutical and biological products (3rd ed.). Boca Raton : Chemical Rubber Company Press, 1999: 161–198.

[16] Franks F. Improved freeze–drying : an analysis of the basic scientific principles [J]. Process Biochemistry, 1989, 24: 2–3.

[17] Adams G. The principles of freeze–drying. [J]. Methods in Molecular Biology, 2007, 368: 15–38.

[18] Rowe T W G. Machinery and methods in freeze–drying [J]. Cryobiology, 1971, 8 (2): 153–172.

[19] Adams G D J. Technologically challenged – freeze drying damage prevention [J]. Med Lab World, 1996, 1996: 43–44.

[20] Liu J. Physical characterization of pharmaceutical formulations in frozen and freeze–dried solid states : techniques and applications in freeze–drying development [J]. Pharmaceutical Development and Technology, 2006, 11 (1): 3–28.

[21] Pikal M J, Shah S. The collapse temperature in freeze drying : Dependence on measurement methodology and rate of water removal from the glassy phase [J]. International Journal of Pharmaceutics, 1990, 62 (2–3): 165–186.

[22] Franks F, Jones M N. Biophysics and biochemistry at low temperatures [J]. FEBS Letters, 1987, 220 (2): 391–391.

[23] Mockus L N, Paul T W, Pease N A, et al. Quality by design in formulation and process development for a freeze–dried, small molecule parenteral product : a case study [J]. Pharmaceutical Development and Technology, 2011, 16 (6): 549–576.

[24] Ciurzynska A, Lenart A. Freeze–drying–application in food processing and

biotechnology-a review [J]. Polish Journal of Food and Nutrition Sciences, 2011, 61 (3).

[25] Pikal M J, Mascarenhas W J, Akay H U, et al. The nonsteady state modeling of freeze drying : in-process product temperature and moisture content mapping and pharmaceutical product quality applications [J]. Pharmaceutical Development and Technology, 2005, 10 (1): 17-32.

[26] Song C S, Nam J H, Kim C J, et al. Temperature distribution in a vial during freeze-drying of skim milk [J]. Journal of Food Engineering, 2005, 67 (4): 467-475.

[27] Barresi A A, Pisano R, Rasetto V, et al. Model-based monitoring and control of industrial freeze-drying processes : effect of batch nonuniformity [J]. Drying Technology, 2010, 28 (5): 577-590.

[28] Litchfield R J, Liapis A I. An adsorption-sublimation model for a freeze dryer [J]. Chemical Engineering Science, 1979, 34 (9): 1085-1090.

[29] Pisano R, Barresi A A, Fissore D. Innovation in monitoring food freeze drying [J]. Drying Technology, 2011, 29 (16): 1920-1931.

[30] Zhang S, Liu J. Distribution of vapor pressure in the vacuum freeze-drying equipment [J]. Mathematical Problems in Engineering, 2012, 2012: 10.

[31] Dyer D F, Sunderland J E. Heat and mass transfer mechanisms in sublimation dehydration [J]. Journal of Heat Transfer, 1968, 90 (4): 379 - 384.

[32] Wang Z H, Shi M H. Effects of heating methods on vacuum freeze drying [J]. Drying Technology, 1997, 15 (5): 1475-1498.

[33] Farid M. The moving boundary problems from melting and freezing to drying and frying of food [J]. Chemical Engineering and Processing : Process Intensification, 2002, 41 (1): 1-10.

[34] Vaidyanathan, N.S. Proceedings of the 3rd asme/jsme; thermal engineering joint conference part 4, 1991[C]. 251 - 259.

[35] Patel S M, Pikal M J. Emerging freeze-drying process development and scale-up issues [J]. AAPS PharmSciTech, 2011, 12 (1): 372-378.

[36] Carn R M, Rm C, Cj K. Modification of conventional freeze dryers to accomplish limited freeze drying [J]. American Institute of Chemical Engineers Symposium Series, 1977, 73 (163): 103-112.

[37] Oetjen G W, Haseley P. Freeze-drying [M]. 2nd ed. John Wiley & Sons,

2004.

[38] Litvin S, Mannheim C H, Miltz J. Dehydration of carrots by a combination of freeze drying, microwave heating and air or vacuum drying [J]. Journal of Food Engineering, 1998, 36 (1): 103–111.

[39] Tu W, Cheng J, Yang Z, et al. A model of freeze drying of food and some influence factors on the process [J]. Journal of Chemical Industry and Engineering–China, 1997, 48: 186–192.

[40] Cleland D J, Cleland A C, Earle R L, et al. Prediction of thawing times for foods of simple shape [J]. International Journal of Refrigeration, 1986, 9 (4): 220–228.

[41] Taher B J, Farid M M. Cyclic microwave thawing of frozen meat : experimental and theoretical investigation [J]. Chemical Engineering and Processing : Process Intensification, 2001, 40 (4): 379–389.

[42] Farid M M, Hamad F A, Abu–Arabi M. Melting and solidification in multi-dimensional geometry and presence of more than one interface [J]. Energy Conversion and Management, 1998, 39 (8): 809–818.

[43] Sochanski J S, Goyette J, Bose T K, et al. Freeze dehydration of foamed milk by microwaves [J]. Drying Technology, 1990, 8 (5): 1017–1037.

[44] Wang Z H, Shi M H. The Effects of sublimation–condensation region on heat and mass transfer during microwave freeze drying [J]. Journal of Heat Transfer, 1998, 120 (3): 654–660.

[45] Wang Z H, Shi M H. Microwave freeze drying characteristics of beef [J]. Drying Technology, 1999, 17 (3): 434–447.

[46] Tang X C, Pikal M J. Design of freeze–drying processes for pharmaceuticals : practical advice [J]. Pharmaceutical Research, 2004, 21 (2): 191–200.

[47] Pikal M J, Shah S, Roy M L, et al. The secondary drying stage of freeze drying : drying kinetics as a function of temperature and chamber pressure [J]. International Journal of Pharmaceutics, 1990, 60 (3): 203–207.

[48] Abdul–Fattah A M, Lechuga–Ballesteros D, Kalonia D S, et al. The impact of drying method and formulation on the physical properties and stability of methionyl human growth hormone in the amorphous solid state [J]. Journal of Pharmaceutical Sciences, 2008, 97 (1): 163–184.

[49] Colandene J D，Maldonado L M，Creagh A T，et al. Lyophilization cycle development for a high-concentration monoclonal antibody formulation lacking a crystalline bulking agent [J]. Journal of Pharmaceutical Sciences，2007，96（6）：1598-1608.

[50] Assegehegn G，Brito-De La Fuente E，Franco J M，et al. Understanding and optimization of the secondary drying step of a freeze-drying process：a case study [J]. Drying Technology，2020：1-15.

[51] Fissore D，Pisano R，Barresi A A. Advanced approach to build the design space for the primary drying of a pharmaceutical freeze-drying process [J]. Journal of Pharmaceutical Sciences，2011，100（11）：4922-4933.

[52] Fissore D，Pisano R，Barresi A A. Monitoring of the secondary drying in freeze-drying of pharmaceuticals [J]. Journal of Pharmaceutical Sciences，2011，100（2）：732-742.

[53] Oddone I，Barresi A A，Pisano R. Influence of controlled ice nucleation on the freeze-drying of pharmaceutical products：the secondary drying step [J]. International Journal of Pharmaceutics，2017，524（1-2）：134-140.

[54] Trelea I C，Fonseca F，Passot S. Dynamic modeling of the secondary drying stage of freeze drying reveals distinct desorption kinetics for bound water [J]. Drying Technology，2016，34（3）：335-345.

[55] Assegehegn G，Brito-De La Fuente E，Franco J M，et al. Freeze-drying：A relevant unit operation in the manufacture of foods，nutritional products，and pharmaceuticals [J]. Advances in Food and Nutrition Research，2020，93：1-58.

[56] Wang W. Lyophilization and development of solid protein pharmaceuticals [J]. International Journal of Pharmaceutics，2000，203（1-2）：1-60.

[57] Korey D J，Schwartz J B. Effects of excipients on the crystallization of pharmaceutical compounds during lyophilization [J]. PDA Journal of Pharmaceutical Science and Technology，1989，43（2）：80-83.

[58] Cappola M L. Freeze-drying concepts：The basics [J]. Drugs and the Pharmaceutical Sciences，2000，99：159-199.

[59] Herman B D，Sinclair B D，Milton N，et al. The importance of technology transfer [J]. Pharmaceutical Research，1994，11：1467-1473.

[60] Pikal M J，Rambhatla S，Ramot R. The impact of the freezing stage in

lyophilization : effects of the ice nucleation temperature on process design and product quality [J]. American Pharmaceutical Review, 2002, 5: 48–53.

[61] Tang X C, Pikal M J. Design of freeze–drying processes for pharmaceuticals : practical advice [J]. Pharmaceutical Research, 2004, 21（2）: 191–200.

[62] Costantino H R. Excipients for use in lyophilized pharmaceutical peptide, protein, and other bioproducts [J]. Lyophilization of Biopharmaceuticals, 2004, 2: 139–228.

[63] Franks F. Freeze–drying of bioproducts : putting principles into practice [J]. European journal of Pharmaceutics and Biopharmaceutics, 1998, 45（3）: 221–229.

[64] Liu J, Viverette T, Virgin M, et al. A study of the impact of freezing on the lyophilization of a concentrated formulation with a high fill depth [J]. Pharmaceutical Development and Technology, 2005, 10（2）: 261–272.

[65] Nail S L, Jiang S, Chongprasert S, et al. Fundamentals of freeze–drying [j]. development and manufacture of protein pharmaceuticals, 2002: 281–360.

[66] Swarbrick P, Teagarden D L, Jennings T A. The freezing process [M]// JENNINGS T A. Lyophilization, Introduction and Basic Principles（1st ed.）. Boca Raton : Chemical Rubber Company Press, 1999: 154–178.

[67] Ward K R. Freeze–drying : A rational approach to process development and product formulation using model polymeric proteins and drug microcarrier systems [D]. United Kingdom : Aston University, 1999.

[68] Patapoff T W, Overcashier D E. The importance of freezing on lyophilization cycle development [J]. Biopharm, 2002, 15（3）: 16–21.

第三章　食品的冷冻干燥技术及其应用

第一节　概述及进展

20世纪初，食品的冷冻干燥实验开始，后在1961年英国的Aderdeen工厂正式将冻干技术应用于食品的工业生产，随后，如美国、日本以及欧洲等发达国家相继建立了食品冻干工厂。到了21世纪初，冻干食品冻干技术渐渐变得炙手可热起来，全球冻干食品产量已经上升到数千万吨。我国的冻干技术起步较晚，20世纪80年代后，伴随着我国改革开放的进程加快，经济快速发展，食品工业也开始走出去、请进来。通过引进国外先进的冻干设备与技术，很多企业家采用合资、合作或单独设厂等多种形式，开设冻干食品加工企业，冻干食品的加工开始在我国发展开来[1]。

冷冻干燥能够最大限度地保存食品的成分，极大地提高了食品的保存时间，且食品复水速度快，另外冻干食品重量轻，非常适合运输和长期保存。这些优点也尽可能地满足了人民对食品的各种需求，如在航天、登山、野外作业等环境下，冻干食品已经成为最佳选择。

脱水技术是最传统的保存食品的方法，它的目的是降低食品中的水分含量，主要用于水果、蔬菜、香料和其他高水分含量的食品，从而防止引起腐烂的微生物的生长和繁殖，并最大限度地减少许多由水分介导的恶化反应。然而，干燥食品也有一些缺点。干燥会改变食品的特性，导致多汁性和木质化组织的丧失，这两者都会导致食品更硬或更难以咀嚼[2]。其他典型的质量损失属性包括外壳硬化，即产品的外层在从产品较难接触的内核中去除水分的过程中被过度干燥，以及产品收缩，这两个问题都与对流空气干燥有关[3]。

目前市场对于干燥食品的质量需求越来越高，冷冻干燥可以提供更高质量的产品，食品不添加防腐剂就可长时间贮藏，还保留了色、香、味以及营养成分。冷冻干燥（Freeze-drying, FD）可以生产任何干燥方法所能获得的最高质量的食品。尽管冻干具有无可比拟的优势，但由于能耗高、操作和维护成本高，冻干一直被认为是制造脱水产品最昂贵的操作，对传统干燥方法和冻干所需能量的分析表明，除去1kg水所需的基本能量，冻干几乎是传统干燥的两倍[4]。

微波可以对物料进行体积加热，大大提高干燥速率，同时用微波辅助的冷冻干燥可称为微波冷冻干燥（Microwave Freeze-drying，MFD）。研究表明，与冷冻干燥相比，MFD可以大大缩短干燥时间，从而有可能取代传统的冷冻干燥。MFD可以得到与冷冻干燥几乎相同的产品质量，但在实践中仍有许多问题需要解决[5]。研究发现MFD可行性面临的两个主要技术问题，包括电晕放电和非均匀加热[6]。另一种降低冷冻干燥成本的方法是避免升华蒸气的冷凝器，加强传热相和传质相之间的接触，并在近大气压下操作。水汽压力较低的冷干燥剂与冷冻产品的接触，由于压力梯度的作用，会使冰直接升华到干燥剂中[7]。这就是通常所说的常压冷冻干燥（Atmospheric Freeze-drying，AFD），用相对湿度较低的冷空气作为干燥剂。AFD的优点是成本较低，而且可以设计一个连续的系统过程，通过将干燥系统与热泵系统结合起来，可以实现能量的回收[8]；而且AFD中的速率控制参数是干燥产品结构中水蒸气的分子扩散系数。与之相比，传统的冷冻干燥由于受到传热的限制导致干燥速率太慢，在经济上和工业上都不可行。

虽然在升华干燥领域已经进行了大量的科学研究，但对各种升华干燥方法的综合总结却很少。此外，只有少数作品旨在证明这些技术在过程和控制方面的关键问题。考虑到这一点，这项工作的目标是突出一些最新和最显著的进展，在食品的升华干燥，主要强调最近的发展减少能源消耗的冷冻干燥过程。

近年来，红外干燥已被广泛用于各种农产品和肉类产品，辐射加热不需与样品接触，直接照射到暴露的产品表面并穿透，由于对组织结构有破坏作用，导致产品中活性物质发生变性或分解[9-10]。FD在低温、真空的环境下进行，红外辐射（Infrared Radiation，IR）所造成的食品大部分降解和微生物反应的现象可以得到抑制。用IR代替FD中电热板加热的冷冻干燥技术称为红外辅助冷冻干燥（Infrared Assisted Freeze-drying，IRFD）技术，可以缩短干燥时间，提高能源效率，保持食品的均匀干燥温度，并在一定程度上杀灭微生物和抑制酶反应，从而生产出质量更好的产品[11]。目前，IRFD红外辐射在干燥机中的研究仅限于实验室或者高价值食品的小范围应用，广泛的工业化应用较少。文中通过研究归纳国内外的研究现状和进展，主要从IRFD的技术机理、红外辐射器的温度和波长、对食品干燥过程的预测及最终品质的影响等方面进行总结论述，并对进一步的研究和未来的工业应用进行展望。

第二节 工艺优化

一、冷冻干燥

（一）流程

冷冻干燥过程包括三个阶段：①冷冻阶段；②初级干燥阶段和；③次级干燥阶段。在冷冻阶段，将要加工的食品冷却到所有材料都处于冷冻状态的温度。在初级干燥阶段，通过升华除去冷冻的溶剂；这就要求干燥产品的系统（冷冻干燥机）的压力必须小于或接近冷冻溶剂的平衡蒸汽压[12]。由于水通常以混合状态存在，因此必须将材料冷却至0℃以下，以将水保持在冷冻状态。因此，在初级干燥阶段中，在约2mmHg以下的绝对压力下，冷冻层的温度经常为-10℃以下。随着冰的升华，从外表面开始的升华界面退去，干燥材料的多孔外壳依然存在。升华潜热的热量可以通过干燥材料层和冷冻层传导。蒸汽通过干燥材料的多孔层输送。在初级干燥阶段，干燥层中的部分吸附水（非冷冻水）可被解吸。干燥层中的解吸过程可能会影响到达升华界面的热量，因此，它可能会影响移动的升华前沿（界面）的速度。不再有冷冻层的时间（即不再有升华界面）代表初级干燥阶段的结束[13]。二级干燥阶段包括去除没有冻结的水（称为吸附水或结合水）。二次干燥阶段从初级干燥阶段结束时开始，解吸的水蒸气通过被干燥材料的孔隙输送[12]。

（二）温度控制

温度是影响冷冻干燥食品质量的主要参数。例如，提高加热板温度固然可以降低冻干过程中与能源消耗有关的成本，但可能导致产品变质。如果操作压力和温度合适，冷冻干燥引起的体积缩小是最少的。但是，如果温度不合适，可能会发生塌陷，引起毛细管的密封，进而导致脱水率降低和膨化。因此，在冷冻干燥工艺的情况下，干燥温度对最终产品质量有很大影响。

冻层中的最高允许温度是由结构稳定性和产品稳定性（如产品的生物活性）两个因素决定的，也就是说，在初级干燥阶段，冻层中最高温度必须使干燥过程在不损失产品特性（如生物活性）和结构稳定性的情况下进行[14]。对于结构稳定性，在二次干燥阶段必须考虑与初级干燥阶段相同的现象：固体基质可能发生塌陷、熔化或溶解。由于许多产品对温度敏感，通常在二次干燥过程中通过限制温度来控制产品的稳定性，然后在周期结束前检查最终的含水量。在二次干燥阶段，通过在真空下加热产品来去除结合水。通常采用以下温度标准：（1）热敏感产品的温度在 10 ~ 35℃之间，（2）热敏感度较低的产品的温度在 50℃或以上。

除了上述这种传统的温度控制策略外，一些报道还将玻璃化转变概念引入冻干温度控制中。在一个被称为玻璃化转变温度（Glass Transition Temperature，Tg）的温度下，从玻璃态到橡胶态的变化是以二阶相变的形式发生的[15]。冻干过程中高于"塌陷"温度的结构分解被认为是导致产品质量下降的主要因素，其他导致质量下降的相关过程也会发生在一些非晶体系中。也有报道称，当某些过程的温度超过 Tg 时，食品的质量就会发生严重改变[16]。

（三）多孔结构改进

多孔结构是冻干产品的一个重要而特殊的标志。尽管只有物理变化似乎与材料的多孔结构变化有更直接的关系，但多孔结构确实也会影响化学或生物学的变化[17]。这是因为多孔变化可能会影响热量和质量必须传递的路径，反过来又会影响材料的干燥特性，从而影响其时间/温度历史，这与化学和/或生物化学变化有直接的关系[17]。此外，特定多孔结构的产生还有其他一些原因。例如，可能需要多孔结构来生产高脆度的无脂点心。否则，冻干产品的氧化稳定性较低，因为其多孔结构使其与氧气有更多的接触面积。因此，在干燥过程中应控制冻干产品多孔结构的发展。

Rahman[18] 指出，玻璃化转变理论并不是对所有产品或过程都适用。其他概念，如表面张力、孔隙压力、结构、环境压力和水分输送机制等，在解释孔隙的形成中也起着重要作用。Rahman 推测，由于毛细管力是导致塌陷的主要力量，因此平衡该力量会导致孔隙的形成和较低的收缩率。

（四）减少能源与效率

冷冻干燥过程涉及四个主要操作：冷冻、真空、升华和冷凝。升华几乎占据了该过程总能量的一半，而真空和冷凝的占比实际上是同样的（25%）。因此，面对传统真空冷冻干燥的改进问题，应该通过改善传热来帮助升华，通过缩短干燥时间来降低真空要求，并避免使用冷凝器[19]。

周頔等[20] 研究了超声波对苹果片的真空冷冻干燥的影响，发现最佳的工艺条件是超声波功率 200W、超声水温 35℃、超声处理时间 10min。主次顺序为：超声波功率、超声水温、超声处理时间，且超声波功率对结果有显著影响。Schössler 等[21] 开发了一种接触式超声系统来提高冷冻干燥效率（图 3-1）。在这种系统中，超声产生的温度可以通过冷冻干燥过程本身或间歇性地应用超声波功率来控制。超声波辅助干燥的研究表明，由于超声波的作用，可以在较低的温度和较短的时间内进行除水。因此，超声波辅助冷冻干燥对敏感食品的降温干燥和缩短冷冻干燥过程都有好处，有可能降低加工成本。

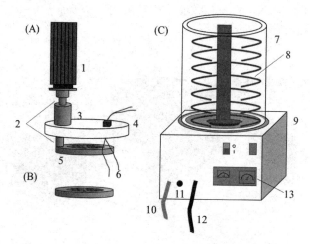

图3-1 实验室规模的接触超声辅助冷冻干燥系统

（A）带有超声波系统的丙烯酸盖，（B）对照样品的筛网，（C）冷冻干燥机。1：超声处理器 UIP1000，2：超声波探头 BS2d34，3：无振动法兰，4：丙烯酸盖，5：超声干燥屏，6：热电偶，7：干燥室，8：机架，9：冷冻干燥机，10：出水口，11：真空调节，12：真空管，13：显示屏。

二、微波冷冻干燥

微波加热的冷冻干燥技术是在冷冻干燥技术上改进而来的，这种方法在冰点以下将含水物质进行冻结，并在真空及共晶温度之下实行升华干燥，通过微波向冻结的待干燥物料提供相应的升华潜热，进而除去水分[22]。MFD 过程可以分成两个主要阶段：第一次干燥阶段和二次干燥阶段。与传统的冷冻干燥不同，MFD 的主要干燥阶段相对较短，并且温度迅速升高。在二次干燥阶段，温度上升更快。

（一）工艺及设备

Duan[23] 提出了一种简单的微波冷冻干燥装置（如图 3-2），在矩形谐振腔中设置了一个独立的聚丙烯干燥腔，可以有效避免真空状态下的电晕放电。干燥腔的压力在 10 ~ 30kPa（绝对压力）范围内。微波的功率可以不断调整。物料的核心温度由光纤传感器检测。材料的表面温度由红外测温仪检测。为了避免微波场的非均匀分布，三个磁控管以不同角度放置。整个干燥过程都是在真空环境下进行升华的，因此，MFD 产品的质量与传统的冷冻干燥相比没有大的差别。MW

加热后，冷冻干燥中传热困难的问题解决了。在 MFD 系统中，能量直接被食品原料内部的水分子吸收升华，不受干燥区的影响。因此，微波加热可以帮助提高冷冻干燥中的干燥速率。实验和数值预测均表明，微波加热后，干燥速率显著提高，干燥成本降低[24]。

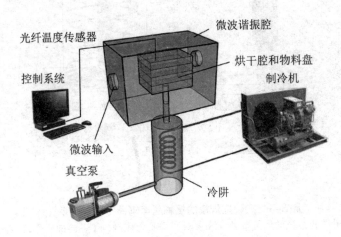

图3-2　微波冷冻干燥器示意图

（二）过程优化

朱彩平等[25]对平菇的微波真空冷冻干燥工艺条件进行了优化，试验采用了 Box-Benhnken design（BBD）方法设计，考察微波干燥功率、转换点含水率和真空冷冻时间对平菇干燥的影响。结果表明，三个条件对干基含水率、干燥速率、复水比和感官评分都有显著的影响。最佳工艺为：微波功率 300W、转换点含水率 37%、真空冷冻时间 11h。

Duan 等[26]根据材料的介电性能制定了 MFD 的控制策略。研究发现，干燥过程对微波功率的临界放电有明显影响。说明电晕放电容易发生在初始和结束阶段。根据样品介电性能的变化，应认真控制微波功率。Duan 等[27]也发现压力对 MFD 过程中的电晕放电有显著影响。在 MFD 海参加工过程中，压力在 100～200Pa 范围内均可引起电晕放电。

Wang 等[28]建立了一个耦合温度、浓度和电场的多物理场模型，并对其进行了数值求解和水相微波冷冻干燥实验。结果表明，多孔冷冻材料和吸波介质的使用可以显著强化微波冷冻干燥过程。

（三）介电性能

为了透彻理解微波能量与食品在宽广的含水量和升高的温度范围内的相互作

用，对干燥食品的介电特性的认识是非常重要的。当介电材料置于电场中时，由于作为介电偶或带电粒子的分子的取向而产生极化，当微波射向材料时，一部分能量被反射，一部分能量通过表面传输，在这后一数量中，一部分被吸收。食品材料可以被视为非理想的电容器，因为它们既能储存电磁场的电能，也能耗散电磁场的电能。

工艺中，食品材料是在冷冻条件下脱水的。介电性能会受到成分特别是总水和盐含量的严重影响。盐通过冰点降低来影响，在这个范围内给定的温度下，会有更多的水未被冻结。盐还会增加离子含量，从而增加与微波场的相互作用。Chamchong 等[29]研究发现，由于未冻水的分量是温度的非线性函数，因此部分冷冻材料的介电性能的增加也随温度呈非线性变化。随着盐的加入，介电常数降低，而介电损耗因子增加。Tao 等[30]利用介电材料提高了 MFD 脱脂奶的干燥速度，不同介电材料辅助 MFD 的传热和传质模型也得到了成功的发展。

三、常压冷冻干燥
（一）工艺及设备

常压冷冻干燥的最重要特征是在低于产品冰点的温度下进行对流干燥。与真空冷冻干燥相比，温度更高，通常在 –10 ～ –3℃的范围内。这是由于湿空气的物理特性所致，较低的空气温度会降低除湿能力。此外，空气温度较低也需要更多的能量，因此降低了特定的水分提取率（specific moisture extraction rate，SMER）。

与真空冷冻干燥相比，常压冷冻干燥方法的优点如下：①可以省去昂贵的真空辅助设备，初始投资成本低；②可以以该方法设计连续系统，使其具有较高的生产率和较低的运行成本；③在 AFD 中应用热泵系统和不同的过程温度升高模式将减少能耗和干燥时间；④可以使用氮气或氩气等惰性气体干燥环境，尽量减少氧化引起的产品降解[8]。

20 世纪 70 年代，吸附流化干燥技术运用到冷冻干燥上，形成了常压吸附流化床冷冻干燥。冯洪庆等[31]建立了一套常压吸附流化冷冻干燥装置，流程图如图 3-3 所示，在流化床的内筒底部有布风板，吸附剂再生后落在底部，待干燥的冻结物料与吸附剂混合，鼓风机处吹入冷空气进行流化干燥。

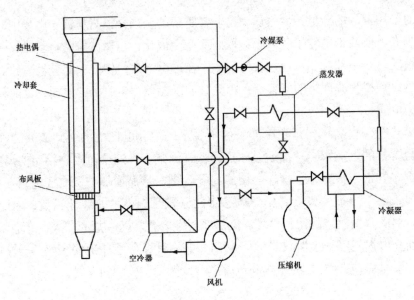

图3-3　常压吸附流化冷冻干燥流程

将热泵技术应用于常压冷冻干燥可显著降低能耗，同时又保留了冷冻干燥的优点，装置通常由用来降低温度的机械热泵系统和用来除湿的冷凝器所组成，热泵的作用是控制干燥介质（空气）的状态，将湿空气冷却至露点以下，以便于在空气循环时去除湿分。图3-4展示了一种具有热泵系统的流化床干燥器，并用在了常压冷冻干燥中[32]。

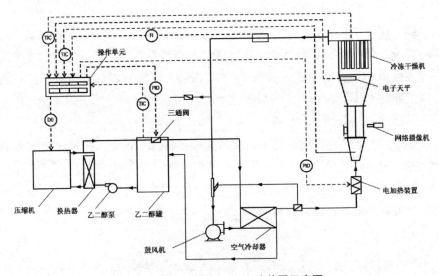

图3-4　热泵辅助AFD实验装置示意图

（二）过程优化

AFD 工艺中仍存在一定的问题，限制了实际实施。在 AFD 工艺中，干燥过程中的解冻和产品的收缩影响了干燥速率和水分的扩散，导致最终产品的质量较差。因此，应控制样品的温度，以保证相对较高的干燥速率和良好的产品质量，同时不引起冰的融化。Claussen 等 [33] 报道了各种食品的冰点降低模型。他们发现冰的形成会改变溶液中溶质的浓度，当浓度高于 0.4 时，苹果的冰点会急剧降低，当固体的重量分数从 0.4 增加到 0.5 时，冰点将从 –10℃ 降低到 –25℃。但是，较低的温度在经济上是不利的。所以，通常 AFD 的温度是 –8 ～ –10℃ 之间。Stawczyk 等 [34] 报道，在 –10℃ 左右的温度下运行的苹果脱水 AFD 工艺，可以得到高孔隙的产品结构。同样的工艺在 0℃ 左右的温度下进行会导致产品质量的恶化。

Rahman 等人 [35] 提出了一种新型固定床大气冷冻干燥机，利用涡管产生低温空气进行干燥和多模供热。他们设计并建立了一个实验装置，允许同时对干燥材料应用对流、传导和辐射热输入，而不将其加热到所含水的冰点以上。研究表明，涡管 AFD 工艺采用传导、辐射与对流相结合的方式，在不影响产品质量的前提下，可以获得更快的干燥动力学，与真空冷冻干燥产品相比，这种方法具有更好的优势。

第三节　影响因素

一、物料的影响

1. 物料的大小、厚度

物料的大小对干燥速率的影响比较大。对于一些固体状的食品，通常要对它们进行切块、切条、切片、切丝等处理，处理后的物料比表面积增大，相对原来的物料所需的干燥时间大大缩短。对于液态的食品，如橙汁、胡萝卜汁等，由于此类物料含水量高达 80% ～ 90%，直接进行干燥会耗费大量的财力，故而在工艺上通常选择先进行浓缩的方法以提高干燥速率。同时，物料越厚，在升华阶段的后期界面温度越高，物料越容易融化，只能在升华阶段前期使用较高温度的热源，而较薄的物料能够在升华干燥阶段都用较高热源。

2. 物料初始含水率

物料含水量越少，有效导热系数越大，干燥速率越快，干燥时间越短；反之，物料含水量多，水蒸气的散发越困难，干燥时间越长。

二、冻结温度的选择

冷冻干燥的第一步通常是预冻结。预冻就是将物料中的自由水固化，从而保证物料在干燥后的形态不会发生变化，防止干燥时发生起泡、收缩、卷边等现象。所以在预冻时的温度选择尤为重要，一般温度选择保持在物料的共晶点温度下，通常低于共晶点温度 5 ~ 10℃为佳。

三、冻结速度的控制

在冻结过程中，物料会产生冰晶，冻结的速率越慢，产生的冰晶越大；反之，冻结速率越快，产生的冰晶越小。冰晶的大小对干燥速率有所影响，较大的冰晶升华后在物料内部形成的通道越大，有利于升华干燥，但干燥后的溶解慢；较小的冰晶升华慢，但溶解快，对物料品质没有影响，还能保留原有的口感。所以为防止溶解过程的溶质效应发生，常采用快速冷却法[36]。

四、加热方式的影响

升华干燥的过程实际上是传热、传质的过程，传统的传热方式有传导、对流、热辐射和介质加热。以上传热方式各有各的优点，其中微波加热能使热能直接到达物料表面，使冷冻层维持物料允许的最高温度，而不受干燥层厚度的影响，但微波加热相比传统加热而言花费昂贵，且温度难以控制。在实际生产过程中，常采用多种加热、方式的组合，如传导－辐射加热法、传导－微波加热法、辐射－微波加热法。这样能在保证产品质量的前提下，提高干燥速率，缩短干燥时间，降低能耗过程。

五、干燥室内压力的影响

干燥室内压力的大小会影响到传热和传质的速率，就传质而言，压力越小越好，而对于传热而言，压力越大越好。这是因为对流和传导的传热均随干燥室内压力的增大而增大，随压力的减小而减小；要提高界面的温度，就要强化传热过程，即提高干燥室内的压力；要降低物料表面的水蒸气压，则在某种程度上降低了干燥程度，使界面温度降低，对应水蒸气压也会降低，从而导致传质速率减慢。当传热方式是以辐射为主的升华干燥，存在最佳压强，在压强上升至这一压强之前，物料界面温度保持上升，水蒸气分压不断增大，因此干燥时间缩短。当加热方式是以导热为主的升华干燥，增大压强对改善传热效率的效果不明显，又使界面传质阻力增大，所以增大压强对冷冻干燥过程不利[37]。

压强的确定还与有效导热系数有关，物料的有效传热系数越小，则升高压强缩短的干燥时间越多。压强也受到物料共熔点的影响，共熔点越低，可操作的压强范围就越小。

第四节　冻干技术对不同食品的应用

一、水果和蔬菜

水果与蔬菜的冷冻干燥在日常生活中最为常见，利用冻干技术处理过后的产品既能够保留保持原本的风味与色泽香味，还能在一定程度上延长存放的时间，作为加工产品水果蔬菜的冻干产品深得广大群众的喜爱。大树集团依托于设备支持，承担了多项省重大科技专项项目，立项实施了国内最大的冻干健康食品项目，并且在近年来推陈出新一系列蔬菜水果冻干产品。其中包括橙子、蓝莓、香蕉、火龙果、哈密瓜、樱桃、菠萝蜜、草莓等水果冻干产品，图3-5是一些产品的展示图。

图3-5　水果类产品展示图

除了上述水果，还包括了豆角、黑蒜粉、罗汉参切片、小辣椒、芸豆等蔬菜产品，图3-6是一些蔬菜产品的展示图。

图3-6　蔬菜类产品展示图

（一）草莓冷冻干燥

草莓在人类饮食中具有很高的价值，因为它具有酚类化合物的抗氧化特性，如鞣花酸和花青素，具有抗衰老、抗癌、抗炎和抗神经退行性的作用，因此，由于人们越来越希望在饮食中加入更多具有高抗氧化能力的产品，它们在食品工业中的使用已经扩大。然而，草莓非常容易腐烂，而且由于其脆弱的结构，容易受到微生物和化学腐蚀的影响，这使得它们的货架寿命极短，限制了它的工业发展。所以，如果它们在收获后不直接食用，就应该进行加工，以保持其质量属性，如质地、颜色和营养成分。

图3-7　干燥后的草莓展示图

干燥是用于延长水果保质期的最常见的加工方法。目前，应用于草莓的干燥方法包括热风干燥、微波干燥、冷冻干燥和红外干燥等。真空冷冻干燥已被广泛报道为一种合适的干燥方法，因为它具有最大限度地减少营养物质的损失、颜色和形状的变化，以及形成脆性质地的优点。对于草莓冷冻干燥的研究主要有草莓切片、草莓粉和草莓整体，此外还有针对冷冻干燥的多种改进手段。大树集团在草莓加工冷冻干燥领域也实现了产品的成功生产，下面是产品展示图。

1. 草莓粉

冷冻干燥制作草莓粉的方法主要有两种，即干法粉碎（即果蔬块冻干后再粉碎制粉）和湿法粉碎（即果蔬打浆后再冻干制粉）。

（1）干法粉碎

苑社强等[38]研究了干法粉碎制草莓粉的工艺，其工艺流程为：原料预处理→清洗→目选分级→杀菌→速冻贮藏→切割→装盘→预冻→真空干燥→气流粉碎→真空包装→成品。

他们选择了合适的草莓，先用流水冲洗草莓，再放入气泡清洗机中，以鼓泡空气流量 $10m^3/min$，压力 0.02MPa 的条件进行清洗；为了贮备大量原料，将预处理好的草莓进行速冻，然后存放在 −18℃的低温库中待用，然后在低温库中的草莓经过升温至 −6℃左右时切割成型，并平铺在干燥盘中；接下来要对草莓进行预冻，冻结温度为 −30 ~ −25℃，冻结速率大约为每分钟降温 0.24 ~ 0.3℃，时间约 2.5h；随后采用 LG-0.2 真空冷冻干燥机在一定的冻干曲线控制下进行真空脱水干燥；干燥结束立即使用 XQCM 气流涡旋微粉机进行气流粉碎，注意：干燥后的草莓内部呈多孔海绵状极易吸收水分，为防止产品吸潮变质要求整个粉碎操作过程在无菌、低湿（提前进行空气消毒，环境温度 ≤ 25℃，相对湿度控制在 30% ~ 40% 左右）下进行；最后在与粉碎相同环境下进行包装。

通过实验研究得出，在真空冷冻干燥前草莓片厚度在（12±2）mm 较为适宜；对于真空冷冻干燥，在干燥仓压力 40Pa、升华温度 80℃、解析温度 60℃时更加经济合理。

针对干法粉碎的工艺，陈义勇等[39]提出了草莓粉的振动磨超微粉碎工艺，这种工艺是对冷冻干燥和粗粉碎后的草莓进行的超微粉碎。他们使用 WFM 系列超微粉碎振动磨进行试验，确定了最佳粉碎工艺条件为：进料历经 0.5mm，粉碎时间 60min，球料比 5.5（g/g），在此工艺条件下草莓粉颗粒 d_{50} 为 67.2μm。

（2）湿法粉碎

对于湿法粉碎工艺王伟和尹秀莲等[41]都进行过研究，制作流程一般为：选取草莓→清洗消毒→切片→漂烫→湿法粉碎→真空冷冻干燥→添加抗结剂→包装。

①草莓预处理。选取新鲜、成熟、无腐烂的优质草莓，除去柄叶和杂质，使用流水冲洗 2 ~ 3 遍，然后在 100mg/L 的 $NaClO_2$ 溶液中浸泡 2min，再次流水冲洗；清洗完成后切片；接下来进行漂烫处理，漂烫有热水漂烫、蒸汽漂烫和微波漂烫三种，最为合适的是蒸汽漂烫。王伟提出 [40] 切片厚度为 2.5cm，漂烫时间 3min 较合适。漂烫完成后进行打浆。

②护色工艺。漂烫只能抑制酶促褐变的发生，原料在加工过程中仍会发生氧化而变色，因此，王伟 [40] 选择使用 EDTA-2Na 作为护色剂，条件是浓度 0.04%，草莓浆的 pH 保持在 2.5。尹秀莲等人对护色工艺进行了改进 [41]，他们考察了草莓浆的 pH、L- 谷氨酸和 NaCl 的浓度对草莓红色素稳定性的影响，通过 $L_9(3^4)$ 正交试验法得出以下结果（表 3-1），经方差分析发现 L- 谷氨酸浓度和 pH 都能显著地影响草莓红色素的稳定性，NaCl 浓度对实验结果影响不显著。综合以上分析和护色工艺整个过程，较优的护色条件最终确定为：护色剂选用 L- 谷氨酸，浓度为 30mg/L，护色期间调节草莓浆 pH 为 2.0，添加 0.2% 的 NaCl。

表 3-1　正交试验研究结果

试验号	L- 谷氨酸浓（mg/L）（A）	pH（B）	NaCl 浓度 /%（C）	色价 x
1	1	1	1	0.49
2	1	2	2	0.39
3	1	3	3	0.35
4	2	1	2	0.56
5	2	2	3	0.49
6	2	3	1	0.40
7	3	1	3	0.57
8	3	2	1	0.51
9	3	3	2	0.44
均值1	0.41	0.54	0.467	–
均值2	0.483	0.463	0.463	–
均值3	0.507	0.397	0.47	–
R	0.097	0.143	0.007	–

（3）湿法粉碎

采用的技术主要包括打浆、调制和胶磨三步。首先进行打浆，为了提高干燥速率，在打浆过程中添加麦芽糊精、CMC 和 β－环糊精作为助干剂，助干剂的加入有利于改善冻干草莓粉的物理性质，提高产品复水率，从而得到品质优良的冻干草莓粉产品。打浆后，再进行胶磨处理，以维生素 C 保留率、总糖保留率和过筛率高为目标，选定胶磨次数为 2 次。

（4）真空冷冻干燥工艺

①预冻：在进行干燥前需要将草莓浆预冻，草莓的共晶点为 –15 ~ –13℃，一般选择预冻温度低于共晶点 5 ~ 10℃。实验确定装填厚度为 10.83mm，预冻温度在 –26℃，预冻时间 5h。

②冷冻干燥：王伟[40]考察了草莓粉的真空冷冻干燥工艺，采用 L_9（3^4）正交试验法探究工作压力、升华温度和解析温度对总糖保留率、维生素 C 保留率、干燥速率和含水量的影响，为了提高真空冷冻干燥草莓粉的品质，降低冻干草莓粉的含水量，加快干燥速率，使干燥更彻底，应当选择的干燥工艺条件是：工作压力 45Pa，升华温度 55℃。

在已经确定合适的工艺条件下，实验得出如图 3-8 所示的真空冷冻干燥曲线。从曲线看出，当干燥室工作压力维持在 45Pa 左右时，物料温度在干燥过程中呈缓慢的上升趋势，随着升华的进行，物料温度逐渐升高。当升华干燥进行到 480min 左右时，物料的温度突破 0℃，此时，升华干燥基本结束，在 30min 之内，将加热板温度升高至 65℃进行解析干燥。在解析干燥前期，物料的温度升高较快，当解析干燥进行到 720 ~ 840min 时，物料温度已接近加热板的温度，上升趋势不明显，再延长 60 ~ 120min 后，干燥过程结束。

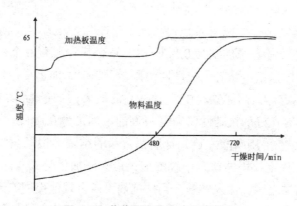

图3-8　草莓粉真空冷冻干燥曲线

在上述较佳工艺条件下，草莓粉真空冷冻干燥过程中水分含量随干燥时间的变化曲线如图3-9所示。由图可知，前12h的水分含量降低较快，干燥曲线迅速下降，所以干燥速率较大；在12h以后，水分含量下降较慢，曲线下降趋势减小；干燥进行到14h后，水分含量变化很小，曲线变化趋于平缓，此时干燥速率较小。综上所述，干燥在前12h之前为真空冷冻干燥主要干燥阶段，整个干燥过程中排除水分的速率最大。

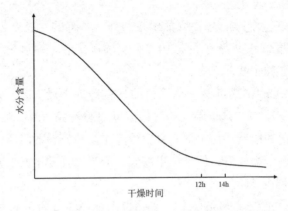

图3-9　真空冷冻干燥过程中水分含量变化曲线

（5）草莓粉稳定性

①贮藏：在室温下避光贮藏数个月，每隔一个月观察制品的品质，测定水分含量、总糖含量、维生素C含量、草莓红色素、湿润性等指标，结果发现在合适的条件下，草莓粉适宜的贮藏时间为3个月。

②草莓粉的抗结性：草莓粉初产品部分颗粒内含水量较高，同时还会吸附空气中的水分，因此，草莓粉的流动性可能会下降甚至发生结块。王伟[40]选择SiO_2作为抗结剂，这样可以有效地提高冻干草莓粉的流动性，防止冻干草莓粉发生结块现象。当SiO_2添加量为0.1g/kg时，草莓粉在贮藏6个月后仍保持着较好的流动性，粉体呈松散状态，流动性明显高于其他添加水平。我国食品添加剂安全用量标准规定，在固体饮料中使用SiO_2的最大添加量为0.2g/kg，因此以保证冻干草莓粉具有良好的抗结性，确定SiO_2的添加量为0.1g/kg。

尹秀莲等人[41]采用磷酸三钙来抑制草莓粉的结聚，根据我国《食品添加剂使用卫生标准》规定，固体饮料中磷酸三钙最大添加量为8g/kg。选择不同添加量进行试验，结果表明，加入磷酸三钙拮抗剂可以有效地提高冻干草莓粉的流动性。当添加量为4g/kg时，在贮藏3周后，产品仍然保持有较好的流动性，且流动性明显高于其他的添加水平。最终确定磷酸三钙的添加量为 4g/kg。

　　2．草莓片

黄松连[42]对冻干草莓片的生产加工工艺进行研究和分析，工艺流程为：速冻草莓粒→ –10±2℃冷藏 48h →切片→铺盘→速冻→升华干燥→解析干燥→挑选→包装→成品→入库。

　　（1）切片

采用 URSCHEL 切丁机拆除环切和横切刀具进行切片，切片规格 6 ～ 7mm，切片必须在 –10 ～ –5℃的冷藏库内进行，注意保持温度稳定，防止草莓片解冻粘连在一起。

　　（2）铺盘

实际生产中应综合考虑冻干过程的人力、物力的消耗，确定最佳铺盘厚度，提高单位时间的产量，达到最佳经济效益，一般以 20 ～ 25mm 为宜。

　　（3）预冻

铺盘后的草莓片移到速冻库速冻至草莓的共晶点温度以下，共晶点温度是指物料完全冻结时的温度。草莓的共晶点温度为 –15℃，一般预冻温度要比共晶点温度降低 5 ～ 10℃，草莓预冻到 –25℃，维持 2h 左右。

　　（4）升华干燥

将速冻好的草莓片移到干燥槽内，抽真空至 40Pa 左右开始加热升华干燥。升华干燥阶段温度控制在 100℃，时间 5h，真空度控制 150Pa 以下。随着干燥不断深入升华界面的后移，此时热量的供给须经干层传导到升华界面，为保证产品品质，此时须降低加热温度，在保证不损伤已干层情况下，将热量渗透传导到升华界面。

　　（5）解析干燥

在升华干燥结束后，为进一步去除草莓的结合水，适当提高物料温度和真空度，使物料温度接近板温并趋于稳定维持 2h。真空度保持在 40 ～ 70Pa，草莓片的水分控制在 3% 以下。

　　（6）草莓片冻干预处理

Zhang 等[43]考察了超声波联合超高压预处理对冻干草莓片色泽、水分特性、组织结构及感官品质的影响。选择新鲜合适的草莓用切片机切成 5mm 厚的切片，将草莓片分成四组，第一组无需处理；第二组选择使用 KQ5200DE NC 超声处理器在 40kHz 下运行 30min，处理过程中，用冰袋保持水温在 25 ～ 30℃之间；第三组草莓片在 200MPa 的优化参数下进行超高压预处理 5min，初始环境温度为

20℃；第四组草莓片先进行超声处理再进行超高压处理，条件与前两组相同。处理后在 -50℃、10Pa（绝对压力）条件下进行真空冷冻干燥。最后进行评价，超声、超高压和超声联合超高压预处理显著提高了花青素含量和草莓片中心部分的红色，花青素含量分别增加了 0.62mg/g、1.01mg/g 和 3.09mg/g。与对照组相比，所有预处理都降低了水分含量和横向松弛时间。水的分布在预处理后变得更加均匀，超声、超高压和超声联合超高压预处理分别降低了 12.52%、29.90% 和 42.39% 的总能量消耗。

实际生产中应综合考虑冻干过程的人力、物力的消耗，确定最佳铺盘度，提高单位时间的产量，达到最佳经济效益，一般以 20 ~ 25mm 为宜。

（7）预冻

铺盘后的草莓片移到速冻库速冻至草莓的共晶点温度以下，共晶点温度是指物料完全冻结时的温度。草莓的共晶点温度为 -15℃，一般预冻温度要比共晶点温度降低 5 ~ 10℃，草莓预冻到 -25℃，维持 2h 左右。

（8）升华干燥

将速冻好的草莓片移到干燥槽内，抽真空至 40Pa 左右开始加热升华干燥。升华干燥阶段温度控制在 100℃，时间 5h，真空度控制在 150Pa 以下。随着干燥不断深入升华界面的后移，此时热量的供给须经干层传导到升华界面，为保证产品品质，此时须降低加热温度，在保证不损伤已干层情况下，将热量渗透传导到升华界面。

（9）解析干燥

在升华干燥结束后，为进一步去除草莓的结合水，适当提高物料温度和真空度，使物料温度接近板温并趋于稳定维持 2h。真空度保持在 40 ~ 70Pa，草莓片的水分控制在 3% 以下。

（10）草莓片冻干预处理

Zhang 等 [43] 考察了超声波联合超高压预处理对冻干草莓片色泽、水分特性、组织结构及感官品质的影响。选择新鲜合适的草莓用切片机切成 5mm 厚的切片，将草莓片分成四组，第一组无需处理；第二组选择使用 KQ5200DE NC 超声处理器在 40kHz 下运行 30min，处理过程中，用冰袋保持水温在 25 ~ 30℃之间；第三组草莓片在 200MPa 的优化参数下进行超高压预处理 5min，初始环境温度为 20℃；第四组草莓片先进行超声处理再进行超高压处理，条件与前两组相同。处理后在 -50℃、10Pa（绝对压力）条件下进行真空冷冻干燥。最后进行评价，超声、超高压和超声联合超高压预处理显著提高了花青素含量和草莓片中心部

分的红色，花青素含量分别增加了 0.62mg/g、1.01mg/g 和 3.09mg/g。与对照组相
比，所有预处理都降低了水分含量和横向松弛时间。水的分布在预处理后变得更
加均匀，超声、超高压和超声联合超高压预处理分别降低了 12.52%、29.90% 和
42.39% 的总能量消耗。

（二）猕猴桃冷冻干燥

猕猴桃古时又名藤梨、杨桃、狐狸桃、猴子桃等，为猕猴桃科猕猴桃属植
物，主要分布于陕西（秦岭和大巴山区）、江苏、安徽、浙江、江西、福建广东
北部、广西北部和西南等省区。猕猴桃果实中维生素 C 含量特别高，被誉为"水
果之王、维生素 C 之王"。另外，猕猴桃果实中还含有人体所必需的 17 种氨基酸
及果酸、鞣酸、柠檬酸和钙、磷、钾、铁等多种矿物质元素，且脂肪含量低，不
含胆固醇，是一种独特的营养保健果品，引起了人们对其加工的广泛关注。而冷
冻干燥技术是一种能够充分保留食品中的营养成分和口感特性的干燥方法。在猕
猴桃的加工过程中，使用真空冷冻干燥技术可以有效降低水分活性，避免细胞结
构的损伤和营养成分的流失，从而获得高品质的产品。大树集团在对猕猴桃的加
工冷冻干燥领域也实现了产品的成功生产。

1. 工艺流程

房星星等[44]对猕猴桃片的真空冷冻干燥工艺进行了研究，整个工艺流程为
新鲜猕猴桃→原料选择→预处理→（去皮、切片）→预冻→真空冷冻干燥→包装
→成品。

首先选择新鲜无损伤的猕猴桃，在碱液为 18%～22%，温度为 96℃左右的
条件下预处理 1～2min 去皮，然后使用流水清洗，直到呈中性。随后进行切片
并在 -35℃下预冻 4～5h，使原料中的水分充分凝结。预冻后的切片迅速放入
冻干机的干燥仓内，冷阱温度为 -54℃，设定真空冷冻干燥机的各种参数，进行
真空冷冻干燥。干燥分为两个阶段，冻干开始时，加热板不加热称为升华干燥阶
段，这一阶段大约占整个干燥过程的 2/3 左右。此后启动加热板进入解析干燥阶
段，当物料温度接近加热板温度时，表示物料基本冻干，结束冻干操作。最后充
氮气包装。

2. 工艺条件优化

利用优化理论与方法，在保证猕猴桃干燥品质的前提下，得到了猕猴桃片的
最优冻干工艺参数为：切片厚度 7mm，解析时表面温度 44℃，干燥仓压力 45Pa。

3. 预冻温度的影响

麦润萍等[45]探讨了预冻温度对猕猴桃干燥特性及品质的影响。选取成熟度

为 R-3 的猕猴桃果，经清洗、去毛、去皮后切成厚约为 1cm 的果片，经 80℃ 热水 5min 烫漂后，于 -20、-30、-40、-50℃（经测定猕猴桃的共晶点为 -16.3℃）的条件下，冻结 12h 后，使用 Alpha-4LPlus 真空冷冻干燥机在 -40℃，真空度 10^{-3}MPa 条件下真空冷冻干燥直至含水量为 5% 左右。

实验考察了不同预冻温度对干基含水率、硬度和脆性以及复水比的影响。结果显示，预冻温度越低，干燥速率越小，到达干燥终点的时间越长；此外，猕猴桃片的硬度和脆性随着预冻温度降低而增加，但是复水比减少。根据预冻温度对猕猴桃片感官指标（感官评定分值表见表 3-2）的影响结果见表 3-3，-40℃ 和 -50℃ 的感官评分显著高于 -20℃ 和 -30℃（$p < 0.05$），其中预冻温度越低，冻干猕猴桃片的外观和质地越好，而对色泽和滋味、气味没有显著性影响（$p > 0.05$）。

表 3-2　感官评定分值表

	权重 %	0 ~ 3	4 ~ 7	8 ~ 10
外观	30	表面塌陷，边缘卷曲，严重收缩	表面较规整，略有收缩	表面规整，边缘稍微卷曲 外形饱满，基本不收缩
质地	30	不膨松、酥脆，硬度过大或过小	较膨松、酥脆，局部较硬	膨松、酥脆，硬度适中
色泽	20	橙红色	黄色偏白	黄色偏绿
滋味、气味	20	无果香味，有异味	淡淡的果香味	浓郁的果香味

表 3-3　不同预冻温度对冻干猕猴桃片的感官评定

预冻温度/℃	外观	质地	色泽	滋味、气味	总分
-20	8.12ac	6.55b	8.43a	5.86a	7.26b
-30	8.45bc	6.29b	8.29a	6.22a	7.32b
-40	8.49b	7.24a	8.43a	6.14a	7.63a
-50	8.63a	7.86a	8.14a	5.88a	7.725a

4. 漂烫的影响

在工业生产中，猕猴桃片冻干多需采用热水漂烫预处理，冯银杏[46]研究了漂烫温度及时间对猕猴桃片的影响。结果发现，在烫漂过程中猕猴桃中心温度的变化呈指数增长模式，随着烫漂温度的升高，样品中心所能达到的平衡温度和传热速率逐渐增大；相同烫漂时间，温度对绿色值 $-a*$ 影响显著（$p < 0.05$），温度越高，下降速度越快；烫漂过程中 POD 酶、绿色值 $-a*$ 以及叶绿素的降解符合一级动力学规律，温度越高反应速率越快；烫漂时间和温度对猕猴桃片维生素 C 含量影响显著（$p < 0.05$），温度越高，烫漂时间越长，维生素 C 含量越低；同时烫漂时间和温度对冻干猕猴桃片品质影响显著，烫漂温度越高，时间越长，产品硬度越小，但烫漂温度对产品脆性影响不显著，烫漂时间越长，产品脆性越大。

5. 冷冻干燥工艺及效率

彭润玲等 [47] 研究了干燥形式、切片厚度、干燥时间、冻结方式对猕猴桃片冻干工艺的影响。在相同厚度和干燥时间条件下，双面干燥比单面干燥具有更高的干燥率。例如，在干燥 8h 时，对于 5mm、7mm、10mm 的物料，双面干燥的干燥率分别比单面干燥的干燥率高 5%、8%、11%。经计算，对于 7mm 的猕猴桃片，单面干燥的干燥时间不小于 12h，而双面干燥只需 10h 即可完成干燥，这明显提高了干燥效率。

实验结果显示，不同因素对于干燥率的影响大小由大到小排序为：切片厚度、干燥时间、冻结方式。其中，切片厚度与干燥时间之间存在显著交互作用，而切片厚度与冻结方式、冻结方式与干燥时间之间交互作用并不显著。

综上所述可知：传统单面干燥的猕猴桃片冻干工艺为切片厚度 5mm、-20℃预冻、干燥 10h；而优化为双面干燥后，干燥工艺为切片厚度 7mm、-20℃预冻、干燥 10h。

（三）山楂冷冻干燥

山楂在中国多地均有分布，如山东、陕西、河南、辽宁、内蒙古、江苏等地。山楂果肉酸甜可口，通常可以生吃或者用来制作各类糕点。此外，山楂还是一种传统药材。其果肉富含多种有机酸和维生素 C 等成分，有助于消化并增加食欲；山楂黄酮可以显著降低胆固醇，有助于降血脂以及降低动脉粥样硬化发生的危险性；同时山楂内的黄酮类化合物牡荆素，是一种抗癌作用较强的药物，其提取物对抑制体内癌细胞生长、增殖和浸润转移均有一定的作用。

一直以来山楂主要采用传统炮制方法进行加工，但这样会破坏很多有效成分，真空冷冻干燥（冻干）技术利用物料中的水分在低于其共晶点的温度条件下冻结，在真空条件下缓慢升温，使水分直接升华，达到干燥的目的。冻干后的中药材，能够最大化地减少有效成分的氧化变质及热分解，产品不会出现皱缩、变形及褐变现象，具有很好的复水性，可显著提高药材的外观品相，提高产品的质量，增加附加值。目前冻干技术在名贵中药材的饮片加工中快速发展，具有较广阔的市场。大树集团在对山楂的加工冷冻干燥领域实现了产品的成功生产，下图3-10 是展示图。

图3-10   山楂冷冻干燥产品展示图

在目前所报道的山楂冻干工艺中，主要有山楂粉和山楂片两种制作方法。

1. 山楂粉

彭润玲[48]对山楂浆抽真空冻结干燥进行了详细的研究，首先采用了电阻测定法，测得山楂浆的共晶点温度为 −20℃，共熔点温度为 −14℃。又使用 MB45型水分测定仪确定了山楂浆含水率为 73.60%。

（1）山楂浆抽真空冻结

将装有山楂浆的料盘放在搁板上，不必制冷搁板，只给捕水器制冷到 −20℃之后，开启真空泵直接抽真空。随着压力降低，山楂浆内水分蒸发，外界不提供蒸发潜热，通过物料本身自然降温实现冻结。

①物料厚度的影响：在山楂浆的冻结过程中，其厚度对冻结温度和降温速率都有很大影响。厚度太小，降温速率快，而达到的最终冻结温度较高；厚度太大，降温速率慢，而达到最终冻结温度也高。显然，存在一个最佳厚度，即7mm 厚时，降温速率较快，可达 4.9℃/min，最终冻结温度最低，可达 −34.7℃。

②物料初始含水率的影响：选用浆料厚度为 7mm，含水量分别为 75.62%、73.60%、66.85%、58.93% 的鲜山楂浆，装在玻璃皿中，放在冻干箱的搁板上，测温探头放在物料中，偏于物料底部，关好冻干箱门。待捕水器制冷到 −20℃之后，开启真空泵。在抽真空过程中记录下物料温度随时间的变化。结果表明，山楂浆初始含水率不仅影响降温速率，而且还影响最终冻结温度。初始含水率越低，降温速率越慢，最终温度越高，越不易冻结。

当物料厚度太薄（3mm），含水率太低（58.93%），冻结最终温度高于山楂浆共晶点温度时，不能够采用抽真空法自冻结，否则冻干产品的品质会受到影响。在抽真空自冻结过程中，物料所含自由水分迅速蒸发，实际上已经开始了干燥过程，缩短了整个干燥时间，同时节省了制冷压缩机的能量消耗，实现了节能的目的。

（2）山楂浆冻干

选用含水量为 73.6% 的山楂浆，采用抽真空方法冻结后，继续抽真空，并用搁板加热，以补充升华热。图 3-11 中给出了抽真空冻结不同操作条件下的冻干曲线。从图中可以看出三个实验的初始温度均为 15℃左右，真空泵启动后 30min，装 5mm 厚物料的温度达 -24℃，7.5mm 厚的物料温度达 -35℃，10mm 厚物料的温度达 -25℃，均达到了低于 -20℃的共晶点温度。然后以同样的搁板温度进行真空干燥，不调节真空度。5mm 厚物料在 300min 时，物料含水率达到 2.7%；7.5mm 厚物料 500min 时，物料含水率达到 4.5%；10mm 厚物料 600min 时，物料底部仍有冰晶，上部大约 7mm 左右为已干物料。

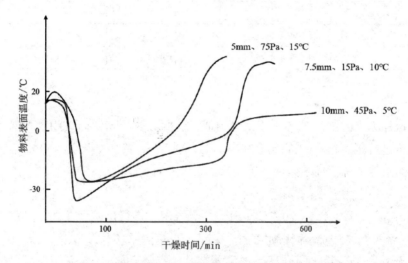

图3-11 抽真空冻结不同操作条件下的山楂浆冻干曲线

为了直观的了解各因素对山楂冻干的影响，作者做了四因素三水平的正交试验，得到结果见表 3-4。可以看出，四个影响山楂浆冻干的因素主次顺序是：物料厚度、冻结方式、加热温度、真空室压力。对于抽真空冻干来说，试验 3 干燥时间最短，其物料厚度 5mm，真空室压力 75Pa，加热温度 15℃，干燥时间 4.5h，实现了节能目的。如果考虑物料在一次加载的干燥量和最终含水率，试验 4 应是较好的选择。

表3-4 山楂浆液冻干正交试验结果数据

编号	厚度（mm）	压力（Pa）	加热温度（℃）	冻结方式	干燥时间（h）	含水量
1	5	15	5	搁板	6.8	3.59%
2	5	45	10	冰箱	4.5	2.61%
3	5	75	15	抽真空	4.5	4.47%
4	7.5	15	10	抽真空	7.33	1.92%
5	7.5	45	15	搁板	5	2.34%
6	7.5	75	5	冰箱	4.8	4.29%
7	10	15	15	冰箱	7.917	2.19%
8	10	45	5	抽真空	18	5.20%
9	10	75	5	搁板	8.833	4.38%
k1	5.267	7.349	9.867	6.878	–	–
k2	5.71	9.167	6.888	5.739	–	–
k3	11.583	6.044	5.806	9.943	–	–
极差 R	6.316	3.123	4.061	4.204	–	–

2. 山楂片

山楂片冻干的制作工艺与草莓等类似，魏丽红等[49]使用了SCI-ENTZ-50冷冻干燥机进行试验，在预冻温度为 –40℃、保持 2h，冷阱温度为 –50℃，绝对压力 3Pa 的条件下，筛选了山楂冷冻干燥的最佳条件。

（1）升华干燥温度的影响

在 –5℃、0℃、5℃、20℃四个升华干燥温度下进行试验后发现，只有 5℃ 和20℃两个温度下的山楂片达到完全干燥。从营养指标来看，山楂 N、P、K 元素含量随着升华干燥温度的升高呈现显著上升的趋势；而 Ca 元素和 Mg 元素含量变化很小；维生素 C 的含量随温度升高而逐渐降低；总糖含量则与温度变化成正比。从感官品质和组织结构来看，体积收缩率与复水率随温度升高而先增大后降低；表面状态、口感、色泽、微观结构也是从 –5℃到5℃逐渐变好，但超过 5℃后都会下降。综上可判断最佳升华干燥温度应为 5℃，此温度下样品达到完全干燥，营养损失较少，品质良好且能耗更低。

（2）切片厚度的影响

切片采取横切一次、横切三次、纵切一次与整个果实四种方式，结果显示横切一次和三次的效果要更好。在相同条件下，切片厚度对营养成分、外观收缩、表面状态、口感、色泽以及微观结构的影响不大。但随着切片厚度的减小，-5℃和0℃处理得率不断增加，超过0℃得率基本不变；此外体积收缩率在-5℃处理下不断减小，其余三个温度下厚度影响不大；对于复水率，随着切片厚度的减小只有在5℃下保持稳定，其余三个温度下逐渐增加。总的来说在最佳升华干燥温度下，考虑外观和工作量，确定最佳切片厚度为横切一次，即约为8mm。

（3）升华干燥时间、解析干燥温度及时间的影响

在升华干燥温度和切片厚度确定后继续筛选最佳升华干燥时间、解析干燥温度和时间的研究。升华干燥时间四个处理下，10h、12h及14h的处理样品均没完全干燥。16h样品完全干燥。解析干燥温度四个处理下，5℃、10℃、15℃的处理样品均没完全干燥，20℃样品完全干燥。解析干燥时间四个处理下1h、2h、3h的处理样品均没完全干燥，2h、3h、4h样品均完全干燥。

最终确定了山楂最佳真空冷冻干燥条件：预冻结温度-40℃，保持2h。冷阱温度-50℃，绝对压力3Pa。最佳升华干燥温度为5℃，最佳升华干燥时间16h，最佳解析干燥温度20℃，最佳解析干燥时间2h。

（4）动力学模型

赵艳雪等[50]将山楂切片干燥的厚度数据与Page、Lewis、Henderson and Pabis三个果蔬干燥数学模型（见表3-5）进行拟合。

表3-5　三种果蔬干燥数学模型

序号	模型名称	模型方程
1	Page	$MR=e^{-rt^N}$
2	Lewis	$MR=e^{-rt}$
3	Henderson and Pabis	$MR=Ae^{-rt}$

拟合结果见表3-6，不同厚度下的Page、Lewis和Henderson and Pabis模型的R^2值都高于0.97，三种模型都较好地反映山楂切片冷冻干燥特性。其中，Lewis和Page模型（切片厚度为2mm的干燥模型）的R^2值最接近于1，均为0.9913，并且$RMSE$（均方根误差）值最小，分别为0.1248和0.0332。因此，Lewis和Page模型的拟合度最佳，更加适合用来研究不同厚度山楂切片冷冻干燥的特点。对于这两种模型的数学表达式见表3-7。

表3-6　山楂冷冻干燥模型拟合结果

干燥模型	切片厚度/mm	RMSE	χ^2	R^2
Page	2	0.0369	0.1385	0.9913
	3	0.0431	0.1675	0.9886
	4	0.0581	0.3176	0.9829
	5	0.0504	0.3497	0.9843
	6	0.0485	0.2946	0.9880
Lewis	2	0.0369	0.1385	0.9913
	3	0.0431	0.1675	0.9886
	4	0.0581	0.3176	0.9829
	5	0.0504	0.3497	0.9843
	6	0.0477	0.3194	0.9882
Henderson and Pabis	2	0.0332	0.1248	0.9903
	3	0.0396	0.1407	0.9868
	4	0.0524	0.2636	0.9783
	5	0.0461	0.2920	0.9815
	6	0.0427	0.2619	0.9848

　　最后采用两种模型对山楂切片冷冻干燥进行实测与预测的比较，两种模型实测曲线与预测曲线也基本上能够相互重合，都可用于山楂切片冷冻干燥特性的预测。

表3-7　不同切片厚度下冷冻干燥山楂的Lewis模型和Page模型表达式

厚度/mm	Lewis模型表达式	Page模型表达式
2	$MR=\exp(-0.3676t)$	$MR=\exp(-0.8221t^{0.4471})$
3	$MR=\exp(-0.3147t)$	$MR=\exp(-0.9598t^{0.3279})$
4	$MR=\exp(-0.1951t)$	$MR=\exp(-0.6816t^{0.2862})$
5	$MR=\exp(-0.2038t)$	$MR=\exp(-1.4353t^{0.1420})$
6	$MR=\exp(-0.1641t)$	$MR=\exp(-0.3717t^{0.4410})$

（四）苹果冷冻干燥

苹果是非常常见的一种水果，果肉细而脆，含水量高，酸甜可口。同时苹果的营养成分也很高，它的果肉含钾较多，多吃苹果有利于平衡体内电解质。苹果中含有磷和铁等元素，易被肠壁吸收，有补脑养血、宁神安眠的作用。因为苹果的多种微量元素和维生素等营养成分，所以它是公认的营养程度最高的健康水果之一。苹果可以使用的储存方式有很多，但冷冻干燥可以使苹果的营养成分损失、组织形态损伤降到最低限度，以最大限度来保持苹果原有的形态及品质，而且经过冷冻干燥处理的苹果可以更长时间的贮藏，更便于运输，可以满足一些特殊环境的需求。

目前苹果的冷冻干燥工艺较为成熟，针对苹果冻干的研究大多是为了解决冷冻干燥所需成本较高的问题，还有一些研究是为了改善苹果冷冻干燥后的品质，例如可以优化工艺参数，采用微波真空干燥与冷冻干燥结合工艺等。以下主要介绍这些改进方式。

1. 冷冻干燥工艺参数优化

一般的工艺流程为清洗苹果→切块→冻结→升华干燥→解析干燥→包装。陶乐仁等[51]进行了三个真空冷冻干燥实验，发现慢速冷冻比快速冷冻所需干燥时间短，但慢速冷冻时间长导致苹果中的酶发生褐变。在干燥过程维持较高的真空度有助于缩短冷冻干燥时间和提高产品质量。在实验过程中，80～90℃的加热板温度，能在保证冻干品质量的前提下缩短冷冻干燥过程的时间。同时，加热板温度对冻干过程和苹果质量的影响除了与温度的高低有关外，还与加热板离苹果的距离有关。

罗瑞明等[52]进一步确定了苹果冷冻干燥的最佳工艺条件，使用ZLG-0.3型实验用真空冷冻干燥设备（包括制冷系统、真空系统、加热系统、自控系统、冷冻/干燥仓）进行实验。通过建立模型计算并与实验值进行比较，得到适合的工艺参数：冻结温度为-35℃，冻结时间1h，升华干燥时干燥仓压强70～90Pa，解析干燥时干燥仓压强20～30Pa，解析干燥时物料温度50～60℃。

郭树国等[53]为了提高冻干效率并降低成本，主要研究了干燥室压力、物料厚度和加热板温度对生产率和耗电量的影响。实验采用了三因素五水平的通用旋转组合设计，根据实验数据建立各指标与试验因子之间的回归数学模型，利用多目标非线性优化理论与方法，得到最佳参数：干燥室压力25Pa、物料厚度12mm、加热板温度36.5℃。王丽艳等[54]则采用了响应面法分析实验结果，得到以下三个参数分别为：71.12Pa、11.45mm、35.55℃。

在果蔬真空冷冻干燥过程中，预冻是不可缺少的一步。为了在不影响原料品质的前提下缩短干燥时间，马有川等[55]研究了预冻与冻融联合处理的工艺条件。冻融处理通过破坏并再次冻结组织，改变溶质分布和水分状态，而影响物料的干燥特性。然而预冻和冻融处理也会影响苹果片的感官品质，如硬度和脆度。经过实验得出最佳的组合方式为：缓慢冻结（-20℃）结合冻融1次。

2. 预处理对苹果冷冻干燥的影响

不同的预处理方式对整个过程都有着不同的影响，常用方式有热烫、超声波、护色液和脉冲电场等。

周頔等[56]认为超声波预处理可以有效改善苹果冻干的质量，他们采用的工艺流程为：苹果前处理（清洗、去皮、去核、切成5mm厚的切片）→超声波处理→预冻（-50℃、2h）→真空冷冻干燥→出仓→分析数据与品质。实验为三因素三水平正交试验，主要考察超声波功率、水温、处理时间三个因素对干制品的色泽、质构等品质指标的影响。得出超声波预处理的最优条件是：超声波功率200W、超声水温35℃、超声处理时间10min。且三个因素影响主次顺序为：超声波功率＞超声水温＞超声处理时间。经过超声处理后的苹果冻干中维生素C的含量更高，色泽保留度更好，口感更疏松且具有良好的脆性。

对于热烫和护色液预处理，王海鸥等人[57]进行过实验研究，热烫条件为：苹果切片（厚度5mm）在95℃恒温水浴下热烫1min，随后用流动水冷却至室温。经过热烫的苹果冻干呈现出软塌、皱缩现象，维生素C含量较低，复水比最高，复水后可溶性固形物含量最高，冻干苹果片颜色较为亮白。护色液处理条件是：苹果切片（厚度5mm）浸泡在由0.5%L-半胱氨酸、0.5%抗坏血酸、0.2%草酸、0.3%NaCl配置的复合护色液中，持续10min。处理后的冻干苹果片细胞壁网络骨架紧固，细胞壁孔室形态饱满、完整，硬度最高，颜色更为亮白。

Alica Lammerskitten等人[58]研究了脉冲电场（PEF）预处理对冻干苹果的影响。预处理设备是中试规模的批量PEF装置（PEF Pilot™）（Elea GmbH，德国），该系统提供高达30kV的电压和单极、指数衰减脉冲，脉冲持续时间为40ms，脉冲宽度为10ms。脉冲之间的间隔被设定为0.5s（2Hz）。电极（由不锈钢制成）之间的距离为280mm。对样品（整个苹果）进行称重，并将其置于两个平行电极之间的处理室中，其表面为$0.042m^2$。加入自来水（σ=222μS/cm，T=22.1℃）作为导电介质，直到样品被完全覆盖。处理室中产品的总质量为（200±5）g（相当于1个苹果的重量），产品与水的比例为1:24。考虑到细胞内容物的总质量，通过调整脉冲的数量来调整所需的特定能量摄入（kJ/kg）。试验应用的是0.5和

1kJ/kg 的比能量以及 1.07kV/cm 的场强。PEF 增强了冻干动力学，因此与未处理的苹果片相比，加工时间减少了 57%。此外，由于使用了 PEF，有效水扩散系数提高了 44%。对于未经处理的材料，冷冻干燥的苹果组织在储存过程中的水分活度变化更为明显。结果证实，在冻干前应用脉冲电场可以获得高质量的冻干产品，经过 PEF 处理的材料的再水化能力比未经处理的样品要好。因此在即时产品的设计中，应用这种方法可能是有益的。

3. 其他冷冻干燥方式

鉴于传统冷冻干燥方式的不足，很多研究者考虑了其他工艺，比如常压冷冻干燥和微波冷冻干燥等。Xu Duan 等人[59] 开发了常压冷冻干燥（Atmospheric Freeze Drying，AFD）技术来制作苹果冻干，并根据苹果的玻璃化转变温度，提出了用于 AFD 工艺的升温加载策略，从而将干燥时间减少近一半，并保持了良好的产品质量。为了研究进口空气温度变化对 AFD 过程的影响，设置空气温度加载程序（0 ～ 6h，–5℃；6 ～ 20h，–10℃；20 ～ 24h，5℃；24 ～ 28h，20℃；28 ～ 34h，40℃）。将这种策略与 –5℃固定温度程序和 –10℃固定温度程序进行对比，发现升温程序可以获得与 –10℃固定程序几乎相同的产品质量，但极大缩短了干燥时间，而且品质与传统冷冻干燥相似。

Xu Duan 等人[60] 还开发了微波冷冻干燥（Microwave Freeze Drying，MFD）技术制作苹果冻干，研究了在不同压力和初始含水量条件下电晕放电与微波功率之间的关系，以避免 MFD 过程中发生电晕放电的可能性。样品在 –20℃下冷冻至少 8 小时，然后在 MFD 室中干燥到最终水分含量为 7%。在实验中，使用了两种微波功率加载方案。一种是根据介电性能的变化进行的（3W/g–2h，2.5W/g–2.5h，1.5W/g–1.5h），另一种是在一个固定的微波功率（2.5W/g）下进行的。所有 MFD 工艺均在 60Pa 的模腔压力和 –40℃的冷阱温度下进行。实验发现在 MFD 过程中，随着样品含水量和温度的变化，介电性能也发生变化，从而导致动态微波消散。根据样品的介电性能，改变微波加载方案可以带来完美的产品质量并大大减少干燥时间。

与前两种方式不同，Dandan Wang 等人[61] 在微波冷冻干燥的基础上又结合了脉冲喷射（Pulse Spouting，PS）技术，开发出了脉冲喷射床微波冷冻干燥（Pulsed–Spouted Bed Microwave Freeze Drying，PSMFD）技术。实验研究了这种新工艺对苹果方片介电特性和品质特性的影响，并与传统干燥技术（空气干燥和冷冻干燥）进行比较。在干燥的前 45min，水由冰部分转化为液体，介电性能逐渐提高，然后又由于水分的去除而逐渐降低。微波能将样品温度从 –20℃提高到 67℃，使样品在 270min 内快速干燥至 0.09g/g。孔隙率几乎呈线性增加，在平衡水分含量时达到 0.87。由于干燥后期玻璃化转变，苹果的硬度增加到 350 ~ 450kPa。与空气干燥和冷冻干燥相比，PSMFD 技术能更好地保存苹果的颜色和挥发性化合物。

（四）胡萝卜冷冻干燥

胡萝卜是一种两年生草本植物，属于芹菜科。在蔬菜中，胡萝卜是栽培最多的品种之一，全世界的产量约为 4500 万 t，其中一半是在中国。由于胡萝卜口感甜脆，味道宜人，而且被认为具有与营养价值相关的健康益处，所以十分受消费者欢迎，在世界范围内得到更广泛的种植。胡萝卜的类胡萝卜素总含量高达 55mg/100g，是胡萝卜素的最佳蔬菜来源之一；它通过其前体（α 胡萝卜素和 β 胡萝卜素）提供了大量的膳食维生素 A。此外，其他维生素（抗坏血酸、硫胺素、核黄素和烟酸）、矿物质（高钾含量）和膳食纤维也在胡萝卜中有所发现。

胡萝卜相对于其他蔬菜来说可在空气中自然存放的时间更长，再加上一些干燥手段，胡萝卜不仅是日产生活中重要的新鲜蔬菜，还经常被用在各种方便食品中，而且人们已经发现在众多干燥方法中冷冻干燥保持水果和蔬菜的感官品质和营养品质的效果较好，所以目前需要在冷冻干燥的基础上不断改进，寻找更加方便清洁的技术。

一般的工艺流程为：原料→清洗→去皮→切片→烫漂→装盘→冻结→升华干燥→解析干燥→包装。很多研究者针对工艺中不同的步骤或者参数进行了优化，或者添加预处理改善冻干品质。大树集团对胡萝卜的加工冷冻干燥领域实现了产品的成功生产，图 3-12 是展示图。

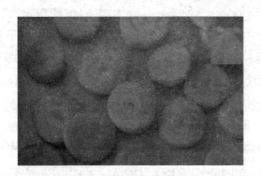

图3-12　胡萝卜冷冻干燥产品展示图

1. 冷冻干燥工艺参数优化

罗瑞明等 [62] 较早对胡萝卜进行了冷冻干燥实验，并确定了相应的最佳工艺条件。其中，最佳冻结时间为 60min，这样可以在保证质量的前提下减少能耗；对于材料厚度，越薄的材料所需的冻干时间越短，但为了保证生产力，材料厚度不能过小。根据实验数据建立的模型，可确定最佳的冻干厚度为 15 mm；另外根据传热模型预测得干燥时间为 5h；其他条件是：干燥室真空度为 60Pa，捕水器压强 45Pa，温度 –50 ～ –40℃。此条件下的胡萝卜冻干色泽鲜艳，组织鲜脆并保持了原有的味道。

唐湘玲等人[63]确定了胡萝卜冷冻干燥适宜的漂烫温度为 100℃，时间为 90s。这样可以有效保护产品的色泽，减少营养成分的损失。姚智华等人[64]为了降低冻干能耗、缩短生产时间，对胡萝卜冻干生产过程能耗和生产率进行了多目标优化。实验采用了二次正交回归组合实验方法，对结果采用 MATLAB 分析优化，得到最佳参数是：切片厚度为 8.8968mm，冻干室压强为 33.5729Pa，温度为 63.2485℃。

Adrian Voda 等人[65]采用 μCT、SEM、MRI 和 NMR 等技术研究了冻干、漂烫和冷冻速率预处理对冬胡萝卜微观结构和复水化性能的影响。冷冻率决定了在干燥时留下的孔隙内形成的冰晶大小，并且通过树枝状生长和冷冻速率可以以定量的方式对其平均尺寸（由 μCT 确定）进行预测。然而，漂烫并不影响由冻干引起的孔隙大小分布。冻干的胡萝卜再水化后，PFG NMR 和 MRI 显示细胞区间没有恢复，而是形成了一个具有渗透性屏障的多孔网络。如果在快速冷冻之后，漂烫预处理引入了一个连接较少、各向异性较大的多孔网络，那么说明更多的原始细胞壁形态被保留下来。

2. 其他预处理方式的影响

（1）超声波预处理

Dongcui Fan 等人[66]研究了超声波预处理对冷冻干燥（FD）和红外冷冻干燥（IRFD）的不同影响。结果表明超声预处理的 FD 的干燥时间从 698min 减少到 593min，IRFD 的干燥时间从 577min 减少到 459min。传统冷冻干燥和红外冷冻干燥均大幅缩短了干燥时间；但 IRFD 的减少更明显。超声功率越高，细胞壁破坏越严重，形成的空洞结构越多。在超声功率为 150W、240W 和 300W 时，IRFD 干燥时间比 FD 分别缩短了 20.7%、23.7% 和 22.6%。在 240W 和 300W 时，β-胡萝卜素的保留量显著增加；该值分别比对照高 22.7% 和 32.0%。LF-NMR 研究表明，不同状态的水和超声功率的增加会导致自由水弛豫时间的增加，表明更容易干燥。但 FD 与 IRFD 处理的样品在颜色、质地和感官特性方面均无显著差异。

超声常被用于辅助液体样品的成核过程，而很少考虑固体样品的成核过程。

Cheng Dai 等人[67]使用了直接接触的超声波来实现固体样品的超声结晶，并研究了超声波辅助成核对冷冻干燥过程的影响。首先，通过显微镜观察直接接触超声波在不同过冷度下对胡萝卜片诱导成核的效果。其次，利用超声振动板将接触超声融入冻干过程，评估其对冰晶大小和升华速度的影响。结果表明，在较低的过冷度下，直接接触的超声波可用于促进胡萝卜片的成核，获得更大的冰晶。与对照组样品相比，超声结晶下的样品升华时间明显减少，减少了 21.80%。因此，直接接触超声可能是一种有前途的方法，可以应用于固体样品的冷冻干燥过程。

（2）热风预脱水处理

林平等人[68]将胡萝卜切成 6mm 厚的薄片，对其进行热风脱水预处理后，放入冰箱预冻，再进行真空冷冻干燥。实验主要考察了真空冷冻干燥时间、复水比和各类感官指标。研究得出最佳热风预处理条件是温度 50℃、持续时间 1h，可以缩短干燥时间 2h。

（3）微波预脱水处理

除了热风预处理，林平等人[69]还探讨了微波预脱水的最佳条件，与热风预处理的条件相同，得出最佳参数：功率为 800W，预处理时间 50s，可缩短干燥时间 3h。而马霞等人[70]以冻干胡萝卜片与新鲜胡萝卜片色差最小为标准，找出了适合的微波预脱水的参数为：6mm 切片在 240W 功率下处理至含水率为 60%。

3. 微波冷冻干燥

微波冷冻干燥（MFD）也是常被用来制作食品冻干的方法之一，但在使用此方法时，需要仔细考虑 MFD 中微波的功率、产品水分含量和真空压力之间的关系，因为在工艺过程中可能会电晕放电从而消耗过多的微波能量，使正在干燥的食品燃烧，并损坏磁控管。同时为了缩短干燥时间，获得更好的产品，采用闭环控制（Closed-Loop Control，CLC）系统是一个较好的选择。Narathip Sujinda 等人[71]开发出一种闭环控制系统来改善微波冷冻干燥过程，并研究动态微波逻辑控制（Dynamic Microwave Logic Control，DMLC）对微波冷冻干燥特性的影响。在MFD 过程中，DMLC 是基于干燥阶段的配置和微波功率与实时水分含量传感之间的动态控制而开发的，以向 CLC 系统提供反馈。将 DMLC 应用于 CLC 系统，通过缩短干燥时间，MFD 工艺的效率与 FD 工艺相比提高了 62.4%；同时 MFD-DMLC 还使胡萝卜的质量与传统的 FD 工艺相当。

（五）西兰花冷冻干燥

西兰花原产自地中海沿岸，在 19 世纪才传入我国。它所含有的营养成分十分丰富，而且相对于菜花来说，它所含有的蛋白质高出 3 倍。此外，钙、铁、锌、钾等矿物质的含量也比普通的白菜花高了很多。西兰花还具有很高的保健营养功能，其富含矿物质、维生素、酚类化合物和黄酮类化合物，尤其是硫代葡萄糖苷。流行病学研究证实了它们对肝脂肪变性、心血管疾病以及预防或逆转癌症的作用。这些潜在的有益功能主要归功于硫代葡萄糖苷和其他抗氧化成分。

新鲜西兰花中的高水分含量与化学反应、酶反应和微生物反应有关，这些反应可能影响产品质量和保质期。干燥处理是延长保质期的一种有效的工业加工方法，在保鲜食品中得到了广泛的应用。然而，在干燥过程中，食物结构的变形和营养物质的损失是不可避免的。干燥方法和条件对达到预期的质量起着重要的作用。因此，研究干燥方法对食品质量的影响至关重要。干燥过程能够抑制微生物的生长，减少水分介导的降解反应，减少运输质量。传统热风干燥（Hot Air Drying，HAD）在脱水蔬菜工业中仍被广泛应用。然而，它经常导致产品质量恶化，包括变色、收缩和表面硬化。冷冻干燥（FD）是一种保持产品固有质地属性的有效方法，但其所需资金庞大、耗时长、生产能力低限制了其利用率。因此，需要一些优化手段和新的干燥技术来满足人们的需求。

1. 西兰花玻璃转化温度

在冻干工艺的研究中，玻璃转化温度是一个很重要的参数，张素文等人[72]研究了含水量对玻璃转化温度的影响，结果表明当含水量 ≥ 35% 时，西兰花发生的是部分玻璃化转变，此时的温度与含水量关系较小；当含水量 < 35%，西兰花达到完全玻璃化转变，此时含水量对玻璃化转变温度影响很大，即随着含水量减少，玻璃化转变温度会升高。Sithara Suresh 等人[73]构建 Gordon-Taylor 模型分析，得到了玻璃化转变温度为 –32.2℃。

2. 西兰花冷冻干燥工艺

杨霞等人[74]比较了不同干燥方式对西兰花块的维生素 C 保存率的影响。研究发现真空冷冻干燥处理的西兰花中氧化型和还原型维生素 C 含量都是最高的，该实验所采取的工艺条件是：80℃蒸汽热烫 2min，冻结温度为 –25℃持续 6h，随后进行真空冷冻干燥，直至含水量为 5%。

刘玉环等人[75]对整个西兰花冷冻干燥工艺流程进行了研究，总体分为五个阶段：预处理、冻结、升华干燥、解析干燥和后处理。

（1）预处理

在切块前使用 30g/L 的盐水浸泡原料，持续 5 ~ 10min，以此来清洗原料。因为西兰花主要有两部分，所以需要人工将茎、花分离，之后再将花分割成长宽高在 10 ~ 12mm 的花球，对于茎部分，切成长宽高为 6mm 的小块；接下来进行漂烫预处理，漂烫可以减少西兰花的氧化，保持颜色，漂烫温度选择 90 ~ 95℃，花球部分漂烫 80 ~ 100s，茎部分漂烫 60 ~ 80s，漂烫后立即冷却至 10℃以下；然后对西兰花进行震动沥水，避免水滴影响后续操作，沥水后将其装盘，花球装盘量为 $10kg/m^2$，厚度为 30 ~ 35mm，花茎装盘量为 $11kg/m^2$，厚度为 25 ~ 30mm。

（2）冻结

首先测得西兰花共晶点温度为 -10 ~ -15℃，考虑实际生产，冻结温度应为 -30 ~ -35℃。快速冷却可以保证产品内蛋白质的质量，但过快的速率会导致晶粒过细且多，使得冰晶升华速度变慢，干后溶解快；而慢速冻结产生的冰晶过大同样不适合升华，但干后溶解慢。所以为了最终效果，该实验采取 -35℃冻结 3h 的条件。

（3）升华干燥

升华干燥过程中需要补充升华潜热，也就是说需要外界提供热量。这里选择升温速率在 0.1 ~ 1.2℃/min 内，真空度在 60 ~ 80Pa 之间，直到完成升华过程（约需 9 ~ 10h）。

（4）解析干燥

升华干燥后的西兰花含水量约为 11%，为了进一步除去这些水分，这个阶段采用 50 ~ 70Pa 的真空度，最高温度达到 60℃，持续 2h，最终含水量为 3% 左右。

（5）后处理

真空冷冻干燥后的西兰花可以进行充氮或真空包装，另外还可以进行超微粉碎处理得到西兰花冻干粉。杨磊磊等人[76]考察了粒度对理化特性和抗氧化活性的影响。研究发现，随着粒度的减小，流动性和容重减小，而溶解性提高；在 80 ~ 500 目范围内，抗氧化活性随粒度减小而增大。杨磊磊等人[77]还比较了不同干燥方式所制的西兰花超微粉（粒度 > 500 目）的两方面性质。结果表明真空冷冻干燥制得的西兰花粉清除 DPPH 自由基、O^{2-} 的能力均高于热风干燥及真空干燥，即抗氧化活性最高，且这种超微粉的溶解性等理化性质也更佳，只是流动性变差。

二、肉禽蛋、水产品

（一）鸡蛋的冷冻干燥

鸡蛋是人类不可缺少的营养来源之一，鸡蛋能够提供给人体大量的锌、磷、铁、蛋白质以及各种各样的维生素，这些营养物质都是人体必不可少的。鸡蛋的主要营养成分如下表3-8[78]：

表3-8　鸡蛋中主要的营养成分（单位：100g）

部位	水分	蛋白质	脂肪	灰分	碳水化合物
鸡蛋黄（g）	51.0	15.3	31.2	1.7	0.8
鸡蛋清（g）	85 ~ 88	11 ~ 13	0.15 ~ 0.5	–	–

随着冷冻干燥技术的发展，出现了将禽蛋类冻干成蛋粉类的工艺。这一工艺的出现，不仅解决了鸡蛋易变质，易破碎的弊端，还能明显地减小体积，减轻重量，方便携带、运输和贮藏。

1. 真空冷冻干燥

赵雨霞[79]运用真空冷冻干燥的方法对鸡蛋的冻干过程进行了研究。她使用电阻法测定了蛋清、蛋黄以及全蛋混合液的共晶点温度，并采用OHAUS公司生产的MB45卤素水分测定仪测定了冻干前后样品的水分。此外，她还分析探索了鸡蛋粉的真空冷冻干燥工艺。

（1）材料的准备

在冻干实验中，选用鲜蛋或优蛋后，用棕色刷子清洗表面的污垢和细菌，目的在于净化蛋壳。随后，用清水洗净并晾干，最后打蛋以备实验使用。将蛋液或蛋清倒入托盘（尺寸为450mm×295mm），厚度为5mm，搅拌均匀即可。考虑到蛋黄含有较多的脂质，可将其萃取或加水稀释后，效果更佳。将整蛋黄放入托盘（尺寸为295mm×625mm），厚度为5mm；将稀释的蛋黄放入培养皿中（厚度为10mm）进行冻干。

（2）水分测量

取少量蛋清、蛋黄和整蛋混合液，分别放入水分测量仪中烘干。烘干温度为100℃，湿度在60s内保持不变，测量结束。用电阻测定法测得的共晶点温度如见表3-9。

表3-9　蛋液冻干前性质

物料	重量（g）	时间（min）	湿度（%）	固体量（%）	回潮率（%）	残留量（G）
蛋清	0.604	12：44	86.75	13.25	−655.00	0.080
蛋黄	0.501	6：00	39.92	60.08	−66.45	0.301
稀释的蛋黄	0.534	20：05	67.04	32.96	−203.41	0.176
全蛋	0.790	20：40	74.56	25.44	−293.03	0.201

（3）共晶点温度测量

蛋白的共晶点温度为 –14 ~ –17℃，蛋黄的共晶点温度为 –20 ~ –23℃，全蛋液的共晶点温度为 –20 ~ –22℃。

（4）冻干工艺

根据测量得到的共晶点温度编制冻干程序。将样品放在托盘上，将温度探头插入样品中。所有准备工作完成后，启动冻干机。首先将物料冷冻至 –30℃左右，并保持 2h 左右，然后进入升华干燥阶段。在升华干燥阶段，产品温度应保持在共晶点温度以下。待产品温度明显升高后，进入解析干燥阶段。在解析干燥过程中，产品的温度不应超过其所能承受的最高温度。

冻干过程分为三个阶段。第一个阶段是物料的冷冻。在此阶段中，物料的最终冷冻温度应降至该物料的共晶点温度以下。为确保待干燥物料完全冻结，通常需要将物料冷冻至共晶点温度以下并保持 2h 左右。在这个冷冻阶段中，如果托盘与搁板接触良好，物料中心温度与物料边缘温度相差不大。否则，可能会出现温度差异。第二个阶段是升华干燥。在这个阶段中，如果物料预先固化并直接放置在搁板上，则需要严格控制搁板温度，以防止物料未干燥部分的温度高于共晶点温度而融化。如果物料放置在托盘中，则影响不大，未干燥部分的温度应在 –25℃左右。与托盘接触部分的物料温度上升较快，说明这部分干燥速率较快，升华干燥时间蛋白粉为 2h，全蛋粉为 3h。而物料中心处升华干燥时间蛋白粉为 4h，全蛋粉为 5h。稀释后的 10mm 厚的物料需要 4 ~ 5h，未稀释的 5mm 厚的蛋黄需要 3.5 ~ 4.5h。这表明密度和黏度对干燥速率的影响不可忽略。升华干燥阶段采用真空调节，即允许真空度调节阀开启，向冻干箱内进入微量的干燥（无菌）空气，以对系统进行真空调节。这样可以增大箱内和阱间的压差，加快干燥速率。第三阶段解析干燥的目的是去除部分结合水，因为高温低压有利于解吸的进行，所以解吸干燥在最高允许温度下进行。当产品的含水率达到规定的标准时，二次干燥结束，冻干完成。5mm 厚的蛋溶液在此阶段只需 1 ~ 2h。干燥时间与物料厚度有关，3mm 厚的蛋液比 5mm 厚的蛋液干燥时间短 1.5 ~ 2h。通过多次实验，我们发现在冻干的整个过程中，由于托盘使用一段时间后两边微微翘起，影响了传热效率，降低了干燥速率，浪费了时间和资源，从而增加了制造成本。在实际生产过程中，我们可以预先将蛋液固化成一定形状（如圆柱体、正方体或者一些卡通形状）后直接放到搁板上，或者将托盘制成网格状的。这样不仅可以避免因接触不良而造成的浪费，还可以扩大传热面积，缩短干燥时间 1h 以上，降低能耗从而降低成本。

冻干蛋粉的工艺如图 3-13 所示。其中，图中的温度均为物料温度。蛋白粉和全蛋粉的干燥以物料大小 450mm×295mm×5mm 为例，蛋黄粉的干燥以物料大小 295mm×65mm×5mm 为例。干燥时间可根据物料厚度适当调整。稀释的蛋黄粉干燥速率较快，因此建议先稀释后再进行冻干。10mm 厚的蛋黄溶液在 -20℃下升华干燥 4.5h，然后解吸干燥 1.5h 左右，含水量可控制在标准范围内（≤ 4%）。

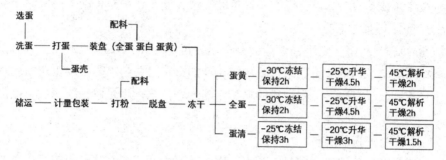

图 3-13　蛋粉的冻干工艺

（5）冻干蛋粉的性质

冻干后的蛋粉呈多孔状物质，其中与托盘接触的部分孔径较大。蛋白粉呈乳白色，光泽良好，略带腥味；蛋黄粉呈淡黄色，细腻柔滑，稀释后冻干的颜色较浅；全蛋粉的颜色较深，略带腥味。将少量蛋清、蛋黄和全蛋粉分别放入烧杯中，注入 60℃的开水。复水效果如下：蛋清效果良好，而蛋黄和全蛋粉的效果略差。全蛋粉复水后具有与鲜蛋相似的性质。此外，我们将冻干后的蛋清、蛋黄和整蛋混合粉分别取少量放入水分测量仪中进行烘干。烘干温度为 100℃，测量过程持续 60s。测量结果见表 3-10。

表 3-10　冻干后蛋粉性质

物料	重量（G）	时间（min）	湿度（%）	固体量（%）	回潮率（%）	残留量（G）
蛋白粉	0.575	1：39	4.70	93.30	-4.93	0.548
蛋黄粉1	0.509	1：31	0.98	99.02	-0.99	0.504
蛋黄粉2	0.656	1：31	1.07	98.93	-1.08	0.649
全蛋粉	0.518	1：31	2.32	97.68	-2.37	0.506

注：蛋黄粉1是未稀释的蛋黄冻干后的粉，蛋黄粉2是稀释后的蛋黄冻干后的粉。

2. 喷雾冷冻干燥

喷雾冷冻干燥（Spray Freeze Drying，SFD）是一种近年新兴的干燥技术，它综合了喷雾干燥和冷冻干燥的优点，既具有真空冷冻干燥产品生物活性高、营养物质保存较完整等优点，又具有喷雾干燥技术制得的粉状产品具有多孔性、生物活性更高的特点。喷雾冷冻干燥技术属于非常规干燥技术，在技术开发初期主要应用于生物医疗领域，后期逐渐应用于材料、食品领域。但目前可用于工厂生产的喷雾冷冻技术的中试设备或大型设备的发展较慢，在一定程度上也限制了喷雾冷冻干燥的工业化发展。

刘丽莉[80]利用上海雅程仪器设备有限公司 YC-3000 实验型研究了蛋清粉的喷雾冷冻干燥对鸡蛋清蛋白结构及功能特性的影响，并与喷雾干燥蛋清粉进行了对比分析。该研究探索了蛋清粉的喷雾冷冻干燥工艺，为蛋清粉的深加工提供了参考。

（1）鸡蛋清粉的制备

①喷雾干燥蛋清粉的制备：首先，将鲜鸡蛋刷洗后带壳消毒，晾蛋后分离出蛋清。将蛋清采用 500r/min 的转速搅拌 15min，过滤掉系带等杂质后在 25℃自然发酵 48h 进行脱糖。接下来，经过 45℃巴氏杀菌 30min 后进行喷雾干燥（进口温度为 170℃，出风温度为 80℃）。最后，将干燥后的蛋清粉过筛即可得到喷雾干燥蛋清粉。

②喷雾冷冻干燥蛋清粉的制备（图 3-14 为喷雾冷冻干燥装置）：与喷雾干燥蛋清粉制备类似，首先将鲜鸡蛋刷洗后带壳消毒，晾蛋后分离出蛋清，采用

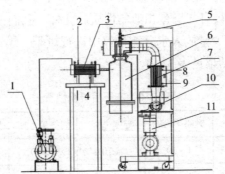

1. 真空泵 2. 冷却液进口 3. 冷凝器 4. 冷却液出口 5. 二流体喷雾器 6. 喷雾冷冻干燥室 7. 热转换器 8. 冷却液出口
9. 冷却液进口 10. 风机 11. 空压机

图3-14 喷雾冷冻干燥装置

500r/min的转速搅拌15min，过滤掉系带等杂质后在25℃自然发酵48h进行脱糖。接下来，经过45℃巴氏杀菌30min后进行喷雾冷冻干燥。喷雾冷冻干燥需要使用专门的设备，如图3-9所示，冷浸温度为-80℃，进料量为15mL/min，加热温度为60℃。最后，将干燥后的蛋清粉过筛即可得到喷雾冷冻干燥蛋清粉。

（2）蛋清粉结构特性测定及结果分析

①巯基含量：

通过 Liu 等[81]的实验方法测定鸡蛋清粉凝胶样品的总巯基和表面流基含量。实验结果表明，蛋清粉中的巯基含量会影响蛋白质的功能特性。在凝胶形成过程中，巯基可通过氧化形成二硫键，从而对凝胶的结构和硬度产生影响。图 3-15 展示了干燥对蛋清分巯基含量的影响。

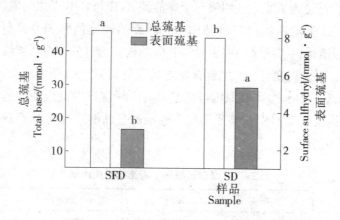

图3-15　干燥对蛋清粉巯基含量的影响
注：字母不同表示差异显著（P < 0.05）。

图 3-10 表明：与 SD 蛋清粉样品相比，SFD 蛋清粉蛋白的总巯基和表面流基含量均发生了显著变化（$p < 0.05$）。SFD 比 SD 蛋清粉的总流基含量高 4.45%（$p < 0.05$）；SFD 比 SD 蛋清粉的表面流基含量低 42.40%（$p < 0.05$）；说明干燥方式不同对蛋清粉巯基含量的影响也不同。干燥时冷冻或高温都可能会破坏蛋白分子构象（分子伸展、氢键破坏等），导致巯基和二硫键暴露，发生巯基氧化和二硫键交换反应。另外 SFD 蛋清粉总巯基含量比 SD 高而表面巯基含量比 SD 低，是因为 SD 为瞬时高温干燥，相对于 SFD 的低温干燥，蛋白质变性程度更大；也说明了喷雾干燥时蛋清粉中蛋白质部分亚基解离，二硫键发生交换反应，结构展开内部巯基暴露；暴露于表面的疏基数增多，分子间和分子内的相互作用增强，有利于蛋白凝胶性能的提高。

②傅里叶红外光谱（FT-IR）分析：

将蛋清粉样品与溴化钾混匀压片，并用 FT-IR 仪器进行扫描。使用 Peak Fit 4.12 软件对红外光谱的酰胺 I 带进行去卷积处理，然后进行二阶导数拟合。

FT-IR 分析表明蛋白质的结构特性与蛋白质的功能特性密切相关；3600 ~ 3300cm⁻¹ 处的峰强通常可以表示蛋白分子氢键（内部和外部）及 O-H、N-H 键的伸缩振动强度。由图 3-16 可知，在 3600 ~ 3300cm⁻¹ 处，两种蛋清粉的峰强有明显差别；表明干燥方式会影响并改变蛋清粉蛋白的水合能力，这可能是蛋白质分子中 N-H 伸缩振动与氢键形成了缔合体所致。1700 ~ 1600cm⁻¹ 的波长范围为酰胺 I 带，对于研究蛋白质的二级结构最有价值，与氢键作用力紧密相关。SD 蛋清粉在酰胺 I 带处的峰位相比 SFD 的 1651.44cm⁻¹ 红移到 1650.48cm⁻¹ 处，且峰强更大，峰宽也更宽，说明喷雾干燥能使 N-H 与 C-O 形成的氢键总量增加。见表 3-11，SD 蛋清粉蛋白二级结构中 a 螺旋结构比例较 SFD 降低了 17.68%。α-螺旋时蛋清蛋白二级结构中主要的有序结构，通过分子内氢键维持，约占总结构的 40%，凝胶硬度与 α-螺旋含量之间呈负相关。SD 蛋清粉中 β 折叠含量比 SFD 的降低了 21.96%。其原因可能是喷雾干燥温度较高致使氢键断裂，蛋白质分子空间构象改变，β 折叠或无规则卷曲的多肽链结构发生了 180° 的反转，转变为 β 转角结构。

表3-11　蛋白粉酰胺 I 带结构组成比例

干燥方式	β 折叠	无规则卷曲	α-螺旋	β-转角
SFD	29.65	15.60	32.94	21.81
SD	24.31	14.83	15.26	45.60

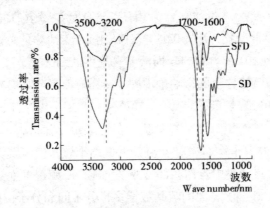

图3-16　蛋清粉红外光谱图

③差示扫描分析：差示扫描热量（DSC）分析是一种测定干燥处理后蛋清蛋白变性温度的方法。在氮气流速为 20 mL/min，升温速率为 10℃ /min 的条件下，在 20 ~ 150℃的范围内进行扫描，得到曲线。表 3-12 中列出了实验结果：

表3-12　干燥后鸡蛋清粉的热变性温度及热焓值

干燥方式	峰值温度 /℃	热焓值 /（J·g^{-1}）
SFD	94.66 ± 0.02[b]	18.68 ± 0.50[a]
SD	110.36 ± 0.05[a]	128.88 ± 0.41[b]

注：同列肩标字母不同表示差异显著（$P < 0.05$）。

④凝胶电泳（SDS-PAGE）分析：

在实验中，蛋清蛋白被配制成 4% 的溶液，并使用 15% 的分离胶和 5% 的浓缩胶。上样量为 20μL，电泳开始时使用 90V 电压，当溴酚蓝浓缩到浓缩胶底部时，电压增加至 110V。电泳结束后进行 2h 染色，并脱色至透明。

通过 SDS-PAGE 分析，我们发现两种蛋清粉的条带区别较为明显，其中卵清蛋白（45kDa）、卵转铁蛋白（76 ~ 80kDa）和溶菌酶（14 ~ 22kDa）是主要的条带，如图 3-17 所示。相对于 SFD 蛋清粉，SD 蛋清粉的进样口残留样品较为明显。同时，通过喷雾干燥实验发现，高进口温度会导致蛋白质的变性和聚集，形成大分子电泳条。

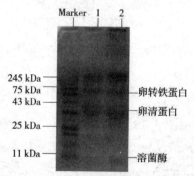

Marker. 标准蛋白　1. SFD 蛋清粉蛋白　2. SD 蛋清粉蛋白

图3-17　蛋清粉 SDS-PAGE 电泳图

⑤扫描电子显微镜（SEM）分析：

取微量蛋清粉于导电胶上，并粘贴于样品台上，喷涂金属后，使用扫描电子显微镜观察样品的微观结构。观察结果如图 3-18 所示，SFD 蛋清粉主要由大颗粒组成，具有较大的孔隙度。整个颗粒具有相互连通的孔隙网络结构，比表面积大，复水性好。而 SD 蛋清粉的颗粒组成较小，只有一个孔洞，孔隙度和比表面积均小。此外，颗粒表面形成一种光滑、高抗湿的薄膜，因此不易溶于水。颗粒的尺寸和形态差异受到干燥方式的影响较大。在 SFD 过程中，液滴被冻结，颗粒中的水形成冰晶并通过升华作用被移除，因此，形成的颗粒内部具有相互连接的多孔结构。然而，在 SD 过程中，液体被喷嘴喷入干燥室并受到热风的影响，通过蒸发快速脱去水分。蒸发脱水作用使液滴收缩，外表面凝固，形成光滑的表面结构，溶解度降低，进而导致其乳化性降低。

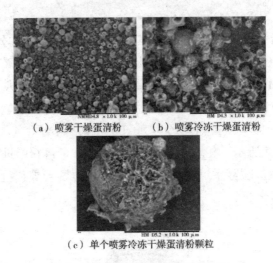

（a）喷雾干燥蛋清粉　　（b）喷雾冷冻干燥蛋清粉

（c）单个喷雾冷冻干燥蛋清粉颗粒

图 3-18　蛋清粉颗粒的微观结构图

（3）蛋清粉功能特性的测定及分析

①溶解度、乳化特性、起泡特性的测定[82]：

蛋清粉溶解性分析由图 3-19 可知，在 pH 在 2 ～ 9 条件下两种蛋粉的溶解度均呈现出先降低后升高的趋势，在 pH=3 时达到最低。这是因为蛋清粉的等电点在 pH=3 左右，而蛋白在等电点时，分子间静电排斥作用最低，蛋白质分子静电荷为零，蛋白质聚集、沉降，导致鸡蛋清粉溶解度最低。总体来讲，pH 在 2 ～ 9 时，SFD 样品的溶解度普遍高于 SD 样品，结合上述 SEM 图分析表明，SFD 样品颗粒疏松多孔，且孔径相对较大，使其复水能力增加，溶解度增高；另外可能是喷雾干燥是直接将蛋清液雾化再干燥，产生的蛋清粉颗粒较小，孔隙小，表面会形成一个光滑、抗湿性的薄膜，复水性差，易结块，导致其溶解性降低。而喷雾冷冻干燥制得的蛋清粉颗粒较大，能较为快速的分散于水中。

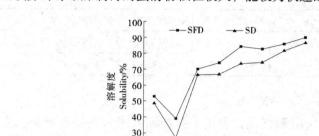

图3-19　干燥对蛋清粉蛋白溶解性的影响

②凝胶特性：

将蛋清粉用蒸馏水稀释成质量浓度为10%的溶液，充分搅拌后倒入25ml烧杯中，加热至80℃并保持45min。取出后，将凝胶在4℃的冰箱中冷藏过夜。取出凝胶后，在室温下静置20min，使用TPA模式测量其特性。测量过程中，使用探头P/0.5，测量速度为前5mm/s，中2mm/s，后2mm/s，触发力为3g。

根据表3-13的蛋清粉功能特性分析，不同的干燥方式会导致分子结构的变化。SFD蛋清粉在乳化性和乳化稳定性方面表现出明显的优势（$P < 0.05$）。同时，蛋白质的乳化性与其溶解度密切相关。SFD蛋清粉的溶解度更大，因此其乳化特性更好。前面对其结构的红外分析表明，SFD粉的α螺旋和β折叠结构比例更高，分子结构更有序。研究表明，β折叠含量的增加能够提高蛋白乳化液的乳化稳定性。这也是使其乳化特性得到改善的另一原因。两种样品（SFD蛋清粉和SD蛋清粉）的起泡性和泡沫稳定性没有显著差异（$P > 0.05$）。表明SD蛋清粉能更快地吸附在空气–水界面上，在搅打时能降低界面张力。虽然高溶解度的蛋白质易形成高弹性多层膜，但坚硬的薄膜会阻止气泡的黏聚，从而降低其起泡性。不溶解的蛋白质则能增加表面黏度，阻止泡沫的破裂，从而增加泡沫的稳定性。这可能也是SD蛋清粉具有较好起泡性的原因之一。两种样品间凝胶硬度差异显著（$P < 0.05$），SFD蛋清粉凝胶硬度比SD的低42.37%；结合前期DSC和SDS–PAGE对二者结构的分析表明SD蛋清粉蛋白变性温度更高，部分分子发生聚集，说明其变性程度更大，有利于凝胶性的改善；SD蛋清粉蛋白凝胶硬度更大，可能是SD温度更高，蛋白质变性程度较SFD大，分子间发生聚集反应有利于网络结构的形成，从而提高了蛋清粉凝胶硬度，这一结果与前期巯基含量的分析相一致。

表3-13 蛋清粉凝胶的 T_2 弛豫时间及峰面积比例

样品	乳化性 / (m² · g⁻¹)	乳化稳定性 /%	起泡性 /%	泡沫稳定性 /%	凝胶硬度 /g
喷雾冷冻干燥蛋白	53.50 ± 0.03	69.64 ± 0.05	60.91 ± 0.03	53.55 ± 0.02	299.89 ± 6.60
喷雾干燥蛋白	26.21 ± 0.02	56.38 ± 0.01	0161.38 ± 0.08	53.68 ± 0.04	520.39 ± 9.40

③水分子弛豫特性（LF-NMR）：

在核磁管中称取1g凝胶样品，利用多脉冲回波序列测量自旋-自旋弛豫时间，以分析样品的水分含量特性。在测量温度32℃、主频22MHz、偏移频率303.886kHz、累加4次、采样间隔时间1500s的条件下进行测量。

蛋清粉凝胶水分弛豫特性分析时需注意水分子与其他组分的结合程度不同，导致水的氢原子在磁场中衰减速率不同。横向弛豫时间（T_2）可以分析样品中水分流动性。图3-20和表3-14分别为蛋清粉凝胶 T_2 横向弛豫时间反演谱和蛋清粉凝胶的 T_2 弛豫时间及峰面积比例。由图3-15可知，根据蛋清粉凝胶横向弛豫时间的分布，可将样品中的水分分为三部分：结合水（0 ~ 10ms）、束缚水（10 ~ 100ms）及自由水（100 ~ 1000ms）。由表3-14可知，相比SFD凝胶，SD凝胶使凝胶中的 T_{21}、T_{22} 及 T_{23} 明显降低，表明SFD蛋清粉凝胶中水分与大分子的结合更加松散。这可能是由于SFD干燥样品时温度低，蛋白质几乎未变性，活性基团仍存在于分子内，形成较大的网状结构，从而导致凝胶与水的结合能力下降。此外，SD凝胶中 T_{21} 的比例比SFD的增加了0.94%，表明SD蛋清粉蛋白中极性基团和带电基团的增多，并以偶极-离子和偶极-偶极的形式与水分子结合，从而使样品中的水分子与蛋白质大分子结合更多。然而，蛋清粉凝胶中 T_{21} 所占比例较小，不能仅通过PT21的大小判断凝胶的保水性。SD的 PT_{22} 值比SFD的高出18.42%，表明更多的水被束缚在凝胶网络中，这与离心法测定的凝胶失水率相反，表明蛋清粉凝胶中大部分水以束缚水形式存在。Pearce等认为束缚水比例的升高表明肌原纤维外部水比例的升高，肉的保水性提高，与试验结果类似。SD蛋清粉凝胶 PT_{23} 值从SFD的4.06%降低到0.84%，表明更多的自由水转变为不易流动水留在凝胶网络内。

表3-14 蛋清粉凝胶的 T_2 弛豫时间及峰面积比例

干燥方式	T_{21}/ms	T_{22}/ms	T_{23}/ms	PT_{21}/%	PT_{22}/%	PT_{23}/%
SFD	0.433	49.77	305.38	62.46	76.70	0.84
SD	0.756	57.23	464.15	91.52	94.42	4.06

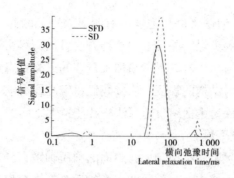

图 3-20　蛋清粉凝胶 T_2 横向弛豫时间反演谱
注：T_{21}、T_{22}、T_{23} 分别为结合水、束缚水和自由水的弛豫时间；
PT_{21}、PT_{22}、PT_{23} 分别为结合水、束缚水和自由水的比例。

3. 考马斯亮蓝标准曲线的绘制

以牛血清蛋白为标准蛋白，分别配置浓度为 0.1、0.2、0.3、0.4、0.5、0.6 mg/ml 的溶液，各取 0.1 ml。向每个溶液中加入 5 ml 的考马斯亮蓝试剂，充分混匀后，放置 10 分钟，并在 595 nm 处测定吸光值。以蛋白质含量为横坐标、吸光值为纵坐标绘制标准曲线，如图 3-21 所示。考马斯亮蓝标准曲线的回归方程为 $y=0.04379+1.8311x$，$R^2=0.9984$。根据标准曲线计算样品蛋白质含量，该方程线性良好，可用于下一步试验。

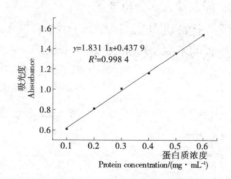

图 3-21　考马斯亮蓝标准曲线

4. 结论

与喷雾干燥蛋清粉相比，喷雾冷冻干燥蛋清粉的结构和功能特性发生了很大变化。喷雾冷冻干燥蛋清粉的蛋白分子结构更加有序，蛋白质聚集程度较小，颗粒孔隙率大，且具有相互连通的网络结构，在溶解度和乳化特性方面更具有优势。而喷雾干燥蛋清粉的蛋白变性和聚集程度较大，使其凝胶硬度更大（$p <$

0.05），保水性较好，但两者的起泡性没有明显差别。因此，我们将喷雾冷冻干燥方式应用于鸡蛋清的干燥，并且发现这种方式可以为鸡蛋清粉的应用提供技术支持。此外，这项研究对于打破蛋清粉加工行业的壁垒具有重要意义。不过，目前的研究重点仍在于对结构的表征，后续我们将继续研究喷雾冷冻干燥对蛋清中蛋白组学的影响，并探讨蛋白组学与蛋清粉功能特性之间的相关性。

（二）鸡肉的冷冻干燥

在肉制品中，与牛肉和猪肉相比，鸡肉的肉质细嫩，味道鲜美，同时富含营养物质。相比于牛肉和猪肉，鸡肉中的脂类物质含有更多的不饱和脂肪酸，如油酸和亚油酸，这些不饱和脂肪酸可以降低人体中的低密度脂蛋白胆固醇，有益于人体健康。此外，鸡肉也是磷、铁、铜和锌等矿物质的良好来源，并富含维生素B2、维生素B、维生素A、维生素D和维生素K等[83]。随着冷冻干燥技术的发展，它逐渐地应用于鸡肉。本书在此介绍 Jelena Babic 在《食品科学与技术》杂志上发表的有关鸡肉冻干工艺参数的分析[84]。

1. 材料的准备

鸡胸肉来自 Pollos Iriarte S.A（Orcoyen，Navarre，西班牙）。屠宰前鸡龄432d，体重 2.428kg。在屠宰后 24h 内将鸡肉从供应商运到实验室，并在 4℃下储存直至使用。通过切割和去除脂肪部分制备样品以供分析。

2. 冷冻干燥处理、样品储存和分析准备

用于该过程的冷冻干燥机是 Lyobeta 25（Telstar Industrial，S.L.，Terrasa，Barcelona）。冷冻干燥过程的不同阶段如图 3-22 所示。

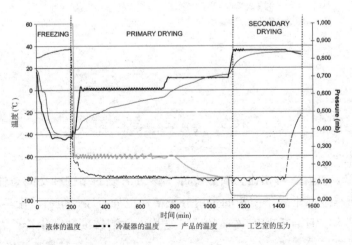

图 3-22　鸡胸肉样品在冻干机lyobeta25中冻干过程中温度的变化及部分工艺参数

已初步确定了鸡胸肉冻干的工艺条件。首先，为了对比极端的工艺条件，对不同的厚度进行了分析，以确定最适合进一步试验的厚度［详见表3-15（a）］。本研究还测定了冷冻干燥过程的不同参数，包括冷冻速率（流体中达到45℃的时间）、干燥时间和压力［详见表3-15（b）］，以及0℃和10℃下的初次干燥时间［详见表3-15（c）］。二次干燥过程在35℃和最大真空下进行。在冻干过程结束后，样品被包装在由西班牙巴塞罗那Ilpra系统生产的不透水塑料托盘中，并用氮气充填，然后在室温下编码并储存在黑暗的地方。为了进行分析，冻干样品必须再水化和煮熟。样品在室温下于自来水中再水化。对于薄样品和厚样品，再水化的持续时间分别固定在3h和3.5h，因为在这段时间之后，样品不再吸收水分。补液百分比可以使用以下公式计算：

$$rehydration(\%)=\frac{(W_r-W_l)}{(W_0-W_l)}\times100$$

W_r：复水样品的重量（g）；W_l：冻干样品重量（g）；W_0：新鲜样品重量（g）。

待煮熟时，将样品包装在不透水的塑料袋中，并将其分别放入80℃的水浴中4min30s和4min（厚和薄样品）。

表3-15　实验设计研究

(a)							
	厚度（cm）	冷冻速率	0℃初次干燥（h）	10℃初次干燥（h）	初次干燥总时间（h）	二次干燥（h）	压力（Pa）
Treatment 1	薄（0.7±0.2）厚（1.3±0.2）	慢（6h）	8	10	18	-	25
Treatment 2	薄（0.7±0.2）厚（1.3±0.2）	快（3h）	12	12	24	7	30

(b)							
	厚度（cm）	冷冻速率	0℃初次干燥（h）	10℃初次干燥（h）	初次干燥总时间（h）	二次干燥（h）	压力（Pa）
Treatment 3	薄（0.7±0.2）	慢（6h）	12	6, 8.5, 11	18, 20.5, 23	7	25
Treatment 4	厚（0.7±0.2）	慢（6h）快（3h）	12	6, 8.5, 11	18, 20.5, 23	7 7	30 30

续表

	(c)						
	厚度（cm）	冷冻速率	0℃初次干燥（h）	10℃初次干燥（h）	初次干燥总时间（h）	S二次干燥（h）	压力（Pa）
Treatment 5	薄（0.7±0.2）	慢（6h）	12	8.5	20.5	–	30
Treatment 6	厚（0.7±0.2）	慢（6h）	8	12.5	20.5	–	30

注：（a）试样厚度的影响；（b）冷冻速率、冷冻干燥总时间和压力；（c）0℃和10℃的初次干燥时间不同。

3. 样品分析

湿度由 ISO R-1442 方法（AOAC，1975）和重量法进行测定，水分活度则使用 NOVASINA RS-232 C 湿度计测定。使用 CRISON pH 25 计 pH，穿透肉样的混合电极进行测定。采用美能达分光光度计 CM-508d 以白色标准对肉类样品不同部位（同侧）的颜色进行测量，结果使用 CIELab 系统（$L*$、$a*$、$b*$ 值）进行表示。禽肉嫩度的测量使用多叶片 Kramer 剪切细胞，使用带有 5 个叶片的 Kramer 剪切分析仪 TA-XT2i 测量在一定距离（mm）处试样的最大穿透力（N）（如图 3-24 所示），以模拟咀嚼所需的力，并给出有关样品硬度的信息。同时，肉样的感官特性（弹性、变形性、韧性、多汁性和咀嚼性）由专业人员进行评估，每个感官特征使用 0 到 5 的量表进行评估，其中 0 到 1 表示非常低，1-2 表示低，2-3 表示中等，3-4 表示高，4-5 表示非常高，统计分析考虑了工艺参数及其影响，置信度为 95%。使用 Statgraphic Plus 程序（5.1 版，2001 年 12 月）对所有数据进行方差分析、多因素方差分析和多范围检验。得到对肉类样品进行了不同的分析。（见表 3-16）

表 3-16　对肉类样品的分析

	湿度	Aw	补液	pH	质地	颜色	感官分析
鲜肉	×	×		×		×	
冻干再水化肉				×		×	
冻干肉	×	×	×				
冷冻熟肉				×		×	×
冻干再水化熟肉				×		×	×

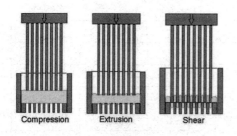

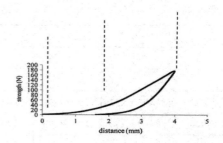

图3-23　克雷默剪切单元工作原理　　图3-24　使用Kramer剪切单元测量最大力峰值

4. 结果与讨论

（1）鸡胸肉厚度的影响

在冷冻干燥强度较低（处理1，无二次干燥）的情况下，冷冻干燥处理后的肉样（TM）薄样品的含水量和水活性低于厚样品。（表3-17）厚样品的水活性很高（0.855～0.075），与鲜肉的水活性非常接近（0.987～0.002），这意味着干燥过程尚未完成。同时，厚样品的温度在初步干燥完成后并未达到与流体相对应的0℃，再水化也不够充分，这对样品的质量会产生负面影响，见表3-17和表3-18。因此，厚样品应进行较长时间的初步干燥或进行二次干燥。

在较高处理强度［处理2，表3-15（a）］下，冷冻干燥的薄样品和厚样品之间的含水量没有统计上的显著差异（表3-17），这意味着已经完全升华，与图3-26所示一致（粗样品在一次干燥结束时的温度超过0℃）。尽管如此，由于样品的厚度不同，处理2处理的厚样品的复水率仍然远低于薄样品。

表3-17　鸡胸肉厚度对冻干样品湿度、水分活度和复水的影响

	湿度（%）		水活度		补液（%）	
	薄	厚	薄	厚	薄	厚
鲜肉	72.41 ± 0.13		0.987 ± 0.002		–	
Treatment 1	9.94 ± 1.78	18.83 ± 1.59	0.291 ± 0.010	0.855 ± 0.075	53.35 ± 4.47	43.81 ± 5.81
Treatment 2	3.34 ± 0.44	2.83 ± 0.36	0.055 ± 0.007	0.170 ± 0.035	61.43 ± 5.44	39.80 ± 3.24

表3-18　对照和处理过的薄和厚鸡肉样品的颜色

	Treatment 1			Treatment 2		
	L^*	a^*	b^*	L^*	a^*	b^*
鲜肉	50.93 ± 0.90	1.65 ± 0.40	9.34 ± 0.89	49.73 ± 1.63	1.80 ± 0.53	9.08 ± 0.99
FCM	79.73 ± 0.77	1.46 ± 0.56	14.70 ± 0.25	79.34 ± 1.48	1.28 ± 0.53	15.68 ± 0.53

续表

	Treatment 1			Treatment 2		
	L*	a*	b*	L*	a*	b*
薄						
TM	73.53 ± 5.92	2.99 ± 0.34	14.62 ± 1.97	78.69 ± 1.76	1.88 ± 0.13	17.64 ± 0.52
TRM	62.09 ± 3.40	4.27 ± 0.41	14.49 ± 2.39	67.64 ± 1.34	3.11 ± 0.46	16.07 ± 1.60
TRCM	76.40 ± 2.40	1.33 ± 0.13	15.54 ± 0.50	70.98 ± 4.04	0.49 ± 0.19	14.55 ± 0.83
厚						
TM	80.89 ± 1.74	1.96 ± 0.23	15.95 ± 0.58	80.47 ± 2.61	2.15 ± 0.62	17.26 ± 1.03
TRM	55.50 ± 6.84	2.52 ± 0.66	11.68 ± 3.93	66.97 ± 2.49	4.17 ± 0.76	17.81 ± 1.49
TRCM	77.63 ± 2.46	1.29 ± 0.50	17.07 ± 2.23	64.92 ± 6.68	0.34 ± 0.29	15.49 ± 1.48

表3-19 不同厚度熟鸡肉样品的感官分析

样本	弹性	变形	硬度	汁水	咀嚼度	可接受性
FCM	很高	很低	很低	很高	很高	A
Treatment 1						
TRCM-thin	高	中	中	中	高	A
TRCM-thick	低	高	很高	很低	很低	NA
Treatment 2						
TRCM-thin	低	中	高	很低	很低	NA
TRCM-thick	很低	中	高	很低	很低	NA

注：FCM：新鲜熟肉；TRCM：经过处理的复水熟肉；A：合格；NA：不可接受。

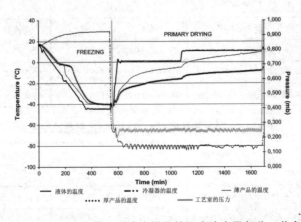

图3-25 处理过程中薄、厚鸡胸样品的温度演变及部分工艺参数1

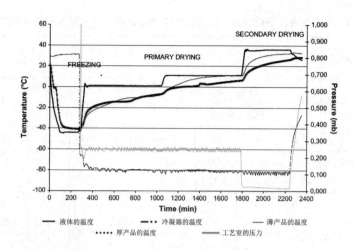

图3-26　处理过程中薄、厚鸡胸样品的温度演变及部分工艺参数2

对于处理 1 后的样品，质地分析结果表明，冻干后的薄样品（27649.5N）比厚样品（17440.8N）更硬，更难食用。此外，再水化肉和熟肉（TRCM）的最大强度都高于新鲜肉（FCM）（4292.1N）。然而，在处理 1 中，没有观察到纹理结果与感官分析结果之间的相关性。（表 3-19）事实上，在感官分析时，薄样品的口感得分比厚样品高，被评为更多汁、更软。这可能是因为薄样品的复水水平较低。（表 3-17）另外，感官小组成员还指出，在处理 1 和 2 中，TRCM 厚样品非常坚硬，无法食用。

（2）冻干参数的影响：冻干速率、干燥时间和压力

从上节获得的结果中，选择薄样品和 18h 以上的一次干燥次数，以测定冷冻速度、干燥时间和压力对冻干鸡胸样品质量的影响。（表 3-15b）

在湿度和水分活度方面，速冻样品的湿度和水分活度值通常低于在类似条件下冷冻干燥的慢冻样品（表 3-20）。对于每种处理方法，湿度和水分随着干燥时间的增加而降低。多因素方差分析表明，冷冻速率和干燥时间对湿度和水分活度有显著影响（$p < 0.05$）。

观察得到在最低压力（处理 3，25pa）下处理 20.5h 的 TM 样品比在 30pa 下处理的样品具有更高的湿度和水分活度。然而，测定不同压力对 TM 样品的湿度或水活度没有明显影响（表 3-20），可能是因为压力的差异不大。慢冻样品的复水率比速冻样品高，但速冻样品表现出更灵活的选择性。同时，当样品用最高压力处理时，再水化效果更好。

表3-20　冻干速率、干燥时间和压力对冻干样品湿度、水分活度和复水化的影响

Treatment	鲜肉	湿度								压力（Pa）
		慢速冷冻				快速冷冻				
		干燥时间（h）				干燥时间（h）				
		18	20.5	23	31[a]	18	20.5	23	31[a]	
3	72.5 ± 0.33	5.38 ± 0.53	3.53 ± 0.31	2.32 ± 0.30	1.64 ± 0.74	–	–	–	–	25
4	73.4 ± 0.28	3.75 ± 0.94	2.46 ± 0.16	1.89 ± 0.12	1.66 ± 0.08	3.12 ± 0.92	2.11 ± 0.13	1.70 ± 0.55	1.44 ± 0.35	30
水活度										
3	0.981 ± 0.003	0.426 ± 0.028	0.234 ± 0.131	0.080 ± 0.005	0.047 ± 0.017	–	–	–	–	25
4	0.984 ± 0.001	0.126 ± 0.018	0.156 ± 0.014	0.125 ± 0.008	0.038 ± 0.013	0.123 ± 0.018	0.148 ± 0.013	0.094 ± 0.003	0.053 ± 0.003	30
补液（%）										
3	–	40.38 ± 4.20	51.17 ± 8.10	56.80 ± 11.14	57.47 ± 6.18					25
4	–	75.35 ± 1.17	76.87 ± 4.23	73.48 ± 3.65	87.79 ± 6.07	74.21 ± 9.75	75.66 ± 6.03	81.15 ± 7.66	73.30 ± 4.64	30

就颜色而言，处理后的再水化肉（TRM）的 L 和 b 值远高于新鲜肉，表现出更高的亮度和黄色（图3-27）。然而，对于 a 参数，只有当施加最小压力（25Pa）时才观察到差异。经过冷冻干燥、再水化和随后煮熟的样品（TRCM）的 L 和 b 值与新鲜熟肉样品（FCM）更为相似，尤其是在处理4中使用的最高压力（30Pa）下（图3-28）。然而，在 a 值方面，TRCM 和 FCM 样品之间观察到重要差异。与新鲜样品相反，处理后的样品在复水和煮熟时（TRCM）的 a 值低于 FCM 中获得的 a 值（红色较少）。

结果表明，不同速率下冷冻样品的 a*（红色）、b*（黄色）和 L*（亮度）值没有差异。因此，在这些处理的试验条件下，在试验压力下，没有观察到冷冻速度对样品颜色的明显影响，尽管 Stone 和 May（1969）发现速冻鸡肉块比速冻鸡肉块保持更白的颜色，并且当发生速冻时，获得了数量更多、尺寸更小、颜色

更亮的晶体。一般来说，除了 TRCM 样品中的组分 *a** 外，未观察到初级干燥时间对颜色的影响。

　　至于质地，在本研究中，没有发现冷冻速率、干燥时间或压力的变化与 TRCM 的最大穿透力之间的直接关系。

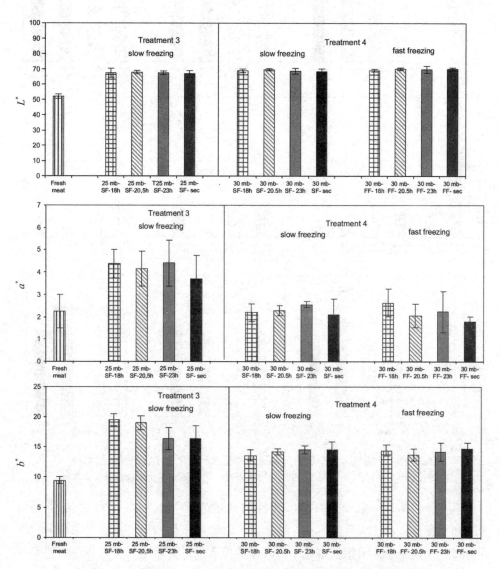

图3-27　冷冻速率、干燥时间和压力对再水化冻干样品颜色的影响

注：SF为慢冻率，FF为快冻率，Sec为二次干燥。误差条为三次样本均值的标准差。

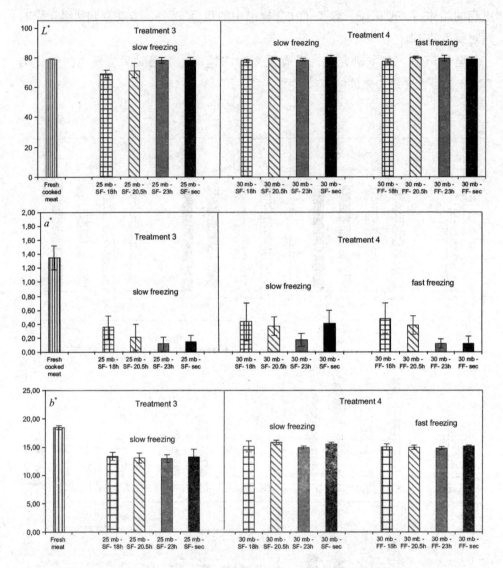

图3-28　冷冻速率、干燥时间和压力对复水和熟化冻干样品颜色的影响

注：SF为慢冻率，FF为快冻率，Sec为二次干燥。误差条为三次样本均值的标准差。

感官分析表明，具有最佳感官特性的样品是那些在30Pa压力下20.5h缓慢冷冻和干燥的样品（表3-21）。一般来说，由于大冰晶的生长，缓慢冻结的物质更坚硬；孔径越小，组织损伤越小，升华后留下的蜂窝状空气空间越细。感官分析的结果表明，冷冻速度不是唯一的主导因素。在大多数慢速冷冻样品中，质地的良好结果可能是因为它们比速冻样品更容易再水化（表3-20）。此外，压力较高（30pa）时，处理4效果较好。在这种情况下，样品在一次干燥23h之前是可以接受的，而二次干燥有负面影响，因为样品变得更干燥，汁液更少，更硬。这可能是由于在二次干燥过程中由于工艺条件引起的样品微观结构变化。关于湿度数据，样品在二次干燥期间几乎没有发生冰升华（湿度从1.89%变化到1.66%），因此温度可能会升高，并对质地产生负面影响。相反，对于处理3，湿度变化更大（从2.32%到1.64%），所以，二次干燥后的样品是可以接受的。

根据处理1-4的结果，我们提出了另一个试验来检查一次干燥温度是否影响肉的质量。处理5和6（表3-15c）采用相同的一次干燥时间（20.5h），但在0℃和10℃下持不同的时间。结果表明，施用处理5后的样品湿度低于处理6，处理5的水分活度最高，且处理5后的样品再水化效果优于处理6。（表3-22）

表3-21　对不同冷冻速度、时间和干燥压力的熟鸡肉样品进行感官分析

Treatment 3（25Pa）					
FCM	很高	很低	很低	很高	很高	A
TSF-18h	很低	很高	很高	很低	很低	NA
TSF-20.5h	高	低	低	中	高	A
TSF-23h	低	高	高	低	低	NA
TSF-SEC	高	低	低	高	中	A
Treatment4（30Pa）					
FCM	很高	很低	很低	很高	很高	A
TSF-18h	很高	很低	低	很高	很高	A
TFF-18h	高	低	很低	很高	高	A
TSF-20.5h	很高	很低	很低	高	高	A
TFF-20.5h	高	低	低	高	高	A
TSF-23h	中	中	中	中	中	A
TFF-23h	中	很低	低	中	低	A
TSF-sec	中低	高	很高	低	很低	NA
TFF-sec	低	中	很高	低	很低	NA

注：FCM：新鲜熟肉；TSF：慢冻、再水合和熟肉；TFF：速冻、再水合、熟肉；A：可以接受；NA：不能接受。

正如在以前的实验中观察到的，FM 样品的 L* 值比 TRM 低。（表 3–23）与此相反，在 0℃ 和 10℃ 下进行不同时间的一次干燥处理的样品之间，L* 和 b* 值没有差异。应用方差分析表明，上述时间对 TRCM 的 a* 值有显著影响。

根据质构分析，0℃ 一次干燥 12h 的样品比 0℃ 一次干燥时间较短的样品具有更好的质构特征（最大力峰值较小，更接近鲜熟肉）。根据实验观察，在 0℃ 下一次干燥的短暂处理后，样品仅达到 10℃，并非所有冰都完全升华。此外，在一次干燥的第二阶段，当超过升华温度后，残余冰融化，再水化后的质地可能受到影响。然而，在处理 5 中，由于 0℃ 下的一次干燥时间较长，在阶段结束时，样品几乎达到 0℃ 下的流体温度，这意味着升华完成，与感官分析的结果一致。感官小组发现，20.5h 后冷冻干燥的样品在 0℃ 下一次干燥 12h 和 10℃ 下 8.5h 比在 0℃ 下一次干燥 8h 和 10℃ 下 12.5h 更容易接受。

在 30pa 缓冻、初次干燥 20.5h（0℃ 下 12h，10℃ 下 8.5h）条件下，用 0.7 ~ 0.2cm 厚度鸡胸肉样品的 TRCM 质量最佳。在这些条件下，冻干鸡肉样品再水合和煮熟后，外观和味道都与新鲜的鸡肉相似。

表 3–22　在 0℃ 和 10℃ 下进行一次干燥时间对冻干鸡肉样品湿度、水分活度和复水的影响

	湿度（%）	水活度	补液（%）
鲜样本	74.56 ± 0.48	0.980 ± 0.005	–
Treatment 5（12h at 0℃ and 8.5h at 10℃）	1.77 ± 0.30	0.127 ± 0.031	74.45 ± 8.95
Treatment 6	1.91 ± 0.39	0.077 ± 0.009	62.22 ± 3.95

表 3–23　在 0℃ 和 10℃ 下初次干燥不同时间对鸡肉颜色的影响

颜色参数	L*	a*	b*
鲜肉	53.17 ± 2.51	2.19 ± 0.44	9.62 ± 0.82
FCM	81.72 ± 0.82	1.09 ± 0.10	4.92 ± 0.47
Treatment 5			
TM	81.54 ± 1.42	2.49 ± 0.42	15.76 ± 0.29
TRM	68.17 ± 2.07	1.64 ± 0.68	13.23 ± 1.58
TRCM	79.29 ± 1.11	0.58 ± 0.66	15.70 ± 0.44
Treatment 6			
TM	80.78 ± 2.54	2.80 ± 0.53	15.97 ± 0.25
TRM	68.62 ± 1.86	2.29 ± 0.57	12.91 ± 0.25
TRCM	77.24 ± 2.62	0.18 ± 0.07	15.43 ± 0.48

注：FCM：新鲜熟肉；TM：处理过的肉；TRM：处理的再水化肉；TRCM：处理过的再水合熟肉。

表3-24　在0℃和10℃对熟肉样品感官特性的研究

样本	弹性	变形	硬度	汁水	咀嚼度	可接受性
FCM	很高	很低	很低	很高	很高	A
Treatment 5	很高	很低	很低	很高	很高	A
Treatment 6	很高	很低	很低	高	高	A

5. 结论

样品厚度对冻干工艺条件的确定至关重要，以保证冻干鸡肉的充分复水性、质量和保质期；当厚度增加时，过程必须更加密集，且由于难以达到产品的充分再水化，更难获得接近新鲜产品的质量产品。冷冻速度较慢的样品通常比速冻样品具有更好的质地、感官特征和复水率。在该过程的一次干燥中使用的压力之间的微小差异也影响处理样品的质量。在最高压力（30pa）下干燥比在最低压力（25pa）下干燥效果更好，也更经济。另一方面，不同温度下的一次干燥时间是固定的，并根据样品厚度和工艺参数（如压力和温度）确定。

综上所述，TRCM样品的质量取决于产品特性和冻干工艺参数，其中样品厚度和干燥时间最为重要。因此，除了肉样品中的低湿度和水活性用于产品的长期保存外，冻干样品需要高百分比的再水化以获得与FCM相似的感官特性的TRCM。要保证冻干鸡肉品质好、货架期长理论上是可行的，但每种厚度需要调整不同的参数。在进一步的研究中，正在对臭氧化和改性气体下包装的条件进行优化，以便应用屏障技术开发出室温稳定、保质期长的冻干产品。

（三）羊肉的冷冻干燥

羊肉，性温，羊肉有山羊肉、绵羊肉、野羊肉之分，古时称羊肉为羖肉、羝肉、羯肉。既能御风寒，又可补身体，对一般风寒咳嗽、慢性气管炎、虚寒哮喘、肾亏阳痿、腹部冷痛、体虚怕冷、腰膝酸软、面黄肌瘦、气血两亏、病后或产后身体虚亏等一切虚状均有治疗和补益效果，最适宜于冬季食用，故被称为冬令补品，深受人们欢迎。Jalarama Reddy K.[85]对东北冻干羊肉的优化与品质评价进行了探索。

1. 材料的准备

选择的羊腿部分是从在迈索尔（印度）当地肉类供应商购买的，将肉洗净，切成中等大小的块。用于制备的其他配料包括洋葱、大蒜、番茄酱、辣椒酱、酱油、胡椒、青椒、辣椒、味精、玉米粉、盐和精制葵花籽油。

加工过程选择在初步研究的基础上，确定洋葱蒜和番茄酱的上下限值分别为

80 和 120、80 和 120。加工过程中使用的其他配料包括玉米粉、酱油、辣椒酱、辣椒、青椒、胡椒粉、味精、油和盐。羊肉与玉米粉和盐混合，腌制 10min，然后在 170℃油炸。将蔬菜放在平底锅里烤 2min，然后加入炒羊肉和其他配料，煮熟。

2. 冷冻干燥设计

选择中试装置冷冻干燥机（Martin Christ GmbH&Co KG, Osterode, Germany）进行冷冻干燥，该装置配备有冷冻和干燥设备。样品在 −40℃预冻 4h，在 50℃，100 ~ 300 Pa 的腔室压力下持续干燥 12h。冷冻干燥后，将样品置于低湿度箱中，并用纸、铝箔、低密度聚乙烯（LDPE）包装，尺寸为 20 cm×12 cm，之后在环境温度（28+5℃，60% ~ 80%RH）条件下进行进一步研究。

3. 冻干羊肉（FD-MM）的复水研究

按照 Huang 等人（2009）描述的程序和方法对 FD-MM 进行再水化或重组。根据补液研究，根据以下公式计算复水重整量和复水率。

$$Rehydration\ ratio(RR) = \frac{W_2 - W_1}{W_1},$$

$$Rehydration(\%) = \frac{Drained\ weight\ of\ rehydrated\ sample - Dry\ matter\ content\ of\ sample}{Drained\ weight\ of\ rehydrated\ sample} \times 100$$

其中 $W1$、$W2$ 分别为样品的初始重量和最终重量。

4. 其他分析

（1）色度分析

采用 Hunter 色度计测定冷冻前后产品的 L、a、b 值，使用标准黑白色瓷砖对传感器进行标准化后，确定使用光谱范围为 400 ~ 700nm、光谱分辨率为 10nm 的 D−65 光源测定颜色坐标。亨特测量中的 L 值表示明度或暗度，a 值表示颜色与红色和绿色的坐标，而 b 表示颜色从黄色到蓝色的变化。

（2）密度，水活度（aw），酸度，pH 和脂质氧化

根据阿基米德位移原理，使用超比重计（Quantachrome Instruments, FL, USA）测量了冻干前后产品的黏度。在中等尺寸的样品室中取近 20 g 样品，记录三次运行的平均读数，在使用氦气的流动模式下保持标准偏差为 0.005%。采用 Labmaster−aw（Novasina, Switzerland）型水活度仪记录了水曲柳样品冻干前后的水活度（a）。根据 Ranganna（1995）的方法测定酸度，并使用数字 pH 计（Cyber scan 510，新加坡）在 25℃下测量新鲜和 FD（重组后）样品的 pH。为了记录 pH，将 10g 样品在含有 40ml 双蒸馏水的研钵中充分均匀化，并在分析前过滤，

初步研究了冷冻干燥前后游离脂肪酸（FFA）的脂质氧化曲线。

（3）纹理轮廓分析（TPA）

使用连接到TA plus纹理分析仪（英国汉普郡劳埃德仪器公司）的50牛顿（N）称重传感器对MM进行TPA。以30mm/min的恒定试验前和试验后速度，在mm的几何中心使用4mm球探头进行两次咬合（两个循环）贯入试验。其他试验条件保持为间隙3mm，对样品高度的穿透率为93%，触发力为8克力（gf）。根据Bourne（1978）所描述的图表，计算了不同的参数，如第一个循环（硬度1）和第二个循环（硬度2）期间的硬度（N）、弹性（mm）、内聚性（黏弹性）、黏性（硬度 x 内聚性，N）、咀嚼性（黏性 × 弹性，Nmm）。

（4）微生物分析

APHA中描述的分析方法用于确定冻干前后产品的微生物质量，包括标准平板计数（SPC）、大肠菌群、大肠杆菌。大肠杆菌、酵母和霉菌（Y&M）。

（5）感官评价

13名训练有素的专家组成员按照9点享乐量表（9- 喜欢极了，1- 讨厌极了）对FD MM进行感官评估，以发现实验设计MM的总体可接受性，并确定再水化FD产品的总体可接受性。小组成员接受了感官特征归因评分的培训。享乐量表和分配的分数从非常喜欢（9）到非常不喜欢（1）。

5. 结果与讨论

（1）羊肉的制作优化

采用九点享乐量表对实验设计进行感官评价，感官值见表3-25。80 g洋葱蒜和120 g番茄酱的样品得分较高，OAA为8.15 ± 0.05，样品洋葱蒜71.72 g，番茄酱100 g，得分7.52 ± 0.02，加120 g洋葱蒜和120 g番茄酱的样品得分为7.03 ± 0.04，而含有80 g洋葱大蒜和80 g番茄酱的样品的OAA得分最低，为6.41 ± 0.03，用不同试验中的OAA值优化洋葱、大蒜和番茄酱的需要量。FD复水产品OAA评分为7.60 ± 0.04，表3-26显示了总体可接受的实验设计。为了在各自的范围内优化MM即洋葱：大蒜和番茄酱，以最大限度地提高整体可接受性，保留了限制条件。最终确定最佳工艺条件为：洋葱、大蒜和番茄酱的添加量分别为9.977%和14.967%，适宜添加量为99.2%。MM的优化成分见表3-27。方差分析表明，二次模型最适合，概率大于F值，非常小，为0.0031。缺乏拟合测试也表明，与其他模型相比，它拟合得最好。从模型的汇总统计可以看出，R值为0.95，修正R值为0.9142，与其他模型相比效果最好。

表3-25　新鲜东北羊肉的感官特征

样本	颜色	质地	风味	味道	OAA
1	8.34 ± 0.05	7.87 ± 0.07	7.84 ± 0.06	8.54 ± 0.06	8.15 ± 0.05
2	6.24 ± 0.07	6.64 ± 0.08	6.31 ± 0.06	6.45 ± 0.07	6.41 ± 0.03
3	6.95 ± 0.08	6.29 ± 0.04	7.64 ± 0.07	7.24 ± 0.07	7.03 ± 0.03
4	6.67 ± 0.06	6.34 ± 0.05	7.22 ± 0.04	7.27 ± 0.06	6.88 ± 0.02
5	6.05 ± 0.07	6.47 ± 0.07	6.89 ± 0.06	7.31 ± 0.05	6.68 ± 0.05
6	6.67 ± 0.06	6.34 ± 0.05	7.22 ± 0.04	7.27 ± 0.06	6.88 ± 0.02
7	6.67 ± 0.06	6.34 ± 0.05	7.22 ± 0.04	7.27 ± 0.06	6.88 ± 0.02
8	6.67 ± 0.06	6.34 ± 0.05	7.22 ± 0.04	7.27 ± 0.06	6.88 ± 0.02
9	6.44 ± 0.06	6.23 ± 0.05	7.15 ± 0.06	6.92 ± 0.05	6.69 ± 0.03
10	7.60 ± 0.05	6.06 ± 0.04	7.32 ± 0.05	7.15 ± 0.07	7.03 ± 0.04
11	7.79 ± 0.05	6.88 ± 0.06	7.33 ± 0.05	7.85 ± 0.05	7.51 ± 0.03
12	6.67 ± 0.06	6.34 ± 0.05	7.22 ± 0.04	7.27 ± 0.06	6.88 ± 0.02
13	7.75 ± 0.67	7.84 ± 0.07	6.57 ± 0.05	7.94 ± 0.04	7.52 ± 0.02
数值：平均值 ± 标准差（n=13）					

表3-26　响应面方法的实验设计（RSM）

实验	因素 1 X1：洋葱蒜（g）	因素 2 X2：番茄酱（g）	反应 1 总体接受（Y）
1	80.00	120.00	8.15 ± 0.05
2	80.00	80.00	6.41 ± 0.03
3	120.00	80.00	7.03 ± 0.03
4	100.00	100.00	6.88 ± 0.02
5	100.00	71.72	6.68 ± 0.05
6	100.00	100.00	6.88 ± 0.02
7	100.00	100.00	6.88 ± 0.02
8	100.00	100.00	6.88 ± 0.02
9	128.28	100.00	6.69 ± 0.03
10	120.00	120.00	7.03 ± 0.04
11	100.00	128.28	7.51 ± 0.03
12	100.00	100.00	6.88 ± 0.02
13	71.72	100.00	7.52 ± 0.02

表3-27　东北羊肉的配方优化

成分	量（g/100g）
羊肉（去骨）	62.366
洋葱	8.930
蒜	0.997
玉米粉	2.494
辣椒酱	1.247
酱油	1.247
番茄酱	14.967
黑胡椒	0.1336
辣椒	3.118
青辣椒	1.247
味精	0.133
油	2.138
盐	0.935

（2）近似成分

新鲜和冷冻干燥样品的近似成分见表3-28。新鲜样品的水分、蛋白质、脂肪、总碳水化合物和灰分含量为 $61.60 \pm 0.70\%$，$22.53 \pm 1.08\%$，$2.90 \pm 0.45\%$，$12.36 \pm 0.57\%$ 和 $0.61\% \pm 0.029\%$，而 FD 样品为 $3.61\% \pm 0.26\%$，$51.01\% \pm 0.80\%$，$17.27\% \pm 0.22\%$，$26.74\% \pm 0.44\%$ 和 $1.38\% \pm$ 分别为 0.36%。新鲜和 FD 样品的游离脂肪酸（FFA）值分别为 1.74% 和 1.96% 油酸。

表3-28　新鲜羊肉和冻干羊肉的大致成分

参数	近似组成（%）	
	FP	FD
水分	61.60 ± 0.70	3.607 ± 0.26
蛋白质	22.53 ± 1.08	51.01 ± 0.80
脂肪	2.90 ± 0.45	17.27 ± 0.36
总碳水化合物	12.36 ± 0.57	26.74 ± 0.44
灰分	0.31 ± 0.029	1.38 ± 0.36
数值：平均值 ± 标准差（n=3）		

（3）Hunter 颜色分析

新鲜羊肉的 L=38.77，$a×(R–G)$=6.091，$b×(Y–B)$=23.706，冻干羊肉 L=51.11，$a×(R–G)$=9.93，$b×(Y–B)$=27.453。结果表明，冻干产品的颜色值较新鲜样品有所加重。

（4）密度，水活度（aw），酸度，pH 和脂质氧化

对产品的水活度、密度、酸度、pH 等特性进行了初步测定和冻干后的测定。新鲜羊肉样品的 a 值为 0.94，正常细菌、霉菌和耐盐的水活性最低值分别为 0.90、0.80 和 0.75。因此，为了长时间保存食品，必须将水分活度降低到 0.75 以下，因此选择冷冻干燥来提高保质期稳定性，以确保物理、化学和微生物参数方面的质量保留。FD–MM 的水活度（a）为 0.261，对 FD 处理后产品的微生物特性有积极影响。新鲜和 FD 样品的密度值为 1.385 ± 0.003g/cc 和 0.547 ± 0.030g/cc。FD 处理后产品的密度和水活度降低。新鲜和冻干样品的酸度和 pH 均为 0.74 ± 0.03%，30.7℃时为 5.15 ± 0.08，1.497%，32.2℃时为 5.28% ± 0.069，但 FD 复水 MM 样品的酸度和 pH 变化不大。

（5）纹理轮廓分析（TPA）

用 TPA 法测定了羊肉的硬度、内聚性、胶黏性、咀嚼性和黏附性。FD 样品和复原 FD 样品的硬度 1 和硬度 2 均显著增加（$p < 0.05$），分别为 4.25、8.46、3.11 和 6.12N，表明冷冻干燥和复原对产品的肌理有轻微影响。冷冻干燥加工后产品硬度的增加反映在衍生参数上，如胶黏度和咀嚼度分别为 2.77N 和 15.42Nmm，而非 1.84N 和 18.64Nmm。发现 FD 样品的黏着性较高，为 2.01Nmm，而新鲜样品的黏着性为 1.13Nmm。冷冻干燥后产品的黏弹性从 0.43 降到 0.33，表明肌肉结构发生了变化。

（6）微生物分析

根据标准平板计数、酵母和霉菌、大肠菌群和大肠杆菌对新鲜产品进行了微生物学研究。大肠杆菌。新鲜样品和冻干样品的标准平板计数分别为 $2×10^{-3}$cfu/g 和 $4.7×10^{-2}$cfu/g，新鲜样品的酵母和霉菌计数为 $2.0×10^{-1}$cfu/g，而冻干样品的酵母和霉菌计数为零。新鲜和冻干样品中大肠菌群均为零。

（7）复水率分析

冻干羊肉的复水重整研究表明其吸水率为 62.09%，复水率为 0.345。

（四）虾的冷冻干燥

相较于鱼肉和禽肉，虾的脂肪含量较低，几乎不含作为能量来源的动物糖质，但胆固醇含量较高。虾含有丰富的牛磺酸，这种成分有助于降低人体血清

胆固醇水平。此外，虾还含有丰富的微量元素，如钾、碘、镁、磷以及维生素 A
等成分。

　　大树基团在该方面成功实现了批量生产，产品营养成分保留较为完整，下面
图 3-29 是一些产品的展示图，包括精品红虾、小湖虾：

图3-29　虾类产品展示图

　　印度的 R. Chakraborty 对虎虾的立方几何结构的红外辅助冷冻干燥进行了广
泛的实验研究和统计分析 [86]。他评估了冻干对虾的品质属性，包括最终产品温
度、复水率和最终含水量等工艺参数。通过采用响应面法（RSM）和三参数、三
水平的面心中心复合设计（FCCD）建立多元回归模型，他评价了工艺参数对冻
干对虾品质的影响。他确定了最佳的干燥条件：样品厚度为 10mm，样品距离红
外加热器 60mm，红外温度为 65C，冻干时间为 6.37h。在导出的最优条件下，他
进行了验证实验，并确定了所建立模型方程的预测能力。

　　中国海洋大学的崔宏博 [87] 对冷冻干燥后的南美白对虾在贮藏过程中各种变
化之间的联系进行了相关性研究。通过比色法测定虾青素含量的变化，VG 染
色法观察复水虾仁肌纤维结构的变化；虾仁复水后，通过低场核磁共振法（LF-
NMR）进行水分存在状态的对比研究。结果表明 37℃贮藏 6 周后，冻干虾仁的虾
青素含量下降明显，充氮包装抑制色泽的变化，复水比下降，虾仁疏松多孔被破
坏，体积收缩，复水后虾仁中水分由中间水向自由水转移。虾青素的氧化降解引
起冻干虾仁色泽的变化，体积收缩和显微结构的聚集造成复水能力的下降，复水

虾仁水分状态的变化与多孔疏松结构的破坏有关。隔离氧气和添加抗氧化剂是有效的护色手段，保持复水能力应防止体积收缩和多孔结构的破坏，这为保持冻干虾仁高质量提供理论指导。

大连海洋大学的 Hu[88] 为了提高虾仁的干燥质量，研究了电流体（EHD）与真空冷冻干燥（FD）的相结合的方法，测定了不同干燥方法（包括 EHD 与 FD 联合干燥、EHD 干燥和 FD 干燥）下干燥产物的干燥速率、收缩率、复水率、色泽和整齐度等感官特性。研究发现，与 FD 和 EHD 单独干燥相比，联合干燥工艺消耗的干燥时间短，产品收缩率低，复水率高，并且具有更好的感官品质。

浙江工商大学水产品加工研究所的刘达[89] 利用响应面法对真空冷冻干燥虾仁的工艺进行了优化。以干燥虾仁的复水比、复水前后体表彩度 c1、c2 以及复水后硬度、弹性和咀嚼性为综合值，作为产品的工艺指标，研究了红虾虾仁的真空冷冻干燥工艺。在单因素的基础上，选取真空冷冻干燥时加热板温度、真空度和烫漂时间为自变量，综合值为响应值，利用 Box- Benhnken 中心组合设计原理和响应面分析法研究自变量及其交互作用对红虾虾仁干燥产品综合值的影响，模拟得到二次多项式回归方程的预测模型，确定最佳干燥工艺条件为加热板温度 31.25℃、真空度 22.81 Pa、烫漂时间 1.43min。在此条件下，红虾虾仁干燥产品的综合值为 57.43 分，与理论预测值 58.1368 分相比，其相对误差约为 1.2%，说明通过响应面优化后得到的方程具有实践指导意义。

上海海洋大学的林丰[90] 进行了南极磷虾干制品的研究，旨在探究不同的干燥方式对其风味成分的影响。该研究采用了热风干燥、真空平板干燥和真空冷冻干燥这三种干燥方式，并通过感官评定、电子鼻以及 GC-MS 测定等方法，比较了不同制品之间的挥发性成分和风味特性。结果表明：经过真空冷冻干燥的南极磷虾制品鲜味氨基酸含量最高，且具有独特的风味；而真空平板干燥和热风干燥制品的风味相似，这是因为它们都是经过热加工处理，导致蛋白质变性和脂肪氧化产生的挥发性物质类似；在感官总体评价方面，三种干燥方式的制品并没有明显的差异。

Ling 等人[91] 将高压和冷冻干燥结合，研究了在高压辅助条件下的真空冷冻干燥效果，具体实验内容如下：

1. 材料的准备

太平洋白虾，长 8 ~ 12cm，重 15 ~ 20g，从当地海鲜市场购买，并用冰袋运输到实验室。实验前用自来水冲洗虾仁，然后放入沸水盐溶液中浸泡 1min，不仅改善了最终外观，而且对细菌也有一定的消毒作用。在排水和冷却后，样品的初始含水量和随后在干燥过程中获得的测量值均由快速水分计测量。

2. 干燥处理

热空气干燥处理（A 组）使用空气干燥箱（DHG-9070A，Yiheng Co., Ltd., Shanghai，China）在 50℃下干燥 22h。B 组采用自行研制的真空冷冻干燥机（浙江省宁波市科学思生物技术有限公司科学思 30ND）进行 VFD 处理。VFD 样品在 -80℃预冻 3h。一次干燥是在 -35℃和 10Pa 下真空 3h，然后在 50℃和 10Pa 压力下干燥 19h。HPP-VFD 处理组（C 组）在 550MPa 压力下用 HPP 预处理 10min，代替盐煮 -80℃预冻程序处理 3h 后，经 VFD 干燥（程序升温同 B 组）。对照组（CK1 和 CK2）分别经盐煮和 HPP 预处理后取材。在干燥过程中，测量水分含量、水分活度、LF-NMR 松弛度和 MRI 所代表的水分动态变化，直到样品的水分含量降低到 50% 以下，并测定 TPA（纹理轮廓分析）、色差和 SEM 所代表的结构变化。所有测量均一式三份。

3. 水分含量和水分活度测量

分别用 ESH31 水分测定仪（中国上海舜宇恒平科学仪器有限公司）和 HD-6 水分活度测定仪（中国江苏无锡华科仪器有限公司）测定了虾类样品的水分含量和水分活度。试验一式三份。

图 3-30 和图 3-31 展示了虾类样品的水分含量和水分活度情况。样品的初始水分含量和水分活度分别为 73%±2% 和 0.96±0.01。在经过 550MPa 高压处理 10min 后，与对照组（75%）相比，虾的水分含量和水分活度略有增加（分别为 ±3% 和 0.97±0.01），这可能是由于静水压处理。

随着干燥时间的延长，虾仁的水分含量和水分活度显著降低（$p < 0.05$），尤其是热风干燥组（A 组）。在 50℃下，A 组的水分含量和水分活度显著降低至 6.32%±5% 和 0.491±0.001。在该环境下，经过 22h 热风干燥，大多数微生物不易生长（$Aw < 0.6$）。根据 B 组的数据，水分含量从 73.00%±2.00% 降低至 43.87%±1.00%，经过 22h 干燥后，其水活度从 0.9580±0.0020 显著下降至 0.6275±0.0695。与 B 组相比，经 HPP-VFD 干燥后，含水率降低速度更快，但水分活度无显著影响。这很可能是因为 HPP 预处理促进了干燥过程中的质量交换和水分扩散，从而增加了干燥速率。在水分含量高度变化后，预计 HPP 不会显著影响水分活动。Janowicz 发现，HPP 预处理会影响组织中水的可用性，从而改变水的扩散过程。此外，对流干燥过程中，HPP 预处理样品的水分扩散相对较高。HPP 的结果缩短了对流干燥时间，这一点也被 Yucel 等人证明。因此，HPP 预处理有利于水分的去除，提高了 VFD 干燥的效率。

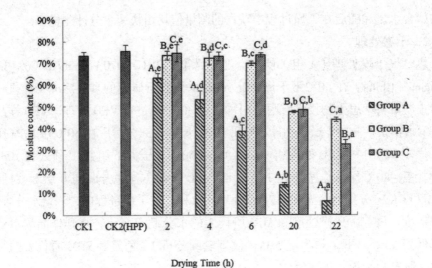

图3-30　热风干燥

注：(A组)、真空冷冻干燥（B组）、高压辅助真空冷冻干燥（C组）干燥过程中虾仁水分含量的变化。

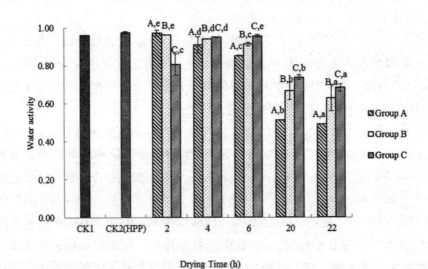

图3-31　热风干燥

注：(A组)、真空冷冻干燥（B组）和高压辅助真空冷冻干燥（C组）干燥过程中对虾水分活度的变化。

4. TPA测量

虾样品的第二个和第三个接头之间的部分用于使用纹理分析仪（TA.XT Plus

纹理分析仪，英国戈达明稳定微系统有限公司）进行 TPA 测量。该装置采用 P/5 圆柱探头，测试速度为 1mm/s，压缩水平为 30%，触发力为 5g。纹理变量，包括硬度、咀嚼性、内聚性和弹性，由纹理专家软件获得。每只虾的样本量取三份。

在干燥过程中对 A 至 C 组进行了质地分析，TPA 参数包括硬度、弹性、内聚性、黏附性和咀嚼性。见表 3-29，虾类样品的硬度随干燥时间的延长而显著增加（$p < 0.05$），尤其是 A 组在干燥后期。这可能是由于虾肌肉纤维在干燥过程中收缩所致。与热风虾米相比，VFD 虾米的硬度值较低，这是由于 VFD 干燥过程中样品温度较低，使得肌肉纤维的结构得到很好的保存。HPP-VFD 虾米的硬度明显高于 B 组和 C 组。这种现象可以解释为肌动蛋白和肌球蛋白的解离、肌纤维的解体以及肌原纤维解离的小碎片的形成，从而导致肌纤维结构紊乱和硬度增加。

随着干燥时间的延长，虾仁的弹性和内聚性降低。热风干燥 20h 后，试样的弹性突然上升，这是由于过热干燥所致。黏结性代表了试样在机械作用下的崩解速率，反映了试样在应力作用下保持组织完整性的能力；此外，凝聚力降低对应于虾米的脆弱性增加。HPP-VFD 虾米在干燥 22h 后表现出最低的内聚性，这突出了其脆性的改善。此外，所有虾米在干燥过程中的黏附性和咀嚼性都没有明显的变化趋势。

表3-29　不同干燥方式及干燥时间对太平洋白虾质构的影响

组		硬度（g）	弹性（mm）	内聚性	黏合性	咀嚼性（mj）
CK	CK1	792 ± 88	0.90 ± 0.03	0.69 ± 0.02	556 ± 76	491 ± 51
	CK2	928 ± 62	0.87 ± 0.05	0.70 ± 0.08	641 ± 72	557 ± 88
组 A	2hr	879 ± 89	0.73 ± 0.11	0.62 ± 0.07	613 ± 88	461 ± 73
	4hr	1070 ± 43.7	0.56 ± 0.08	0.56 ± 0.03	437 ± 193	242 ± 88
	6hr	1151 ± 267	0.64 ± 0.08	0.60 ± 0.06	392 ± 192	262 ± 118
	20hr	1279 ± 420	0.70 ± 0.15	0.40 ± 0.12	356 ± 102	304 ± 156
	22hr	2394 ± 161	0.89 ± 0.05	0.63 ± 0.03	346 ± 9	403 ± 17
组 B	2hr	920 ± 98	0.74 ± 0.10	0.52 ± 0.08	500 ± 77	372 ± 79
	4hr	1155 ± 527	0.70 ± 0.05	0.53 ± 0.07	519 ± 187	358 ± 99
	6hr	1529 ± 408	0.63 ± 0.08	0.48 ± .008	708 ± 100	443 ± 53
	20hr	1450 ± 92	0.62 ± 0.13	0.60 ± 0.07	492 ± 140	315 ± 147
	22hr	1939 ± 379	0.56 ± 0.11	0.38 ± 0.08	867 ± 242	477 ± 109

续表

组		硬度（g）	弹性（mm）	内聚性	黏合性	咀嚼性（mj）
组 C	2hr	736 ± 296	0.73 ± 0.03	0.56 ± 0.07	608 ± 301	439 ± 221
	4hr	1507 ± 420	0.71 ± 0.06	0.56 ± 0.07	833 ± 166	593 ± 124
	6hr	1756 ± 436	0.65 ± 0.03	0.49 ± 0.06	835 ± 140	549 ± 80
	20hr	1764 ± 26	0.61 ± 0.06	057 ± 0.05	535 ± 208	324 ± 133
	22hr	3671 ± 972	0.60 ± 0.09	0.27 ± 0.03	1006 ± 362	594 ± 226

5. 色差分析

用 CR-5 色差仪（日本 Konica Minolta 株式会社）对虾类样品进行了室温平衡后的色差测定。利用虾的第二节和第三节之间的部分进行颜色测量。色差分析采用 L、$a*$、$b*$ 表示，所有实验均一式三份。

随着干燥时间的延长，热空气虾米的外观和内部的左值（亮度）显著降低。虾干发黑的原因是虾干过程中发生了美拉德反应。相反，由于 B 组和 C 组的虾米在干燥过程中样品温度较低，因此未观察到明显的美拉德反应。此外，A 组虾仁的内部活性显著增加（$P < 0.05$），这可能是由于热风干燥引起的蛋白质变性过程中胡萝卜素分解而释放出虾青素的结果。然而，B 组和 C 组虾米的 aof 结果没有规律性，因为在干燥过程中由于样品温度较低，没有观察到蛋白质变性。此外，三组对虾的 $b*$ 和 WI 值没有系统性变化。

6. 低频核磁共振横向弛豫测量

在介子 MR23-060H-ilf-NMR 分析仪上，利用磁场强度为 0.5T、质子共振频率为 23.4MHz 的条件对样品进行了弛豫测量。测量时将三组样品装置于圆柱形玻璃管中，利用直径为 60mm 的射频线圈采集了 Carr-Purcell-Meiboom-Gill 序列（CPMG）衰减信号。这些测量采用了一种特殊的方法，即 τ 值为 100μs，在 90°之间的时间和 180° 脉冲之间进行。对测量得到的松弛数据，使用苏州牛玛分析仪器有限公司开发的 MultiExp-Inv 分析软件进行分布多指数拟合分析，获得了弛豫谱，其中横轴和纵轴分别表示弛豫时间和信号强度。

利用多指数拟合对连续分布的 CPMG 弛豫曲线进行分析，得到了在干燥过程中 A 组到 C 组的弛豫谱分布。根据图 3-31，在虾干中观察到三个弛豫峰，分别代表束缚水、固定水和自由水，其弛豫时间分别为 T（0 ~ 10ms）、T（10 ~ 100ms）和 T（100 ~ 1000ms）。理论上，不同的水分状态与组织中的不同位置相关：结合水与蛋白质分子和高度组织结构密切相关，固定水附着在肌原纤维结构上，自由水与肌原纤维晶格相关。

图片来自下列文献：High pressure–assisted vacuum–freeze drying: Anovel, efficient way to accelerate moisturemigration in shrimp processing

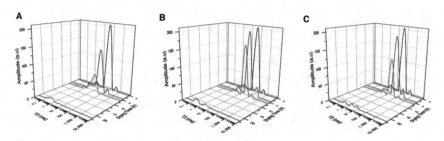

Figure 4 – T2 relaxation spectra of shrimp dried by hot air–drying (A), vacuum–freeze drying (B), and high pressure–assisted vacuum–freeze drying (C) for4, 6, and 21172Journal of Food ScienceVol. 85, Iss. 4,

图3-32　热风干燥

注：（A）、真空冷冻干燥（B）和高压辅助真空冷冻干燥（C）4、6和22小时的虾的T2弛豫谱。

根据图3-32的结果，随着干燥时间的增加，T_{21}、T_{22}和T_{23}的弛豫时间显著缩短，这可以解释为水从液相到气相或固相的相变。此外，随着时间的推移，固定水和自由水的含量降低，而结合水的含量增加。（表3-30）

表3-30　不同干燥方式及干燥时间对太平洋白虾核磁共振参数的影响。

组		T_{21}/ms	T_{22}/ms	T_{23}/ms	A21/g-1	A22/g-1	A23/g-1	ATotal/g-1
CK	CK1	2.61 ± 0.45	52.42 ± 4.10	440.47 ± 30.56	9.04 ± 2.37	175.15 ± 28.52	13.60 ± 1.84	197.79 ± 32.25
组 A	4hr	4.00 ± 1.04	29.38 ± 2.04	205.87 ± 23.84	12.83 ± 1.69	126.94 ± 12.91	15.69 ± 1.72	155.46 ± 12.77
	6hr	1.08 ± 0.19	17.02 ± 2.97	121.45 ± 36.28	10.87 ± 1.82	56.37 ± 5.57	4.30 ± 0.34	71.54 ± 7.04
	22hr	0.44 ± 0.08	3.77 ± 0.63	37.34 ± 21.91	10.98 ± 5.99	1.69 ± 0.52	1.10 ± 0.38	13.77 ± 6.26
组 B	4hr	3.36 ± 1.06	39.65 ± 1.61	287.67 ± 62.62	13.67 ± 1.64	204.41 ± 14.99	33.48 ± 6.95	251.57 ± 12.35
	6hr	4.04 ± 0.56	31.49 ± 2.18	205.24 ± 14.24	9.87 ± 0.88	148.93 ± 21.91	18.26 ± 8.41	177.05 ± 27.58
	22hr	0.78 ± 0.19	16.74 ± 10.01	170.00 ± 49.36	13.78 ± 4.57	37.17 ± 29.96	3.66 ± 1.48	54.62 ± 36.01
组 C	4hr	5.57 ± 0.69	43.49 ± 1.72	291.37 ± 36.16	13.21 ± 3.83	216.21 ± 28.10	28.85 ± 0.89	258.27 ± 32.74
	6hr	4.02 ± 0.43	33.75 ± 2.34	235.43 ± 0.00	11.36 ± 2.15	14.38 ± 38.32	16.19 ± 7.78	174.93 ± 47.08
	22hr	0.94 ± 0.05	5.60 ± 1.09	30.39 ± 1.49	12.82 ± 0.35	13.45 ± 1.98	40.09 ± 19.49	66.35 ± 21.12

7. MRI 分析

磁共振成像（MRI）也在配备有60mm射频线圈的介子MR 23－060H–ILFNMR分析仪（苏州牛磁分析仪器有限公司）上进行。采用自旋回波

（SE）序列获得虾的 T 加权图像。扫描参数如下：视野（FOV）=100mm×100mm，切片宽度 =3.4mm，切片间隙 =1.3mm，平均值 =8，读取大小 =256，相位大小 =192，双向图像回波时间（TE）=20ms，重复时间（TR）=800ms。

图 3-33 展示了在 A 至 C 组干燥 4、6 和 22h 后获得的伪彩色图像。颜色区域可以反映水分的分布情况，即红色代表高质子密度和高水分含量，蓝色代表低质子密度和低水分含量。结果表明，随着干燥时间的延长，红色区域逐渐变为蓝色，蓝色区域的颜色和大小从外部向内部显著减小。在 A 组中，由于 MRI 测量的检出限，在干燥 22h 后几乎无法观察到颜色区域。与 B 组相比，C 组在干燥 22h 后，较亮区域的尺寸减小，说明高压处理和真空干燥（HPP–VFD）具有较好的干燥效率。这一结果与上述实验数据非常吻合。

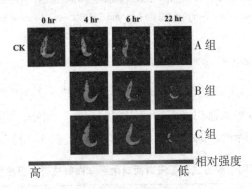

图 3-33　热风干燥

注：（A 组）、真空冷冻干燥（B 组）、高压辅助真空冷冻干燥（C 组）4、6、22 小时对虾的 t2 加权 MRI 图像。

8. SEM 分析

对经过 4、10、16 和 22h 处理的虾仁进行了显微结构检测。采集了约 3mm 厚的虾肌肉背部组织，使用 2.5% 戊二醛（TAAB）进行固定处理，处理时间超过 4h，接着使用磷酸盐缓冲液（0.1M，pH7.0）浸洗三次，每次 15min，再用 1%OSO4 进行固定处理，处理时间为 1～2h，随后再次使用磷酸盐缓冲液（0.1M，pH7.0）浸洗三次，每次 15mi（双重固定步骤）。接下来，使用梯度乙醇（30%、50%、70%、80%、90%、95% 和 100%）系列对样品进行脱水处理，然后将其转移到乙醇和乙酸异戊酯（v：v=1：1）的混合物中，处理时间约 30min，接着再将其转移到纯乙酸异戊酯中进行过夜处理。最后，将样品脱水，涂上金钯，并用日立 S2400N 型扫描电镜进行观察。

图 3-34 展示了经过 4h、10h、16h 和 22h 烘干后虾的显微结构。经过 4h 烘

干后，虾的纵切面显示出良好的组织结构，肌肉束没有明显变化。然而，随着烘干时间的延长，虾仁的肌纤维网络出现了收缩、断裂或扭曲的趋势，纤维之间的空隙也减小了。在三组样本中，A 组的肌纤维受损最为明显，间隙也更窄，而 B 组则没有明显的受损。这种现象可能是由于热风烘干后，固定水和自由水的流失增加，导致更多的物理损伤。相较于 B 组、C 组的高压处理（HPP）导致了更大程度的不动水流失。这主要归因于高压引起的肌肉组织致密化和肌肉蛋白质的变性、聚集和凝胶化。因此，HPP 作为预处理工艺可以促进水分迁移，提高烘干效率。

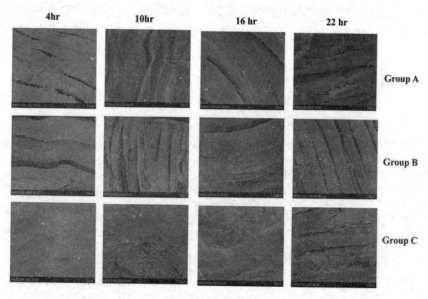

图3-34　热风干燥

注：（A组）、真空冷冻干燥（B组）和高压辅助真空冷冻干燥（C组）4、10、16、22 h的虾仁扫描电镜

9. 结论

利用 LF-NMR 和 MRI 研究了虾在热风干燥、VFD 干燥和 HPP-VFD 干燥过程中的水分状况和水分迁移，并使用 SEM 观察了虾的内部结构。同时，分析了水分参数与其他理化指标的相关系数。研究结果表明，虾体内存在三种水组分，分别对应结合水、固定水和自由水。随着干燥时间的延长，T_{21}、T_{22}、T_{23} 的横向弛豫时间显著缩短（$P < 0.05$）。同时，固定水（A_{22}）和自由水（A_{23}）的含量随时间推移而降低，而结合水（A_{21}）的含量则增加。HPP 预处理能够促进水从自由水状态向束缚水状态的转变，从而缩短弛豫时间。磁共振成像进一步证明，

HPP-VFD 干燥比其他干燥工艺具有更好的干燥效率，并且随着干燥时间的延长，水分从外部向内部迁移。SEM 分析也显示了类似的结果，随着干燥过程的进行，虾仁的肌纤维网络有收缩、断裂或扭曲的趋势，纤维之间的空隙尺寸减小。高压预处理使肌肉组织致密化，肌肉蛋白质变性、聚集和凝胶化，从而引起不动水的大量减少。MRI 和 SEM 的结合揭示了虾仁内部微观结构的差异，从而影响了虾仁中水分的迁移。

此外，根据 LF-NMR 的结果，T21、T22、T23、A22 和 ATotal 与水分含量、水分活度和颜色参数之间存在显著相关性，因此这些参数可以作为反映虾仁的水分含量、水分活度和颜色参数的有效指标。综上所述，HPP 预处理可以加速虾仁的 VFD 过程，监测虾仁在干燥过程中 Tprofile 的变化是监测虾的水分状况和迁移的有效方法。

（五）海参的冷冻干燥

海参是一种极其珍贵的海产品，拥有高营养价值和商品价值。由于海参容易自溶，需要尽快进行加工，因此大部分海参都会被加工成干海参。

白洁[92] 总结了冻干海参的工艺流程主要为盐渍海参，取出筋、口器，清洗，发制，速冻，冻干，成品包装。

云霞[93] 等人对冻干海参的冻结温度、冷阱温度进行了探索，以 3 年生刺参为实验材料，样品平均体质量 125g，水发后在冻干机上对其进行真空冷冻干燥试验。通过实验提出：冻结温度为 –25 ± 1℃，冷阱温度为 –29 ~ –31℃，真空度为 10 ~ 20Pa，冻干最终温度为 60℃，并给出了对应于海参的冷冻干燥曲线以方便控制升华干燥速度。实验表明，真空冷冻干燥的海参经复水后口感与水发的海参相同，且保持了海参的营养、色泽和形状。

张[94] 等人为提高干燥海参的质构和营养品质，综合分析了冰温 – 微波真空联合干燥海参的干燥速率、物理特性、质构、脂肪酸、胶原蛋白和多糖含量，并以冷冻干燥、低温热泵干燥的海参为对照样品，进行了对比分析评价。结果发现冰温 – 微波真空联合干燥的速率较冷冻、热泵干燥分别提升 35.71%、18.18%，联合干燥海参的色泽、质构和营养素含量与冷冻干燥接近，均优于热泵干燥，多不饱和脂肪酸和多糖中硫酸根含量比冷冻干燥提高了 12.53%、16.43%。综合对比，冰温 – 微波真空联合干燥能显著提高干燥速率和保证海参的营养品质，该研究为开发海参新型干燥方法提供依据。

Duan[95] 等人将纳米银涂层技术与微波冷冻干燥结合后，冻干海参的微生物数量明显下降，提高了杀菌率，但对干燥效率和感官品质影响不大。

Duan[96]等人还探讨了海参微波冷冻干燥的工艺流程，具体实验内容如下：

1. 材料的准备

实验中新鲜的海参在当地市场购买，并在25℃下储存。在进行其他预处理之前，需将海参的肠子和体壁上的五片肌腱移除，并清洗干净体壁。使用吸附滤纸除去海参表面的游离水。用吸附滤纸除去海参表面的游离水。海参体壁重量100±12.5g，长度12±3.5cm，厚度5±1.5mm。

考虑到传统的制作方法和最终的口味标准，将海参在100℃下煮20min，然后用滤纸去除样品表面的游离水。将冻干后的样品装在材料托盘上，然后在25℃下冷冻至少8h，以保证冷冻样品的游离水。虽然本研究所用的冷冻温度不一定是冷冻干燥的理想冷冻温度，但实验结果令人满意。

2. 设备

图3-35展示了该实验中使用的设备。该设备由两个干燥腔组成，可用于进行FD和MFD试验。在FD腔中，干燥材料通过搁板的欧姆加热进行加热。在MFD腔中，将待干燥样品放置于2450MHz的微波场中，进行真空和常压微波干燥。在干燥过程中，真空泵保持真空，冷阱的温度足以冷凝所有蒸汽。为了避免微波场的不均匀分布，在不同的角度放置了三个磁控管。磁控管的功率可以连续调节。使用pi1型光纤探针（0.4mm，中国深圳探测技术公司）监测干燥样品的温度，该探针专为微波场设计。在FD腔中，使用热电偶（2mm）监测样品的温度。

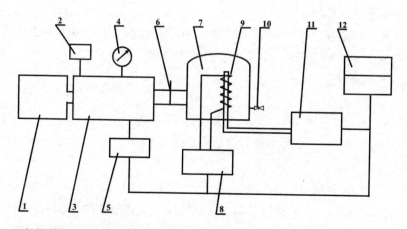

1.冷冻干燥腔 2.光纤系统 3.微波冷冻干燥腔 4.压力表 5.微热源 6.Vave 7.冷阱
8.制冷机 9.冷却盘管 10.排液阀 11.真空系统 12.控制系统

图3-35　多功能微波染色机原理图

3. 干燥程序

（1）热风干燥

将预处理后的物料均匀地铺在托盘式干燥机（SHT，三雄机械制造有限公司，上虞，中国）的床（网）上。热空气以 1.5m/s 的速度和 20% 的相对湿度流过床层。热空气的温度被控制并保持在 60℃。样品脱水，直到达到所需的最终含水量（7%w.b.）。

（2）冷冻干燥

冷冻材料（300g）和托盘放入 FD 室。加热架温度设置为 60℃。干燥过程中，干燥室的压力设定为 50pa，冷阱温度保持在 40c。样品脱水，直到达到最终含水量（7%w.b.）。

（3）微波冷冻干燥

在 20℃下冷冻至少 8h 后的样品也在 MFD 室中干燥至 7%w.b. 的最终含水量。在 50Pa 的绝对压力和 40℃的冷阱温度下测试了三种微波功率水平（1.6、2 和 2.3w/g）。

所有试验重复两次，并用每个处理的三次含水量测量的平均值绘制干燥曲线。干燥后立即将脱水样品装入聚乙烯袋中进行进一步分析。

4. 相关参数的确定

（1）水分含量测量

通过在 60℃的真空烘箱中干燥直到达到恒定重量来测定样品水分含量。

（2）复水率（RR）

干燥后的样品在 25℃的蒸馏水中浸泡 2h，将滤纸上放在 Bchner 漏斗上，将其放在吸瓶上，抽真空 30s，以除去表面的游离水。样品称重一式三份。再水化率（RR）估计如下：

$$RR = \frac{W_r}{W_d}$$

其中 W_d 和 W_r 分别是复水前后样品的重量（g）。

（3）纹理分析

使用装有球形探针（P/0.5）的纹理分析仪（TA–XT2，Stable Micro System Ltd.，Leicestershire，UK）测量海参的纹理特征。试验前速度为 3.0mm/s，试验速度为 1.0mm/s，试验后速度为 5.0mm/s，变形率为 50%。使用纹理指数 32（Surrey，英国）软件记录和分析力 – 时间曲线。对海参进行脱水，着重研究了复水后的硬度指标。在 25℃蒸馏水中浸泡 2h 后测量干燥样品的质地。这些试验一式三份。

（4）颜色

使用分光光度计（WSC–S 型，上海神光仪器仪表有限公司，中国上海）测量干燥样品的颜色。结果分别表示为 $L*$、$a*$、$b*$，其中 $L*$ 为明度，$a*$ 为红度（+）和绿度（−），$b*$ 为黄度（+）和蓝度（−）。每种处理的亨特 $L*$、$a*$、$b*$ 值一式三份测定。

（5）感官评价

干燥样品的感官评价由 9 名未经培训的评委组成的味觉小组进行。小组成员被要求根据颜色、外观、质地、香气、味道和整体可接受性等质量属性，说明他们对每个样品的偏好。所有被评估的属性都采用了平衡的 10 分享乐评分，其中 9 ~ 10 表示"非常喜欢"，7 ~ 8 表示"喜欢"，5 ~ 6 表示"中性"，3 ~ 4 表示"不喜欢"，1 ~ 2 表示"非常不喜欢"。

（6）能源消耗

用电流表（中国上海乐清电能仪表有限公司）测量 MFD 过程中的总能耗，并计算出去除 1kg 水所需的能耗。

（7）微观结构检查

采用扫描电子显微镜（SEM）对不同处理海参（新鲜海参、FD 海参和 MFD 海参）的显微结构进行了研究。从干燥样品中切下碎片（2mm），并将其置于含有 2.5% 戊二醛 /2% 多聚甲醛的固定剂中，在 4℃ 下于 0.1mol/L 磷酸盐缓冲液中过夜。然后将标本在磷酸盐缓冲液中冲洗，在磷酸盐缓冲液中的 1% 四氧化锇中固定，并在含有 30%、50%、70%、95% 和 100% 乙醇的连续乙醇溶液中脱水 15min。脱水样品中的乙醇用两次 100% 丙酮在 10min 内去除，然后用丙酮和六甲基二硅氮烷（HMDS）（1∶1）的混合物再去除 10min，然后用两次 100%HMDS 去除。样品在通风橱中风干了一夜。用剃须刀片沿着肌肉纤维切割样本，形成纵切面，用 10kV 加速电压在 SEM（Quanta–200，FEI 公司，荷兰埃因霍温）中进行检查和拍照。

（8）氨基酸的测定

在真空条件下，用 6mol /L 盐酸将烘干后的细磨样品水解 24h，然后将蒸馏水装入容量瓶，用氨基酸分析仪（HP1100，Agilent Technologies Inc.，Santa Clara，CA，USA）进行测定。

5. 结果与讨论

（1）临界放电微波功率与干燥压力的关系

图 3–35 显示在 100 ~ 200Pa 的压力范围内可在 MFD 中容易地引起电晕放电。

无论水分含量如何，当空腔压力约为150Pa时，临界放电微波功率最低。对于冷冻干燥，虽然低压可以提高干燥速率，但实际压力范围可设置为50～100Pa。该压力范围确保不会发生电晕放电。

水分含量对临界放电微波功率有明显影响（图3-36）。在一定压力下，水分含量越高，样品的临界放电功率越大。随着含水量的降低，空气排放很容易发生。因此，在MFD过程中必须精确控制微波功率。去除大部分游离水后，微波功率应降低。

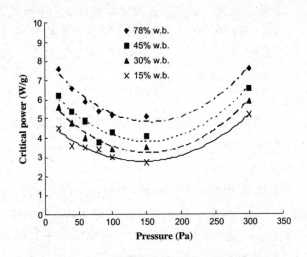

图3-36　临界放电微波功率随压力的变化曲线

（2）多功能显示器的特点

根据图3-37，传统FD工艺需要最长的干燥时间（18h）。这是因为在真空条件下，FD使用传导或辐射来提供升华热，传热速度较慢，必须避免在干燥过程中形成液态水，因此需要很长时间进行干燥。相比之下，由于热风干燥器内对流换热系数高，AD的干燥速率最快，只需8h左右。MFD处理时间为12h，比传统FD处理时间缩短约40%。请注意，过热会导致内部蒸汽压力升高，导致冰晶部分熔化，进而导致产品质量下降。因此，即使微波能在真空环境中有效地加热样品，也必须控制传热速率，以避免整个过程中熔化的发生。

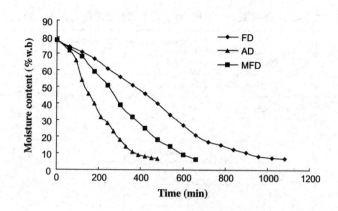

图3-37　不同干燥方法下海参的干燥曲线

表 3-31 显示，风干产品具有最差的再水化性能和最大硬度。主要原因是其现象是 AD 导致海参表面硬化，同时大量无机盐随水分迁移到蒸发面，这使得海参表面变得更加硬化，因此复水难度大。经 FD 和 MFD 处理后，复水率和硬度无显著性差异（$P > 0.05$）。这意味着 MFD 也可以提供与 FD 相同的产品质量。FD 和 MFD 都比 AD 消耗更多的能量，因为需要保持很低的温度（40℃）和高真空环境。然而，与传统 FD 相比，MFD 消耗的能量减少了 32%，因为它大大缩短了干燥时间。

表3-31　干燥方式对能耗和产品质量的影响

干燥方式	硬度（g）	硬度	能耗（kJ/kg H_2O）
AD	146.56 ± 2.62	1.89 ± 0.32	8864.8 ± 73.2
FD	90.34 ± 1.83	3.85 ± 0.48	72628.6 ± 168.8
MFD	100.46 ± 2.02	3.16 ± 0.43	49566.8 ± 105.6

表 3-32 列出了在干海参中检测到的 17 种不同的氨基酸，除了被水解破坏的色氨酸。其中 8 种是人体不能合成的必需氨基酸。结果表明，FD 和 MFD 产品 I 的氨基酸总量无显著性差异（$P > 0.05$）。有助于海参风味的氨基酸包括 Asp、Glu、Gly、Ala、Ser 和 Pro。需要注意的是，在 AD 期间，Ser、Gly、Ala 和 Pro 显著增加（$P < 0.05$），导致产品产生强烈气味。这就是为什么人们更喜欢吃传统的脱水海参，这四种氨基酸在 MFD 期间的含量与 FD 期间无显著性差异（$P > 0.05$），说明 MFD 产品的风味与 FD 产品相近。

表3-32　不同处理（g/100 g干基）海参氨基酸含量的比较

氨基酸	Sea cucumbers after different treatments			
	新鲜	AD	FD	MFD
Asp	7.63a	6.99b	6.73b	6.54b
Glu	11.92a	11.90a	11.0a	11.12a
Ser	3.97b	4.04a	3.94b	3.91b
His	0.67a	0.48b	0.50b	0.48b
Gly	13.10b	15.01a	13.18b	13.20b
Thr	3.91a	3.65b	3.81b	3.84a
Arg	6.22a	6.39a	6.17a	6.13a
Ala	5.58b	5.99a	5.59b	5.55b
Tyr	1.81a	1.51c	1.76b	1.74b
Cys-s	0.32a	0.26b	0.25b	0.26b
Val	2.74a	2.35c	2.45b	2.41b
Met	1.15a	1.04b	0.99b	1.02b
Phe	1.57a	1.27b	1.54a	1.58a
Ile	2.20a	1.81c	1.97b	1.91b
Leu	3.20a	2.72b	2.65b	2.61b
Lys	2.09a	1.71b	1.68b	1.61b
Pro	6.72c	9.88a	9.03b	9.12b
总和	74.80b	77.00a	73.24b	73.03b

注：不同的字母表示在一行中存在显著差异（$p \leqslant 0.05$）。

　　图3-38显示了使用不同干燥方法获得的干燥海参的SEM图像。从A可以看出，新鲜海参的肌肉和胶原纤维纤细，排列在一个特定的方向上，中间有一个很大的间隙。从B、C和D可以看出，海参的肌肉和胶原纤维没有特定的方向。这说明海参失水后，纤维排列发生了改变。大部分胶原纤维断裂，形成网状结构，使干海参具有独特的质地。另一方面，AD海参的孔隙率明显低于FD海参和MFD海参，因此复水能力较差。FD海参和MFD海参的显微结构无明显差异。这说明MFD不仅缩短了FD的加工时间，而且生产出的产品具有与FD海参相似的微观结构特征。

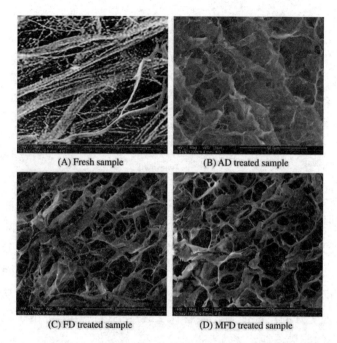

(A) Fresh sample　　　　　(B) AD treated sample

(C) FD treated sample　　　　(D) MFD treated sample

图3-38　不同干燥方法下海参的扫描电镜图像

（3）MFD 过程控制

冷冻干燥过程中的温度－时间历程非常重要，因为它反映了一般的干燥性能。从图3-38可以看出，MFD 过程可分为三个阶段：降温阶段、升华阶段和最终脱附阶段。与传统的 FD 不同，当产品温度快速上升时，MFD 过程中的升华阶段相对较短。解吸阶段的温度上升比升华阶段快。0.5h 开始时，真空泵打开，但磁控管关闭。由于材料中的水分在真空环境中吸收热量而升华，温度开始下降。打开磁控管后，随着海参中的水吸收微波能量，升华速率增加。升华阶段持续约 5h，去除了大部分游离水。为了保证水被升华去除，升华阶段的温度应低于共熔温度。结果发现，在不同的微波功率水平下，升华阶段的温度变化不大（图3-39）。因此，在这一阶段可以采用较高的微波功率来提高干燥速率。在脱附阶段，随着微波功率的增加，产物温度显著升高。

与传统的 FD 相比，MFD 的脱附相时间大大缩短。MFD 的总干燥时间为 9 ~ 11h，几乎是传统 FD 的一半。事实上，在解吸阶段，由于大部分自由水已被去除，一个小的能量输入可以使温度迅速上升。这一特性也可以看作是干燥结束的标志。因此，为了节省能源和获得更好的质量，升华阶段应采用较高的微波功率，而解吸阶段应采用较低的微波功率。

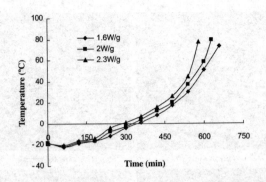

图3-39　不同微波功率下海参在MFD中的温度曲线

图 3-40 显示，过高的微波功率（2.3W/g）会使海参的复水率降低，这可能是因为高微波功率水平可能导致海参体壁硬化以及冰融化到水相导致收缩。微波功率越大，干燥时间越短（$P < 0.05$）。微波功率对能耗的影响不同于对干燥时间的影响。2w/g 时的能耗最大，其次是 1.6 和 2.3w/g。通过将微波功率水平设置为 2w/g 可获得更好的产品质量，尽管在 2.3w/g 的微波功率下由于较短的加工时间而获得最小的能量消耗。

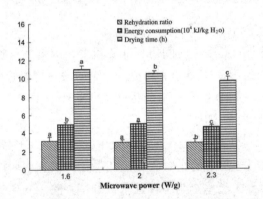

图3-40　微波功率对MFD工艺干燥时间、能耗和复水率的影响
注：不同字母表示差异显著（$p \leqslant 0.05$）。

6. 结论

冷冻干燥保持了海参的产品质量，但加工时间长，能耗高。空气干燥虽然能耗低，但产品质量差。微波冷冻干燥可以取代传统的冷冻干燥，因为它大大减少了干燥时间和能耗，同时生产出与传统冷冻干燥相同的产品质量。为了避免微波冷冻干燥过程中的电晕放电，应在 50 ~ 100pa 的范围内施加腔体压力，并根据能量效率和产品质量优化 MFD 过程不同阶段的微波功率。

（六）鱿鱼的冷冻干燥

鱿鱼富含微量元素如磷、钙、铁、维生素 A 和 D 等，既有助于骨骼发育和造血，还能预防贫血。除了富含蛋白质和氨基酸，鱿鱼中还含有大量的牛磺酸。这些物质能够降低血糖和胆固醇、预防和治疗高血压、保护视力、促进幼儿大脑发育、调节人体代谢、增强机体免疫力、保护心肌免受心律失常侵害等[97]。

梁[98] 等人采用了四种不同的干燥工艺对鱿鱼进行了干制，结合鱿鱼的干燥曲线、干燥时间、最终水分含量、以及设备的单位能耗除湿量来评价干燥效果。同时，他们测定了鱿鱼干品的挥发性盐基氮（TVB-N）含量，进行了微观结构分析和感官评价，以研究干燥工艺对鱿鱼干的质量和品质的影响。结果表明，热泵干燥和真空冷冻干燥有利于抑制鱿鱼干品的 TVB-N 值的增加，减少干燥过程中的肌纤维破坏，使得干品颜色变化较少。与热风干燥相比，热泵干燥更为节能。但需要注意的是，这两种低温干燥方式的干燥时间都比热风干燥时间长，样品香气和感官属性存在不足之处。

刘娟娟[99] 等人开发了北太平洋鱿鱼的保水剂和冻干改良剂，优化了真空冷冻干燥工艺，并深入研究了北太平洋鱿鱼的真空冷冻干燥动力学等。通过这些改良，这些研究人员制备出复水性好、口感良好的冻干鱿鱼制品。

陈[100] 等人以鱿鱼足切片为研究对象，以干燥鱿鱼足切片的复水比、复水前后白度 Wl、W，以及复水后的硬度、弹性、咀嚼性等指标来作为产品的工艺品质指标并研究了鱿鱼足切片在真空冷冻干燥工艺下的表现。在单因素试验的基础上，他们选取真空冷冻干燥时的加热板温度、真空度以及烫漂时间为自变量，综合指标为响应值，设计正交试验以确定最佳干燥工艺条件为加热板温度 40℃，真空度 40Pa，烫漂时间为 2min。在这个条件下，冻干的鱿鱼足产品的综合指标为 65.13 分，比其他任何一组综合指标都要优秀。这表明通过正交优化得到的参数对于实践具有指导意义。具体试验方法如下。

1. 材料准备

袋装冰冻鱿鱼足，杭州捷美特食品有限公司提供。

2. 试验方法

（1）工艺流程

原料→解冻→清洗→沥水→冰冻→切片→烫漂→沥水→预冻→干燥→检测。

①解冻：为了保证解冻后鱿鱼足的品质，将冰冻袋装鱿鱼足放在 5℃冰箱中缓慢解冻。

②切片：将鱿鱼足切成直径大小为 3cm 左右、厚度为 3mm 左右的鱿鱼片。

③烫漂：将预处理好的鱿鱼足切片放在一定质量分数的 NaCl 溶液中烫漂一定时间。烫漂温度 100℃，NaCl 的质量分数取 1%、2%、4%、8%、10%，从失质量率、白度、硬度、弹性、咀嚼性 5 个指标选取最佳质量分数；烫漂时间取 1、2、4、8、10min，从失质量率、白度、硬度、弹性、咀嚼性 5 个指标取 3 个最佳参数。

④预冻：将鱿鱼足切片放在温度为 −20℃的冰箱中预冻 2h。

（2）检测方法

①水分测定。湿基含水率采用常压干燥法，按照 GB5009.3–2010 进行测定。

②质构的测定。选取鱿鱼足切片的中间部位测定，采用 BROOKFIELD 公司 CT3 型质构分析仪对样品的 TPA（Texture Profile Analysi3 特性中的硬度、弹性和咀嚼性进行测试。选用 TA18 柱形探头，测试速度 1.0mms，压缩比 50%，间隔时间 5s，恢复时间 1s。平行测定 10 次，取平均值。

③复水比测定。将干燥的鱿鱼片于 25℃水中做复水试验，1h 后取出沥干表面水分，每组试验重复 3 次，复水比取平均值。

④白度值测定。用单层保鲜膜包裹，采用 CQX3735 型色彩色差仪测定 L 值、a 值、b 值，测定 15 组取平均值。$L*$ 值表示明亮程度；$a+$ 值表示红色程度，$a-$ 值表示绿色程度；$b+$ 值表示黄色程度，$b-$ 值表示蓝色程度。根据测得的 a 值、b 值计算白度 WI 值：

$$WI=100-[(100-L)^2+a^2+b^2]^{0.5}$$

⑤综合值计算。对正交试验的复水比、硬度、弹性、咀嚼性复水前白度 W，和复水后白度 W2 打分，以确定综合值。实际生产中 6 个试验指标的重要程度是不同的，生产要求可根据实际情况采用不同权重的综合值计算方法，然后根据计算所得综合值 Y 进行分析，试验取复水比、复水前白度 W、复水后白度 Wl2、硬度、弹性、咀嚼性的权重分别是 2.0、2.0、2.0、−1.5、1.5、1.0，再进行加权以获得综合值。

正交试验结果评分标准见表 3–36。

3. 结果与分析

（1）单因素试验结果与分析

①烫漂工艺。

在烫漂过程中，蛋白质发生热变性，肌肉脱水并且氢键断裂，导致肌肉持水力不断降低，肌肉组织中的吸附水与部分结合水被释放出来。因为 NaCl 是食品中重要的添加剂，在烫漂时适当添加 NaCl，也可以使烫漂液渗透压增加，增大烫漂原料的失水速率。

表 3-36　正交试验结果评分标准

复水比	分值/分	复水前白度WI1	分值/分	复水前白度WI2	分值/分	硬度/g	分值/分	弹性/mm	分值/分	咀嚼性/mJ	分值/分
≥ 3.7	10.0	≥ 90.0	10.0	≥ 90.0	10.0	≥ 500	10.0	≥ 1.5	10.0	≥ 4.0	10.0
3.4	7.5	85.0	7.5	85.0	7.5	400	7.5	1.4	7.5	3.0	7.5
3.1	5.0	80.0	5.0	80.0	5.0	300	5.0	1.3	5.0	2.0	5.0
2.8	2.5	75.0	2.5	75.0	2.5	200	2.5	1.2	2.5	1.0	2.5
≤ 2.5	0	≤ 70.0	0	≤ 70.0	0	≤ 100	0	≤ 1.1	0	≤ 0	0

a. 烫漂时间对失质量率的影响（NaCl 质量分数为 1%）。不同烫漂时间对鱿鱼足失质量率影响如图 3-41。

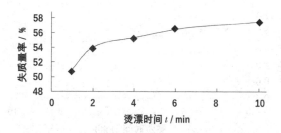

图 3-41　不同烫漂时间对鱿鱼足失质量率影响

由图 3-42 可知，随着烫漂时间的增加，鱿鱼足切片的失质量率在不断增加，其中在 1 ~ 4min 内变化速率较快，4min 之后速率增加变得平缓。不同烫漂时间对鱿鱼足白度影响如图 3-42。

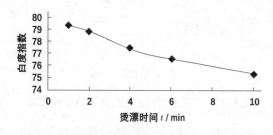

图 3-42　不同烫漂时间对鱿鱼足白度影响

由图 3-42 可知，随着烫漂时间的增加，鱿鱼的白度在不断减小；其中在 1 ~ 6min 内变化速率较快，6min 之后速率增加较平缓。

b. 烫漂时间对质构的影响。不同烫漂时间对鱿鱼足硬度的影响见图 3-43，不同烫漂时间对鱿鱼足弹性影响见图 3–44，不同烫漂时间对鱿鱼足咀嚼性影响见图 3–45。

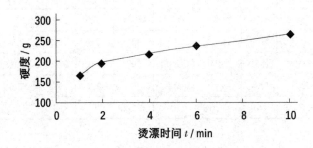

图3-43　不同烫漂时间对鱿鱼足硬度的影响

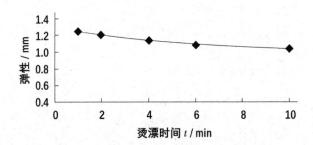

图3-44　不同烫漂时间对鱿鱼足弹性影响

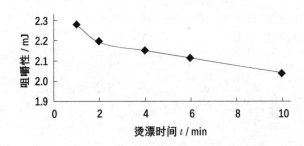

图3-45　不同烫漂时间对鱿鱼足咀嚼性影响

由图 3-43、图 3-44 和图 3-45 可知，随着烫漂时间的增加，鱿鱼的硬度在不断增加，其中在 1～2min 内变化速率较快，2min 之后速率增加较平缓。而弹性和咀嚼性则在不断减小，其中弹性变化比较平缓，在 1min 时硬度的值最小，弹性和咀嚼性值最大。

综上所述，选取烫漂时间为 1、2、3min 这 3 个因素水平。

② NaCl 质量分数。

a. 不同 NaCl 质量分数对失质量率的影响（烫漂时间为 1min）。不同 NaCl 质量分数下鱿鱼足失质量率见图 3-46。

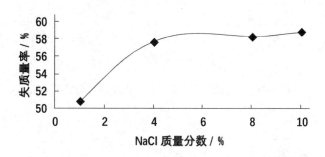

图 3-46　不同 NaCl 质量分数下鱿鱼足失质量率

由图 3-45 可知，随着 NaCl 质量分数的增加，鱿鱼足切片的失质量率在不断增加；其中在 1%～5% 内变化速率较快，5% 之后速率增加较平缓。

b. 不同 NaCl 质量分数对白度的影响。不同 NaCl 质量分数对鱿鱼足白度影响见图 3-47。

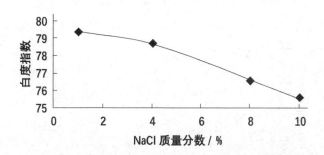

图 3-47　不同 NaCl 质量分数对鱿鱼足白度影响

由图 3-47 可知，随着 NaCl 质量分数的增加，鱿鱼足切片的白度指数在不断下降；其中在 1%～6% 内变化速率较快，6% 之后速率增加较平缓。

c. 不同 NaCl 质量分数对质构的影响。不同 NaCl 质量分数对鱿鱼足硬度的影响见图 3-48，不同的 NaCl 质量分数对鱿鱼足弹性的影响见图 3-49，不同的 NaCl 质量分数对鱿鱼足咀嚼性的影响见图 3-50。

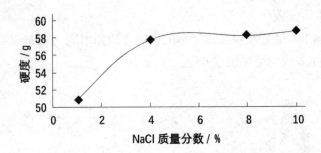

图3-48　不同NaCl质量分数对鱿鱼足硬度的影响

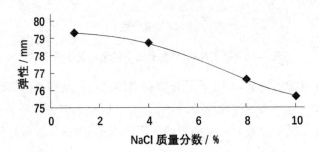

图3-49　不同的NaCl质量分数对鱿鱼足弹性的影响

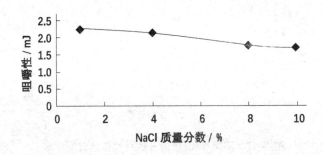

图3-50　不同的NaCl质量分数对鱿鱼足咀嚼性的影响

由图 3-48、图 3-49 和图 3-50 可知，随着 NaCl 质量分数的增加，鱿鱼足的硬度在不断增加；弹性和咀嚼性不断减少；在 1% 时硬度值最小，弹性和咀嚼性的值最大。综上所述，选取 NaCl 质量分数为 1%，这时鱿鱼足切片的失质量率值最小，硬度值最小，弹性和咀嚼性值最大。

③加热板温度。

不同加热板温度下，鱿鱼足切片干制品的复水性、复水前白度 WI1、复水后白度 WI2 和质构。不同加热板温度下鱿鱼足切片干制品的复水性和质构的试验结果见表 3-37。在复水性方面，随着加热板温度的增加，鱿鱼足切片的复水性越来越高。在复水前白度方面，随着加热板温度的增加，鱿鱼足切片的复水前白度先增加后减少，在 40℃时达到最大值。在复水后白度方面，随着加热板温度的增加，鱿鱼足的复水后白度先增加后减少，也在 40℃时达到最大值。在硬度方面，随着加热板温度的增加，复水后鱿鱼足的硬度先减少后增加，在 40℃时达到最小值。在弹性和咀嚼性方面，随着加热板温度的增加，鱿鱼的复水后弹性先增加后减少，也在 30℃时达到最大值。加热板温度为 40℃时综合值最大为70.23 分，其次是加热板温度为 30℃时综合值为 51.99 分。综上所述，正交试验分析选取 30，35，40℃ 3 个水平。

表3-37　不同加热板温度下鱿鱼足切片干制品的复水性和质构的试验结果

加热板温度/℃	复水比		复水前白度WI1		复水后白度WI2		硬度/g		弹性/mm		咀嚼性/mJ		综合值Y/分
	数据	评分	数据	评分	数据	评分	数据	评分	数据	评分	数据	评分	
10	2.85	2.92	73.52	4.40	71.33	1.66	312.33	5.31	1.24	0.32	2.08	5.20	18.32
20	2.92	3.50	73.29	4.11	72.27	2.84	219.67	4.79	1.26	0.36	2.53	6.33	20.59
30	2.97	3.50	74.02	5.03	73.57	4.46	224.33	3.11	1.29	7.25	3.27	8.18	40.37
40	3.30	6.67	75.76	7.20	75.75	7.19	192.00	2.30	1.26	6.50	2.04	5.10	53.52
50	3.52	8.50	72.73	3.41	70.24	0.30	314.51	5.36	1.26	6.50	2.03	5.08	31.21

④真空度。

不同真空度下鱿鱼足切片干制品的复水性、白度和质构的试验结果。不同真空度鱿鱼足切片质构参数和白度的试验结果见表 3-38。

表3-38　不同真空度下鱿鱼足切片质构参数和白度的试验结果

真空度/Pa	复水比		复水前白度WI1		复水后白度WI2		硬度/g		弹性/mm		咀嚼性/mJ		综合值Y/分
	数据	评分	数据	评分	数据	评分	数据	评分	数据	评分	数据	评分	
20	2.97	3.50	74.02	5.03	73.57	4.46	224.33	3.11	1.29	7.25	3.27	8.18	40.37
40	3.24	6.17	76.03	7.54	73.26	4.08	197.82	2.45	1.32	8.00	3.22	8.05	51.96
60	2.83	2.75	73.94	4.93	72.05	2.56	334.33	5.86	1.29	7.25	3.47	8.68	31.25
80	2.77	2.25	72.13	2.66	71.32	1.65	372.71	6.82	1.22	5.50	2.30	5.75	16.89

在复水性方面，随着真空度的增加，鱿鱼足切片的复水性先增加后减少，但是幅度不明显，在40Pa时达到最大值。在复水前白度方面，随着真空度的增加，鱿鱼足切片的复水前白度先增加后减少，在40Pa时达到最大值。在复水后白度方面，随着真空度的增加，鱿鱼足切片的复水后白度先增加后减少，也在40Pa时达到最大值。在硬度方面，随着真空度的增加，复水后鱿鱼足切片的硬度先减小后增加，在40Pa时达到最小值。在弹性方面，随着真空度的增加，鱿鱼足切片的复水后弹性先增大后减小，也在40Pa时达到最大值。在咀嚼性方面，随着真空度的增加，鱿鱼足切片的复水后咀嚼性先增加后减小，在40Pa时达到最大值。真空度为40Pa时综合值最大为70.45分，真空度为20Pa时综合值为51.99分。综上所述，响应面分析选取30、40、50Pa三个水平。

（2）冻干工艺正交分析

正交试验设计因素与水平设计见表3-39，正交试验结果见表3-40，方差分析结果见表3-41。

表3-39　正交试验设计因素与水平设计

水平	A 加热板温度/℃	B 真空度/Pa	C 烫漂时间t/min
1	30	30	1
2	35	40	2
3	40	50	3

表3-40　正交试验结果

试验号	A	B	C	复水比		复水前白度WI1		复水后白度WI2		硬度/g		弹性/mm		咀嚼性/mJ		综合值Y/分
				数据	评分	数据	评分	数据	评分	数据	评分	数据	评分	数据	评分	
1	1	1	1	2.99	4.08	80.03	5.02	79.71	4.86	208.43	2.71	1.34	8.50	3.13	7.83	44.44
2	1	2	2	3.03	4.42	81.11	5.56	79.86	4.93	192.33	2.31	1.37	9.25	3.27	8.18	48.41
3	1	3	3	2.83	2.75	79.89	4.95	78.32	4.16	216.93	0.42	1.31	7.75	2.99	7.48	42.20
4	2	1	2	3.11	5.25	82.01	6.01	80.91	5.46	174.77	1.87	1.39	9.75	3.41	8.53	53.79
5	2	2	3	3.16	5.50	82.54	6.27	81.24	5.62	167.25	1.68	1.43	10.00	3.54	8.85	56.11
6	2	3	1	3.09	4.92	81.62	5.81	80.05	5.03	183.54	2.09	1.38	9.50	3.36	8.40	51.04
7	3	1	3	3.25	6.25	83.76	6.88	82.11	6.06	143.67	1.09	1.52	10.00	3.76	9.40	61.15
8	3	2	1	3.32	6.83	84.13	7.07	82.94	6.47	132.78	0.82	1.54	10.00	3.83	9.58	64.09
9	3	3	2	3.19	5.75	83.27	6.64	82.38	6.19	153.98	1.35	1.49	9.75	3.61	9.03	58.79

表3-41　方差分析结果

因素	偏差平方和	自由度	F比	显著性
A	2.724	2	20.481	*
B	0.623	2	4.684	
C	0.145	2	1.090	
误差	0.130	2		

（3）验证试验

理论所得的最佳组合不在正交试验表中，采用以上得到的优化组合处理鱿鱼足，进行3次平行试验进行验证，结果得到的综合值是65.13分，高于表5中任何一个组合，证明了正交试验法得到的优化工艺参数的可靠性，具有一定的实用价值。

4. 结论

本研究用单因素试验及正交试验的设计方法优于冻干鱿鱼足综合值的研究。结果表明，加热板温度40℃，真空度40Pa，烫漂时间2min为最佳优化条件。此条件下测得冻干鱿鱼足综合值是65.13分，具有一定的实践指导意义。

三、冲剂

（一）咖啡的冷冻干燥

沈鹤钧[101]等人用电阻测定法测量了咖啡的共晶点温度，并用CO_2对咖啡液进行发泡处理，运用制粒技术，经过多次在实验室试验，生产出了颗粒状的冻干咖啡。探索了咖啡的真空冷冻干燥工艺。

胡荣锁[102]等人通过单因素实验和响应面实验，探究了单因素加热板温度、物料装载厚度和干燥室压强对咖啡干燥速率的影响，并确定了最佳范围。在此基础上，他们对优化后的冻干咖啡粉进行了品质分析，得出含水率达到3.82%，色差、气味和口感均无显著性差异（$p < 0.05$）的结论。最终，通过咖啡冻干加工工艺参数的优化，为冻干咖啡粉的工业化生产提供了技术支持。具体而言，响应面实验表明，加热板温度、物料装载厚度和干燥室压强对干燥速率的影响排序为加热板温度>物料装载厚度>干燥室压，且冻干咖啡粉的理想参数条件为：加热板温度为76.19℃，物料装载厚度为1.58cm，干燥室压强为76.84Pa，实际干燥速率为0.23h^{-1}，理论干燥速率为0.22h^{-1}。

Davide[103]等人探讨考虑能量利用效率的冷冻干燥循环设计。以咖啡冷冻干燥过程为例。分析的重点是初级干燥，因为这一阶段占能源消耗的大部分。采用简化的数学模型计算工艺设计空间，指出满足工艺约束的操作条件（加热架温度和干燥室压力）。需要进行实验研究以确定模型参数，即对产品的传热系数和干饼对蒸汽流动的阻力。利用同一模型，结合冻干机动力学方程，对冻干过程进行了火用分析，指出了使火用损失最小化和火用效率最大化的操作条件。

Shweta M[104] 应用喷雾冷冻干燥技术制备速溶咖啡，与喷雾干燥和冷冻干燥技术进行了比较。与 SD 和 FD 粉末相比，使用 SFD 技术制备的咖啡粉泡沫更稳定，且含有纳米气泡。场发射扫描电镜（FE-SEM）分析显示，SFD 泡沫中存在100 ~ 200nm 范围内的纳米气泡。在制备饮料时，将 SFD 咖啡粉溶解于 90℃的水中，可产生极好的泡沫。该泡沫结构在 2400s（40min）内保持完好无损，仅损失泡沫高度 89.5 ± 2nm。因此，可以通过 SFD 技术制备咖啡粉，从而获得含有纳米气泡且稳定的泡沫。

Ishwarya[105] 等人对喷雾冷冻干燥技术在可溶性咖啡加工中的适用性进行了评价。并与喷雾干燥和冷冻干燥的产品特性进行了比较。具体试验如下：

1. 材料方法

（1）进料溶液制备

通过将市售速溶纯咖啡粉（从当地市场购买）溶解在蒸馏水中（质量分数为溶液的 40% w/w），制备咖啡溶液。

（2）喷雾冷冻干燥

SFD 工艺是在自行设计制造的喷雾冷冻装置上完成的。该装置由一个双流体喷嘴、蠕动泵和连接到液氮杜瓦的聚苯乙烯容器组成。使用圆盘叶片叶轮混合内容物。对喷嘴与液氮的距离进行了优化，保持在 10cm。采用压缩空气压力为588.39kPa 的双流体喷嘴雾化器。将进料流速设置为 6mL/min。将所得冷冻颗粒转移到不锈钢托盘中，并将其装载到冷冻干燥机中，在那里对冷冻颗粒进行一次和二次冷冻干燥。第一干燥阶段的温度范围为 25 ~ 10℃，真空度为 107Pa，第二干燥阶段的温度范围为 10℃，真空度为 40Pa。干燥完成后，从托盘中收集产品，装在聚乙烯袋中，密封，用铝箔包裹，并在环境温度下储存在干燥器中。

（3）喷雾干燥

SD 干燥采用的是并流干燥配置，该配置是在一个单级、短型、中试规模的烘干机（鲍恩工程公司，萨默维尔，新泽西州，美国）上完成的。该装置使用蠕动泵将料液输送至雾化器，并且在压缩空气压力为 392.27kpa 的条件下，采用双流体喷嘴雾化器。通过使用液化石油气在燃烧器中直接加热环境空气，将进气温度控制在 150±2℃。同时，通过调整进料流量将出口空气温度保持在 100±2℃。将产品从出口室中收集起来，装在聚乙烯袋中，密封并用铝箔包裹，最后在环境温度下储存在干燥器中。

（4）冷冻干燥

采用中试规模的冻干机（型号：lyodriyer-LT-5S；冻干系统公司，美国），货架温度从 40℃开始，逐渐上升到 10 摄氏度。从托盘中收集冷冻干燥的咖啡粉，用聚乙烯袋包装，密封，用铝箔包裹，并在室温下储存在干燥器中。

（5）水分含量测定

水分含量（% 湿基）是根据干燥质量损失的重量测定法进行分析的。将 1g 咖啡样品放在铝盘上（平底；90mm×12mm），加热温度为 95±2℃，在热风炉中加热 2h。重复分析，计算平均值和标准差。

（6）电子鼻进行顶空分析

在 15ml 螺旋瓶中称取 1g 已知量的咖啡样品。香气分析是使用电子鼻（阿尔法福克斯 4000，阿尔法莫斯，图卢兹，法国 18 金属氧化物半导体传感器）作为挥发性分子在标准化条件下随时间变化的函数进行的。通过使用制造商提供的内置软件进行主成分分析（PCA），根据传感器电阻的最大变化值进行数据分析。

（7）HS-SPME 气相色谱 / 质谱法鉴定挥发物

采用顶空固相微萃取（HS-SPME）和气相色谱 – 质谱（GC-MS）进行挥发性分析。将 1g 样品置于 15ml 带聚四氟乙烯隔膜的螺旋瓶中，并在恒温箱中保持 70±1℃的温度平衡 1h。使用 60μm 聚二甲基硅氧烷 / 二乙烯基苯（PDMS/DVB）进行挥发性萃取，将纤维插入瓶顶空间并保持 10min。化合物在 250℃的 GC-MS 进样口中热解吸 3min。

使用 Perkin-Elmer-turbmass-Gold 气相色谱 – 质谱联用系统分析顶空挥发物。采用蜡聚乙二醇（PEG）极性毛细管气相色谱柱（30m 长，0.32mm 内径，0.25μm 膜厚）。以氢气为载气，流速为 1mL/min，注入温度为 250℃，烘箱温度设为 40℃，保温 1min，然后以 3℃/min 的速率加热至 150℃，再以 5℃/min（保持 5min）的速率将温度从 150℃升高到 230℃。质谱仪的工作温度为 180℃，电子能量为 70ev。在 40 ~ 400 质量范围内，用 0.2s 和 0.1s 的扫描时间获得质谱。通过多次分析得出平均挥发性保留面积。

（8）溶解度

称取 2.5g 咖啡粉，置于 500mL 烧杯中。然后，将 150ml 新开水倒入装有咖啡粉的烧杯中，并检查溶解性和溶液表面是否有结块。记录表面无结块完全溶解所需的时间。重复进行分析，并计算溶解度的平均时间。

（9）形态学

扫描电子显微镜（leo435vp，Leo 电子系统，剑桥，英国）被用来研究 SFD，FD 和 SD 咖啡粉样品的形态。样品被安装在样品架上，溅射镀金（2min，2mba），并在 15kV 和 9.75×10^{-5} 托的真空下观察。

（10）粒度分析

采用基于激光衍射的粒度和形状分析仪（microtracs3500，USA）测量了干咖啡粉样品（SFD、FD 和 SD）的粒度和形状。将少量样品悬浮在无水乙醇中，每次测量时记录粒径分布和形状参数。分三次进行分析，并计算平均值。颗粒平均直径表示为体积平均直径，粒径分布的均匀性由下式中的相对跨度因子（RSF）确定：

$$RSF = \frac{D_{90} - D_{10}}{D_{50}}$$

RSF 是一个三点规范，包括 D10、D50 和 D90 值，分别是 10%、50% 和 90% 累积体积下的直径。该参数被认为是完整的，适用于大多数颗粒材料，因为它很好地代表了整个粒径分布。

（11）流动特性

①自由流动和堆积密度。

体积（ρB）和堆积密度（ρT）用内径为 15mm 的 25ml 刻度玻璃量筒测定。称量量筒，精确至 0.1g（mL）。将样品倒入量筒中至 10mL 体积（VB），并称量量筒及其内容物，精确至 0.1g（m_2）。使用以下公式计算：

$$\rho_B = \frac{m_2 - m_1}{V_B}$$

然后，手动敲打 300 次，并记录压实体积（VT）。使用以下公式计算：

$$\rho_T = \frac{m_2 - m_1}{V_T}$$

重复进行密度测量，并计算平均值和标准偏差。

②豪斯纳比率和卡尔指数。

用上述自由流动和抽头堆积密度值计算由豪斯纳比（H）和卡尔指数（C）表示的粉末流动特性。$H = \dfrac{\rho_T}{\rho_B}$，$C = \left(\dfrac{\rho_T - \rho_B}{\rho_T}\right) \times 100$。

（12）颜色测量

使用颜色测量系统（Konica Minolta CM-5，M/S Konica Minolta Inc.，日本大阪）进行表面颜色比较。在培养皿中取咖啡样品，轻轻摇动以形成均匀的表面。测量了国际照明委员会（CIE）参数 L（亮度）、a（红绿比）和 b（黄蓝比）。用市售速溶咖啡粉进行校准。总颜色差 $\Delta E = \sqrt{\left(\Delta L^*\right)^2 + \left(\Delta a^*\right)^2 + \left(\Delta b^*\right)^2}$，色度 $C^* = \sqrt{\left(a^*\right)^2 + \left(b^*\right)^2}$，分析一式三份，计算平均值和标准差。

2. 结果与讨论

（1）水分含量与水分活度

表 3-42 显示，SFD 和 FD 咖啡样品的水分含量高于 SD。预期 SD 咖啡的水分含量低，因为使用高温加速了液滴的干燥速度，从而降低了水分含量。水分含量对可溶性咖啡粉的处理起着关键作用。作为一种速溶脱水产品，颗粒间液桥会导致结块和流动损伤，更容易增加内聚性。因此，SFD、FD 和 SD 咖啡样品的 aw 值分别为 0.79 ± 0.001，0.79 ± 0.005 和 0.73 ± 0.032。SFD 咖啡的 aw 计算值低于细菌（0.91）、酵母（0.88）和霉菌（0.80）所需的最小 aw 值，因此不容易发生腐败生物的生长。

表3-42　SFD、FD、SD咖啡样品的物理特性比较[105]

干燥	最终	溶解度	平均体积	RSF	圆	自由堆积密度	抽头堆积密度
SFD	8.665 ± 0.001	11 ± 1	91.1	3.24	0.71	0.612 ± 0.007	0.679 ± 0.008
FD	8.847 ± 0.129	22 ± 1	636.8	3.35	0.64	0.345 ± 0.006	0.361 ± 0.004
SD	5.347 ± 0.498	20 ± 1	50.41	1.71	0.80	0.328 ± 0.002	0.388 ± 0.001
干燥	Hausner比率	Carr指数（%）	L*	a*	b*	ΔE	C*
SFD	1.11 ± 0.0001	10 ± 0.0001	36.95 ± 0.16	14.13 ± 0.08	28.69 ± 0.28	3.57 ± 0.324	31.98 ± 0.291
FD	1.05 ± 0.008	4.5 ± 0.707	33.20 ± 0.60	11.2 ± 0.165	22.09 ± 0.423	4.82 ± 0.351	24.76 ± 0.439
SD	1.18 ± 0.009	15.5 ± 0.707	40.96 ± 0.031	12.39 ± 0.015	27 ± 0.286	5.89 ± 0.061	29.71 ± 0.259

（2）电子鼻 – 主成分分析

通过主成分分析对电子鼻仪器输出进行解释，可以将多个传感器的数据投影到二维平面上。PCA 是一种有用的、无监督的线性方法，这种方法可以有效区分电子鼻对简单和复杂气味的反应。

图 3-51 展示了分析市售速溶咖啡粉（A）、SFD（D）、FD（C）和 SD（B）咖啡样品的 PCA 二维图[105]。该 PCA 图反映了 PC1 和 PC2 分别解释了 89.49% 和 7.63% 的数据变异性。这表明电子鼻可以有效区分不同的咖啡粉干燥工艺，并揭示了它们之间的挥发性有机物差异，即咖啡香气。从主成分分析图还可以推断，SFD 和 FD 咖啡样品的气味特征相似，是因为它们的反应簇在主成分分析图中很接近。SFD 和 FD 过程在低温操作方面的相似性以及在低温下产生的特征香气可能是它们在 PCA 图中接近的原因。相比之下，SD 咖啡与其他样品形成了一个非常离散的簇。Pardo 和 Sberveglieri 观察到，在一组 6 个单一品种的磨碎咖啡中，烘焙程度高于其他品种的咖啡形成了一个明显的簇，即高温导致烘焙咖啡的香气特征完全不同。同样，在目前的研究中，与 SD 相比，SFD 和 FD 过程的低温操作可能是在 PCA 图中不同放置响应簇的原因。这一分类清楚地表明，干燥过程参数的变化，如温度和干燥时间，可以对咖啡香气有明显的影响。

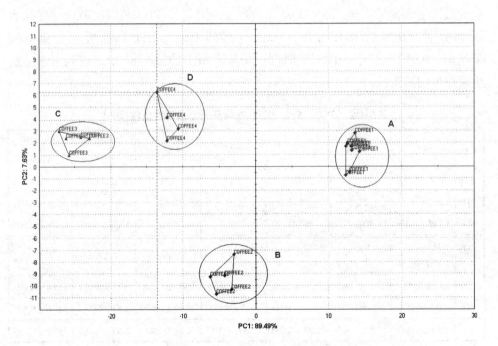

图3-51　PCA图-电子鼻分析

注：A：商业速溶咖啡；B：咖啡喷雾；C：冷冻咖啡干；D：spray-freeze-dried咖啡。

（3）HS-SPME-GC-MS 挥发性保留分析

通过将其质谱图与文库中的质谱图进行比较[105]（表 3-43），可以在对照和实验咖啡样品中确定 20 种挥发性化合物。本研究中的对照品为重组咖啡提取物，用作制备不同干燥实验样品的饲料。研究的目的是评估喷雾冷冻干燥过程对保存已知挥发性化合物特征和鉴定新化合物的能力。在今后的 SFD 工艺优化研究中，将使用新鲜烘焙咖啡和研磨咖啡的提取物作为原料，由此得到的结论将成为评价挥发性物质保留能力的基础。

表3-43　20种挥发性化合物

峰号	RT	组成	在MS光谱中观察到的主要m/z离子
1	2.56	2，3Pentanedione	43，57，100
2	4.414	Pyridine	79，52
3	4.799	Pyrazine	80，53
4	6.27	Methyl pyrazine	94，67
5	7.11	1-Hydroxy，2-propanone	43，44，42
6	8.06	2，5-Dimethyl pyrazine	108，42
7	8.26	1，4-Benzenediamine	108，107，42
8	10.11	Methyl ethyl pyrazine	121，122，94
9	10.34	2-Ethyl，5-methyl pyrazine	121，122，94
10	12.16	Acetic acid	60，43，45
11	12.60	2-Furancarboxaldehyde	109，53，81
12	13.71	2，3-Butanedione	43，86
13	14.17	1-（2-Furanyl），ethenone	95，110，41
14	15.88	2-Furanmethanol acetate	98，81，140
15	16.75	5-Methyl 2-furancarboxaldehyde	109，53
16	18.52	Butyrolactone	42，86，41
17	20.36	2-Furanmethanol	98，97，41
18	26.12	3-Methyl，pyridazine-5-one	112，41，55
19	30.305	Maltol	126，94，43
20	31.78	1H-Pyrrole，2-carboxaldehyde	95，94，66

图 3-52 是对照和实验咖啡样品（SFD、FD 和 SD）的典型 GC-MS 色谱图 [105]。根据对咖啡香气的影响，在确定的峰中选择了 6 个化合物作为标记，并提供了咖啡中主要挥发性化合物类别的代表性：吡嗪、酸、酮、吡啶、呋喃和醇。因此，所选择的化合物为甲基吡嗪（A）、乙酸（B）、2，3- 丁二酮（C）、吡啶（D）、2- 呋喃甲醇（E）和麦芽酚（F）（A-F 的峰如图 3-51 所示）。

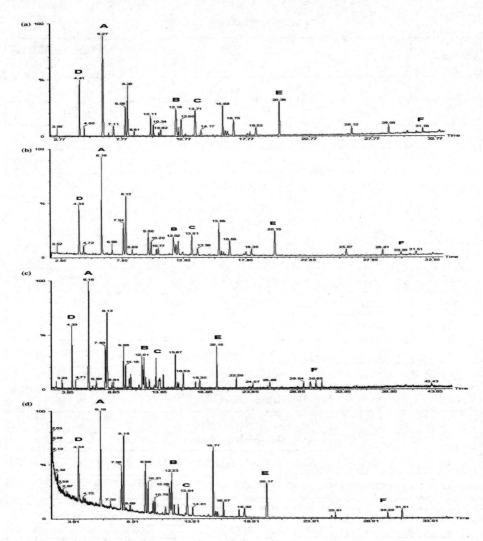

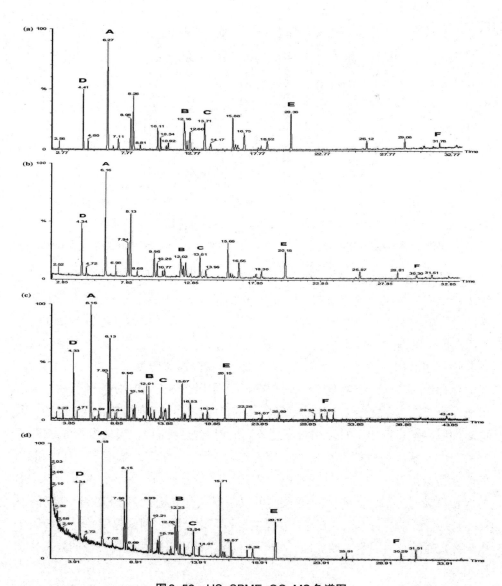

图3-52　HS-SPME-GC-MS色谱图

注：(a)用于制备SFD、FD和SD样品的对照（饲料），(b)SFD、(c)FD和(d)SD；(A：甲基吡嗪；B：乙酸；C：2、3-butanedione；D：吡啶；E：2-furanmethanol；F：麦芽糖醇。

图3-53显示SFD、FD和SD咖啡样品之间挥发性化合物保留率[105]。SFD样品的保留率最高，FD和SD样品次之。平均而言，SFD咖啡保留了饲料中93%的标记挥发物，FD和SD咖啡分别保留了77%和57%。SFD工艺比FD和SD更高的挥发性保留率可归因于如下所述的各种原因。

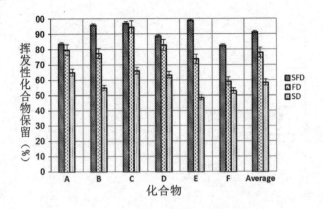

图3-53　选定化合物的挥发性保留

注：A.甲基吡嗪；B.乙酸；C.2，3-butanedione；D.吡啶；E.2-furanmethanol；F.麦芽糖醇。

相对挥发性在风味保持中起主要作用，因为它解释了挥发性化合物在给定温度下向气相的转化。纯化合物（i）的相对挥发性（a）是相对于水（w）的蒸气压的量度。a值越高，风味化合物损失越大。相对挥发性的概念可以解释在较低加工温度下操作的SFD和FD对芳香族化合物的更大保留。这是因为温度和风味化合物的相对挥发性（a）之间存在间接关系。根据克劳修斯-克拉珀龙方程，任何化合物的蒸气压都随温度呈非线性下降。因此，SFD和FD的较低加工温度可能导致芳香族挥发性化合物的蒸气压降低，而这又可能降低其a值，最终导致更高的保留率。例如，对于相对丰度较高的甲基吡嗪而言，当温度从60℃降至25℃时，发现其相对挥发性从19.3降至3.4。因此，在零度温度下，SFD和FD可能会使其保留率进一步降低数倍，它的保留率分别高达88.5%和84.5%，SD的保留率超过66.2%。同样的概念也可以解释其他化合物在SFD和FD期间对SD的较高保留率。然而，在同一过程中，不同化合物之间的保留差异可归因于影响挥发性的其他因素，如极性、分子量和化学性质以及相对挥发性的复杂相互作用。

在FD的冷冻步骤中，香气成分被溶解的固体永久包裹，因此免受损失。在SD中，挥发损失主要发生在初始阶段，即雾化和恒速干燥阶段，此时保护性干燥皮肤或固体结壳形成不完全。此外，气泡膨胀现象期间的形态变化缩短了挥发物在内侧和表面之间的扩散长度，导致挥发物损失。本研究中选择的大部分标志化合物沸点小于SD入口温度，这在SD发生挥发损失最多的早期阶段具有重要意义。

在SFD和FD中，前者表现出更大的挥发性保留率，已知基质中溶解固体的比例随着冷冻温度的降低而增加，从而促进固体浓度的提高。当水以易碎的玻璃状物质的形式存在时，它的玻璃化点为 $-146℃\pm4℃$。在本研究的喷雾冷冻步骤中，冷冻温度对应于低温液氮的冷冻温度，即 $-196℃$（相比之下，在 FD 中为 $-40℃$）。由于此温度远低于水的玻璃化点，因此可能导致冻结后溶解固体浓度增加。较高的固体浓度和较低的升华温度可能促进了选择性扩散现象的提前发生，并最终导致较高的挥发性物质保留率。

在这项研究中，与 FD 相比，SFD 的干燥时间缩短了 30%，这可能是 SFD 相对于 FD 保持更高香气的另一个因素。因为芳香成分在基质中扩散损失受阻的速率取决于升华速率，所以总干燥时间对其产生影响。然而，与 SD 相比，FD 中获得的平均保留率更接近 SFD，因此证明 SFD 和 FD 簇位于 PCA 图的同一象限中是合理的。另外，SFD 过程中较小的挥发性损失可能是由于雾化过程中喷雾的高滑移速度，导致高液滴气体传质系数。

（4）形态分析

SFD 产品的微观结构对于冷冻干燥的成功至关重要。它能表明颗粒在干燥过程中未发生结构坍塌，并且粉末的外表面成分会影响其溶解性和流动性。SFD、FD 和 SD 咖啡样品的 SEM 图像（图 3-53）清楚地显示了产品微观结构的差异以及干燥方法的不同[105]。SFD 咖啡颗粒（图 3-53a）具有球形形状，高度多孔和粗糙表面，表明其没有发生坍塌；而 SD（图 3-53b）样品呈现光滑的球形；并且观察到 FD 咖啡（图 3-53c）相对较少的多孔性（比 SFD），具有片状结构。SFD 粉体表面的细孔可能是由于喷雾冷冻过程中形成了大量细小的冰晶，这些冰晶在冷冻干燥过程的初级阶段就已经升华。

（5）粒度分析

颗粒大小和形状对许多食品粉末的关键质量参数，如溶解度和体积密度，产生影响。表 3-42 提供了 SFD、FD 和 SD 咖啡样品的粒度和形状参数，粒度分布如图 3-54 所示[105]。就平均体积直径而言，SFD 咖啡样品位于 SD 和 FD 样品之间，但更接近 SD 样品。SFD 咖啡样品的平均体积直径更大，并且具有更高的 RSF 值（表 3-42）。这可能是由于雾化进料液滴在沉降到低温液体表面之前通过汽相时逐渐凝聚和凝固。

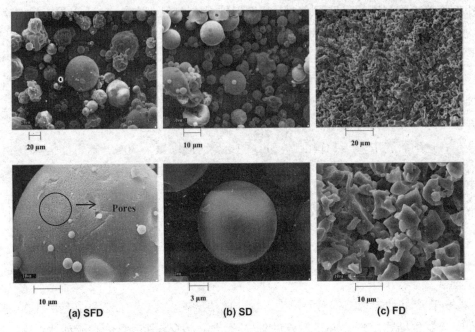

20 μm   10 μm   20 μm

10 μm   3 μm   10 μm

(a) SFD   (b) SD   (c) FD

图3-53 （a）喷雾干燥（SFD），（b）喷雾干燥（SD），（c）冷冻干燥
（FD）咖啡样品的扫描电镜显微图

此外，SFD 和 SD 样品的粒径分布呈单峰分布，而 FD 样品的粒径分布呈双峰分布。FD 咖啡样品粒径分布中较大的平均体积直径、RSF 和双峰性可能是由于缺乏对粒径的精确控制，相比之下，SD 和 SFD 过程中通过调节雾化参数可以对粒径进行更好的控制。在常规 FD 操作期间，在低温下研磨冷冻咖啡片也可能无法像 SD 和 FD 情况下的雾化那样对颗粒施加规定的控制。从表 3-42 可以推断，SFD 得到的圆度值与 SD 样品相当。

圆度是一种接近圆的度量，其值介于 0（接近非圆形状）和 1（完美圆形）之间。圆度是描述颗粒形貌的有用参数之一。它还与食品粉末的溶解度和润湿性有直接相关，这一点可以从随后的溶解度部分的结果中观察到。SFD 和 SD 样品之间圆度的可比值可以用雾化步骤来解释，这两种方法可能都促进了颗粒的球形形成。获得的圆度值与形态研究相关，片状和非球形冻干颗粒的圆度值小于球形 SD 和 FD 颗粒，如 SEM 显微照片所示。

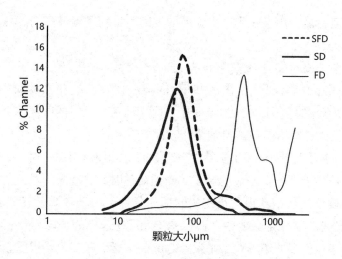

图3-54　咖啡样品的比较图

注：该图所示的粒度分布数据为三个值的平均值。

（6）溶解度

表3-42提供了SFD、FD和SD咖啡样品的溶解时间。根据IS 2791992标准，由于这三个样品在新鲜开水中30s内可以溶解，它们的溶解度被认为是良好的。但是，通过观察样品的溶解度时间可以发现SFD比SD和FD样品表现出更多的瞬时溶解。溶解度与颗粒微观结构、尺寸和形状参数有关。SEM图像所描绘的SFD咖啡颗粒的多孔表面，这可能对其溶解性起到了重要作用，因为多孔结构可以使水在再水化时毛细吸收。粒径和溶解度之间的关系是，由于比表面积增加和粒子的额外表面能，溶解度随着粒径的减小而增加。以上原因解释了为什么与冻干咖啡相比，SFD和SD咖啡的自发溶解度。

（7）流动特性

①堆积密度。

堆积密度在可溶性咖啡质量中非常重要，因为堆积密度的偏差会导致净重不足或即便净重正确，也看起来缺少咖啡。与SD（表3-42）相比，SFD咖啡的自由流密度和抽头体积密度更高，这可能是由于其残余水分含量更高、无黏性以及比喷雾干燥粉末更宽的粒径分布。此外，由于SD过程中会形成表皮现象，颗粒内会积聚和截留空气，导致产品密度降低。与SFD样品相比，FD咖啡的较大粒径和粒间空隙（单位体积接触表面积较小）的增加可能导致较低的堆积密度。

此外，干燥温度的升高会降低干燥粉末的溶解度和体积密度。相反，在SFD过程中，降低干燥温度可能导致咖啡粉的体积密度和溶解度同时增加。对于粉末产品的长距离运输，高堆积密度更为可取，因为堆积密度较高的产品的包装和运输成本较低。

②豪斯纳（Hausner）比率和卡尔（Carr）指数。

根据 Turchiuli 等人[118] 给出的基于 Hausner 比和 Carr 指数的粉末分类，SFD 和 SD 的流动在中等范围，FD 的流动在自由流动区。目前的研究结果显示，当 H 值降低或相反时，随着粒径的增加，流动改善，顺序为 SD、SFD、FD。

在表 3-42 可以看出，FD 样品的 ρB 和 ρT 值相差 0.016，而 SFD 和 SD 样品的 ρB 和 ρT 值相差 0.06。较大的颗粒在受到攻丝时具有有限的填充范围，因此可以在较少的攻丝次数中获得其最密集的填充条件。由于降低了 H 和 C 的值，ρB 和 ρT 的值之间的差异是必要的。而像 SFD 和 SD 这样的平均粒径较小的样品则表明粉末中存在更多的细颗粒。小颗粒之间的接触点较多，难以重新排列并形成致密堆积。然而，当对粉体进行攻丝时，小颗粒在颗粒空隙之间滚动并达到最密集的堆积状态。在松散状态下，颗粒起拱形成较大的空洞。最终，这些空隙在攻丝时坍塌，导致自由流动和攻丝密度之间存在显著差异，从而增加了 H 和 C 的值。

（8）颜色分析

颜色是水溶性咖啡产品的主要质量指标之一，也是消费者偏好的重要标准。这里所使用的对照样品是市场上广受欢迎和广泛接受的可溶性咖啡商业品牌之一，其 L、a、b 和 C 值分别为 35.44 ± 0.26，13.75 ± 0.09，25.47 ± 0.33 和 28.94 ± 0.33。与 SD 和 FD 相比，SFD 咖啡的总色差（ΔE）最小，因此更接近对照组（见表 3-42）。与对照组相比，SD 和 FD 样品的 ΔE 值更高，这可能与它们在高温条件下进行的操作和更长的干燥时间有关，正如在其他干燥技术中所报告的那样，这会降低产品的颜色。

比起 FD 咖啡样品，SFD 咖啡的 L 值稍高，这可以通过冷冻速率与冻干产品颜色之间的关系来解释。研究发现，冷冻速度对干燥样品的亮度有显著影响，因为速冻材料的颜色比速冻材料的颜色更亮。由快速冷冻形成的小冰晶，在升华过程中形成的小孔比缓慢冷冻形成的孔更小，因此能够散射更多的光。粒径对粉末亮度有显著影响，随着粒径的减小，L 值增加。这项研究与上述说法很好地吻合，因为 SFD 和 SD 咖啡的 L 值比 FD 样品的 L 值更大。基于比较的结果，SFD 咖啡的红度（a）、黄度（b）和色度最高，FD 咖啡最低。色度值是产品颜色强度的指标。一般来说，较宽的粒径分布导致颜色强度降低，因为物质的不透明度或透明度受粒径的影响很大。从表 3-42 中提到的相对跨度因子值来看，FD 咖啡相对于 SD 和 SFD 具有更宽的粒度分布，因此色差更大。

3. 结论

这一部分对 SFD 可溶性咖啡的物理参数和香气品质进行了评价，并与 SD 和 FD 咖啡进行了比较。结果显示，SFD 保留了在 FD 和 SD 初期损失的咖啡特有的低沸点芳香化合物，表现出较好的香气品质。此外，SFD 在产品的最终应用方面比同类产品具有竞争优势，因为它具备瞬时溶解度、优秀的流动性和高堆积密度等优点，可提供良好的包装和运输特性。因此，喷雾冷冻干燥技术可用于生产具有改良产品特性的可溶性咖啡。

（二）茶叶冷冻干燥

茶源于中国，拥有悠久的历史和丰富的品种，至今已经有数百种之多。目前主要有绿茶、黄茶、乌龙茶、红茶、黑茶和白茶六大茶系，此外还有花茶等其他品种。茶叶一直以来广受人们喜爱，它不仅是一种饮品，而且具有很高的价值功效。茶叶中含有多达 450 种有机化学成分和 40 多种无机矿物质元素。例如，儿茶素类成分是茶叶所特有的成分，可以缓和咖啡因对人体的生理作用，还有抗肿瘤、降血压等功效。

茶叶制作一般都是选择烘干技术，但自真空冷冻干燥技术逐渐发展成熟，茶叶也可以经过这种技术来干燥，这样可以进一步提升茶的品质，保持茶的原始风味和营养物质，并提高储存时间。

1. 完整茶叶冷冻干燥

（1）乌龙茶冷冻干燥

叶乃兴等人[106]比较了三种不同工艺所制得的乌龙茶的香气品质，选取的乌龙茶品种是金观音。三种工艺的前序步骤都是：晒青、摊青、摇青、凉青（3次）、杀青、初（包）揉、初烘。三种工艺分别采用冷冻干燥、冷冻贮藏和热力烘干，得到的三种茶分别被称为冻干茶、冷冻茶、烘干茶。冻干茶所用冷冻干燥机为 LGJ1.5 冷冻干燥机。

经过比较实验，结果表明传统烘干技术由于最终高温热力干燥过程中香气成分有一定程度的损失，另外一些热敏物质也发生了氧化，因此茶叶香气品质差于冻干茶和冷冻茶。对于冷冻茶来说，它的香气成分保存完好，但含水量高于20%，这一点很不利于长期贮藏和运输。而冻干茶可以有效地保留茶叶内的各种成分，同时还能保证含水量低于 3%，这弥补了以上两种工艺的不足，但这种工艺所需的成本高，还需要进一步优化以节约成本。

此后，刘秋彬和许振松等人[107-108]都对不同工艺进行过比较，结果都表明将真空冷冻干燥技术应用于乌龙茶干燥可以有效保护茶原本的香气味道，这可以成为一种新的生产工艺。

（2）红茶冷冻干燥

阳景阳等人[109]研究了桂热2号红茶的冷冻干燥工艺。干燥前的处理方式与乌龙茶不同，首先将新鲜叶放入温度为30℃，湿度为65%的萎凋槽内10h；再以空揉—轻揉—重揉—轻揉—空揉的顺序揉捻，每一步揉捻10min，目标是捏揉至略有茶汁且粘手。接着，将揉捻后的茶叶放入温度为30℃、湿度为90%的发酵机中4h，中途翻动3次。完成后，在25℃下理条20min，使茶叶达到竖直，得到的理条叶需预冻8h后再放入真空冷冻干燥机中处理。

处理之后，经过感官评审和成分鉴定等措施分析，冷冻干燥可以有效保留红茶的水浸出物、茶多酚和儿茶素，茶叶观感更佳，复水性强。但冷冻干燥红茶感官上会有较浓的青草气息，后期需要在100℃下提香处理。实验还得出了最佳的干燥参数：主冻干7h，真空度为0.8mbar；后冻干3h，真空度为0.05mbar；100℃下提香处理15min。

2. 茶粉冷冻干燥

速溶茶可以满足现代人快节奏生活的需求，传统制作方法是喷雾干燥法，但一些成分损失严重，导致味道变差，真空冷冻干燥作为一种广泛用于食品的技术，也可用于改善速溶茶的品质。

速溶茶的制作流程一般为：茶叶原料、浸提、过滤、浓缩、冷冻干燥、速溶茶粉。施郁荫等人[110]进行了速溶茶粉的冷冻干燥工艺研究，主要探讨浸提温度和次数、茶水比、预冻结温度的影响。他们采用龙井茶叶作为原料，采用热水浸提，经纱布过滤后，以2mm的铺料厚度在真空度为6~66Pa的条件下进行循环干燥，每个周期为5min。一次干燥搁板温度 -25℃，二次干燥搁板温度45℃。综合考虑茶粉的感官色差茶多酚含量等，确定最佳工艺参数为：浸提温度100℃、浸提2次（每次30min）、茶水比为1∶40、预冻结温度为 -40℃。

张欣[111]同样对龙井速溶茶冷冻干燥做了研究，与前文不同的是，此实验在80℃下微波提取30min，确定了冷冻干燥步骤的最佳参数：提取液浓度20~25%，溶液厚度为10mm，冻干温度 -17℃，压强为0.1~0.3mmHg，干燥时间8.5h。

在冷冻干燥速溶茶前，需要进行浸提等工艺来得到浓缩液。在提取工艺部分，沈放等人[112]对此进行过优化，采用了水提取和醇提取两种工艺，并以不同茶水比和温度进行实验。经过优化后，得出的最佳方案是：先进行乙醇浸，然后加入 8 倍的水进行 100℃水浴，接着得到浓缩液进行冷冻干燥。此外，孙艳娟等人[113]将膜分离技术与速溶茶冷冻干燥制备结合，即在固液比 1∶28 下，使用 90℃热水浸提 3 次（每次 30min），之后用 300 目滤网进行初步过滤，再使用超滤膜除杂，得到的超滤液经反渗透浓缩，得到浓缩液可以进行冻结和冷冻干燥步骤。膜分离技术的应用提高了速溶茶粉的得率，达到了 25.13%，并可以很好地保留茶的品质滋味。

第五节　发展前景以及现阶段存在的问题及解决办法

一、发展前景

我国在食品冷冻干燥技术方面发展的较晚，直到 20 世纪 60 年代中期才开始投资建设食品冷冻干燥加工厂。然而 80 年代后，食品冻干技术在我国的发展变得十分迅猛，到了 90 年代，我国在冻干的工艺、设计水平和控制水平上都取得了巨大的进步。尽管如此，目前我国大多数生产厂家仍在使用国外的设备，或是对国外的技术加以改进。2001 年，我国出台了《食品真空冷冻干燥设备》行业标准，以促进我国冻干技术的不断提升[114]。同时，国际市场对冻干食品的需求逐年增加，到 2020 年时，已达到上千万吨的需求量。我国对于冻干食品的需求也在逐年上升，但由于我国技术发展较晚，前期的成本较高导致商品价格也偏高，市场的接受性较小，所以大部分冻干食品依赖进口[1]。我国各地都有一些当地的名优特产品，经过冻干工艺加工后，就成为高档脱水的名优特产品。相对应的是，我国农牧产品一直徘徊在原产或初级加工阶段，技术含量总体偏低。通过开发冻干蔬菜和肉食等食品，我国出口食品的档次将得到提高，获得更高的附加值。由于人们对于身体健康以及“养生”的不断重视，由冻干工艺制成的保健类食品越来越受到大众的喜爱，发展前景也逐渐趋于明朗[115]。总之，中国市场正逢冻干食品扩大需求的机遇。然而，迄今为止，还没有一种新的工业规模交替使用的方法来大幅度降低冷冻干燥过程的能耗。新型升华技术在降低能源消耗方面的一些潜力已获得越来越多的关注，甚至有可能取代传统的冷冻干燥方法。同时，真空冷冻干燥技术的发展还需要从创新的角度加强重视，提升开发连续式冷冻干燥设备的能力水平，还要注重开发食品冷冻干燥后相应的处理装置的开发。

二、现有问题及解决办法

（一）冷冻恒温得不到保证

食品在冻结过程中，冻结时间和冻结温度的差异会导致食品质量的不同。当储存温度存在差异时，食品在不同温度下的安全性无法得到保障，可能会引起腐败、变质等情况，对消费者和生产商的身体健康和经济利益都会造成影响[116]。

（二）干燥效果不理想

食品在冷冻过程中，会产生大量的冰晶，这些冰晶的存在会影响后期食品的干燥速度。在慢速冷冻的情况下，细胞内的水分会冲破细胞壁，产生较大的冰晶，造成营养物质流失，同时食品口感也会发生变化，对食品营养价值的保存十分不利。相比之下，在快速冷冻的情况下冰晶形成的较快，体积也相对较小，能够在细胞外壁上形成保护层，阻挡营养物质的外流。但是在现阶段，我国大多数生产厂家仍然采用慢速冷冻的加工方法，达不到理想的产品效果[116]。

（三）不能根据产品类别进行分类加工

如今市场上的大部分冻干设备并不能根据食品类别的特性进行分类加工，这就可能会造成食品营养成分的流失，甚至在食品保存过程中变质等情况。不同的食物具有不同的共晶点，它们所适用的冷冻温度范围也有所不同，生产商应根据食品特殊性选择合适的设备和参数进行生产[116]。

（四）能耗大、成本高

目前应用的冻干工艺设备的能耗过高，导致成本和产品价格过高，也不利于国家可持续发展的战略目标。因此优化设计过程，注重成本能耗的降低就变得尤为重要。既要提高冷冻干燥技术的应用水平，又要从设计层面进行积极优化，最大程度地降低成本、减少能耗[117]。

参考文献

[1] 段瑞辉. 浅析我国冻干食品的发展与前景 [J]. 食品安全导刊，2019（10）：60-61.

[2] Wray D，Ramaswamy H S. Novel concepts in microwave drying of foods [J]. Taylor & Francis，2015，33（7）：769-783.

[3] Guiné R P F，Barroca M J. Effect of drying treatments on texture and color of

vegetables（pumpkin and green pepper）[J]. Food and Bioproducts Processing，2011，90（1）: 58–63.

[4] Liu Y，Zhao Y，Feng X. Exergy analysis for a freeze–drying process [J]. Applied Thermal Engineering，2007，28（7）: 675–690.

[5] Jiang H，Zhang M，Mujumdar A S. Microwave freeze–drying characteristics of banana crisps [J]. Drying Technology，2010，28（12）: 1377–1384.

[6] Duan X，Zhang M，Mujumdar A S，et al. Trends in microwave–assisted freeze drying of foods [J]. Drying Technology，2010，28（4）: 444–453.

[7] Bantle M，Kolsaker K，Eikevik T M. Modification of the weibull distribution for modeling atmospheric freeze–drying of food [J]. Drying Technology，2011，29（10）: 1161–1169.

[8] Claussen I C，Ustad T S，Strommen I，et al. Atmospheric freeze drying–A review [J]. Drying Technology，2007，25（4–6）: 947–957.

[9] Daniel I O，Hashim N，Abdan K，et al. The effectiveness of combined infrared and hot–air drying strategies for sweet potato [J]. Journal of Food Engineering，2019，241: 75–87.

[10] 黄小丹，吴银秀，林刚云，等. 不同干燥方式对桑椹活性成分含量的影响 [J]. 广西蚕业，2020，57（01）: 32–36.

[11] 杨大恒，付健，李晓燕. 食品红外辅助冷冻干燥技术的研究进展 [J]. 包装工程，2021，42（03）: 100–106.

[12] Sadikoglu H，Liapis A I，Crosser O K. Optimal control of the primary and secondary drying stages of bulk solution freeze drying in trays [J]. Drying Technology，1998，16（3–5）: 399–431.

[13] Sadikoglu H，Ozdemir M，Seker M. Optimal control of the primary drying stage of freeze drying of solutions in vials using variational calculus [J]. Drying Technology，2003，21（7）: 1307–1331.

[14] Rahman M S. Food stability determination by macro‐micro region concept in the state diagram and by defining a critical temperature [J]. Journal of Food Engineering，2009，99（4）: 402–416.

[15] Islam M I U，Sherrell R，Langrish T A G. An investigation of the relationship between glass transition temperatures and the crystallinity of spray–dried powders [J]. Drying Technology，2010，28（3）: 361–368.

[16] Peleg M. On modeling changes in food and biosolids at and around their glass transition temperature range. [J]. Critical Reviews in Food Science and Nutrition, 1996, 36（1-2）: 49-67.

[17] Sansanee S, Sakamon D, Soponronnarit S. Generalized microstructural change and structure-quality indicators of a food product undergoing different drying methods and conditions [J]. Journal of Food Engineering, 2012, 109（1）: 148-154.

[18] Rahman M S. Toward prediction of porosity in foods during drying : a brief review [J]. Drying Technology, 2001, 19（1）: 1-13.

[19] Ratti C. Hot air and freeze-drying of high-value foods : a review [J]. Journal of Food Engineering, 2001, 49（4）: 311-319.

[20] 周頔, 孙艳辉, 蔡华珍, 等. 超声波预处理对苹果片真空冷冻干燥过程的影响 [J]. 食品工业科技, 2015, 36（22）: 282-286.

[21] Schössler K, Jäger H, Knorr D. Novel contact ultrasound system for the accelerated freeze-drying of vegetables [J]. Innovative Food Science and Emerging Technologies, 2012, 16: 113-120.

[22] 牟婧婧. 微波冷冻干燥技术与应用 [J]. 现代食品, 2018（24）: 37-39.

[23] Xu D, Wei L, Ren G, et al. Comparative study on the effects and efficiencies of three sublimation drying methods for mushrooms [J]. International Journal of Agricultural & Biological Engineering, 2015, 8（1）: 91-97.

[24] Wu H, Tao Z, Chen G, et al. Conjugate heat and mass transfer process within porous media with dielectric cores in microwave freeze drying [J]. Chemical Engineering Science, 2004, 59（14）: 2921-2928.

[25] 朱彩平, 孙静儒, 孙红霞, 等. 平菇微波——真空冷冻联合干燥工艺优化及其品质分析 [J]. 现代食品科技, 2019, 35（06）: 129-138.

[26] Duan X, Ren G Y, Zhu W X. Microwave freeze drying of apple slices based on the dielectric properties [J]. Drying Technology, 2012, 30（5）: 535-541.

[27] Duan X, Zhang M, Mujumdar A S, et al. Microwave freeze drying of sea cucumber（Stichopus japonicus）[J]. Journal of Food Engineering, 2009, 96（4）: 491-497.

[28] Wang W, Zhang S, Pan Y, et al. Multiphysics Modeling for Microwave Freeze-Drying of Initially Porous Frozen Material Assisted by Wave-Absorptive Medium [J]. Industrial & Engineering Chemistry Research, 2020, 59（47）: 20903-20915.

[29] Chamchong M, Daita A K. Thawing of foods in a microwave oven : i. effect of power levels and power cycling [J]. Journal of Microwave Power and Electromagnetic Energy, 1999, 34（1）: 9–21.

[30] Zhi T, Wu H, Chen G, et al. Numerical simulation of conjugate heat and mass transfer process within cylindrical porous media with cylindrical dielectric cores in microwave freeze–drying [J]. International Journal of Heat and Mass Transfer, 2004, 48（3）: 561–572.

[31] 冯洪庆, 李惟毅, 林林, 等 . 常压吸附流化冷冻干燥影响因素的实验研究 [J]. 天津大学学报, 2003（03）: 387–390.

[32] Li S, Stawczyk J, Zbicinski I. CFD Model of apple atmospheric freeze drying at low temperature [J]. Drying Technology, 2007, 25（7–8）: 1331–1339.

[33] Claussen I C, Strmmen I, Hemmingsen A K T, et al. Relationship of product structure, sorption characteristics, and freezing point of atmospheric freeze–dried foods [J]. Drying Technology, 2007, 25（5）: 853–865.

[34] Stawczyk J, Sheng L, Witrowa–Rajchert D, et al. Kinetics of atmospheric freeze–drying of apple [J]. Transport in Porous Media, 2007, 66（1–2）: 159–172.

[35] Rahman S, Mujumdar A S. A novel atmospheric freeze - dryer using vortex tube and multimode heat input : simulation and experiments [J]. Asia - Pacific Journal of Chemical Engineering, 2008, 3（4）: 408–416.

[36] 汪喜波 . 不同操作条件对食品真空冷冻干燥过程的影响 [D]. 中国农业大学, 2000.

[37] 王丽丽 . 真空冷冻干燥食品加工工艺的研究 [J]. 现代食品, 2020（13）: 47–49.

[38] 苑社强, 牟建楼, 徐立强, 等 . 真空冷冻干燥工艺生产草莓粉的技术研究 [J]. 制冷学报, 2007（05）: 59–62.

[39] 陈义勇, 朱东兴, 刘晶晶, 等 . 响应面优化草莓粉的振动磨超微粉碎工艺 [J]. 常熟理工学院学报, 2017, 31（02）: 93–96.

[40] 王伟 . 真空冷冻干燥草莓粉工艺研究 [D]. 河北农业大学, 2007.

[41] 尹秀莲, 张学娟, 万苗苗, 等 . 真空冷冻干燥法制备草莓粉工艺研究 [J]. 食品与发酵科技, 2017, 53（05）: 58–62.

[42] 黄松连 . 草莓片的真空冷冻干燥工艺的研究 [J]. 广西轻工业, 2007（06）: 16+75.

[43] Zhang L，Qiao Y，Wang C，et al. Impact of ultrasound combined with ultrahigh pressure pretreatments on color，moisture characteristic，tissue structure，and sensory quality of freeze - dried strawberry slices [J]. Journal of Food Processing and Preservation，2021，45（3）.

[44] 房星星，肖旭霖. 猕猴桃片真空冷冻干燥工艺研究 [J]. 食品工业科技，2008（01）：186-187+190.

[45] 麦润萍，冯银杏，李汴生. 基于分形理论的预冻温度对冻干猕猴桃片干燥特性及品质的影响 [J]. 食品与发酵工业，2018，44（12）：155-160+165.

[46] 冯银杏. 猕猴桃片冻干加工及果皮粉干燥加工特性研究 [D]. 华南理工大学，2017.

[47] 彭润玲，韦妍，王鹏，等. 猕猴桃片真空冷冻干燥工艺及其效率研究 [J/OL]. 真空：1-7[2021-06-01].

[48] 彭润玲，徐成海，张志军，等. 山楂浆抽真空冻结干燥的实验研究 [J]. 真空，2007（06）：7-10.

[49] 魏丽红，翟秋喜. 山楂真空冷冻干燥最佳条件的筛选 [J]. 辽宁农业职业技术学院学报，2019，21（01）：1-3+10.

[50] 赵艳雪，余金橙，刘士琪，等. 山楂切片冷冻干燥动力学与品质特性研究 [J]. 食品研究与开发，2021，42（02）：53-60.

[51] 陶乐仁，刘占杰，华泽钊，等. 苹果冷冻干燥过程的实验研究 [J]. 制冷学报，2000（03）：25-29.

[52] 罗瑞明，李亚蕾，白杰，等. 苹果冷冻干燥过程的优化及最佳工艺条件的确定 [J]. 宁夏大学学报（自然科学版），2005（03）：246-250.

[53] 郭树国，刘强，付广艳，等. 苹果真空冷冻干燥工艺参数对耗电量影响的研究 [J]. 制冷学报，2007（02）：61-62.

[54] 王丽艳，郭树国，邓子龙. 苹果真空冷冻干燥工艺参数对生产率影响的研究 [J]. 农机化研究，2007（05）：167-168.

[55] 马有川，毕金峰，易建勇，等. 预冻对苹果片真空冷冻干燥特性及品质的影响 [J]. 农业工程学报，2020，36（18）：241-250.

[56] 周顿，孙艳辉，蔡华珍，等. 超声波预处理对苹果片真空冷冻干燥过程的影响 [J]. 食品工业科技，2015，36（22）：282-286.

[57] 王海鸥，扶庆权，陈守江，等. 预处理方式对真空冷冻干燥苹果片品质的影响 [J]. 食品与机械，2018，34（11）：126-130.

[58] Lammerskitten A，Mykhailyk V，Wiktor A，et al. Impact of pulsed electric fields on physical properties of freeze-dried apple tissue [J]. Innovative Food Science and Emerging Technologies，2019，57：102211.

[59] Duan X，Ling D，Ren G Y，et al. The drying strategy of atmospheric freeze drying apple cubes based on glass transition [J]. Food & Bioproducts Processing Transactions of the Institution O，2013，91（4）：534-538.

[60] Duan X，Ren G Y，Zhu W X. Microwave Freeze drying of apple slices based on the dielectric properties [J]. Drying Technology，2012，30（5）：535-541.

[61] Wang D，Min Z，Wang Y，et al. Effect of pulsed-spouted bed microwave freeze drying on quality of apple cuboids [J]. Food and Bioprocess Technology，2018，11（1）：941-952.

[62] 罗瑞明，李亚蕾，潘长娟. 胡萝卜冷冻干燥过程的优化及最佳工艺条件的确立 [J]. 宁夏大学学报（自然科学版），2006（03）：270-273.

[63] 唐湘玲，张志强，江英，等. 胡萝卜真空冷冻干燥工艺的研究 [J]. 四川食品与发酵，2007（01）：8-10.

[64] 姚智华，张华，易克传. 胡萝卜冷冻干燥能耗和生产率的多目标优化 [J]. 食品与机械，2013，29（01）：213-215.

[65] Voda A，Homan N，Witek M，et al. The impact of freeze-drying on microstructure and rehydration properties of carrot [J]. Food Research International，2012，49（2）：687-693.

[66] Fan D，Chitrakar B，Ju R，et al. Effect of ultrasonic pretreatment on the properties of freeze-dried carrot slices by traditional and infrared freeze-drying technologies [J]. Drying Technology，2020：1-8.

[67] Dai C，Zhou X，Zhang S，et al. Influence of ultrasound-assisted nucleation on freeze-drying of carrots [J]. Drying Technology，2016，34（10）：1196-1203.

[68] 林平，朱海翔，李远志，等. 超声波预处理对真空冷冻干燥胡萝卜的影响研究 [J]. 食品科技，2010，35（07）：116-119.

[69] 林平，朱海翔，李远志，等. 热风和微波预脱水对胡萝卜真空冷冻干燥效果的影响 [J]. 现代食品科技，2010，26（04）：380-382.

[70] 马霞，李路遥，程朝辉，等. 冻干胡萝卜片护色工艺的优化 [J]. 食品工业，2017，38（03）：9-13.

[71] Sujinda N，Varith J，Shamsudin R，et al. Development of a closed-loop

control system for microwave freeze-drying of carrot slices using a dynamic microwave logic control [J]. Journal of Food Engineering，2021，302：110559.

[72] 张素文，张懋，孙金才. 水分含量对西兰花玻璃化转变温度的影响 [J]. 食品与生物技术学报，2008（03）：28-32.

[73] Suresh S，Al-Habsi N，Guizani N，et al. Thermal characteristics and state diagram of freeze-dried broccoli：freezing curve，maximal-freeze-concentration condition，glass line and solids-melting [J]. Thermochimica Acta，2017，655：129-136.

[74] 杨霞，司俊娜，樊振江，等. 西兰花干燥过程中还原型 V_C 与氧化型 V_C 的变化 [J]. 食品与机械，2012，28（02）：184-186.

[75] 刘玉环，杨德江，冯九海，等. 西兰花真空冷冻干燥的加工工艺及机理 [J]. 食品与发酵工业，2008，34（10）：110-112.

[76] 杨磊磊，王然，吴昊，等. 不同粒度西兰花冻干粉的物化特性及抗氧化活性 [J]. 食品科学，2013，34（03）：90-92.

[77] 杨磊磊，王然，王凤舞，等. 干燥方式对西兰花超微粉理化特性及抗氧化活性的影响 [J]. 食品科学，2012，33（19）：92-96.

[78] 徐有均. 鸡蛋的营养价值 [J]. 畜牧与饲料科学，2012，33（09）：116-117.

[79] 赵雨霞，徐成海，祖文文，等. 鸡蛋粉真空冷冻干燥的实验研究 [A]. 中国制冷学会小型制冷机低温生物医学专业委员会. 第八届全国冷冻干燥学术交流会论文集 [C]. 中国制冷学会小型制冷机低温生物医学专业委员会：中国制冷学会，2005：5.

[80] 刘丽莉，代晓凝，杨晓盼，等. 喷雾冷冻干燥对鸡蛋清蛋白结构和特性的影响 [J]. 食品与机械，2020，36（01）：30-35+41.

[81] Liu L，Li Y，Prakash S，et al. Enzymolysis and glycosylation synergistic modified ovalbumin：functional and structural characteristics [J]. International Journal of Food Properties，2018，21（1）：395-406.

[82] 刘丽莉，李玉，王焕，等. 酶解—磷酸化协同改性对卵白蛋白特性与结构的影响 [J]. 食品与机械，2017，33（06）：17-20+52.

[83] 张永明，孙晓蕾. 鸡肉的营养价值与功能 [J]. 肉类工业，2008（08）：57+32.

[84] Babić J，Cantalejo M J，Arroqui C. The effects of freeze-drying process

parameters on Broiler chicken breast meat [J]. LWT – Food Science and Technology，2009，42（8）：1325–1334.

[85] Reddy K J，Pandey M C，Harilal P T，et al. Optimization and quality evaluation of freeze dried mutton manchurian [J]. International Food Research Journal，2012，20（6）：3101–3106.

[86] Chakraborty R，Mukhopadhyay P，Bera M，et al. Infrared–Assisted freeze drying of tiger prawn：parameter optimization and quality assessment [J]. Drying Technology，2011，29（5）：508–519.

[87] 崔宏博，宿玮，薛长湖，等.冷冻干燥南美白对虾贮藏过程中各种变化之间的相关性研究 [J]. 中国食品学报，2012，12（01）：141–147.

[88] Hu Y，Huang Q，Bai Y. Combined electrohydrodynamic（EHD）and vacuum freeze drying of shrimp [J]. Journal of Physics：Conference Series，2013，418（1）：1051–1055.

[89] 刘达，戴志远，陈飞东，等.响应面法优化虾仁的真空冷冻干燥工艺 [J]. 食品与发酵工业，2015，41（07）：116–121.

[90] 林丰，汪之和，施文正，等.干燥方式对南极磷虾干制品风味成分的影响 [J]. 上海农业学报，2016，32（05）：133–138.

[91] Ling J，Xuan X，Yu N，et al. High pressure–assisted vacuum–freeze drying：A novel，efficient way to accelerate moisture migration in shrimp processing [J]. Journal of Food Science，2020，85（4）：1167–1176.

[92] 白洁.冻干海参的研究 [A]. 中国制冷学会小型制冷机低温生物医学专业委员会.第八届全国冷冻干燥学术交流会论文集 [C]. 中国制冷学会小型制冷机低温生物医学专业委员会：中国制冷学会，2005：2.

[93] 云霞，韩学宏，农绍庄，等.海参真空冷冻干燥工艺 [J]. 中国水产科学，2006（04）：662–666.

[94] 张倩，张国琛，李秀辰，等.不同干燥技术对海参干燥特性和产品品质影响的对比研究 [A]. 中国水产学会、四川省水产学会.2016 年中国水产学会学术年会论文摘要集 [C]. 中国水产学会、四川省水产学会：中国水产学会，2016：1.

[95] Duan X，Zhang M，Li X，et al. Microwave freeze drying of sea cucumber coated with nanoscale silver [J]. Drying Technology，2008，26（4）：413–419.

[96] Duan X，Zhang M，Arun S，et al. Microwave freeze drying of sea cucumber（Stichopus japonicus）[J]. Journal of Food Engineering，2009，96（4）：491–497.

[97] 曹扬，薛长湖.鱿鱼——来自大洋的绿色食品 [J].中国水产，1998（05）：32.

[98] 梁钻好，陈海强，王亚昊，等.干燥工艺对鱿鱼干燥效果和品质的影响 [J].保鲜与加工，2021，21（02）：47-53.

[99] 刘娟娟.鱿鱼真空冷冻干燥加工工艺研究 [D].浙江海洋学院，2013.

[100] 陈飞东，刘军波，王宏海，等.鱿鱼真空冷冻干燥工艺的优化 [J].农产品加工，2015（21）：23-27.

[101] 沈鹤钧，薛峰.咖啡真空冷冻干燥的实验研究 [A].中国制冷学会小型制冷机低温生物医学专业委员会.第九届全国冷冻干燥学术交流会论文集 [C].中国制冷学会小型制冷机低温生物医学专业委员会：中国制冷学会，2008：4.

[102] 胡荣锁，段其站，董文江，等.冻干咖啡粉的研制及风味品质特性研究 [J].热带作物学报，2019，40（08）：1618-1625.

[103] Fissore D，Pisano R，Barresi A A. Applying quality-by-design to develop a coffee freeze-drying process [J]. Journal of Food Engineering，2014，123：179-187.

[104] Shweta M D，Dutta S，Moses J A，et al. Stability of instant coffee foam by nanobubbles using spray-freeze drying technique [J]. Food and Bioprocess Technology，2020，13：1866-1877.

[105] Ishwarya S P，Anandharamakrishnan C. Spray-Freeze-Drying approach for soluble coffee processing and its effect on quality characteristics [J]. Journal of Food Engineering，2015，149：171-180.

[106] 叶乃兴，杨如兴，杨广，等.真空冷冻干燥对乌龙茶香气品质的影响 [J].茶叶科学，2006（03）：181-185.

[107] 刘秋彬.真空冷冻干燥在乌龙茶加工中的应用 [J].福建茶叶，2013，35（05）：11-13.

[108] 许振松，刘雪玉，陈勤.优质单丛乌龙茶真空冷冻干燥技术研究 [J].中国园艺文摘，2014，30（02）：223-224.

[109] 阳景阳，罗莲凤，骆妍妃，等.桂热 2 号红茶冷冻干燥关键技术研究及品质评价 [J/OL].食品与发酵工业：1-9[2021-06-01].

[110] 施郁荫，刘宝林.真空冷冻干燥制备速溶茶粉工艺研究 [C].第八届全国食品冷藏链大会论文集.2012.

[111] 张欣.速溶茶冷冻干燥最佳冻干曲线的研究 [J].食品工业科技，2013，34（23）：264-265.

[112] 沈放，杨黎江，王德斌. 提取技术对速溶普洱茶粉品质的影响 [J]. 昆明学院学报，2009，31（03）：46–47.

[113] 孙艳娟，张士康，朱跃进，等. 膜技术结合冷冻干燥制备速溶茶的研究 [J]. 中国茶叶加工，2009（03）：13–15.

[114] 冯明. 食品真空冷冻干燥技术在我国发展与对策探析 [J]. 农业技术与装备，2019（10）：26+28.

[115] 张玉蝶，蒋佳洛，卢冬晴，游宇. 真空冷冻干燥技术在固体饮料中的应用 [J]. 轻工科技，2018，34（11）：26–27.

[116] 王丽丽. 真空冷冻干燥食品加工工艺的研究 [J]. 现代食品，2020（13）：47–49.

[117] 储亚萍. 食品真空冷冻干燥技术研究概述 [J]. 安徽农学通报，2020，26（18）：193–194.

[118] Turchiuli C，Fuchs M，Bohin M，et al. Oil encapsulation by spray drying and fluidized bed agglomeration [J]. Innovative Food Sci. Emerging Technol，2005，6：29‑35.

第四章 冷冻干燥技术在医药领域的应用

随着冷冻干燥技术的发展成熟，其也逐渐应用在医药领域的不同产品开发上。本章节主要将冻干在医药领域的应用分为中药和西药的应用并对其进行系统阐述。

《本草蒙筌》中记载：凡药藏贮宜提防，倘阴干、暴干、烘干未尽其湿，则蛀蚀霉垢朽烂不免为殃[1]。对于中药来说各种干燥方式有各自的优缺点，应按照药材的性质进行选择。比如采取冷冻干燥可以保持药材外观不变形，并对药材成分的影响小，但所需工艺设备成本高、耗时耗能，所得产品容易质地松泡、复水率高，仅适合含有热敏性成分和不稳定成分的药材处理[2]。总之，通过真空冷冻干燥的药材能够较好地保持原有的色、形、味，但投资成本和运行陈本较为高昂[3]。

冷冻干燥技术在西药的应用上已经发展得十分成熟。事实上，在西药中有很多溶解度小、吸收差的药物都制成了脂质体，后再经过冷冻干燥处理以提高药物的长期稳定性，如两性霉素 B、苯磺酸氨氯地平米非司酮、克拉霉素、尼莫地平、维 A 酸等[4]。其次，将西药制成冻干粉剂可使药物能够长期存放，且易于实现无菌化处理，如阿奇霉素、盐酸多西环素、棓丙脂、阿莫西林钠、泮托拉唑钠、盐酸丁咯地尔等。此外，在口腔崩解片的制备上若采用冻干技术有使用方便、分剂量准确、减小刺激、崩解迅速等优点，还可以避免药物因高温而分解变质[4]。

第一节 冻干技术在中药中的应用

冷冻干燥技术现已应用于中药材、中药提取物以及中药制剂中[5]。在中药材中的应用中，冻干技术能够较好地保持中药原来的形貌、气味，同时能保证原有活性成分的含量和药效。在中药提取物的应用中，冻干技术能够最大程度地保留药物提取物中的热敏性成分和水溶性成分，防治氧化变质。在中药制剂的应用中，对于冻干粉剂大大地增强了粉剂的成型性、稳定性；对于脂质体能够延长其药物作用时间，降低其毒副作用，提高其生物利用度[6]。

以国内冻干企业的成功案例——大树集团为例，其近年来承担了多项药物领域省重大科技专项，例如特色中药提取和现代制剂关键技术研究与示范项目等。通过这些研究，其成果颇丰，在灵芝、杜仲及其雄花提取物、牡丹花蕊、牡丹花瓣、三七、铁皮石斛、西洋参片、人参等名贵中草药的冷冻干燥技术上都实现了突破与进展，成功生产出了冻干产品，实现了产品转化，图4-1展示了其中的部分中草药冻干产品。

图4-1 大树集团生产的中草药类冻干产品展示图

此外，大树基团还成功生产出了药膳冻干产品，如图4-2所示。

图4-2　大树集团生产的药膳类冻干产品

一、冻干技术在中药材中的应用

中草药的真空冷冻干燥过程一般包括预处理、冻结、升华干燥、解析干燥、包装贮藏等几个流程[7]。预处理能够保证干燥的品质并提高干燥的速度，冻结将物料冷冻至共晶点以下，通常选择共晶点以下 5 ~ 10℃，升华干燥则将物料内冻结的冰晶融化消失，之后的解析干燥程序则将升华干燥除不去的结合水除去[8]。迄今，采用冻干技术对中药材进行处理加工已经进行了多方面的尝试研究。

（一）鹿茸的冷冻干燥技术

1991 年咸等人用 LGJ-2 型冷冻干燥机加工鹿茸，将鹿茸放在冷冻干燥机中，降温到 -40℃，再以 2℃ /h 的速度升温，同时抽真空，30h 后，得到的鹿茸含水率大致在 5%[9]。咸等人同时做了传统水煮炸法的对照组实验，其中冻干组的鹿茸脂肪含量是传统方法组的 1.26 倍，氮含量是传统方法组的 1.94 倍，水溶性浸出物则为 1.46 倍，氨基酸为 1.15 倍，醇溶性浸出物为 1.9 倍，醚溶性浸出物为 1.47 倍，而且冻干法制得的鹿茸接近天然状态，感官质量好。

2000 年陈等人用 DF-03 真空冷冻干燥机根据分选→封锯口→洗刷茸皮→水煮→冷凉→真空冷冻→煮头→烘干的步骤制作冻干鹿茸[10]。其中真空冷冻干燥的具体步骤为：将冷凉后的鹿茸放入冷冻干燥机的托盘上，预冷达 -25℃左右，0.5h 后抽真空，使真空度达 12Pa，开始加热，搁板温度设置在 75℃，约 4h 后板温设置在 65℃，约 7h 后板温设置在 45℃。得到的鹿茸形状完整，茸头饱满，茸皮不破，不空不瘪，茸内血液分布均匀，颜色鲜艳。陈等人采用真空冷冻干燥方法减少了水煮的损失，避免了高温烘烤，有效减少了营养成分的损耗，提高了鹿茸的药效。

2003 年赵等人采用对鹿茸冷冻后加工的方法，将洗净封口的鹿茸在 –15 ～ –20℃下冷冻，直至冻透，预热烘箱后，将烘箱温度设为 40℃，解冻 2 小时，再设为 50℃，解冻 1h，再设置为 80℃，干燥 8h，期间每 2h 翻动一次，干燥后再冷冻 12h[11]。烘箱设置 75℃，烘干 10h，挂起冷冻 12h，再烘干 4 ～ 8h，反复多次，直到达到标准为止，共耗时 15 天左右。鹿茸最后增重 5% 左右，形状完整，无臭茸。

2007 年马等人用 LGJ–5 型冷冻干燥机将鹿茸进行冷冻干燥，得到的冻干鹿茸失水率为 69%。冷冻干燥的具体步骤为：将干燥箱板层和制品温度降至 –45℃，然后给冷凝器制冷，当冷凝器温度降至 –40℃时开启真空泵，进行升华干燥，控制加热板层温度在 –30 ～ 20℃，循环 3 次，再控制加热板温度在 0 ～ 30℃，循环 8 ～ 10 次，当产品温度达到 35℃，真空度达到 6 ～ 7Pa 时即可出箱，整个过程大致需要 3.5 ～ 4 天。其中第一个循环是为了去除鹿茸中的循环水，第二个循环是为了去除鹿茸中剩余的游离水和难以去除的结构水[12]。这一冷冻干燥技术使其设法将鹿茸内部的游离水和结构水析出，避免了鹿茸在常规加工方法下造成的热敏性成分的破坏，最大程度地保持了鹿茸的营养成分。

2011 年刘等人先对鹿茸的水分含量、共晶点温度进行了测量，并分别展开了切片鹿茸和整支鹿茸的冻干实验。其中，切片鹿茸的预冻时长为 1.5h，冻结的鹿茸片温度约为 –25℃[13]。真空冷冻干燥阶段压力为 40Pa，当鹿茸片温度达到 45℃且冻干室压力不再变化时认为达到了冻干终点。得到的鹿茸冻干片的含水率约为 2%，且真空包装的鹿茸片能够在常温下存放 3 年。整支鹿茸在冷冻真空干燥的程序中压力选择为 20 ～ 40Pa，温度为 –40℃，隔板温度以 10℃/3.5h 的速度上升到 80℃，并在鹿茸下面垫加有隔热作用的竹片以防止鹿茸温度升到 45℃以上。同时，为了强化传热，当压强低于 10Pa 时，采用循环压力法，升幅为 40 ～ 50Pa，保持 10 ～ 15min，共循环 10 个周期左右。当电子秤上的读数在 30min 内的变化值小于 1g 时，结束冻干。此时，总冻干时间为 40 ～ 60h，整支鹿茸脱水率为 50% ～ 60%。刘等人还对冻干法制得的鹿茸和传统干燥制得的鹿茸进行了化学成分分析对比和物理形貌观察对比，结果表明冻干法制得的鹿茸成分和形貌均优于传统干燥法制得的鹿茸。

2013 年崔等人在生产实践中不断探索，总结出了一套带血鹿茸冷冻干燥加工技术，主要分为 3 个步骤：加工前准备，冷冻，烘烤解冻[14]。对于重量在 7.5kg 上的花鹿茸、马鹿茸的冷冻时间可适当延长。烘烤解冻过程要经历 7 次水才能保证鹿茸的顶端饱满，色泽光亮。其所采用的冷冻干燥方法处理带血鹿茸比常规加工方法相比，工艺更加简单，过程更加可控，还能缩短工期，解决鹿场易发生的臭茸现象，保证了成品鹿茸的质量。

2019 年宫等人探索了不同加工方式对鹿茸中水溶性多糖和单糖含量的影响。同一部位水煮炸法中各单糖的含量为 10.01，水溶性多糖含量为 1.74，而冻干法制得的鹿茸片单糖含量为 13.31，水溶性多糖含量为 2.77[15]。宫等人还探索了不同加工方式对鹿茸中胶原蛋白含量的影响。他们发现在相同部位，冻干鹿茸蜡片的胶原蛋白含量为 37.43%，水煮炸法制得的鹿茸蜡片胶原蛋白含量为 31.40%，但冻干鹿茸粉片、骨片和整支茸的胶原蛋白含量均低于水煮炸法[15]。总体上看，蜡片鹿茸的胶原大蛋白含量较高。此外，王等人还探索了不同加工方法对鹿茸中生物胺成分的影响。就生物胺的总量来看，水煮炸茸的含量低于冻干鹿茸，但不同部位的生物胺含量差异明显[16]。

冻干鹿茸能够最大程度地避免鹿茸有效药效成分的损失，保留其活性，并保持了鹿茸的原始外观品质、颜色、气味和形貌，拥有其他加工方法难以替代的优越性，具有良好的市场前景[17]。

（二）人参的冷冻干燥技术

1982 年王贵华利用 NY-1 型真空冷冻干燥机对人参进行冷冻干燥处理，考察了人参冻干的工艺条件[18]。首先是冷冻温度的选择，实验发现 -20℃ 和 -30℃ 的皱缩程度最小，外观保持最佳；其次是否水焯的选择，一组不进行水焯，另一组在 100℃ 的沸水中焯 5min，随后进行同样的冻干过程，实验结果表明水焯会损耗人参原有的香气，故以不进行水焯为宜；最后是否排针的选择，选择一组不扎眼，另一组用 6 号注射针头扎 2 ~ 5 个眼，实验结果表明排针的人参体积更大，无皱且更美观，但质量轻，人参皂苷含量较低。

1994 年徐等人采用的工艺流程为前处理→预冻→升华干燥→解析干燥→后处理[19]。由于人参的共晶点为 -15℃，预冻的隔板温度必须控制在 -20 ~ -25℃，预冻时间为 3 ~ 4h。升华干燥阶段的温度依据人参的崩解温度而定，高于崩解温度 50℃ 即为升华干燥阶段温度，时长保持在 20 ~ 21h 内比较合适。在解析干燥阶段人参的最高温度是 50℃，但这一阶段的干燥箱内必须保持高真空状态才能将人参内的结合水除去，时长保持在 8h 左右为宜。干燥结束后应进行真空包装，防止产品变质。徐等人通过绘制冻干工艺曲线发现人参的直径、冻干室内的真空度、传热方式和水汽凝结器表面温度都对人参冻干的结果有影响。

2007 年钱等人研究了人参冷冻干燥工艺条件和冻干人参片的皂苷含量变化[20]。钱等人首先确定了人参的共晶区在 –19 ~ 16℃之间，确定预冻温度为 0 ~ 24℃，抽真空后温度降为 –29.5℃，升华干燥阶段的真空度选择为 60 ~ 100Pa，在解吸干燥阶段真空度选择为 20 ~ 50Pa，当物料温度最高时，升高真空度并维持至冻干结束，整个过程耗时 28.5h，鲜重与成品重量的比值为 3.955 ∶ 1。同时，冻干后人参的单体皂苷和总皂苷与鲜人参相比差别较小，尤其是鲜人参中特有的热敏性成分丙二酰基人参皂苷 Rb1。如图 4-3 为人参冻干片的工艺温度曲线。

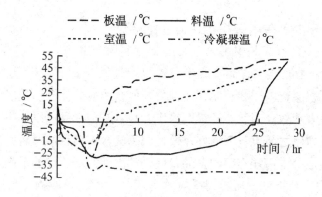

图4-3　人参冻干片的工艺温度曲线

2012 年郭等人对影响人参冷冻干燥的工艺参数进行了实验研究。郭等人测得的人参共晶点为 –15℃，其工艺流程具体为：挑选→清洗→预冻→真空冷冻干燥→成品分析[21]。实验通过对参数的优化和对结果分析确定了加热板温度的影响是最主要的，其次是干燥室压力以及物料厚度[21]。

2017 年王等人筛选了真空冻干保护剂并优化了冻干工艺曲线，建立了人参蛋白冻干的最佳工艺方法。实验发现加入 5% 甘露醇作为冻干保护剂能够保持样本表面光洁，不坍塌皱缩，质地细腻，故选用 5% 甘露醇作本样品的冻干保护剂[22]。同时实验测得人参的共熔点为 –4℃，最终确定的工艺曲线为在 –40℃预冻 2h，逐渐升温至 –10℃，降温过程耗时 6h，随后在 2h 内升温至 –4℃，并保持零下 4℃这一温度 10h，随后在 1h 内升温至 5℃，再在 1h 内升温至 15℃并维持 2h，全过程耗时 24h。

2018 年陆国胜首先用电阻法测定了西洋参的共晶点为 –20℃和共熔点为

–16℃；又探究了不同切片厚度对人参皂苷 Rb1 含量和产品外观的影响，最终确定切片厚度为 5mm；在切片厚度为 5mm 的前提下探究了不同预冻时长对人参皂苷 Rb1 含量的影响，发现在预冻 3h 后冻干效果无明显差异；探究了不同升华干燥时间对人参皂苷 Rb1 和产品外观的影响，发现在升华干燥阶段时长超过 8h 后，人参皂苷 Rb1 的含量无太大变化；同时探究了解析干燥温度和时长的不同对人参皂苷 Rb1 的影响，发现解析干燥阶段温度越高人参皂苷的含量越低[23]。最终，该研究利用正交试验优选出了人参冻干的最优参数，即切片厚度 3mm，预冻时长 4h，升华干燥 8h，解析干燥 30℃、6h，最后采用这套参数得到的人参皂苷 Rb1 含量为 2.41%。

二、冻干技术在中药提取物中的应用

几千年来中药一直是中国人常用的治疗手段，中药大多数来源于整个植株（或动物）也就是原药材，而其服用方式也就是做成复方制备汤剂来直接引用。但这样服用不仅会带来一些不便，而且中药所含的成分化合物繁多，这样饮用难以控制其用量及疗效。因此中药提取物作为一种新型产品可以解决这些问题。事实上，中药提取物之所以具有良好疗效是因为其含有多种经过研究证实的药效成分，但是这些成分也可能会因制备的条件受到破坏，如传统的干燥方法可能会因温度过高影响产品得率，所以对含有这类成分的中药提取物宜采用真空冷冻干燥，以最大限度地保留药材提取物的活性，防止氧化变质。例如大树基团就在花类植物的冷冻干燥领域成功实现了生产，对其色彩保留等技术层面的问题进行了深入探讨，如图 4-4 所示是其所生产的冻干玫瑰花产品的一些实景拍摄图。

图4-4 冻干玫瑰花产品展示图

此外，有研究者还通过冻干机设备对七叶一枝花的提取物进行了真空冷冻干燥，研制出了治疗蛇伤的七叶一枝花冻干粉，其具有重量轻、携带方便、配药灵活、使用快捷、同时不受药材的季节性限制等特点，有效提高了药材的利用率。也有的研究以冻干率与升华耗时为指标，采用正交设计试验对枸杞多糖的冷冻干燥工艺进行优化，所得到的产品质地疏松、色泽美观、便于制剂，解决了多糖在高温干燥过程中易降解而失去药性的问题。此外，在通过考察常压干燥、减压干燥、冻干、微波干燥4种方法对白芷醇提物中欧前胡素和异欧前胡素含量的影响实验中发现，真空冷冻干燥法所得的白芷醇提物欧前胡素和异欧前胡素的损失最小，优于其他干燥方法。

（一）红花提取物

红花是菊科一年生或两年生草本植物。无子房的红色管状花通常在夏季采摘，花色由黄色变为红色，然后在阴凉通风处晾干，供临床使用。随着中药材化学成分研究的日益广泛，红花的植物化学研究也在不断深入。目前，已从该植物中分离鉴定出一百多种化合物，包括喹啉酮类、黄酮类、生物碱、聚乙炔、芳香糖苷、有机酸等。现代药理实验表明，红花及其活性成分具有广泛的生物学活性，包括扩张冠状动脉、改善心肌缺血、调节免疫系统、抗凝抗血栓、抗氧化、抗衰老、抗缺氧、抗疲劳、抗炎，及抗肝纤维化、抗肿瘤、镇痛等药理性质。因此，为保存红花中的有效成分，需要采用干燥的手段，比如晒干、晾干、阴干、真空冷冻干燥、远红外加热干燥和微波干燥等方法。

在提取红花中的红色素上，卿德刚等人[24]采用了碱提酸沉、棉纤维吸附和冷冻干燥的方法进行了研究尝试。他们首先对红花进行清洗，放在pH为11的碱水中超声处理20min，静置后再加入乙酸将pH调制到5，使用棉纤维充分吸收液体，再脱水处理。脱水后放入碱水中，待红色素全部溶于其中，加入柠檬酸调pH到5。然后将得到的液体低温放置3天，收集沉淀，再进行离心冷冻干燥处理以得到红花红色素，其中主要成分为红花苷。研究者分别在pH为9、11、13的碱水中进行了提取，结果发现最佳条件是pH为11，此时的条件碱液对红色素的溶解性比较好，色泽美观。总的来说用这种方式提取红色素，大大简化了工艺，非常方便操作，更适合于工业生产。

（二）白芷提取物

白芷是一种多年生芹菜科植物，起源于台湾，在韩国、中国、日本和俄罗斯都具有丰富的资源。白芷是一种著名的中药，在亚洲已有数千年的解热镇痛作用。今天，越来越多的研究人员正致力于对白芷的多种生物学功能和其化学成分的分析研究上。白芷根提取物的多种药理作用包括抗氧化、抗炎、抗增殖、美白、抗肿瘤、抗菌和抗阿尔茨海默病。这些效应被认为是由于该植物富含呋喃香豆素化合物，如欧前胡素和异欧前胡素。其中，欧前胡素具有抗炎、抗惊厥、保肝、肌松药、血管扩张剂和抗癌作用，而异欧前胡素则具有抗炎、抗过敏和抗菌作用。除了白芷呋喃香豆素的药理作用外，根提取物还含有多种酚类化合物，这些酚类化合物有强大的抗氧化活性。

对白芷根提取物的研究发现，其干燥温度可能是影响产品质量的最主要因素。其中，白芷根提取物中香豆素的稳定性随干燥温度的升高先升高后降低。真空冷冻干燥是去除食品水分的最佳方法，与其他干燥方法相比，最终产品的质量最高。在冷冻干燥过程中，新鲜样品中的水被冷冻，然后升华。低温和缺水可防止样品的变质和微生物污染。

例如，董芙蓉等人[25]以白芷中的欧前胡素和异欧前胡素为有效成分评价了冷冻干燥的效果，他们首先取白芷药粉放入乙醇中超声处理45min，再在40℃下减压回收乙醇。之后，其将得到的提取液分别用减压干燥、冷冻干燥、微波干燥、常压干燥和微波干燥进行处理并对比结果，其中冷冻干燥首先在-40℃预冻，再使用DZF-1B冷冻干燥机中干燥，结果最终发现，冷冻干燥的效果更好。

（三）金线莲提取物

金线莲花（兰科植物）在许多亚洲国家是一种珍贵的植物物种，但它也用于观赏、烹饪和药用目的。它是一种人们广泛食用和喜爱的功能性食品，具有多种有益作用，如清热、凉血、除湿和解毒。各种各样的健康产品和食物都可以由它制得。另外金线莲富含多糖、氨基酸、生物碱、类黄酮和有机酸，在临床上也已被用于预防和治疗糖尿病、高脂血症、肝炎和肿瘤。此外金线莲中还含有糖苷类化合物、有机酸、甾体化合物、黄酮类化合物、糖类化合物和生物碱等多种有效成分。

钟添华等人[26]对金线莲中的生物碱的提取做了研究。他们首先将金线莲的粉末用pH为2的盐酸浸泡72h，浸泡采用下口瓶，并稍加氯仿来防止溶液变质，然后用超声处理1h，抽滤得到滤液。并事先准备好阳离子交换树脂，把上一步得到的滤液流经树脂，使生物碱成分吸附在树脂上，再把得到的滤渣重复操作，直到滤液检测不到生物碱为止。之后，水洗吸附了生物碱的树脂至中性，并将树脂全部倒出，用水浴（70~80℃）烘干。烘干后加入适量盐酸并搅拌均匀放置4h，接下来用氯仿/甲醇在索氏提取器中浸泡过夜，回流提取12h，重复提取5次，直到提取液中检测不到生物碱时，进行旋转蒸发冷冻干燥得到粗生物碱。

（四）枸杞提取物

枸杞是一种具有重要生物活性（如预防癌症）的传统中草药，在亚洲国家被广泛使用。一些主要功能成分，如类胡萝卜素、类黄酮和多糖均被认为与这种生物的活性密切相关。

Jiang[27]对枸杞低聚糖的提取做了研究，使用过氧化氢（H_2O_2）水解制备枸杞低聚糖，并在水解过程中监测枸杞低聚糖的产率。其摸索的最佳水解条件为：水解时间4h；温度70℃；H_2O_2浓度为2.5% v/v。将水解产物过滤、浓缩至20% w/v，用6体积无水乙醇沉淀，冷冻干燥，研磨，得到水溶性白色粉末。产品含糖量为95.8%，产率为21.05% w/w。在100μg/mL浓度下，LBO对羟自由基的清除率（86.46%）高于维生素C（40.96%）。

张兴德等人[28]针对枸杞多糖冷冻干燥制备工艺参数进行了研究，其实验中所用的枸杞多糖是由作者自制而得。最终实验发现，当解析温度升高、时间长有利于提高多糖的冻干率，而在35℃下解析10h，得到冻干制品温度为–25℃时确定为该冻干工艺的最佳参数。

鲁晓丽等人[29]则比较了不同处理方式对枸杞多糖抗氧化活性的影响，他们分别用冷冻干燥、有机溶剂洗涤和大孔吸附树脂脱色法三种方式进行处理，结果发现采用冷冻干燥方法得到的干燥产品对羟基的清除能力可达92.02%，是三种方法里最强的。

三、冻干技术在中药制剂中的应用

在中药新剂型的研究中，冷冻干燥技术在很多方面都是有用的，中药脂质体制剂的研究就是其中之一。液体脂质体是一种混合乳剂，稳定性差，在使用过程中易发生融合和聚结，不能长期保存，故而其应用受到限制。而通过冷冻干燥技术，研究人员则发现脂质体可以单独、合理地制备，且药物的作用时间显著延长，毒副作用小，稳定性和利用率也显著提高。以"苦参"为例，在冷冻干燥技术的作用下，研究人员发现其干燥产品在各方面均在我国规定的范围内。一些研究人员还利用冷冻干燥技术制备了紫杉醇酯质体，使紫杉醇在水中的溶解度和稳定性得到了显著提高。中药冻干粉针剂制剂的研究也是其中之一。在临床治疗中，大多数中药注射剂在水中不太稳定，具体应用也不多。将相关中药制成冻干粉针剂后，研究人员发现药物制剂的稳定性和溶解度均显著提高。研制的粉针剂含水量少，剂量准确度高，可有效提高中药产品的稳定性。如"中药复方注射剂厂颜灵制剂"、朝鲜丁香、紫丁香等是其必不可少的重要组成部分，而冻干技术作用下的粉针剂更具有储存时间长、见效快等优点。在此基础上，研究人员也在将冷冻干燥技术应用于其他新型中药制剂的研究中，例如新型损伤清创口腔。

总之，在新形势下，中药制剂等的合理生产离不开中药实验，也是保证中药质量的关键环节。冻干颗粒剂有效地弥补了在煮沸干燥法作用下获得的颗粒剂的缺陷，其溶解度、口感都非常好，如蜂王浆软胶囊等药物在许多方面的性能都得到了显著提高。总之，在中药实验过程中，研究人员应深入掌握冷冻干燥技术，并根据中药实验的具体要求，有效利用该技术以促进获得更准确的中药实验数据。这些可以加大中医药研究的深度，推动新时期中医药市场的稳定发展，以成功提升我国的医疗服务水平。

（一）羟喜树碱脂质体

羟喜树碱（HCPT）是一种喜树碱类似物，系从共通科植物喜树的种子中提取得到的物质，是一种很有前途的抗癌剂，具有抑制多种人类肿瘤生长的能力。但这种药物进入人体内后会产生一些不良反应，如恶心、呕吐等，为了药物能够在血液中循环时间更长以增加药效，减少毒性，张乐乐等人[30]制备了羟喜树碱的长循环冻干脂质体。该脂质体以羟喜树碱为模型药物，载体使用大豆磷脂，而膜表面修饰材料使用的是泊洛沙姆 F-68，最终得到的脂质体冻干剂的包封率可达 82.3%，在 30s 内能快速均匀分散，制备中的相转变温度为 73℃，实验证明它在 pH 7.4 的磷酸盐缓冲液和大鼠血浆中 24h 内无渗漏，且样品稳定。

邓礼荷等人[31]则研究了羟喜树碱脂质体的冻干工艺以及所需要的最佳保护剂。结果表明，该脂质体所需要的最佳保护剂是 6% 的蔗糖，而且其摸索的冻干工艺条件为：三步预冻（4℃、1 h，-18℃、12h 和 -35℃、5h），然后在 -54℃下冷冻干燥 24h。对比评价脂质体的外观、复溶后粒径和包封率，发现该工艺下效果最佳，包封率可达到 87.0% ±2.7%。

（二）中药复方冻干制剂

王翠媛等人[32]研究了一种传统中兽药冻干粉的制备，该复方有精制液和浸膏两种，作者实验所用动物为家兔和豚鼠。在 20% 的中药液中需要提前加入 10% 的甘露醇，冷冻干燥前预冻 5h，低温升华干燥 14h，解析干燥 10h，温度分别为 -50℃、-20℃和 30℃，这样得到的样品可在常温下稳定保存 12 个月。

针对中药丸剂的干燥，刘文伟等人[33]比较了不同干燥方法对川芎茶调丸、六味地黄丸、小活络丸 3 种中药复方的影响，评价项目有丸剂崩解时限、药物有效成分含量几个指标，结果发现真空冷冻干燥可以有效地提高产品质量且崩解时限大幅度缩短。

第二节　冻干在西药中的应用

一、在口腔崩解片中的应用

口服崩解片（orally disintegrating tablets，ODTs），也被称为口服分散片和快速崩解片，是指放在口中后，由于唾液的作用，在吞咽前迅速分散/崩解的片剂。食品和药物管理局建议将 ODTs 视为在口腔内迅速崩解的固体口服制剂。根据美国药典的崩解试验方法或替代方法，其体外崩解时间约为 30s 或更短。因此，这种形式的固体剂型非常适用于通常难以吞咽传统固体剂型（如传统的片剂和胶囊）的人群，如小儿和老年患者。

许多技术已被用于制造 ODT，包括冻干（冻干）、成型和传统的压缩方法。最近还报道了一些新的技术，如装片法和升华法，不过迄今使用冻干法生产的 ODTs 在商业上是最成功的。使用这种技术制造的片剂，由于其高度的多孔性，允许唾液渗透到片剂的基质中，从而导致崩解，通常表现为快速崩解和溶出。其冻干过程涉及水在冷冻过程中从液体转变为固体，然后在升华过程中从固体转变为水蒸气。其冻干过程具有的一个特别的优点是，溶液被冻结后，最终的干燥产品是一个固体网络，占据了与原始溶液相同的体积，形成了一个轻质多孔的产品，很容易溶解。

Jones 等人[34]进行了配方及生产工艺参数的研究，利用各种工艺参数，如调整 pH、配方的离子强度和球磨，研究它们对片剂性能的影响，目的是在不影响片剂硬度的情况下减少崩解时间。研究中使用的配方片剂包括 9% w/w 的明胶和 30% w/w（干片重量）的甘露醇，作为辅料。配方的选择受到初步结果的影响，初步结果显示上述组合表现出较高的片剂硬度和较长的崩解时间（大约 2min）。对工艺 pH 研究的结果则发现，需要调整配方的 pH 使其远离明胶的等电点，这可能是由于明胶溶胀增加导致片剂孔隙率增大，从而导致片剂崩解时间缩短。离子强度研究的结果表明，氯化钠的加入影响了片剂的孔隙率、片剂形态和制剂的玻璃化转变温度。此外，对研磨研究的数据表明，研磨辅料会影响配方特征，即润湿性和粉末孔隙率。总之，该研究得出结论，pH 和盐浓度等简单参数的改变都对 ODT 的配方有显著影响。

Liew 等人[35]研究了几种聚合物和淀粉对冻干口腔崩解片性能影响。其以达泊西汀为模型药物，3 种聚合物（羟丙基甲基纤维素、carbopol 934P 和 Eudragit

® EPO）及小麦淀粉用作制备冻干 ODT 的基质形成材料。聚合物分散体被浇注到一个模具中，并在冻干 12h 之前在 –20℃的冰箱中保存 4h。结果发现，增加 HPMC 和 Carbopol 934P 的浓度可以产生具有较高硬度和较长崩解时间的片剂。相反，Eudragit® EPO 在不同浓度下都无法形成具有足够硬度的片剂。此外，与 Carbopol 934P 相比，在相同的浓度水平下，HPMC 对片剂硬度的影响似乎更大。而且小麦淀粉作为黏合剂，加强了 ODT 的硬度并延长了崩解时间。最终，根据片剂特性，其发现由 HPMC 和小麦淀粉组成的 ODT 的比例为 2∶1 时是最佳工艺条件。在之后的溶出度研究中，发现所改良的配方合适，可在 30 min 内释放 80% 的药物。

二、在包合物中的应用

环糊精（cyclodextrin，CD）包合技术是近年来新制剂技术研究的热点之一。包合后，药物的溶解度增加，可以提高药物的溶解度和生物利用度，减少刺激性和不良反应。在天然 CD 中，B–Cd 的应用最为广泛，其空间结构适合与大多数不溶性药物形成包合物。然而，由于其低溶解度（18mg/ml，25℃）和较大的静脉毒性（大鼠 IV LD50 450 ~ 790mg/ml），它不能用于非肠道应用。包合物技术是一种超微的药物载体。主要的载体材料是环糊精（CD）。在该技术中，药物分子被包裹或嵌入环糊精的圆柱形结构中，形成超微粒子分散体。因此，包合物具有药效好、易吸收、药物释放慢、副作用小等特点。特别是在中药中加入挥发性成分，可以大大提高中药的保存率，并增加其稳定性。

格列苯脲是一种口服抗糖尿病药物，几乎不溶于水。β – 环糊精包合物的形成能够增加格列苯脲的溶解度。Syukri 等人[36] 研究了如何制备、鉴定和配制包合物片，以满足药典的要求。他们通过冷冻干燥法以 1∶1 和 1∶2 的摩尔比制备包合物，然后用 FTIR 光谱和扫描电镜（SEM）进行表征。此外，通过直接压缩技术将其配制成片剂，使用 primogel 和 crospovidone 作为崩解剂，对片剂进行了评估，包括其重量均匀性、硬度、易碎性、崩解度和溶解度。包合物的溶出研究是通过 USP II 仪器进行的。傅立叶变换红外光谱仪和扫描电镜的结果提供了使用冻干方法后形成复合物的证据。含有夹杂物 glimepiride–β 环糊精的片剂评估则表明，增加崩解剂的浓度会增加片剂的崩解时间。最终该研究发现，所有的配方及片剂都符合药典的要求，且格列苯脲 –β 环糊精的包合物成功地提高了格列苯脲的溶解度。

巴豆是大戟科的芳香物种，原产于巴西东北部，富含精油（CZEO），具有抗氧化、血管舒张、杀菌和杀菌特性。尽管具有许多生物和药理潜力，但精油不稳定，在水中的溶解度有限，可以通过与环糊精（CD）形成包合物来改善其特性。Fonseca 等人[37]采用冷冻干燥和喷雾干燥相结合的共沉淀法制备了 CZEO 与 β–CD 的包合物。通过振动光谱（拉曼光谱和 FT–IR）对包合物进行了表征，并通过气相色谱 – 质谱联用（GC–MS）测定了包合效率。其观察到，与喷雾干燥相比，共沉淀与冷冻干燥相结合可以获得更高的络合效率。拉曼光谱证实了两种制备方法均形成了 β–CD 和 CZEO 包合物。

三、纳米剂型中的应用

在医学治疗的过程中，纳米材料常用于化学药物传递，也是治疗各种疾病和病症的新方式。纳米材料因其理化性质，被当做药物输送的良好替代品。纳米药物载体（nanoscale drug carriers）是纳米颗粒作为药物载体，其中纳米颗粒利用自身的亲疏水基团，包括疏水、静电、氢键和共价键在内的分子间作用力将药物包裹或吸附，最终形成稳定的纳米颗粒作为药物载体。纳米药物载体一般由天然或人工聚合物制作而成，尺寸在 10 ~ 1000nm 之间，具有适合药物输送的多种特性，包括良好的生物相容性和生物降解性，具有潜在的靶向输送和控制释放药物的能力。纳米粒子药物载体可以分为 4 类，主要为聚合物胶束类、纳米脂质体类、介孔二氧化硅类和金纳米颗粒类。

冷冻干燥在胶体纳米粒子领域的主要用途是提高其长期稳定性。然而，冷冻干燥也可以用于其他目的，如改善药物与纳米颗粒的结合、核 / 壳纳米颗粒的制备、固体剂型的生产以及胶体系统的分析表征等。

（一）提高纳米粒子的稳定性

冷冻干燥将胶体悬浮液转变为固体形式，这样做可以防止颗粒聚集、形成纳米颗粒的聚合物的降解以及包封的药物从纳米颗粒中泄漏。已经发现，在极端温度和湿度条件下，当使用合适的冻干保护剂如 PVP 和适当的冷冻干燥条件时，冷冻干燥可以使易碎的聚（ε–己内酯）（poly（ε–caprolactone））纳米胶囊稳定储存 6 个月[38]。

在一项研究中，对冷冻干燥的 PMM 212 纳米颗粒的稳定性处于在不同温度和光照条件下储存 12 个月后进行了评估[39]。其结果表明，维持在 40℃的纳米颗粒经历了显著的变化，出现了悬浮液的 pH 降低、封装成分的 HPLC 色谱图的逐渐改变和体外细胞毒性的降低。此外，可以观察到聚合物侧链的降解和羧基部分的产生。另一方面，在室温或更低温度下保存的冻干 PMM 212 胶体纳米粒子，无论在黑暗还是在明亮的条件下，都具有令人满意的保质期。

脱氢依米汀（dehydroemetine）纳米颗粒可用于治疗内脏利什曼病（visceral leishmaniasis）。在进行冷冻干燥时，使用 5% 的葡萄糖作为冷冻保护剂。发现经过冷冻干燥后的纳米颗粒可以在 −20℃下储存 24 个月，而不会改变它们的大小或药物结合水平[40]。

载有齐多夫定（azidothymidine，AZT）的固体脂质纳米颗粒在 37℃或 4℃下储存会诱导 AZT 的粒径增加和损失，用海藻糖作为保护剂进行冷冻干燥是稳定这些纳米颗粒的良好选择，而无需对其大小或药物含量进行任何修改[41]。

（二）改善药物与纳米颗粒的结合

冷冻干燥也已用于改善极性药物（如硫酸阿米卡星，amikacin sulfate）与疏水性载体表面如聚（氰基丙烯酸烷基酯）纳米粒子的结合[42]。纳米粒子由氰基丙烯酸丁酯单体通过乳液聚合法制备，并用葡聚糖 70 稳定。将药物以多种浓度溶解在聚合介质中，一旦聚合结束，悬浮液被中和并进行冷冻干燥，以便更有效地吸附未掺入聚合物基质中的游离药物。通过极化荧光免疫分析确定载药量，发现载药量约为 66 μg/mg。而在没有冷冻干燥的情况下装载纳米颗粒的标准载药量约为 5.95 μg/mg。聚合物在冷冻干燥时药物 – 聚合物缔合率的这一巨大差异表明了冷冻干燥促进了药物 – 聚合物的相互作用。

（三）生产用于各种给药途径的固体剂型

冷冻干燥有着可以为各种给药途径生产稳定的固体剂型的优点。载有吲哚美辛（indomethacin）的纳米胶囊的冻干口服剂型药物就是这种纳米颗粒口服冻干的良好示例[43]。该过程使用纳米沉淀法制备了含有吲哚美辛的聚（乳酸）纳米胶囊。然后，加入大量乳糖作为惰性添加剂以形成糊状固体冻干物。第二步是加入包括阿拉伯胶在内的胶体添加剂，以避免悬浮液在冷冻前沉降。之后，将阿拉伯胶以水溶液形式使用并添加到悬浮液中以获得配方中 2.5% ~ 10% 的干燥阿拉伯胶。最后将这些添加剂掺入 10mL 含有 10% 葡萄糖作为冷冻保护剂的纳米胶囊悬浮液中。最后，则是经过冷冻干燥处理，最终得到了其口服剂型。

（四）制备核 / 壳纳米颗粒

冷冻干燥的另一个方面的应用是制备核 / 壳纳米颗粒[44]。这些纳米颗粒由卵磷脂组成的载药脂质核和由普朗尼克（Pluronic® 或泊洛沙姆）如聚（环氧乙烷）聚（环氧丙烷）– 聚（环氧乙烷）三嵌段共聚物组成的聚合物壳组成。制备后的载药脂质核，在海藻糖存在下用普朗尼克溶液冷冻干燥，以诱导脂质核表面形成聚合物壳。冷冻干燥可以增强普朗尼克在脂质表面的吸附，从而形成核 / 壳纳米颗粒。这些核/壳纳米颗粒的形成已通过低温透射电子显微镜、差示扫描量热法和粒度分析仪得到了证实。

（五）获得适合分析表征的干燥产品

使用冷冻干燥获得的干燥纳米颗粒，可用于药物的分析测定和热分析。研究者曾对含有氢化可的松（hydrocortisone）和孕酮（progesterone）复合物与 β-环糊精（β-cyclodextrins）的固体脂质纳米颗粒（solid lipid nanoparticles，SLN）在不添加冷冻保护剂的情况下进行了冷冻干燥[45]，并通过差示扫描量热法对这些冷冻干燥的纳米颗粒进行了热分析。此外，他们还在冷冻干燥的 SLN 上通过 HPLC 分析确定了掺入 SLN 中的氢化可的松或孕酮的量。在另一项研究中，胡等人[46]则使用冷冻干燥技术，计算了负载丙酸氯倍他索（clobetasol propionate）的单硬脂酸甘油酯固体脂质纳米颗粒在制备后的回收率。在该研究中，SLN 的回收率定义为冷冻干燥的 SLN 与单硬脂精和药物的初始装载量的重量比，并由以下方程计算：

Recovery = analyzed weight of SLN × 100=theoretical weight of SLN

然而，这个方程没有考虑到最终冻干制品中的残余湿度，必须确定它才能正确估计 SLN 重量。

四、在亚微乳、微球中的应用

微球是指将药物分散或吸附在聚合物或聚合物基质中而形成的颗粒分散体系。制备微球的载体材料很多，主要分为天然聚合物微球（如淀粉微球、白蛋白微球、明胶微球、壳聚糖等）和合成聚合物微球（如聚乳酸微球）。微粒、微球和微胶囊是多颗粒药物递送系统的常见成分，基于其结构和功能来看，它们具有许多优势，适用于通过多种途径方便和耐受药物给药。根据配方，它们可以加入不同的药物剂型，例如固体（胶囊、片剂、小袋）、半固体（凝胶、乳膏、糊剂）或液体（溶液、悬浮液，甚至注射液）。与纳米颗粒相比，微载体的一个优点是它们不会穿过淋巴运输的超过 100nm 的间质，因此在局部起作用。可能有毒的物质可以封装起来，液体可以干燥的微粒形式作为固体处理。在多颗粒的情况下，剂量分布在许多单独的小颗粒中，这些颗粒携带和释放部分剂量，因此单个亚单位的故障不会导致整个剂量的失败。亚微乳（microemulsion）又称为亚纳米乳（subnanoemulsion），作为一种新型的药物输送系统，亚微乳的乳化液滴大小介于乳剂和微乳之间。药物可以与油相混溶或停留在油相界面层，可以提高生物膜的渗透性和生物利用度，还具有提高难溶性药物的溶解度和稳定性，促进药物的持续释放等优点。

迄今，冷冻干燥技术已成功用于蛋白质原料药的微囊化。该过程包括冷冻、升华、一次干燥和二次干燥。在冷冻步骤中，需要考虑组分的共晶点。冻干保护剂或冷冻保护剂（海藻糖、葡聚糖）可以在该过程中通过置换水、形成玻璃状基质、通过在分子之间建立氢键或范德华键来降低分子流动性来稳定分子。尽管成本高昂，但对于热敏分子来说，这是一种有利的工艺。冷冻干燥提供了物质的凝固过程，然后允许颗粒在水介质中重新构成。

长春西丁（vinpocetine）是一种吲哚生物碱，从夹竹桃科小蔓长春花中提取。它被广泛用于预防和治疗缺血性脑血管疾病。长春西丁不溶于水，口服的生物利用度低，所以更适合静脉注射，其一般是以亚微乳冻干粉针剂的形式制备得到。该药物以固体形式存在，被包裹在油相中，不易发生水解和氧化反应，性能相对稳定，配伍禁忌少。李煜蒙等人 [47] 研究了注射用长春西丁亚微乳冻干制剂的影响因素和加速稳定性。实验具体考察了制剂在高温、强光影响因素以及加速试验条件下的稳定性，指标为外观性状、含量、有关物质以及复溶后的溶液 pH、粒径这 5 个方面。结果发现，长春西丁亚微乳冻干制剂在高温和强光条件下，外观、含量及相关物质有明显变化。在放置 6 个月后，样品的测试指标没有明显变化。结论为该制剂对高温和强光比较敏感，在加速条件下稳定性较好。而且经过冻干，该制剂不仅可以提高药物的溶解度，而且还可以增加药物的稳定性。此研究可以为鉴定该剂型的稳定性提供参考。

茴拉西坦（aniracetam）是一种改善大脑功能和代谢的药物。它在临床上用于治疗老年痴呆症、脑血管病后的精神和记忆减退，以及精神行为障碍等。它有着明显的治疗效果。然而，它的缺点是口服首过效应大，生物利用度低。周俊 [48] 建立了高效液相体外分析方法来测定茴拉西坦的重要理化性质，如在不同 pH 介质和注射油中的溶解度、油／水分配系数等，并研究了温度、湿度和光照对茴拉西坦稳定性的影响。理化性质考察结果表明，茴拉西坦亚微乳符合静脉注射要求。茴拉西坦亚微乳的稳定性试验结果得出，茴拉西坦亚微乳应低温避光贮存，4℃避光放置稳定性良好。此外，该研究还进行了茴拉西坦亚微乳的冻干处方和技术摸索。在考察了冻干保护剂单独使用和组合使用的保护效果后，最终选择 8% 的甘露醇和 2% 乳糖作为冻干保护剂。冻干工艺为：–75℃快速预冻 10h，–35℃预冻 1h，加热至 –25℃干燥 14h，然后在 10℃下干燥 4h。

多西紫杉醇（Docetaxel，商品名：Taxotere）是新一代的抗肿瘤药物。它与紫杉醇（Paclitaxel，商品名为 Taxol）同属紫杉烷类药物，都是 FDA 批准的紫杉烷类抗癌药物。其作用机制是刺激导管素的聚合，促进微管双聚体组装成微管并使微管超稳定，抑制微管网络的动力学重组，最终使细胞增殖停止在有丝分裂静止期（G2/M）这一阶段。李欣[49]实验考察了各种外界因素对主药多西紫杉醇稳定性的影响，研究结果表明，碱性环境对多西紫杉醇的影响最大，其次是高温、氧化、光照条件，而酸性环境对药物的影响相对较小。在高温和光照条件下，药物含量会下降，pH会降低；在冷冻条件下，乳滴的粒径会明显增大，会出现分层。多西紫杉醇亚微乳剂不宜冷冻保存，应低温避光保存。多西紫杉醇亚微乳对Lewis肺癌细胞生长的抑制作用与多西紫杉醇注射液相当，具有明显的抗肿瘤效果。并且多西紫杉醇亚微乳在体内可保持相对较高的血药浓度，在一定程度上增强药物的抗肿瘤作用。在所考察的5种冻干保护剂中，冷冻效果存在明显差异。其中海藻糖、蔗糖和麦芽糖的效果较好，尤其是麦芽糖；预冻时，预冻冻干产品的最低温度和速度影响较大。预冻温度为 –45℃，速冻时效果较好，复溶后冻干乳的粒径变化较小。

在交变磁场的作用下，铁磁材料吸收电磁波能量并转化为热量，可以加热肿瘤部位，达到肿瘤热疗的目的。阿霉素是一种广谱抗肿瘤药物，但其骨髓抑制和心脏毒性作用限制了其临床应用。定位给药可以提高局部药物浓度，提高疗效，减少剂量，降低对全身的毒副作用。施峰、吴敏、张苗青等人[50]所制备的磁性阿霉素纳米微球具有磁性靶向性，可以通过药物和磁感应发热来治疗肿瘤。将之置于交变磁场中，测定其感应发热使周围介质升温，为进一步治疗肿瘤提供基础。研究人员使用超声波搅拌和冷冻干燥来制备阿霉素药物微球，其平均粒径约为200mm。通过电子显微镜观察，其形态为球囊。将微球置于高频磁场中的不同介质中，测量其温度变化。实验表明，微球在交变磁场中会加热介质，加热速度与稳定的温度、微球的数量和磁场的强度成正比。介质的流动性很好，温度上升很快。

五、在注射液中的应用

注射剂（injection）是指将药物制成的无菌溶液（包括乳剂和悬浮液）注入人体，以及在使用前配制成溶液或悬浮液的无菌粉末或浓缩液。注射剂快速可靠，不受pH、酶、食物等影响，无首过效应，可起到全身或局部定位作用。适用于不适合口服药的患者和病人。但是，注射剂的研制和生产过程复杂，安全性不高。对人体的适应性差，成本高。而目前近40%的市售药物是可溶性差的药物。由于溶解度差，药物制剂的开发和临床应用受到限制。纳米悬浮剂用于解决大多数难溶性药物的溶解度和溶解问题，可提高药物的生物利用度，并减少药物的副作用。

药物纳米悬浮液是一种以表面活性剂为稳定剂的"纯药物"纳米级的稳定胶体分散体系。当药物的粒径足够小或其溶解度相对较高时，药物在静脉注射后会迅速溶于血液，在体内产生类似于溶液的药代动力学和组织分布特征，并会因局部药物浓度过高而降低引起毒性反应的风险。当药物粒径较大或溶解度较低时，通过皮下、皮内或肌内注射，可在注射部位形成药物储库，延长作用时间。

孕酮（Progesterone Prog）是一种在生殖过程中发挥重要作用的类固醇激素。除了在生殖过程，孕酮还可以作用于人体的骨骼、心脏和脑部等组织以及在各种疾病的治疗中起作用。在妊娠中，可以通过补充孕酮来降低复发性流产妇女的流产风险。当怀孕受到免疫因素，黄体和神经内分泌缺陷以及子宫收缩力的影响时，孕酮补充治疗将有明显的效果。目前在市面上出售的孕酮制剂主要有两种类型，分别为口服制剂和肌肉注射制剂。其中，口服制剂吸收较差，生物利用度较低。与口服制剂相比，孕酮油注射剂更为常用，通过肌内注射，2–8h 就可以达到有效的血药浓度，吸收较为完全，生物利用度很高。黄文海等人 [51] 采用乳化法制备孕酮微乳剂，再结合冷冻干燥技术来除去溶剂以获得孕酮纳米晶粉针剂。在冻干工艺研究部分，其研究得到的乳液连续相的共晶点在 –7℃左右，这为以后冻干曲线的筛选奠定了基础。在冻干保护剂方面，发现使用甘露醇的效果较为良好，甘露醇使冻干产品疏松多孔，并且在复溶后分散良好。而且研究发现，5% 的甘露醇和 10% 的甘露醇在冻干中并无明显的差距，所以出于经济性考虑，选取 5% 的甘露醇作为孕酮纳米晶粉针剂的冻干保护剂。该研究得到的孕酮纳米晶冻干粉针剂在良好的密封条件下，可在 4℃保存 3 个月，此期间在粒径、粒径分布和 ζ–电位方面并没有发现明显的差异。

作为一种小分子多肽类物质，促肝细胞生长素（Hepatocyte Growth-Promotting Factors，HGF），是从健康乳猪的新鲜肝脏中提取出来的。它有着能够刺激肝细胞 DNA 生成，促进肝细胞再生，降低谷丙转氨酶和促进肝脏病变细胞恢复的作用，可用于各种肝脏疾病的预防、治疗和辅助治疗。尹双青等 [52] 在研究中使用 80mg/瓶的注射用促肝细胞生长素，通过对处方的筛选和工艺的优化，从而确定了最佳的处方和冻干工艺。该研究发现，在促肝细胞生长素冻干制剂的生产过程中，不使用或者加少量的冻干保护剂会导致样品外观剂型萎缩、注水复溶时间偏长。使用冻干保护剂过多，则会影响冻干制剂的溶剂性，也增加了成本。所以该研究选取的最佳冻干处方有 3 种，分别为甘露醇 80mg/ 瓶和右旋糖酐 40mg/ 瓶、甘露醇

160mg/瓶和右旋糖酐40mg/瓶、甘露醇160mg/瓶和右旋糖酐80mg/瓶。在冻干曲线（时间）的研究方面，发现合理的时间为30h、36h以及42h。经过这3条冻干曲线成形的样品内部结构均匀，晶型单一，并且晶粒的形状较为清晰。经过其进一步研究，选取了最佳的冻干配方为甘露醇160mg/瓶和右旋糖酐40mg/瓶，冻干时间36h，可制得性状和溶解性较好的制剂。经过冻干后制得的促肝细胞生长素冻干粉针剂，剂型好的样品晶粒小、分布较为均匀并且分界明显，剂型差的样品晶粒会发生黏合，且成无定形状。最终，经过放大生产和稳定性加速试验证明，所选取的冻干保护剂为甘露醇160mg/瓶与右旋糖酐40mg/瓶，冷冻干燥曲线（时间）在36h时，生产的规格为80mg/瓶的注射用促肝细胞生长素是可靠的。

泮托拉唑钠（pantoprazole sodium）是一种抗溃疡药，通过抑制胃壁细胞的H^+/K^+-ATP酶，即质子泵来抑制胃酸的分泌。虽然泮托拉唑钠的化学稳定性优于奥美拉唑，但光、热、氧、湿等因素对其稳定性仍有一定影响，不能满足注射剂（水针剂）的要求。王晓蕙[53]采用冻干法制备泮托拉唑钠冻干注射液，结合制剂的颜色、外观、pH、澄清度及与输液的相容性变化，单因素筛选支架剂类型，采用高效液相色谱法测定主药及相关物质的含量。结果表明，该制备工艺合理，质量控制方法简单易行，所制备的冻干注射液能够满足药学和临床医学的需要。

第三节　冷冻干燥技术在医疗应用方面的总结

随着时代的发展和社会的进步，无论是中医还是西医，制药已经成为不可或缺的发展领域。可是从现阶段来看，制药的过程和方式存在着不足之处，这也说明在该领域仍有很大的发展空间。冷冻干燥技术为解决这些不足之处提供了新的技术手段，并将制药的过程进行了优化。冷冻干燥可以延长用于治疗各种疾病的药物的储存时间，可以提高药物的稳定性，并确保其原有的疗效。所以，可以说冷冻干燥技术为制药领域的发展提供了很大的助力。

目前，由于结构复杂的活性分子（如重组蛋白、肽、多核苷酸）和超分子药物递送系统（如脂质体）等在药物产品中的应用越来越多，这就强调了允许产品储存和分配同时保持其所需质量的配方的重要性。此外，由于口服生物利用度较低，许多包括治疗性抗体的蛋白质制剂，均是通过注射或输注给药。冷冻干燥是制备含有结构复杂的活性成分和药物递送系统载体的药物制剂的常用方法。在较低温度下进行的固化显著提高了蛋白质、肽、抗生素、疫苗和脂质体的储存稳定性，这些物质通常在水溶液中的稳定性较差。因此，采用冻干技术可以高效地控制药物的质量，调控制剂中有效成分的稳定性，并调控在预防和治疗疾病的过程中药效的发挥。此外在制剂中，冷冻干燥技术的应用也有着简化操作、提高药品质量和优化车间工作环境的优点。由此可见，冷冻干燥技术的应用为医药领域的发展提供了令人鼓舞的良好发展前景。

参考文献

[1] 徐晚秀，李静，宋飞虎，等.中草药干燥现状[J].中药与临床，2015，6（02）：114-118.

[2] 范天慈，窦志英，李捷，等.不同干燥方式对中药成分影响的研究进展[J/OL].中国现代中药：1-21.

[3] 王学成，伍振峰，李远辉，等.低温干燥技术在中药领域的应用现状与展望[J].中国医药工业杂志，2019，50（01）：42-47.

[4] 林文，王志祥.真空冷冻干燥技术及其在制药行业中的应用[J].机电信息，2010（05）：30-35.

[5] 刘苗苗，叶利春，陈立军，等.真空冷冻干燥技术在中药研究中的应用[J].中药材，2014，37（05）：909-911.

[6] 刘彦昌，于辛，尹晓旭.真空冷冻干燥技术在制药中的应用[J].临床医药文献电子杂志，2020，7（41）：194.

[7] 詹丽茵.冷冻干燥技术的中药应用研究[J].中国医药导报，2008（22）：26-28.

[8] 任迪峰，毛志怀，和丽.真空冷冻干燥在中草药加工中的应用[J].中国农业大学学报，2001（06）：38-41.

[9] 咸漠，权文富.鹿茸的冷冻干燥方法[J].吉林大学自然科学学报，1991（04）：73-74.

[10] 陈宝，王永理.血茸的真空冷冻干燥[J].中药材，2000，23（01）：27-28.

[11] 赵裕芳，赵列平，赵广华.鹿茸的质量要求及冷冻后干燥加工[J].养殖技术顾问，2003（06）：44.

[12] 马齐，王丽娥，李利军，等.鹿茸低温冷冻干燥加工技术[J].经济动物学报，2007（01）：21-22+26.

[13] 刘军，张世伟.鹿茸的冻干新工艺及性质 [J].真空科学与技术学报，2011，31（02）：229–233.

[14] 崔尚勤.鹿茸冷冻后加工干燥技术 [C].中国畜牧业协会.2013中国鹿业进展，2013：4.

[15] 宫瑞泽，王燕华，祁玉丽，等.不同加工方式对鹿茸中水溶性多糖含量及单糖组成的影响 [J].色谱，2019，37（02）：194–200.

[16] 王燕华，孙印石，王玉方，等.UPLC法测定不同加工方式鹿茸中的生物胺成分 [J].分析测试学报，2018，37（09）：995–1001.

[17] 张争明，杨静，张娇，等.冻干鹿茸研究进展 [A].中国畜牧业协会.第八届（2017）中国鹿业发展大会论文集 [C].中国畜牧业协会：中国畜牧业，2017：8.

[18] 王贵华.真空冷冻干燥法加工人参 [J].中国药学杂志，1982（09）：5–6.

[19] 徐成海，李春青.人参真空冷冻干燥工艺的研究 [J].真空，1994（01）：6–11.

[20] 钱骅，赵伯涛，张卫明，等.人参冻干及对皂苷含量的影响 [J].中成药，2007（02）：238–241.

[21] 郭树国，李成华，王丽艳.人参真空冷冻干燥工艺参数优化 [J].中国农机化，2012（02）：172–174+182.

[22] 王珂，尹阳，张世超，等.人参蛋白真空冷冻干燥技术工艺研究 [J].北华大学学报（自然科学版），2017，18（04）：459–462.

[23] 陆国胜.西洋参真空冷冻干燥工艺研究 [J].食品研究与开发，2018，39（14）：115–119.

[24] 卿德刚，倪慧，冯玉霞，等.红花红色素的提取及其性质研究 [J].现代中药研究与实践，2007，21（5）：53–53.

[25] 董芙蓉，李慧，孙学刚，等.干燥方法对白芷醇提物有效成分的影响 [J].安徽中医学院学报，2007，26（6）：45–45.

[26] 钟添华，黄丽英，王勇，等.金线莲总生物碱的提取及含量测定 [J].化学研究，2006，17（4）：68–70.

[27] Jiang L F. Preparation and antioxidant activity of lycium barbarum oligosaccharides [J]. Carbohydrate Polymers，2014，99：646–648.

[28] 张兴德，程建明，刘亮.枸杞多糖冷冻干燥过程参数优化研究 [J].南京中医药大学学报，2010，26（1）：50–52.

[29] 鲁晓丽，慕家琪，张自萍. 不同处理方式对枸杞多糖抗氧化活性影响的研究 [J]. 天然产物研究与开发，2015，27（002）: 267-270.

[30] 张乐乐，奉建芳，陈满仓，等. 羟基喜树碱长循环脂质体冻干剂的制备及理化性质 [J]. 中国医药工业杂志，2007，38（3）: 245-245.

[31] 邓礼荷，韦敏燕，汤晨懿，等. 冻干工艺及保护剂对羟基喜树碱脂质体质量的影响 [J]. 中国医药工业杂志，2012（01）: 36-40.

[32] 王翠媛，武瑞，杨颗粒，等. 一种复方中药冻干粉的制备及其安全性研究 [J]. 中兽医医药杂志，2015，034（001）: 32-35.

[33] 刘文伟，张国泰，田田. 真空冻干干燥技术在中药复方制剂生产中的应用 [J]. 中国民族民间医药，2008，17（008）: 17-20.

[34] Jones R J, Rajabi-Siahboomi A, Levina M, et al. The influence of formulation and manufacturing process parameters on the characteristics of lyophilized orally disintegrating tablets [J]. Pharmaceutics，2011.

[35] Liew K B, Peh K K. Investigation on the effect of polymer and starch on the tablet properties of lyophilized orally disintegrating tablet [J]. Archives of Pharmacal Research，2015: 1-10.

[36] Syukri Y, Fernenda L, Fissy R, et al. Preperation and characterization of β-cyclodextrin inclusion complexes oral tablets containing poorly water soluble glimipiride using freeze drying method [J]. Indonesian Journal of Pharmacy，2015，26（2）: 71.

[37] Fonseca L, Rocha M, Brito L, et al. Characterization of inclusion complex of croton zehntneri essential oil and β-cyclodextrin prepared by spray drying and freeze drying. 2019，11（2），529-542.

[38] Abdelwahed W, Degobert G, Fessi H. Investigation of nanocapsules stabilization by amorphous excipients during freeze-drying and storage [J]. European Journal of Pharmaceutics and Biopharmaceutics，2006，63（2）: 87-94.

[39] Roy D, Guillon X, Lescure F, et al. On shelf stability of freeze-dried poly (methylidene malonate 2.1. 2) nanoparticles [J]. International Journal of Pharmaceutics，1997，148（2）: 165-175.

[40] Fouarge M, Dewulft M, Couvreur P, et al. Development of dehydroemetine nanoparticles for the treatment of visceral leishmaniasis [J]. Journal of microencapsulation，1989，6（1）: 29-34.

[41] Heiati H, Tawashi R, Phillips N C. Drug retention and stability of solid lipid nanoparticles containing azidothymidine palmitate after autoclaving, storage and lyophilization [J]. Journal of Microencapsulation, 1998, 15（2）: 173–184.

[42] Alonso M J, Losa C, Calvo P, et al. Approaches to improve the association of amikacin sulphate to poly（alkylcyanoacrylate）nanoparticles [J]. International Journal of Pharmaceutics, 1991, 68（1–3）: 69–76.

[43] De Chasteigner S, Fessi H, Cavé G, et al. Gastro–intestinal tolerance study of a freeze–dried oral dosage form of indomethacin–loaded nanocapsules [J]. STP Pharma Sciences, 1995, 5（3）: 242–246.

[44] Oh K S, Lee K E, Han S S, et al. Formation of core/shell nanoparticles with a lipid core and their application as a drug delivery system [J]. Biomacromolecules, 2005, 6（2）: 1062–1067.

[45] Cavalli R, Peira E, Caputo O, et al. Solid lipid nanoparticles as carriers of hydrocortisone and progesterone complexes with β–cyclodextrins [J]. International Journal of Pharmaceutics, 1999, 182（1）: 59–69.

[46] Hu F Q, Yuan H, Zhang H H, et al. Preparation of solid lipid nanoparticles with clobetasol propionate by a novel solvent diffusion method in aqueous system and physicochemical characterization [J]. International Journal of Pharmaceutics, 2002, 239（1–2）: 121–128.

[47] 李煜蒙, 张小娟, 李志平, 等 . 注射用长春西汀亚微乳冻干制剂的影响因素及加速稳定性考察 [J]. 军事医学科学院院, 2009, 33（4）: 347–349.

[48] 周俊 . 茴拉西坦亚微乳剂的研究 [D]. 沈阳药科大学, 2008.

[49] 李欣 . 多西紫杉醇静脉注射亚微乳的研究 [D]. 中国人民解放军军事医学科学院, 2007.

[50] 施锋, 吴敏, 张苗青, 等 . 磁性阿霉素纳米微球的制备及在高频磁场中的发热研究 [J]. 生物医学工程学杂志, 2003, 20（3）: 463–465.

[51] 黄文海 . 黄体酮纳米晶注射液的制备及评价 [D]. 广州中医药大学, 2018.

[52] 尹双青, 姚日生, 刘鹏举 . 注射用促肝细胞生长素的处方筛选和工艺优化 [J]. 合肥工业大学学报（自然科学版）, 2008, 31（4）: 592–595.

[53] 王晓蕙, 于波涛, 姜云平 . 泮托拉唑钠冻干注射剂的研制 [J]. 中国药房, 2005, 16（2）: 109–111.

第五章 冷冻干燥技术在其他方面的应用

从目前的技术发展来看，冷冻干燥除了在上文所述的应用外，在其他方面也有一定的影响，如微生物、生物药品以及人体细胞等。本章即汇总了所有从冷冻干燥技术开发至今，在这3个领域应用的成功案例和分析。

一、微生物的冷冻干燥

迄今，冷冻干燥技术已经成功地应用在大量的微生物，如细菌、放线菌、酵母、丝状真菌和病毒的处理上，而且多数的微生物冻干存活率都在80%以上。尽管如此，至今仍有许多微生物不能经历冻干过程。此外，即使对于许多可以成功进行冻干操作的微生物来说，其所经历的冻干程序也不尽相同，保护剂也不太相似。

二、生物药品的冷冻干燥

在过去的10年里，生物药物的冷冻干燥已经成为冷冻干燥工业中最重要的应用，也是冷冻干燥中最受关注和投资最大的领域。现代医学的大多数产品都是热敏性的，如脂质体、干扰素、人生长激素以及中草药。这些产品对温度敏感，主要是对较高的温度敏感。在热敏性药物的生产中，为了防止药物变质或因过热而降低药物质量，一种广泛使用的技术就是冷冻干燥。而一般来说，经过冷冻干燥工艺程序制成的药物产品都具有结构稳定、生物活性基本不变、挥发性成分和热敏性成分几乎没有损失等特点。此外，这些药物产品也具有多孔结构，具有治疗效果好，脱水率高达95%~99%，便于室温或冰箱长期保存的优点[1-3]。

具体来说，与其他干燥方法相比，冷冻干燥技术制备的药物产品具有以下优点：

①低温干燥药物不会发生变性或生物活力损失。热敏性药物，如脂质体、蛋白质类药物、疫苗、细菌、菌株和血液制品等特别适合采用冷冻干燥技术保存。

②药物中易挥发性成分和易热变性营养成分在冷冻干燥过程中损失很少。

③微生物的生长和酶的功能在冻干药物中几乎是暂停的。

④冷冻干燥后，药物能很好地保持其原始体积和形状。当复水重构时，它们巨大的多孔结构表面会很好地吸收水分，并迅速恢复和保持原来的形状。

⑤真空干燥的干燥室中氧气很少，药物中容易氧化的成分很容易得到保护。

⑥由于可以除去药物中95%或更多的水分，冷冻干燥药物的运输和长期保存变得非常方便。

⑦大多数冻干药物可在室温下保存，少数则需要储存在冰箱中，以极长期保存。

事实上，对于大多数生物药物来说，冷冻干燥已经成为其生产中的一个非常重要的步骤。据1998年美国统计，14%的抗生素类药物、92%的大分子生物药物、52%的其他生物药物在生产中均需要用到冷冻干燥工序。事实上，近年来开发的所有生物药物都采用冷冻干燥法。此外，冷冻干燥是生物药品生产的最后阶段，冷冻干燥过程的质量对药品质量控制起着至关重要的作用。

为了防止蛋白质的变性和生物药物膜结构的破坏，有必要加入适当的保护剂进行冷冻干燥。而由于不同药物的种类和浓度不同，干燥过程中所加入的保护剂的类型、浓度和pH对冻干生物药物的质量都有重要影响。

三、人体细胞的冷冻干燥

如果人类细胞（如红细胞、血小板、脐血细胞等）能够成功经过冷冻干燥处理，那么人们将有可能把自己的细胞自行储存在家里，以备未来不时之需。该过程极可能是将人体细胞先冷冻干燥成粉末，密封在玻璃瓶中，然后在室温下保存几年或几十年。之后，在紧急情况下，这些储存的细胞能够通过简单的再水化而复活。

目前，人体细胞的冷冻干燥技术受到广泛关注，在国际学术界也得到了积极研究。如果能够成功，这项技术将有极其重要的应用，并会为临床医学带来重大变化。然而，人类细胞的冷冻干燥比微生物和生物药物的在技术上还是困难得多，目前仍处于探索阶段，尚未投入临床实践。

事实上，从20世纪60年代起，一些科学家就开始研究冻干保存红细胞的方法。他们经历了许多次失败后取得了初步的成功。不过2010年前后，冻干红细胞的回收率仍低于50%。此外，人类血小板冷冻干燥的研究也已经持续了大约40年，直到2010年前后才取得突破。2001年，Wolker W. F. 和其他人在配方中加入了海藻糖，冻干人类的血小板并复水后，发现血小板的存活率达到了85%。

2003 年，Wolker W. F. 开始进行临床应用的可行性研究。

人的脐带血（cord blood）中含有大量未成熟的造血干细胞。与成人细胞相比，0 岁婴儿的未成熟造血干细胞具有无污染、同种异体排斥反应小、免疫原性低的特点，其再生能力和速度约为成人的 10 ～ 20 倍。

自 2001 年以来，肖宏海等人对人的脐带血、全血和单核细胞（mononuclear cells，MNC）冻干实验的探索性研究取得了较好的效果。冷冻干燥人类脐带血的临床目的是保存 $CD34^+$ 细胞（位于人类脐带和骨髓中的表达 CD34 基因的造血干细胞）。他们在使用异硫氰酸荧光素，结合 $CD34^+$ 抗体评估单核细胞群中 $CD34^+$ 细胞的恢复情况时发现，$CD34^+$ 细胞的回收率达到了 60% ～ 68%[4-6]。

第一节　微生物的冷冻干燥

一、微生物

冷冻（freezing）和冷冻干燥（freeze-drying）是为保存生物材料、药品和其他易碎的萃淋（solvent-impregnated）材料而设计的程序[7-9]。设计这两种程序都是通过限制生物系统中的活泼水（active water）来实现这一目的的。生物体的功能基本上与水分子有关，要么参与其代谢反应，要么有助于细胞成分或细胞内细胞器结构的稳定。

当对微生物进行冷冻和冷冻干燥时，细胞功能暂时停止，因为它与水分子作用所介导的代谢活动隔绝。结果，这些生物体被保存了一段特定的时间。然而，冷冻和冷冻干燥过程中可能会涉及许多危急情况，如果程序中的一个步骤执行不当，生物就不能存活。

在细胞的冷冻保存过程中，了解细胞损伤的机制对于认识不同条件下冻融（freezing and thawing）对细胞活力丧失的影响具有重要意义。显然，细菌细胞的敏感性因菌株、品种、年龄、生长条件、悬浮介质的性质、冻融条件等的不同而不同。还需要进行形态学、生化和遗传学研究，以揭示冻融可能带来的变化。

冷冻干燥是从冷冻状态对细胞进行严谨干燥的多阶段操作。由于水分活度降低，如果隔绝氧气、水分和光线，干燥产品可以在室温下储存很长一段时间。此外，由于产品的高度多孔结构，它们可以很容易地重新吸收水分子并恢复到原来的状态。实际上，冷冻干燥包括两个单独的过程，即凝固（待干燥物料的冻结）过程和在减压（真空）下对物料的干燥冻结过程。其中，干燥阶段可以进一步分为两个连续的阶段：冰晶升华和对细胞材料中剩余液相的等温解吸（称为次级干燥阶段）。接下来是干燥产品的储存和重构（再水化）。由于这一过程是连续进行的，因此操作的每个单独阶段都可能对微生物造成细胞损伤。其中，被认为是脱水造成的损害可能是在冻结阶段开始的。即在水分活度较低的状态下，可能会发生有害的化学反应，并从干燥初期一直持续到储藏期。然后，在每个冷冻和干燥过程结束时，可以识别到的损害被认为是与每个操作步骤相关的累积结果。

基本上，在所有这些阶段中，首要关注的问题是微生物能否在冷冻和干燥过程中存活下来。即这些微生物是否会死亡或有活力丧失的情况是由其细胞在营养琼脂培养基上进行繁殖和形成宏观菌落（macroscopic colony）的能力决定的。从理论上讲，这个概念似乎过于僵化，无法解释动态生命系统的灭亡。事实上，迄今冷冻和干燥对生物体造成损害的机制也尚未完全阐明。

目前，已经开发的通过冷冻和干燥来保存生物的程序也是高度经验性的。然而，很明显，一定量的水的存在和保持一定的温度范围是生物体的绝对要求，因此，在冷冻干燥技术中关于水的状态和温度的概念是最重要的考虑因素。在接下来的章节中，将描述实现微生物细胞有效保存的详细程序和应该采取的步骤。

（一）初步样品制备

微生物的冻融和冷冻干燥主要在液态悬浮液中进行。每个单独的标本都需要合适的悬浮液，因为培养基的性质在整个冷冻、干燥、储存和恢复（restoration）过程中对细胞或细胞材料的活动有很大的影响[10]。这些程序包括通过使用合适的缓冲介质和其他盐 / 糖来调节培养基的 pH 和离子强度。准备好的悬浮液应事先仔细处理，并继续进行灭菌、过滤和脱气（degasification）处理。

培养的细胞通过轻微的离心收集、洗涤，最后在悬浮液中以适当的浓度重新悬浮，最终悬浮液的细胞浓度将对随后的冻融和冷冻干燥过程产生重大影响。其中，高浓度的细胞会阻碍冻结过程中合适的导热系数，从而阻碍冰晶在干燥过程中的有效升华，因为它会在试样中形成厚厚的间隙网络（interstitial network）。这些网络还阻止了未冻结的水分子的解吸过程，这些水分子普遍紧密地分布在细胞材料上。此外，高浓度的细胞悬浮液倾向于集中在标本的核心，这会导致有害的影响；另一方面，如果细胞悬浮液的浓度太低，细胞活力可能会因为缺乏细胞相互接触而产生的保护作用而降低。此外，在干燥过程中，由于缺乏有效的网络，细胞会被冰晶升华过程中形成的水蒸气所驱散。因此，许多细胞会在这个过程中丢失。为了纠正这些情况，建议使用填充剂（bulking）或连接物质（connecting substance），还建议加入适当的保护物质，特别是在处理非常敏感的生物体的情况下。

（二）冷冻

1. 冷却速度和温度范围

冷冻步骤在冻融和冷冻干燥过程中都是常见的，会影响细胞的存活率。冷冻的方法用降温速率和温度范围来表示。通常，低于 1℃/min 的降温速度称为慢速冻结，高于 100℃/min 的降温速度称为快速降温。然而，对这些术语并没有准确的定义。

所采用的各种降温程序有接触冷表面、浸泡在冷水浴中、直接喷洒液氮、利用液化气。操作的温度范围也很广，从零下几度到液氮温度（-196℃），在极少数情况下也使用液氦。降温过程所采取的温度范围常考虑 -40℃ 或更高，这一参数通常会对生物材料产生关键影响。因此，在采用低于 -40℃ 的温度的冻结过程中不需要特别小心。

在样品冻结期间，冷却诱导的流体结晶在模式、形状、大小和冰的取向等方面都可能有所不同，这取决于培养基的成分组成、容器结构以及冷却方法的速度和类型。这一结果极大地影响了细胞在冷冻保存过程中的最终活性。结晶模式显著影响随后的干燥速度以及最终产品的结构、稳定性和溶解性。一般来说，缓慢的冷冻会带来快速升华但次级干燥速率较慢，而快速冷冻则会产生缓慢的升华和快速的次级干燥速率。

2. 胞外和胞内冷冻

微生物的冷冻通常是在液态悬浮液中进行的，在样品冷却期间，悬浮液的冻结开始于略低于 0℃ 的温度；但是，即使在这种情况下，细胞中的水分仍处于过冷状态，并将在 -5℃ 和 -10℃ 以下冻结。在相同的温度范围内（-5 ~ 10℃），过冷水的蒸汽压高于冰。当细胞水被排出到细胞外，且接种（inoculate）到已经存在的冰晶（类似于晶核，种冰的过程）中时，它会在细胞外部冻结。当样品的冷却速度低到足以与细胞内水的排出平衡时，水分子会陆续移出细胞，而细胞则会因细胞含水量的减少而收缩，这些细胞的溶质浓度也相应增加。当冷却达到浓缩胞内流体的共晶温度（eutectic temperature）时，冻结终止于胞内的共晶混合物和胞外的纯冰晶的沉积（悬浮溶液中也有少量的溶质的共晶混合物存在于胞外）。这种冻结模式被称为"细胞外冻结"（extracellular freezing）。

当冷却速度明显高于细胞内排出的水分子的平衡时，细胞内水的过冷程度随着温度的降低而增加。细胞中的过冷水最终在原地冻结，要么是自发的，要么是与外部冰晶成核的结果。这一结果被称为"细胞内冻结"（intracellular freezing）。

尽管这一点并不明确，但有证据表明，细胞内的水结冰是因为通过分布在整个生物膜上的水通道进而接种了细胞外部的冰晶。当外部培养基被冻结时，细胞内冻结发生在 –5 ~ 15℃之间的温度。另一方面，当外部培养基假定不含冰晶时，细胞内的水通常在较低的温度下冻结。

在一定温度下，细胞内剩余水和细胞外冰晶之间的水蒸气压力的平衡是通过水分子从细胞内向外移动来实现的。因此，导致细胞内和细胞外冻结的冻结速度取决于细胞内水向细胞外移动的速率。细胞的水分释放速率取决于细胞的表面积与体积的比率（即细胞的大小）和单个物种细胞膜的固有渗透系数（inherent permeability coefficient）。换言之，细胞体积越小，细胞膜通透性越高的样品，细胞外的冷冻速率就越高，反之亦然。

对于酵母细胞而言，以高于 10℃ /min 的速度降温，大量的水相将保留在细胞中。在红细胞中，只有当细胞冷却速度超过 1000℃ /min 时，细胞内的剩余水分才会出现类似的增加。如果假设细胞水可以在 –10℃下接种（inoculate）冰晶，那么以超过 10℃ /min 的速度冷却酵母细胞将导致更高比例的细胞内冷冻。相反，在以同样的速度冷却的红细胞中，细胞内的冷冻水不会超过几个百分点。这一结果表明，当相同的冻结速率作用于不同的试样时，会出现明显不同的冻结状态，从而对其存活率产生不同的影响。

3. 慢速冷冻

在缓慢冷冻（获得细胞外冷冻所需）中，将样品预冷到比悬浮液的冰点低约 1℃或 2℃的浴缸中。在那个温度下平衡几分钟后，悬浮液在接触巴斯德吸管（Pasteur pipette）（也已平衡到相同温度）的尖端或细金属丝（其尖端已被液氮冷却）时接种冰，然后通过将金属丝短暂地放在空气中进行结霜（frost）。样品的接触必须快速完成，因为过冷样品会瞬间冻结，而凝固的悬浮液可能会破坏吸管尖端，或者会因为黏附到吸管而损失大量悬浮液。接种的（inoculated）样品在该温度下额外保持几分钟，以便与冰结晶保持平衡。然后，按照为特定标本设计的速率降低冷浴温度（cooling bath temperature）。

缓慢冷冻的第一步是冻干过程中非常重要的阶段，因为在这些延长的冷冻时间里，大量的细胞内和间质液体被分离出来，成为纯冰晶，因此，敏感的生物体会暴露在越来越高的溶质浓度和相关的高渗压力下。对于最敏感的微生物，在这个阶段绝对需要使用适当的冷冻保护剂。缓慢冷冻通常会导致标本中心部分的细胞团集中，以及大量浓缩液的间隙网络（interstitial network），这两种情况在干燥过程中都是有害的。为了克服这种现象，需要均匀冷却样品的方法。如果需要，

冷却到大约 –40℃的样品可以迅速冷却到更低的温度，而不会对细胞活性或材料的其他特性产生任何额外的显著影响。

4. 快速冷冻

通常，样品通过将容器直接浸入冷浴（cooling bath）中进行冷冻，冷浴一般由液氮、干冰—丙酮、干冰—酒精或任何其他事先冷却到适当温度范围的介质组成。此外，标本也可以放在深度冷冻箱中冷冻。值得注意的是，在深度冷冻箱中的自发冻结会导致相当快的冻结，因为样品首先过冷，然后在低温下冷冻。当需要更快地冻结样品时，样品容器可以通过浸泡在液化气中而不是直接浸泡在液氮中来冷却，因为液氮沸腾产生的气相显著降低了导热系数，从而隔热了样品。气体可以很容易地液化，通过从容器中直接喷射到金属杯中，这些金属杯已经冷却到气体的液化和凝固温度之间的范围。这些温度可以通过调整杯子与液氮表面的距离来获得。适应于这一场景的常用气体有丙烷或丁烷等。

在冷冻干燥中有一种简单而常用的技术是：分散在圆底安瓿瓶（ampoule）或球形容器中的适量细胞悬浮液，通过手动旋转使得细胞悬浮液在容器的整个内表面铺开，并以倾斜的角度浸入冰冻介质中，持续旋转，直到样品完全冻结。建议使用这一方法来获得较大的细胞悬浮液的表面积。在这种冷冻方法中，样品将快速冷冻，但无法获得准确设计的冷冻速率。无论如何，冷冻步骤被认为是冷冻干燥这一多步骤过程中最关键的步骤，应该根据专门为每个物种设计的明确的方法进行。

（三）干燥：升华和等温解吸

冷冻干燥机通常分为两种类型：一种是用于工业工作和 / 或批量生产的腔式干燥机（chamber freeze dryer），另一种是适合于实验室使用或生产少量材料的歧管式干燥机（manifold freeze dryer）。设备主要由 3 部分组成：干燥室［或干燥歧管（drying manifold）］、真空系统和冷阱（cold trap），其中，冷阱中还包含了冷却剂或制冷剂。

干燥操作通常在减压的情况下进行，以提高整个系统中的蒸汽流速度。从干燥物质中释放出的蒸汽可以通过泵送系统直接排出，但这不并不是一个实用的解决方案，因为它的容量通常不足以在低压环境中处理大量的蒸汽。因此，冷阱被用来捕获和冷凝水蒸气于冷阱表面。冷阱还可以防止水蒸气混合到旋转泵油中。因此，真空泵本身的负荷被限制在对干燥系统进行抽真空的这起始阶段的一步。相对来说，真空泵在干燥过程中的负荷非常小，主要用于消除从产品中释放的不凝性气体或仪器装置中的小泄漏。

　　理论上，在同一样品中，干燥由两个理论上不同的过程—即结晶冰的升华和保持在细胞中的未冻结水分子的等温解吸（吸收到细胞成分中）组成，这两个过程在同一样品中是同步进行的。干燥过程的推动力来自样品表面和冷阱之间的蒸汽压差，因此，使用配备较低温度冷却剂的冷阱更有利于实现更高的干燥效率。常用的冷却剂有干冰 – 酒精、干冰 – 丙酮或液氮。在长时间和 / 或大规模的（如工业冷冻干燥）操作中，建议使用配备制冷的冷阱。冰和水在零下的蒸汽压与温度的关系，如图 5-1 所示。

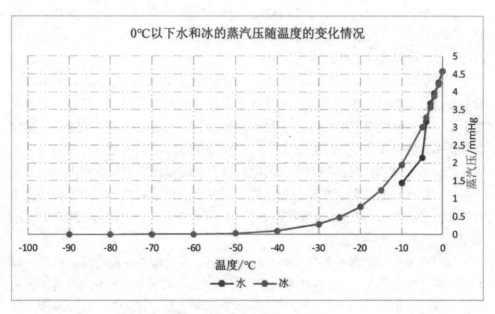

图5-1　冰和水在零度以下的蒸汽压与温度的关系

　　升华过程是冷冻干燥过程中最重要的阶段，在该阶段中必须要小心地保持加热部位和样品干燥表面之间的温度平衡。要有效地升华需要相当多的能量，然而，过多的能量也可能会导致仍残留大部分冰晶的样品的部分融化，以及升华完成的部分产品的加热变性。

　　在歧管式干燥器（manifold freeze dryer）中，安瓿瓶（ampoule）暴露在潮湿的室内空气中，水蒸气在残留冰晶的容器部分表面冻结。这种沉积的霜层显著延缓了升华过程，抑制了从大气向干燥产品传递的热流，导致产品中冰晶消失和样品温度降低的部分暴露在潮湿的室内空气更长的时间，结霜的水分升华造成潜热损失。为了提高升华速度，同时避免这种有害情况，建议使用适当温度的水浴。在腔式冻干机操作室内干燥的情况下，样品通常通过将容器放在装有电子加热系统的架子上从底部加热。此外，通过使用水浴或其他设备改变环境温度会影响样品的温度。例如，将水浴温度从 0℃改变到 20℃会导致样品温度略有上升（4 ~ 5℃），而环境温度和样品温度的明显升高，表明较高的环境温度促进了冰晶的升华速率。相反，用低于 -40℃的冷浴来冷却样品则会降低样品的温度。在这些较低的温度区域，环境温度和样品温度之间的差异也会相应地减小（升华所需的温差推动力减少），表明升华速率受到了抑制。由图 5-1 可知，在 -40℃以下水蒸气压力剧烈下降，也可以说明这一结果。

在整个升华阶段，有着大部分冰晶残留的部分样品保持着几乎恒定的零下温度，但在移动的干燥界面经过的部分（样品中经历过干燥工序的部分），样品的温度根据环境温度的上升而迅速上升。

为了实现样品的有效升温而不过热，这会带来有害的影响，因此，在升华过程中对样品的温度监测一直是一个非常令人关注的问题。目前，已经有研究者提出了一些与温度测量相关的不同系统。另一方面，考虑到在许多情况下，温度本身并不能说明什么，因此还需引入了一个特别的监测程序。在这个装置中，系统中的供热和蒸汽压是由样品本身的电特性自动控制的。当加热产生间隙软化（interstitial softening）时，电阻急剧下降。它就会引发了加热的减少（因加热引发的蒸汽量减少），并给整个系统带来了更好的真空度。当电阻再次攀升时，增加加热以再次刺激升华速率[11]。

在完成冰升华的样品部分，能量需求急剧下降，经过一段时间的初级干燥后，该部分样品温度上升。在这种情况下，样品这一部分中的残余水分可能占初始水分含量的很大一部分（大约 15%）。在所谓的次级干燥阶段，从距离剩余冰晶表面最远的部分开始，残余水分逐渐降低。然而，在冰晶消失后，样品中仍然存在更高的水分含量（residual moisture）。这些水分含量的存在不允许材料长期保存，它们应该继续执行连续干燥。

次级干燥阶段也是吸热（endothermic）阶段。众所周知，在次级干燥阶段提取的与细胞成分相键合的不冻水会更加严格。此外，干燥物料的多孔间隙网络在防止蒸汽从物料中迁移方面起到了作用。为了促进这一阶段的干燥，必须在足够高的真空度（0.01Torr 或更低）和专门设计的加热程序下操作。在真空条件下，通过多孔系统提供给样品所需部分的能量也很难管理，因为真空和多孔结构都具有优异的绝热性能。仅仅从外部加热往往会使样品过热，而能量却不会到达样品中对能量有需求的部分。不过，若采用波长足以穿透产品的微波或红外线光束则可能适合于到达特定的目标，即吸附性的水分子。

（四）终止点（termination）的确认

冻干过程的终点的确定是另一个困难。产品中的水分含量较高会在储存过程中产生破坏作用，但活细胞过度干燥也会导致细胞材料结构的严重破坏，并伴随着细胞活力的丧失。此外，水蒸气的解吸是一个连续的、不确定的过程，不会达到零或突然达到终点。因此，当残余水分的含量已经足够低至确保了良好保存条件时，有必要确定该过程的正确终点。目前，为确定该过程的终点，研究者已经提出了许多程序，包括压力升高测量（pressure rise measurement）、卡尔·费舍尔（the Karl Fischer method）法、重量曲线（weight curves）、蒸气张力（vapor tension）、水分平衡（moisture equilibration）、核磁共振（nuclear magnetic resonance）和介电测量（dielectric measurement）等。

（五）成品的整理和储存

当确定适当的解吸干燥的终止点时，需要快速终止干燥过程。然而，为了保留长时间储存之前的干燥过程中取得的结果，需要特别小心其中的各个步骤。应该记住，冻干产品是高度多孔和吸湿的结构，如果在环境空气中打破真空，干燥的材料会立即吸收空气中的水分和氧气。因此，为避免严重污染而不利于长期储存，建议在真空下对安瓿瓶的颈部进行熔化，从而直接密封样品。在不能实现直接密封的情况下，应该用直接引入干燥室的干燥惰性气体打破真空。其中，建议保持气相的流动足够温和，以避免气雾化。因为一般来说，干燥的产品具有非常脆弱的结构，冻干过程的停止或冻干产品的密封，甚至成品的包装都应该在充满相同气相的密闭区域中进行。适用于这一场景，最常见的气体包括氮气、二氧化碳，在某些情况下，氩气也被用于这一目的，并可产生极好的效果。

为了防止环境空气和长期储存的成品中的气相发生交换，用作标本容器和包装的小瓶、塞子、盒子和袋子必须用无孔材料制成并牢牢地密封。玻璃、普通金属、合成橡胶、硅、聚乙烯和塑料涂层铝箔通常用于此目的。在使用前，包装材料必须干燥并清除污染气体。小心处理的冻干产品理论上可以承受广泛的温度范围的储存，避免变质。然而，氧化反应、酶的进化和包含脂肪酸氧化的化学降解都高度依赖于温度，特别是在更高的温度下。因此，在适中的温度范围内储存将在较长的储存期内提高细胞的活力。此外，光对干燥产品的储存也非常有害。因此，建议在黑暗或不透明的容器中储存。

（六）冻干后样品的重构（reconstitution）

除极少数例外，干燥的微生物会在重构后恢复使用。在大多数情况下，通过向微生物中添加一定准确数量的、先前从体系中提取的水相来进行再水化操作。

由于干燥后微生物所具有的高度多孔的结构，这一再水化过程一般都会非常迅速和完整地完成。快速复水的优点是可以避免长期暴露在浓溶液中，然而，在快速复水会导致有害结果的情况下，相应的解决办法是，首先用高渗溶液复水，然后用透析稀释溶液逐渐改变外部溶液的张力。还有一种解决办法是，首先让样品在室温下停留一段适当的时间以吸收空气中的水分，然后加入水相以恢复与原始状态大致相同的浓度。

另外，还必须考虑再水化温度。一般情况下，在室温下加入蒸馏水进行复水。在某些情况下，可以在低温下进行，以减少在复水后不可避免地引入到样品中的有害的化学和/或酶反应。虽然这一程序不能用于对冷害敏感的样品，但建议将复水样品保存在冰冷温度下，直到下一次处理可以开始。

还有，另一个要点是复水悬浮液中的 pH 与原始悬浮液相比的不同。由于样品中的溶质与干燥材料中的溶质保持完全相同，理论上重组后的产品将恢复到原来的 pH。然而，值得注意的是，在许多情况下，从死亡或损伤细胞中渗出的物质对重组样品的 pH 有很大影响。在这些特殊情况下，用与原始培养基组成不同的培养基重组样品，改变 pH 或添加酶抑制剂，以避免有害的酶反应。也可以用不同量的培养基进行复水，以获得更浓或更稀的细胞悬液。悬浮培养基的不同渗透压（osmolarity）也会对细胞产生有害影响，特别是对受损细胞。

（七）小结

保存对科学或医学研究以及工业活动至关重要的活的标准物质是冷冻和冷冻干燥的基本目的。维护这些物质的任务往往因为需要确保趋于变化的生命系统的稳定性而变得复杂。在冻干技术中，用于冷冻和干燥微生物的方法因生物类型和材料用途的不同而有很大不同。在很多情况下，冷冻和冷冻干燥处理后的细胞复原率明显降低。因此，为获得较高的产品回收率和稳定性，必须利用和选择合适的保护物质。一般来说，选择冷冻和冷冻干燥的设备并不容易。然而，通过实验研究也可以摸索出很多有效的保护机制，因此，努力为每个样本找到最有效的保护剂，并为其确定具体的操作条件和性质非常重要。本章报道的许多实验结果都是基于实验室工作，而不是工业生产的实践结果。然而，了解微生物细胞在冷冻和干燥过程中发生的物理和化学变化的机理，可以为人们设计出成功的工业应用程序提供理论基础和方向指导。

二、细菌（Bacteria）的冷冻干燥

冷冻和冷冻干燥技术已成为长期维持细菌培养物的标准方法。简单的冷冻和冻干制度通常是根据经验建立的。然而，也有可能应用科学原理来控制参数，从而优化生物体的冷冻和干燥过程[12]。因此，可以操纵热量传递和蒸汽传递，以在最佳的温度和时间条件下保持升华。

冷冻干燥是通过冰升华[13]使冷冻材料干燥的过程。该过程包括以下3个阶段：冷冻、升华和解吸。最初，材料被冻结，通过物理的方法使得水以冰的形式从固体中分离。在这个过程的第二阶段，冰通过直接转化为蒸汽（升华）从产品中去除。为了完成这种转变，能量需要以热的形式存在。为了在冰界面发生升华，固体蒸汽转化所需的能量必须通过样品传输到界面，需要热源和界面之间的温差（通常称为温度梯度）。必须控制能量输入，以便能够足够快地去除产生的蒸汽量，以避免导致结构破坏（坍塌），特别是在升华界面处。在界面上形成蒸汽后，必须将其从样品中运走。蒸汽的去除涉及质量传输，并且在界面和制冷冷凝器表面之间需要一个压力差，通常称为压力梯度。化学干燥剂，如五氧化二磷，可以用来捕获所涉及的少量水，但更方便的是使用–50℃的冷冻冷凝器。

除去冰晶后，产品剩下的是浓缩的溶质相，在过程结束时，它将变成冻干的物质。溶质相仍将含有大量强结合的未冻水[14]（通常每100g固体中约有25~30g水）[15]。除非在冷冻干燥过程中除去大部分结合水，否则大多数细菌在结构上或化学上是不稳定的。这种结合水的去除是通过解吸实现的。与冷冻干燥的其他两个阶段一样，在解吸过程中，必须输入能量以从结合的水分子形成水蒸气。

两种常用的商用冷冻干燥机是离心式冻干机和搁板式冻干机。前者冷冻是由施加真空时发生的蒸发引起的，并且在初始冷冻期间细胞悬浮液被离心以增加表面积并防止腐烂。对于大型培养物的收集，离心法在最小化交叉污染的可能性方面具有优势，因为在二次干燥阶段结束时，安瓿可能在填充后堵塞，并在真空下密封在歧管上。然而，若没有经验且不经常使用，则离心冷冻干燥技术要求会更高。在两种方法干燥过程中，活细胞数量的初始减少量通常较低。对于某些物种来说，采用热封安瓿的离心干燥后产品的保质期超过35年[16]。根据医学上对细菌研究的经验，货架干燥后细菌的存活期是几年，但对其长期稳定性的研究信息仍然缺乏。

Morichi 等人 [17] 用 54 种不同的细菌和细菌菌株表明，α-COOH、α-NH$_2$ 和胍基在精氨酸的保护中起重要作用。作者认为，这三个基团的共同特点是它们形成氢键的能力。

Gehrke 等人 [18] 用一种特别开发的设备研究了大肠杆菌［Escherichia coli,（E）］和植物乳杆菌［Lactobacillus plantarum，（L）］的冷冻干燥过程，该植物允许在冷冻干燥过程中称重样品，将样品从室中锁定到隔离器（手套箱）中，并使用卡尔·费歇尔方法在隔绝室中测量样品的残余水分含量（resiudal moisture，RM）。因为设备的设计对于冷冻干燥研究来说几乎是理想的，可以定量地跟踪其进程。图 5-2 显示了实验室冻干机的构造方案。为了快速冷冻培养物（1.7 ~ 2.2℃ / min），将装有样品的容器放置在 -45℃ 的预冷架上。图 5-3 显示了 E 的干燥过程数据，图 5-4 显示了该试验期间的重量损失图。图 5-5 显示了冷冻和干燥过程中每克质量的活生物体（colony-forming unit，CFU）的减少情况；在所有试验中，在细胞悬浮液中均加入 10%（w/w）的脱脂牛奶和 10%（w/w）的甘油。图 5-6 显示了 E 的干燥时间与 T_{sh} 的函数关系，图 5-7 显示了以水含量的克数对容器的开放表面积为单位的升华速率与产品中水含量的函数关系。如图 5-7 所示，升华率与产品的层厚无关。

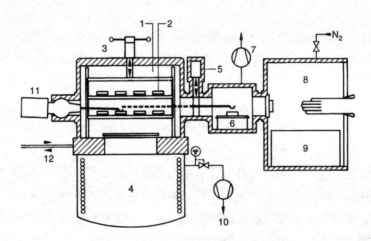

图 5-2　实验室冻干机的方案

注：1.带有回火架的真空室；2.带有探针的容器；3.搁板的升降机；4.冷凝器；5.锁门；6.锁中的天平；7.锁中的真空泵；8.手套箱；9.卡尔-费歇尔测量系统；10.压力控制的真空泵；11.操纵器；12.回火的介质。

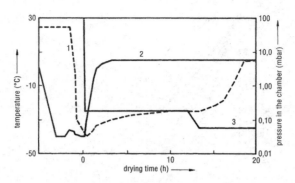

图5-3　大肠杆菌（E）的冻干运行

注：$d=20mm$。其中，1表示Tpr；2，Tsh；3，pch

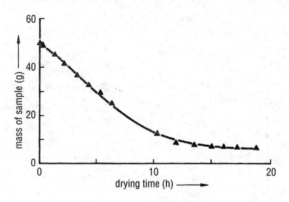

图5-4　E的样品质量与时间的关系

注：$pch=0.18mbar$，$d=20mm$。

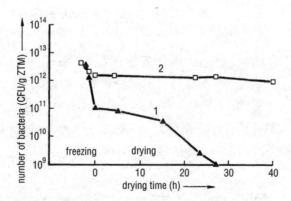

图5-5　（1）E和（2）L的细菌数与干燥时间的关系

注：其中，CFU表示衡量活细菌的数量；ZTM表示细胞的固体。

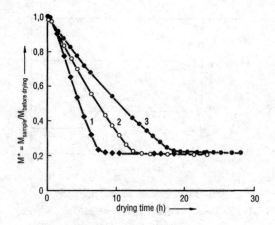

图5-6 搁板温度 T_{sh} 对 E 的干燥时间的影响

注：其中 T_{sh} =（1）+13℃；（2）5；（3）13℃。

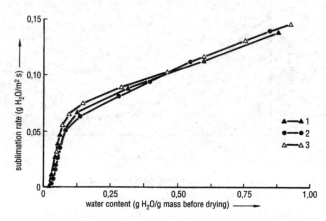

图5-7 不同产品层的升华率与含水量的关系

注：其中（1）10mm；（2）15mm；（3）20mm。

Israel 等人 [19] 发现对 E 来说，即使 E 的冻干悬浮液储存在 21℃和 60% 的相对湿度下或暴露在可见光下，海藻糖仍是一种非常好的稳定剂。在光照和空气的影响下，3h 内无海藻糖情况下 E 的存活率下降到 0.01%，有海藻糖的情况下存活率为 35%。研究最终确定了海藻糖的最佳浓度为 100mmol/L，这与磷脂分子外膜中取代水分子所需的海藻糖分子的数量相对应。

三、酵母（Yeasts）的冷冻干燥

根据 1977 年《布达佩斯条约》（Budapest Treaty）的规定，随着对生物技术兴趣的增加以及与专利申请相关的菌株需要存放在一个重新分类的保藏中心，对

保藏在指定培养物保藏中心的微生物的需求也增加了。与其他微生物一样，需要长期保存方法来确保菌株的存活，并保留其任何具有商业价值的特性。

冷冻干燥通常用于保存各种微生物，也广泛用于酵母培养物的保存上[20-22]，这取决于在真空下通过升华冷冻培养样品来除去水分。将悬浮在含有冻干保护剂的培养基中的酵母培养物冷冻并暴露于真空后，其水蒸气被截留，干燥后的材料则储存在惰性气体或真空中。使用这种技术，各种各样的菌株可以成功地冻干，并在保存状态下保持长达 20 年。一些酵母菌株，包括形成假菌丝体的培养物[23]，不能通过冷冻干燥保存，但可以使用替代的保存方法。

为了提高酿酒酵母（Saccharomyces cerevisiae，SC）的活性和繁殖能力，Kabatov 等人[24] 提出添加 10% 的脱脂牛奶，其中已饱和 Ar 或 N_2。在压力下冷冻至 –25℃，并继续冷冻至 –55℃。其研究最终发现，冷冻干燥的悬浮液在 +4℃下储存期间不会改变其质量。

Pitombo 等人[25] 发现 pH 为 4.6 的 0.010M 琥珀酸盐缓冲液是 SC 的最佳稳定剂。三种不同的冷冻速率（0.5，1.5，5℃ /min）对酿酒酵母繁殖能力的影响可如图 5-8 所示。在 +25℃下储存 235d 期间，如果 RM 低于 4%，则未观察到酿酒酵母中的转化酶活性的明显降低。当 RM 为 –14% 时，转化酶活性在 20d 内下降到一半，57d 后无法测量，因为已形成不溶性团簇。4% 的 RM 则对应于 +25℃的单分子水层。

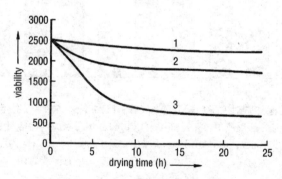

图5-8　在三种不同的冷冻速率下冷冻的酿酒酵母的活力与干燥时间的函数
注：其中，（1）5℃ /min；（2）1.5℃ /min；（3）0.5 ℃ /min。

Lodato 等人[26] 研究了在平均分子质量为 10kDa 和 40kDa 的海藻糖、麦芽糖和聚乙烯吡咯烷酮（polyvinylpyrrolidone，PVP）以及 3.6kDa 和 1.8kDa 的麦芽糖糊精的 40%w/v 溶液中冷冻干燥和热处理（70℃下 100 min）后 SC 的热稳定性。将 1mL 样品在 –30℃冷冻，并在 –40℃的冷凝器温度和 < 0.13mbar 的压力下冷冻

干燥 24h。之后，通过将干燥的样品置于 26℃饱和盐溶液的水蒸气中 15 天，获得了不同的 RM。研究发现，冷冻速率保证了细胞的适宜生存能力，在没有保护剂的情况下，细胞的存活率从 10^9 个菌落形成单位（colony-forming unit）CFU/mL 下降到 8.7×10^3 CFU/mL。图 5-9 显示了添加剂对冻干后 SC CBS 1171 的存活率的影响研究。之后，研究者还就在 70℃下加热 100min 后，添加剂对 SC CBS 1171 的再湿化样品的影响进行了探讨，发现该影响是干基（dry basic，db）% 的水分含量（moisture content，mc）的函数。

此外，在研究 100% 海藻糖（trehalose）、麦芽糊精（maltrodoxin）及其混合物在不同条件下，及 26℃下暴露于 33% 的相对湿度 15d，并在 70℃下加热 100min 后，对 SC CBS 1171 的生存率的影响实验中，作者得出结论，影响经热处理的冻干细胞存活的关键细胞外因素是冻干过程中这二糖的存在、浓度和含水量。细胞外基质的物理状态和流动性效应可能在丧失生存能力中仅起次要作用。

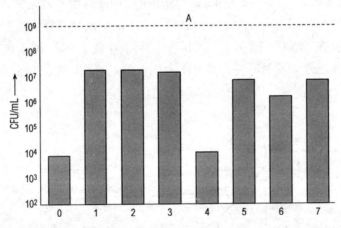

图5-9　添加剂对冻干后酿酒酵母 CBS 1171（SC 1171）生存的影响

注：其中，CFU 为菌落形成单位；A.冻干前 CFU/mL；0.无添加剂的酵母悬浮液；1.麦芽糖；2.海藻糖；3.麦芽糊精（maltrodoxin，MD），平均摩尔质量（am）1.8 kDa；4.MD，am 3.6 kDa；5.PVP，am 10 kDa；6.PVP，am 40 kDa；7.50% MD，3.6 kDa 和50%T。所有溶液都有 40% w/v 的添加剂。

Rakotozafy 等人[27]则比较了在环境温度下的干燥过程，称为通过连续压降进行的脱水（dehydration by successive pressure drops，DDS），以及经过压缩的 SC（面包酵母）商品的冷冻干燥，其 db 为 165% ~ 187%，存活力为 3.8×10^9 CFU/g d.b。将 10g 的产品在塑料罐中粉碎进行 DDS，或在培养皿中磨碎用于冷冻干燥。冷冻干燥是在搁板面积为 400cm² 的冻干设备中进行的。以 1℃/min 的冷冻速率将温度至 -40℃，冷冻干燥期间，搁板温度 T_{sh} 为 25℃，冷凝器温度 T_{co} 为

–55℃，操作室压为 0.3mbar。干燥 12h 后，用红外天平测量干燥结束时的 RM 为 4%。使用 DDS 的 RM 在 4 ～ 8h 内达到相同的 RM。使用 DDS 的存活率在 31% ～ 87% 之间，使用冷冻干燥的存活率为 5%。此外，使用该冷冻干燥工艺后发现，冻干后的初始产品在 100g 固体中含有 170g 水，且其固体含量与浓缩咖啡提取物相当，而通常的医药产品在 100g 固体中则含有 900g 水。众所周知，固体含量高的产品其冻结方式完全不同，其未冻结的水（unfreezeable water，UFW）含量可能高于固体含量为 5% ～ 10% 的产品。最终，该研究根据冷冻干燥步骤的数据，预计升华界面处冰的温度 T_{ice} 约为 25℃。其采用的工艺参数为，在皮氏培养皿（Petri dish）中分配 10g 量的产品，形成最大厚度为 2mm 的层，所用初级干燥时间约为 0.9h；再添加 2h 用于次级干燥至 4%RM，总干燥时间不应超过 3h。

四、真菌的冷冻干燥

如今在真菌学（mycology）研究的许多方面都需要活的培养物。传统的分类学（taxonomy）正在被分子生物学技术所补充，而这些技术通常都需要生长中的生物体，如保持特定菌株以满足进一步研究和作为参考的需要。

保存技术的主要要求是将真菌（fungus）保持在一个有活力和稳定的状态，没有形态、生理或遗传变化，直到需要进一步使用。因此，储存条件的选择应尽量减少这种变化的风险。保存技术的范围涵盖了从降低新陈代谢率的连续生长方法，到新陈代谢被认为是暂停或接近停止的理想情况诸多方面[28]。不过迄今，尽管有许多真菌菌株已经能很好地储存在液氮中，还没有一种技术被成功地应用于所有的真菌保存上。

所有方法的一个共同因素是需要从健康的培养基开始，确定其最佳生长条件，包括温度、通风、湿度、光照和培养基等，从而得到最好的结果。尽管相同物种和属的培养物通常在相似的培养基上生长，这些生长要求还是因菌株而异。一般情况下，要想成功冷冻干燥就需要诱导良好孢子和最小菌丝体形成的培养基。不过若培养基需要低温保存，这一要求就不是必需的了。在某些情况下，在渗透压力（osmotic stress）下培养生物更好，因为在这些条件下积累在细胞质中的化学物质在冷却过程中也起到一定的保护作用。

冷冻干燥技术最初是由 Raper 和 Alexander[29] 应用在了真菌研究上。多年来方法和设备的改进促使了一种可靠和成功的孢子真菌保存技术的产生。冷冻干燥[30-32] 的主要优点是稳定、保质期长、储存简单、易于分配。其所用的保护剂、冷却速度、最终温度、干燥过程中的热输入速度、残留水分和储存条件都会影响真菌的生存能力和稳定性[33-34]。而悬浮介质则应起到保护孢子免受冷冻损伤的作用。最常用的培养基是脱脂奶、血清、蛋白胨、各种糖或它们的混合物。冻干过程中，冻结速度是一个非常重要的因素，因此必须对此进行优化以实现真菌的最佳恢复。有研究发现，采用慢速冷冻速率，通常使用的速率是1℃/min。此外，蒸发冷却技术已经可以成功地用于储存许多产孢真菌上[28]。事实上，大树基团基于上述理论支撑，在真菌冷冻干燥方面已有所建树，成功生产出了一系列冻干产品，其中包括羊肚菌、冬虫夏草等，图5-10是其若干产品的展示图。

图5-10　羊肚菌、冬虫夏草冻干产品展示图

五、乳酸菌的冷冻干燥

乳酸菌（lactic acid bacteria，LAB）对食品和生物技术工业非常重要，它们被广泛用作生产食品（如酸奶、奶酪、发酵肉和蔬菜）和益生菌产品以及绿色化学应用的发酵剂（starter culture）。冷冻干燥是保存细菌的一种方便方法。通过将水活性（water activity，aw）降低到0.2以下，它具有在零上温度（suprazero temperature）下长期储存和低成本的特点，同时也能最大限度地减少细菌的生存能力和功能性的损失。通过冷冻干燥稳定细菌是从向细菌悬浮液中加入保护剂溶液开始的。冷冻干燥是稳定对高温非常敏感的产品（如乳酸菌）的宝贵技术。这个过程包括冷冻含有细菌的水溶液，然后进行一次干燥以升华物料中的冰，最后进行二次干燥以除去未冻结的水等几个步骤[35]。

其中，冷冻步骤是冻干过程的第一步，也是最短的一步。它控制冰晶的大小、分布和形态[36-37]。升华需要低蒸气压（真空）和加热才能把冰变成蒸汽，而且必须控制热量输入以保持产品温度低于基质的塌陷温度[38-39]。升华后，剩余的浓缩溶质相仍含有大量未冻结的水（20%～30%），由于其与冻干产品的储存稳定性不兼容，因此可通过将产品加热至适宜的零上温度（20～30℃）来实现未冻结的水的解吸，从而降低最终产品的含水量（< 5% 干重）和水活性（aw < 0.2）[40]。

即使采用较低的产品温度，仍有关于不同程度的冻干细菌存活率恢复的报道 [41-42]。在冻干粉末中，它包含着不同比例的死细胞、活细胞和低于致死量的损伤细胞的组合，这取决于稳定过程本身对环境应力的应变敏感性。冷冻会诱导冰晶的形成和溶质的浓缩。冷冻干燥配方中通常采用的低冷却速率会导致细胞填充到冷冻浓缩材料中，并使细菌细胞发生脱水而可能导致细胞发生不可逆的变化（如膜脂的物理状态和敏感蛋白质结构的变化），而这些变化往往会导致细菌生存能力的严重丧失 [43-45]。此外，氧化似乎是干燥和储存过程中细胞损伤的重要机制 [46-47]。

目前，研究者就在糖和聚合物的存在下，对乳酸菌进行冷冻干燥进行了多方面的尝试 [45-46, 48-52]。由糖和聚合物结合形成的无定形基质具有允许低分子迁移率的高黏度，因此限制了扩散控制的降解反应的发生。另外，糖等保护性分子通过用生物分子取代水形成的氢键来保护细胞，否则这些氢键会在干燥过程中丢失 [43-45, 53]。而且为清除活性氧，具有抗氧化活性的保护剂通常也被加入制剂中 [48, 54-55]。此外，冷冻动力学、冷冻干燥过程中的产品温度、最终含水量和储存条件（温度、相对湿度和大气）等操作条件对冻干乳酸菌的稳定性也有重要影响 [40, 56-57]。因此，这些参数都需要谨慎考虑来限定冻干规程，以保证冻干的乳酸菌恢复后有较高的存活率和活性。通过对酸奶等制品上进行的大量实验研究与测试，大树集团目前也在该领域成功生产出了相应的冻干产品，如图 5-11 所示，为其酸奶制品，图 5-12 则展示了其生产的一系列冻干益生菌粉。

图 5-11　酸奶冻干制品

图5-12　益生菌粉冻干产品

第二节　生物药品的冷冻干燥

一、药物

（一）药物新剂型

药物制剂的目的是预防和治疗疾病，并保证人类的健康和繁殖。临床使用前，必须确保任何一款药物的安全性、有效性和剂型的稳定性。药剂学是药学大类里的一门子学科，涉及将一种新的化学物质（new chemical entity，NCE）转化为患者能够安全有效使用的药物的过程的各个方面。有许多化学物质具有已知的药理特性，但未加工的化学物质则对病人完全无用。药剂学涉及将纯药物配制成剂型。根据其发展，药物剂型可分为以下几代。第一代是口服和外用的简单软膏、丸剂和散剂。第二代是由机械和自动机器制成的片剂、注射剂、胶囊和气雾剂。第三代是缓释或控释剂型，形成新的药物递送系统（drug delivery system，DDS）。第四代是靶向剂型，形成靶向给药系统。第五代是当患者病情严重时，在体内自动释放的剂型。目前科学家最关心的是第三代和第四代剂型。为了实现这些新的药物递送系统，在剂型的配方中开发了许多新技术，如固体分散体、包合物、乳剂、脂质体和微型胶囊化等。迄今，冷冻干燥技术已经广泛应用于第二代至第五代药物剂型的配方中，尤其是在乳剂、脂质体和微囊化技术中。

（二）生物药物

（1）生物药物的定义和分类

药物可分为3类，即化学药物（或合成药物）、生物药物和天然药物（中药）。其中，生物药物（或生物制剂）是由活生物体、寄生虫、动物毒素或其产品制成的生物活性制剂，用于预防、诊断或治疗癌症和其他疾病。生物药物包括抗体（antibody）、白细胞介素（interleukin）和疫苗（vaccine）。生物药物可以根据其原料、生物或分离技术，或其临床用途进行分类。按照生物技术，生物药物可以分为四类[58]：①发酵法生产的药物。这些药物是由微生物代谢产生的，包括抗生素、维生素、有机酸、辅酶、酶抑制剂、激素、免疫调节剂以及其他生理活性物质。②基因方法生产的药物。蛋白质和多肽类药物由重组 DNA 产生，包括干扰素、胰岛素、白细胞介素 –2 等。③细胞工程生产的药物。该药物是通过植物和动物细胞的细胞培养产生的，如人体生理活性因子、疫苗、单克隆抗体等。④酶工程生产的药物。它们包括药用酶和通过酶或细胞固定化产生的药物，如蛋白酶、急性酶、左冬酰胺酶、维生素 C 等。以上方法并不是完全分开的。例如，重组 DNA 技术可以用来改进微生物菌株，以生产更好的酶工程药物。基因工程、细胞工程和传统生产技术也可以一起使用以选择优良菌株，生产高效、低毒和广谱的抗生素。

实际上，对化学药品、生物药品、中药的开发技术并没有明确的界限。例如，生物制药技术，如发酵和酶技术，也可用于从中草药中分离和提取有效成分。生物制药技术也可以为胎儿疾病，如自身免疫性疾病（多发性硬化、关节炎等）、艾滋病、癌症、老年精神病、冠心病及糖尿病等提供有价值的新药。目前，生物药物正处于快速发展阶段。根据 2002 年的统计，临床上已经使用了 133 种生物药物，其中大部分在 1997 年后的 5 年内获得了批准。［1997 年美国食品与药品监管局（FDA）批准了 19 种药物；1998 年为 21 个；1999 年为 22 个；2000年为 32 个；2001 中的 24］迄今，处于发展高级阶段的生物药物约有 350 种[59]。根据药物的临床用途，这些生物药物包括疫苗、毒素、类毒素、血清、血液制品、免疫制剂、细胞因子、抗原、单克隆抗体、基因工程产品（重组 DNA 产品、体外诊断试剂）等各种类型。目前主要的生物药物有人血白蛋白、促红细胞生成素（erythropoietin，EPO）、造血素、白细胞介素、干扰素、单克隆抗体、疫苗、集落刺激因子、人生长激素、胰岛素、细胞因子、受体药物和凝血因子ⅤⅢ等。正在开发的新生物药物有肿瘤疫苗、多肽药物及生物技术体外诊断试剂等。

（2）生物药物的特点

生物药物有一些明显的特点：①成分太复杂，无法准确测量；②由于药物是由多种具有活性的蛋白质组成的，因此易受温度的影响。它们不稳定，容易变性和失活。生产过程中参数的变化对产品质量有很大影响[60]；③易受微生物污染和破坏。

冷冻干燥工艺学

冷冻干燥是生产大多数生物药物的一种非常重要的制备方法。根据 1998 年的统计，大约 14% 的抗生素药物、92% 的生物大分子药物和 52% 的其他生物制剂是冻干的。近年来，新型生物药物的剂型都是通过冷冻干燥技术生产的。此外，冻干是药品生产的最后一道工序，对药品的质量影响很大。

（三）生物药物冻干的基本过程

药物冷冻干燥的工艺流程由制备和冷冻、初级干燥（升华干燥）、次级干燥（解吸干燥）和包装 4 个过程组成。每道工序的温度、真空度都必须精确控制。冻干药物是干燥的多孔固体，它们可以在室温或冰箱中储存很长时间。

（1）药物的制备和冷冻

为在冷冻干燥后形成稳定的多孔结构，药物溶液的浓度必须是特定的值。低剂量热敏药物（如激素、酶、疫苗）中应加入辅料—赋形剂（excipient），以增强冻干产品的结构。此外，有时还应在生物蛋白类药物或具有生物膜的缓释药物中加入冻干保护剂，以保护蛋白质不变性，并防止其生物膜受损。冻干保护剂的类型和浓度取决于药物，大多数冻干保护剂也起赋形剂的作用。冻干生物药物的质量受冻干保护剂和赋形剂的类型、浓度和 pH 的影响。

冷冻是以受控的冷却速率完全冷冻或固化药物溶液的过程。预冷冻的结束温度必须低于药物溶液的玻璃化转变温度（glass transition temperature，T_g）或共晶温度（eutectic temperature，T_e）。

（2）初级干燥（升华干燥）

初级干燥在低温和真空下进行，干燥从产品的表面到中心逐渐进行，其中升华冰形成的孔隙或通道成为蒸汽逸出的途径。干燥层和冻结层之间的边界称为升华界面。升华界面的温度是初级干燥过程中需要控制的关键参数。药物中 90% 的水分在初级干燥中被除去。

在初级干燥过程中，冻结层的温度必须低于 T_e 或 T_g，干燥层的温度必须低于塌陷温度（collapse temperature，T_c），干燥室内加热器的温度也应严格控制。

（3）次级干燥（解吸干燥）

次级干燥的目的是去除一部分结合水。药物次级干燥后残余水分含量（resiudal moisture，RM）一般低于 3%。一方面，由于吸收能量大，次级干燥中的产品温度必须提升到足够高以除去结合水，另一方面，该温度也不能诱导蛋白质放生变性或生物药物的变质。在次级干燥过程中，随着水量的减少，产品的玻璃化转变温度逐渐升高。因此，产品的干燥温度可以逐渐升高，但不能高于玻璃化转变温度。

248

（4）封装过程

当次级干燥过程完成时，为了防止冻干药物氧化和受潮，直接使用腔室中的堵塞系统来堵塞小瓶。封装也可以在向腔室中填充氮气后完成。

（四）药品冻干技术的特点

与其他干燥方法相比，药物冷冻干燥技术的特点为：①冷冻干燥在低温下进行，可以防止药物中的活性成分（生物蛋白、激素、疫苗等）变性或丧失生物活性；②在含氧量极低的真空中进行冷冻干燥，可以保护药物中的成分不被氧化；③冷冻干燥可以大大减少药物中挥发性成分的损失；④冷冻干燥能抑制微生物的生长和药物中酶的活性；⑤冻干药物会保持原有结构；⑥冻干药物具有良好的复水性；⑦冻干药物可以在室温下长期储存，因为药物中 95% 以上的水分被去除；⑧冻干设备的初始成本较大，因为冷冻干燥是一个耗时耗力的过程；⑨很难将参数控制在最佳水平。

（五）药品冷冻干燥的关键问题

生物药物冻干过程中需要考虑 3 个问题。第一个问题是如何减少冷冻干燥对生物药物药效的影响。二是如何控制冷冻干燥的最佳工艺流程。三是如何减少冻干过程中的时间和能耗。考虑到上述问题，生物药物冷冻干燥所涉及的关键技术可归纳如下：

（1）温度控制和干燥程序的识别

确定和控制干燥过程中的最佳温度非常重要。如果温度高于最佳温度，冷冻药物会融化、塌陷或卷曲。而如果温度太低，制冷负荷会造成过多的能耗，升华速率也将大大降低。识别初级干燥和次级干燥非常重要。如果次级干燥过程开始的时间早于所需时间，冷冻药物就会融化。如果初级干燥持续时间过长，会消耗更多的能量。如果次级干燥过程比所需时间提前完成，药物的残留水分将过高，干燥药物的保质期将缩短。如果次级干燥持续时间过长，将消耗更多的能量，并且活性成分将由于过度脱水而失活。

（2）冷冻过程中的冷却速度

只有当温度高于水溶液的共晶温度（eutectic temperature）时，才会结冰。当温度低于共晶温度时，溶质开始沉淀。冰晶的大小和溶质的净结构取决于药物的类型和冷却速度。

因此，冷冻过程决定了干燥速度和冻干产品的质量。最佳冷却速度因不同的生物制剂而异。例如，缓慢冷冻通常对蛋白质多肽类药物有益。快速冷冻通常对病毒和疫苗有益。因此，冷却速率对药物冷冻干燥的影响有待进一步研究。

（3）冻干保护剂的类型和浓度

对于不同的生物剂，活性组分的分子结构不同。冷冻干燥所需的冻干保护剂的类型和浓度也不同。到目前为止，没有适用于所有生物药物的通用冻干保护剂。开发适当的冻干保护剂是一项重要任务。

（六）不同生物药物的冷冻过程

基于 EvaluatePharma 的《2016 至 2022 年世界展望》，到 2022 年，生物制剂将占前 100 名产品销售额的 50%。在最有价值的 20 个研发项目中，大部分涉及生物制品，其中单克隆抗体领先。目前，在临床应用或工业研究中，大多数生物制品 / 生物制药都是蛋白质。当蛋白质保留在天然的二级和 / 或三级结构中时，它们就起作用了。导致蛋白质变性和聚集的因素很多。事实上，这是蛋白质药物传统上通过注射给药的一个重要原因。这是生物制药在生物加工过程中的主要障碍[61]。

因为蛋白质药物通常是以肠外制剂（parenteral formulation）的形式给药，所以液体制剂将是首选。然而，由于相对较快的分子运动和水促进的反应，蛋白质的稳定性在运输和长期储存过程中是一个主要问题。稳定性问题可以通过合适的固体制剂来解决，这些固体制剂大多是通过冷冻干燥制备的[62]。这是因为在干燥固体状态下可以充分避免或减缓降解反应。然而，在冷冻过程中，蛋白质会经历冷冻（冷）压力和脱水压力，然后是固态储存过程中的稳定性问题。在设计冻干配方和工艺时，蛋白质稳定性是最终目标[63-64]。所有配方参数［如蛋白质浓度、辅料赋形剂（excipient）种类和用量］和工艺条件都应根据蛋白质稳定性进行优化。在这一部分中，我们首先描述不同类型的蛋白质降解机制和程序，可以采取这些机制和程序来避免或最大限度地减少这种降解途径。然后，我们将讨论不同生物药物的冷冻过程以及所考察的重要参数。

二、生物制药的冻干过程

（一）冻结过程

主要的蛋白质构象运动由水化膜（hydration shell）和散装溶剂（bulk solvent）控制[65]。水化度（the degree of hydration，h）可定义为水对蛋白质的重量比。脱水后的蛋白质不起作用（有些蛋白质在 $h \geq 0.2$ 时开始起作用），而完整的作用可能需要 $h > 1$。大范围的运动受散装溶剂（bulk solvent）变化的影响，并受溶剂黏度的控制[65]。冷冻液体蛋白质制剂时，溶质浓度、黏度增加以及冰晶的形成都会导致蛋白质变性。

冷变性。大多数蛋白质都会在远低于水的冰点时表现出冷变性。这表明低温可能不会对蛋白质变性产生特别大的影响。然而，随着冰层的形成和蛋白质浓度的增加，影响可能是巨大的。

蛋白质浓度。在较高浓度下（无论是由于初始制备还是冷冻诱导），一定体积的蛋白质数量较多。这可以导致蛋白质之间更强的相互作用，以及更大的聚集和沉淀潜力[62]。同时，周围散装溶剂可能具有更高的黏度，从而对蛋白质动力学产生影响[65]。然而，较高的浓度有潜在的优势：暴露在冰冻压力下的蛋白质的百分比可能较低[63]。由于蛋白质制备过程中的降解率是一个关键参数，因此应选择合适的蛋白质浓度。

pH 变化。蛋白质通常在很窄的 pH 范围内稳定，其中许多只在生理 pH 下稳定。在冷冻过程中，由于溶质或离子浓度效应以及某些盐的可能结晶，pH 可能会有很大的变化，从而导致蛋白质变性。通常添加缓冲物（buffering specie）来稳定 pH 的变化，但由于冻结过程中会产生结晶，应避免使用某些缓冲盐。Na_2HPO_4 比 $NaH2PO4$ 更容易结晶，这会导致 pH 显著下降[62]。在磷酸钾的作用下，二氢盐结晶的最终 pH 可能接近 9[64]。因此，应避免使用磷酸钠和磷酸钾缓冲液。冷冻时 pH 变化最小的缓冲液可选自柠檬酸、组氨酸和三羟甲基氨基甲烷［tris（hydroxymethyl）aminomethane，Tris］[64]。

冰水界面。蛋白质在界面上的吸附会导致蛋白质失稳。这是因为当蛋白质部分展开时，有利于与界面的相互作用，从而使疏水氨基酸侧链（通常在蛋白质的核心）更多地暴露在界面上[66]。液体制剂中存在空气—水界面，而冰—水界面在冻结过程中发展。为了将界面损害降至最低，可以在制剂中添加表面活性剂。由于表面活性剂的两亲性，表面活性剂倾向于吸附在界面上，从而阻止或减少蛋白质在界面上的吸附。

从稳定的制剂开始，可以包括缓冲剂、离子、非水有机溶剂和表面活性剂[63, 64, 66]。如前所述，为了减轻制剂受到的冰冻压力，可以根据特定的蛋白质添加辅料赋形剂，如糖、聚合物、表面活性剂和氨基酸等。糖（经常使用）在冷冻（和冷冻干燥）过程中对蛋白质的保护可能归因于 Timasheff 为控制蛋白质稳定性和与弱相互作用的助溶剂（cosolvent）的反应而开发的通用热力学机制[67]。已经证实，几乎任何糖或多元醇，作为排除盐，都能提高蛋白质的构象稳定性。此外，添加氨基酸、盐和许多聚合物也可能属于这一类[66]。

（二）冷冻干燥过程

蛋白质通过部分去除水化膜（hydration shell）中的水分子来感受脱水压力。

一般情况下，冷冻固体中的水分含量低于 10%。这会使蛋白质变性并抑制它们的功能 [65]。在脱水过程中，蛋白质可能会将质子转移到电离的羧基上，从而降低结构蛋白质中的电荷。由此产生的低电荷密度可以导致更强的蛋白质 – 蛋白质的疏水相互作用，并导致蛋白质聚集 [62]。另一个应力是冰升华产生的表面（固体 / 空气界面）增加。除了与表面吸附相关的不稳定性外，这可能在固体制剂的储存期间产生显著的影响。

傅立叶变换红外光谱（FTIR）主要用于监测冷冻过程中蛋白质的变性，重点是酰胺 I、II 或 III 区域 [62]。此外，在冷冻干燥过程中，氢键被破坏，导致频率增加，氢键伸展强度降低。在蛋白质固体制剂中观察到，β 折叠含量增加，而 α 螺旋含量减少。β 折叠含量的增加通常表明蛋白质聚集或分子间相互作用。这可以通过大约 $1617\,cm^{-1}$ 和 $1697\,cm^{-1[68]}$ 的两个主要红外波段进行监测。

因为冷冻和冷冻干燥是两个不同的过程，会产生不同的应力，所以冷冻产生的固体蛋白质制剂既需要低温保护剂，也需要冻干保护剂。幸运的是，广泛使用的赋形剂（excipient），如糖或双糖，在这两个过程中都能起到稳定蛋白质的作用。海藻糖和蔗糖等糖是最常用的赋形剂。一种"水替代"（water replacement）机制通常被用来强调糖在冷冻过程中如何稳定蛋白质。也就是说，糖取代了水化膜（hydration shell）中的水分子，然后通过氢键与蛋白质相互作用，使之稳定 [66, 69]。

（三）固体储存期间

从化学和物理因素的角度，以及从热力学和动力学影响的角度，对固体蛋白质制剂在储存期间的不稳定性进行了分析 [62, 66, 70-71]。在这一部分，我们描述化学反应和物理相互作用如何促进蛋白质变性以及聚集，可以添加哪些赋形剂（excipient）来稳定蛋白质，然后解释文献中提出的稳定机制。

（1）化学反应

固体蛋白质制剂的不稳定性涉及几个典型的反应。

①去酰胺化。这是含有天冬氨酸（Asn）和谷氨酰胺（Gln）的多肽和蛋白质的常见降解途径 [62, 66]。对于 Asn 的脱酰胺化，它在原始 Asn 残留物的位置产生两种降解产物（天冬酰胺 Asp 和异天冬酰胺 isoAsp）。该机制和更详细的信息可在综述 [62, 66] 及其参考文献和关于该主题的网站（www.deamidation.org）中找到。

②水解。通过残基的水解和 Asp 键主链的水解而降解。这类反应表现出对 pH 和缓冲物种的敏感性 [66]。在不含天冬氨酸的抗体中也观察到肽骨架的水解。

③蛋白质糖基化（美拉德 Maillard 反应）。这种类型的反应发生在还原糖的

羰基和蛋白质中的赖氨酸和精氨酸残基（碱基）之间。还原糖显示游离醛基或酮基，并可作为还原剂。所有的单糖（如半乳糖、葡萄糖和果糖）都是还原糖。双糖可以是还原性的，也可以是非还原性的。非还原性双糖包括蔗糖和海藻糖。它们的异构碳之间的糖苷键不能转化为末端带有醛基的开链形式。还原性双糖的例子包括乳糖和麦芽糖。美拉德反应是以法国化学家 Louis·Maillardx 的名字命名的，在食品工业中得到了广泛的研究。它与香气、味道和颜色有关，并参与到烹饪过程，如烘烤、烘焙和烧烤等。它也被称为非酶褐变反应，因为在反应过程中会发生颜色变化。美拉德反应非常复杂，但最初的基本反应是还原糖与含有氨基的化合物（例如，肽和蛋白质中的赖氨酸或赖氨酸残基）缩合。缩合产物是 N 取代的糖胺（glycosilamine），它通过 Amadori 重排，然后在不同的 pH 下遵循不同的机制，最终形成类黑色素（Melanoidins）（棕色含氮聚合物）[72]。

④氧化。含有组氨酸、蛋氨酸、半胱氨酸、酪氨酸和色氨酸的蛋白质可以通过这些侧链上的潜在氧化反应而变性。大气中的氧气或其他氧化剂的存在很容易引发这些反应。这些反应可以是光催化的，也可以是金属催化的。除了氨基酸的固有性质外，固体蛋白质制剂中的表面积、水分含量、pH 以及金属离子或其他杂质的存在也会对氧化速度产生重大影响。为避免或限制氧化反应，固体制剂应适当密封（以减少水分或其他溶剂的吸附），应最大限度地减少暴露在氧气（空气）和潜在的紫外线辐射下，并应添加赋形剂（excipient）以降低氧化率，例如甘露醇作为自由基清除剂，乙二胺四乙酸（Ethylenediaminetetraacetic acid, EDTA）用于螯合金属离子[66]。二硫化物的形成。半胱氨酸残基可以形成二硫键，这可能会引起聚集，影响蛋白质的整体构象。这一过程可能会被游离的半胱氨酸残基的去除所延缓[66]。

（2）物理不稳定性

物理不稳定性主要包括热变性（特别是在高温储存下）和表面吸附引起的变性。冷冻干燥通常会产生具有高比表面积的高孔结构，这可能对表面吸附有很大贡献。差示扫描量热仪（Different Scanning Calorimetry, DSC）显示，热诱导变性通常是不可逆的，因为未折叠的蛋白质分子会形成聚集。不同因素诱导蛋白质聚集的机制不同[66, 73]。对于冷冻干燥过程，蛋白质的聚集可能是由于冷冻和冷冻干燥压力造成的。在固体制剂的储存过程中，凝聚可能主要由化学修饰、通过无定形基质的运动和表面诱导的聚集而引起。水分含量、pH 和其他杂质会显著影响蛋白质的稳定性。赋形剂（excipient）与蛋白质的相互作用和无定形基质的玻璃化转变温度（glass transition temperature, Tg）是蛋白质制剂储存的两个重要因素。一般来说，高 T_g 的无定形基质降低了蛋白质的运动能力，有助于提高稳定性。水分的存在会大大降低基质的总玻璃化温度 T_g，从而降低蛋白质的稳定性。除了常见的稳定赋形剂，如糖和表面活性剂外，填充剂（如甘露醇）可以帮助产生精美的蛋糕形结构和稳定蛋白质。然而，赋形剂或膨胀剂的结晶会对蛋白质稳定性产生不利影响。

在冻干产品重构（恢复到冻干前的结构）时，小聚集体可以是可溶的（可逆聚集体）或很好的分散性（尺寸为 1 ~ 100 nm）。较大的颗粒可以从液体制剂中悬浮或沉淀。蛋白质聚集体可能表现出明显的细胞毒性作用和免疫应答。研究了蛋白质聚集和免疫原性之间的关系，并显示了一幅混合的图景[74]。这可能取决于特定的制剂和特定的蛋白质。重要的是，制剂中的蛋白质聚集体应该得到适当的表征，并作为制药产品提供。

（3）提高蛋白质稳定性

根据所涉及的蛋白质，应为配方选择合适的赋形剂。选择赋形剂的一些方面已经在前面讨论过了，例如，使用非还原糖、表面活性剂、合适的缓冲液等。制剂的 pH 在冻干过程和冻干产品重构阶段都应该被考虑。重构后的液体溶液 pH 可作为固态微环境 pH 的量度。这有助于监测固体制剂可能的 pH 及其对蛋白质稳定性的影响，并改进一般蛋白质制剂。

如前所述，水分含量起着重要作用。保持较低的水分含量有利于蛋白质的稳定。应避免将水分从塞子转移到固体制剂中。瓶子上应该始终保持适当的密封。含有固体蛋白质制剂的小瓶可以储存在干燥和惰性气氛的环境中。这也将减少接触氧气的机会。

储存温度是另一个重要参数。温度越高，降解动力学越快。尽管并不总可用低温储存，但低储存温度效果总是最好的，特别是在运输过程中。另一个潜在的问题是无定形基质的晶化。结晶速率一般随温度和水分含量的增加而增加。基质的晶化可以使蛋白质变性，因为失去了与蛋白质更紧密的赋形剂相互作用，也可能降低了无定形基质的玻璃化转变温度。通过晶化，水分子可以被排除在晶相之外，从而增加非晶相的水分含量。水分的增加会导致玻璃化转变温度 T_g 的降低。例如，使用广泛使用的赋形剂/填充剂甘露醇[75]，当储存/运输温度高于45℃时，甘露醇的亚稳相可能结晶，导致蛋白质灾难性的失稳[64]。甘露醇有三种无水结晶形式（α，β，δ 形式）和两种亚稳定相（半水和非晶态）。甘露醇在冷冻过程中倾向于形成结晶形态，但是添加赋形剂如蔗糖可以促进结晶形态的形成和稳定亚稳态形态[76]。

（4）固体蛋白质配方中的稳定机制：

"水替代"机制。这属于热力学考虑的范畴。正如冷冻过程中的稳定措施中所提到的，糖或多元醇等赋形剂取代了水化膜（hydration shell）中的水。这涉及赋形剂和蛋白质之间的相互作用（主要是氢键的形成），以维持蛋白质的天然构象。蛋白质和赋形剂的无定形状态使它们之间有更紧密的接触和更大的氢键机会。赋形剂（如甘露醇）在储存过程中的结晶会由于氢键减少而增加不稳定性[62]。驻留在蛋白质 - 糖界面处的基质中的残余水［所谓的"水陷阱"（water entrapment）］也能够通过氢键提供蛋白质的热力学稳定[71]。

基质玻璃化（Matrix vitrification）。这是蛋白质在无定形基质中降解的动态（动力学）控制。玻璃态下非常高的黏度可以显著减缓蛋白质的运动、构象松弛和化学变性。由于储存温度可能不同，具有较高玻璃化转变温度（glass transition temperature，T_g）的非晶态基质通常被认为能提供更高的稳定性，尽管情况并不总是如此。玻璃化机理与糖基质的慢 α 弛豫有关。较长的 α 弛豫时间 τ_α 可能表示较慢的降解[71]。在制药领域，通常假设 $\log(\tau_\alpha)$ 与 (T_g-T) [83]近似成比例。τ_α 也可以通过正电子湮没光谱或焓松弛技术来测定[70]。

基质的 β 弛豫。虽然有大量的实验观察可以用上述两种机制来解释，但它们不能很好地解释蛋白质在含有抗塑化剂的无定形糖基质中的稳定性。相反，观察到的蛋白质稳定性与高频 β 弛豫过程直接相关[71]。非晶态固体在广泛的时间范围内表现出三个特征的动态过程：β 快速弛豫（Ps，与温度无关）、Johari-Goldstein β（βJG）弛豫（μm 到 ms）和慢 α 弛豫[70]。在添加抗塑剂的糖基质中蛋白质的研究中，发现降解率与 β 弛豫呈线性关系。有人提出，高频 β 弛豫过程通过将 β 弛豫耦合到局部蛋白质运动和小分子反应物种在无定形基质中的扩散来影响蛋白质的降解[70]。

三、生物药物配方

在上节中，描述了蛋白质降解的途径和提高蛋白质稳定性的方法。选择和添加合适的赋形剂是稳定蛋白质制剂的关键。在这一部分中，我们通过一些例子（不试图全面覆盖文献）讨论冷冻工艺如何应用于生物制药固体制剂，以及工艺条件和辅料的选择如何提高生物制药的稳定性。

（一）肽制剂

基于分子量（molecular weight，M_w）的药物分类光谱中，肽可被定位在分子量 M_w 为 500 ~ 5000 的范围内。与小分子药物和蛋白质相比，药用多肽虽然肯定会出现，但还没有得到充分的研究。美国食品和药物管理局批准的肽类药物有60 多种，大约 140 种肽类药物正在进行临床试验[77]。但是，目前仅有大约 20 种新的多肽化学实体（new chemical entity，NCE），而且这个数字在过去几年中没有太大变化[78]。一般来说，小分子药物具有较好的溶解性、膜通透性、口服生物利用度和代谢稳定性，但靶向性较差。蛋白质等生物药物表现出靶向性和高效性，但稳定性和通透性较低。人们认为多肽类药物可能结合了小分子药物和蛋白质的优点[78]。需要指出的是，基于 $500 \sim 5000 M_w$ 的分类具有武断性。分子量 M_w 在 5000 左右的肽和蛋白质没有明显不同的性质或科学意义。例如，一些研究人员将胰岛素归入多肽的类别，另一些研究人员则将其报告为一种蛋白质。肽可以被定义为含有少于 50 个氨基酸的分子[78]。

天然多肽一般不会穿过细胞膜。因此，膜通透性元件被插入到肽分子中，形成"细胞穿透肽"[77]。通过合理的设计和化学修饰，如引入 α 螺旋、形成盐桥、内酰胺桥等，多肽可以表现出更好的药理性能[77]。具有环状骨架的肽更好地抵抗蛋白水解降解[78]。目前，大多数肽类药物的氨基酸含量少于 20 个，占现有市售多肽的 75%[78]。去发现大小可达 50 个氨基酸的肽类药物需要更大的努力。

为了提高肽类药物的稳定性，可以在制剂中添加合适的赋形剂。微胶囊和纳米胶囊也是有效的，并且已经被研究[79]。冷冻干燥是制备稳定的干燥的肽制剂的有效方法。例如，将胰高血糖素（glucagon）溶解在 3 种不同的缓冲溶液中，然后与赋形剂溶液混合。添加聚山梨酯 20 作为聚合物表面活性剂。对海藻糖、羟乙基淀粉（Hydroxyethyl starch，HES）和 β 环糊精三种碳水化合物赋形剂进行了研究。用质谱（mass spectrum，MS）、高效液相色谱（high performance liquid chromatography，HPLC）、傅里叶变换红外光谱 FTIR、差式扫描量热仪（different scanning calorimetry，DSC）和浊度（turbidity）对冻干制剂进行了表征[80]。与蛋白质相反，人们认为稳定胰高血糖素的二级结构不是其稳定性的先决条件。研究表明，可以生产稳定的冻干的胰高血糖素制剂。聚山梨酯 20 的存在促进了胰高血糖素聚集和化学降解的减少[80]。

在一项冻干研究中，使用了模型肽激素 – 人分泌素（0.002w/v%）、赋形剂包括氯化钠（0.9w/v%）、半胱氨酸—盐酸（0.15w/v%）和甘露醇（2wt%）[81]。重构后，用高效液相色谱法测定分泌素的含量，用动态激光散射（Dynamic Laser Scattering，DLS）法检测聚集态颗粒。研究了固体制剂在不同温度（-20、4、25 和 25℃）和不同时间（0、1、4 和 8 周）下的储存情况。研究表明，甘露醇的结晶度随时间的延长而增加。随着储存期的延长和温度/湿度的升高，颗粒的聚集和恢复时间延长[81]。

（二）蛋白质制剂

主要用于固体蛋白质制剂[62-64, 66, 82]，其中一些例子包括单克隆抗体［如免疫球蛋白 G（Immunoglobulin G，IgG）][83-84]、胰岛素[85-86]、细胞因子[87] 和酶[69, 85, 88]。Ó'F á g á in 和 Collition 描述了冷冻蛋白质制剂的实用程序，目的是在冷冻和储存过程中实现蛋白质的稳定性[89]。其操作程序包括细菌污染的预防、合适赋形剂的选择、低温储存和冷冻干燥，并对最佳实践和常见缺陷作了有用的说明[89]。固体蛋白质制剂的研究和开发主要集中在优化赋形剂、配方和冷冻干燥过程控制上。例如，碱性磷酸酶（一种蛋白质酶）可以用菊粉（inulin）或海藻糖稳定，也可以用氨水作为增塑剂。当璃化转变温度 T_g 远高于储存温度时，该蛋白质的酶活性保持稳定[69]。结果表明，当储存温度比璃化转变温度高 10 ~ 20 ℃时，玻璃化机制起主要稳定作用，而水置换机制是璃化转变温度较高时蛋白质制剂稳定的主要因素[69]。对于相同的蛋白质，也可以用水结合底物（蔗糖、乳糖）或非水结合底物［甘露醇、聚乙烯吡咯烷酮（polyvinylpyrrolidone，PVP）］进行冷冻干燥。并不是所有的水结合底物（还原糖、乳糖）都能帮助保持蛋白质的活性[88]。在含有海藻糖或葡聚糖的冷冻胰岛素制剂中，两种制剂在储存过程中表现出不同的储存温度和相对湿度的稳定性行为。β 弛豫机制似乎与胰岛素在海藻糖和葡聚糖基质中的降解有关[90]。

有许多研究集中在不同赋形剂和新设计赋形剂的使用上。找出到底是什么影响了靶蛋白的稳定性，以及可以采取哪些替代方法来提高稳定性，这一点很重要。将分子量大致相同的低聚葡聚糖和菊粉与 4 种分子量不同的蛋白质（6 ~ 540kDa）结合。结果表明，分子柔性对蛋白质的稳定起着重要作用。只要基质是无定形的，更小和更灵活的糖分子可以提供更好的稳定性，因为空间位阻较小[85]。可以设计和合成新的赋形剂，以更好地稳定蛋白质药物。例如，合成了一系列聚醚改性 N acy 氨基酸，并将其用作蛋白质制剂中的非离子表面活性剂。与常用的聚山梨酸酯表面活性剂相比，含有苯丙氨酸部分的表面活性剂表现出免疫球蛋白 G（Immunoglobulin G，IgG）和免疫球蛋白 G（Immunoglobulin G，IgG）衍生药物的缓慢热降解和聚集性[84]。

不同的冷冻技术，包括冻干机搁板[91]、喷雾冻干[82] 和薄膜冷冻[92]，已经被用于制备固体蛋白质制剂。在冷冻过程中添加蔗糖和 NaCl 对甘露醇结晶有抑制作用。然而，退火步骤促进了甘露醇水合物的形成，众所周知，甘露醇在储存时会转化为无水多晶型[93]。结果发现，干燥步骤是导致重组人干扰素 γ 在冷冻蔗糖制剂中聚集所必需的，而不是吸附到冰 / 液界面上所必需的。然而，一个额外的退火步骤导致了更多的本土化蛋白质结构，并抑制了重构时的聚集 [94]。

在较高的温度下进行冻干步骤是有利的，因为这将大大缩短冻干周期，并且具有经济效益。人们普遍认为，为了得到精美的蛋糕形结构，冷冻过程中的产品温度应低于璃化转变温度（glass transition temperature，T_g）。通过选择合适的高璃化转变温度（glass transition temperature，T_g）的赋形剂，可以实现较高温度的冷冻干燥。最近有研究表明，在保持产品质量的情况下，在非晶态免疫球蛋白 G（Immunoglobulin G，IgG）制剂中冻干在璃化转变温度（glass transition temperature，T_g）以上是可能的。这是通过使用高浓度蛋白质制剂实现的 [83]。然而，这一点应该仔细检查，这取决于特定的蛋白质制剂。这是因为较高的蛋白质浓度和干燥过程可以促进赋形剂多晶型的转化 [95]。

蛋白质已经被封装，以保护它们的稳定性（在储藏库中），并在患者依从性更好的情况下增加口服给药的机会 [79]。喷雾干燥和喷雾冷冻是一些广泛使用的方法 [82, 96]。通常生产干燥的微米级粉末。沉淀法和乳化蒸发法是制备蛋白质包覆纳米球最常用的方法 [79, 96]。由于这些纳米球是以水悬浮液的形式制备的，因此通常需要对纳米颗粒悬浮液进行冷冻处理，以生产稳定性更好的干性制剂，以便于运输和储存 [97]。与液体蛋白质制剂的冷冻干燥相似，纳米颗粒悬浮液中的蛋白质在冷冻过程中极有可能经历同样的冻结应力、冻干应力以及固体储存过程中的稳定性问题。这表明蛋白质包裹的纳米颗粒悬浮液中也应该包含适当的赋形剂。

以 W/O/W 双乳状液为基础，采用乳液蒸发法制备了胰岛素聚乳酸共乙醇酸（poly lactic coglycolic acid，PLGA）纳米粒子，并用不同的低温保护剂（海藻糖、葡萄糖、蔗糖、果糖和山梨醇）在 10w/v% 的浓度下冷冻干燥。总的来说，低温保护剂的加入提高了蛋白质的稳定性。与不加低温保护剂的制剂相比，冻干制剂中胰岛素天然结构的含量平均从 71% 提高到 79%。在这些制剂中，基于山梨醇的制剂表现出更好的稳定能力 [98]。研究了不同碳水化合物和高分子低温保护剂（乳糖和 Avicel 的混合物 Microcelax®、AvicelPH102 微晶纤维素、甘露醇、蔗糖、Avicel RC591、麦芽糊精、Aerosil 和 PEG4000）对纳米脂质载体冷冻干燥的影响。在被测试的辅料中，Avicel RC591 被发现在保持颗粒大小方面最有效 [99]。采用 1 ~ 3w/v% 的不同糖赋形剂对未负载和阿霉素负载的聚乙二醇化的（PEGylated）人血清白蛋白纳米颗粒悬浮液进行冷冻干燥。结果表明，3w/v% 浓度的稳定效果最好，蔗糖和海藻糖的长期贮存稳定性好于甘露醇。后来，同样的发现也被用于 HI6 负载的重组人血清白蛋白纳米颗粒的冷冻干燥 [100]。除了在纳米颗粒悬浮液中添加糖赋形剂，将低温保护剂（海藻糖、蔗糖或山梨醇）共包裹到胰岛素负载的 PLGA 纳米颗粒中也可以缓解冰冻压力，以保持蛋白质的活性[79]。与冻干蛋白质制剂类似，冷冻纳米颗粒样品的退火也会影响干燥过程。这表现在当退火纳米胶囊样品时，升华速率加快，但不影响纳米结构[101]。

（三）疫苗配方

通过对结核病、脊髓灰质炎、白喉、破伤风、麻疹、乙型肝炎和百日咳进行疫苗免疫接种，多年来挽救了数百万人的生命。据估计，这些疫苗每年可挽救约 250 万人的生命。然而，疫苗短缺的重大问题仍然存在，并不是发展中国家的每个人都能获得疫苗。到 2020 年全面提供免疫接种是全球疫苗行动计划（Global Vacine Action Plan，GVAP）的目标。疫苗短缺因储存和运输过程中的稳定性问题以及缺乏医务人员而加剧（因为疫苗通常以注射制剂的形式提供）。疫苗可分为不同类型：减毒活疫苗、灭活疫苗、亚单位疫苗、类毒素疫苗、结合疫苗、DNA 疫苗和重组载体疫苗[102]。减毒活疫苗由已经失去毒力但仍能对强毒病毒提供保护性免疫力的病毒组成。这些类型的疫苗更容易生产（比灭活疫苗），而且是最成功的人类疫苗，因为它们可以提供长期免疫力[103]。佐剂（adjuvant）是添加到疫苗配方中以提高免疫应答的材料。佐剂的标准是安全性、稳定性和成本。佐剂通常被引入亚单位疫苗和重组蛋白疫苗[104]。这些疫苗是高度提纯的抗原，只含有一部分病原体来产生免疫反应，而且更安全，因为它们没有能力回复到毒力形式。常用的佐剂包括铝盐、乳剂和脂质体，它们已被证明是安全和廉价的[104-105]。有一些新开发的佐剂结合了常用的佐剂和免疫增强剂，例如 AS04[104-105]。对于疫苗制剂，应考虑疫苗和佐剂的相互作用以及疫苗和佐剂的稳定性[105]。

传统上，疫苗是以液体形式生产的。疫苗的稳定性可以用适当的冷冻保护剂（如非还原糖、聚合物表面活性剂和缓冲剂）在冷介质中保持。储存温度可能降至 -20℃，甚至 -60℃。高于 8℃的储存温度对疫苗有害。只要在储存、运输或运输过程中不能保持低温，在水介质中会造成加速降解的结果。

与固体蛋白质制剂一样，疫苗的冷冻干燥也可以提供更高的稳定性和口服给药的可能性[103, 106]。后一种发展可能非常有益，因为可能不需要训练有素的医务人员向患者提供疫苗。来自固体蛋白质配方的类似稳定机制和方法可应用于疫苗冷冻干燥[105, 107]。然而，对于减毒活疫苗，可能需要额外的冷冻稳定性，就像细胞冷冻保存所要求的那样[103, 108]。冰核和冰晶生长的控制是低温保存的关键，冷冻过程中的脱水应力和冰晶生长的机械损伤应尽力减小。pH、渗透压和溶质浓度变化的影响可能更为显著。在疫苗冷冻应用中，也使用了与固体蛋白制剂中所使用的类似的赋形剂，例如磷酸钾（pH为6～8，在病毒活性范围内，尽管在冷冻过程中pH变化很小）、蔗糖/海藻糖/山梨醇[103]。通常，疫苗和佐剂在使用前混合在一起。这可能会造成资金和技术障碍。通过冷冻干燥同时含有结核抗原和佐剂的纳米乳剂，可以生产一小瓶包含这两种成分的干燥制剂，从而减少疫苗产品对冷链的依赖[109]。尽管冷冻干燥很有前途，但仍应考虑其他干燥方法，如泡沫干燥，这取决于疫苗的类型。在最近的一项研究中发现，泡沫干燥制备的减毒活流感疫苗的干燥配方比冷冻干燥和喷雾干燥制备的疫苗要稳定一个数量级[110]。

4 核酸配方

核酸是由称为核苷酸的单体组成的生物聚合物。核苷酸由磷酸、脱氧核糖（或核糖）和含氮有机碱缩合而成。由2-脱氧核糖形成的多核苷酸被称为脱氧核糖核酸，缩写为DNA，而来自核糖的多核苷酸被称为核糖核酸，缩写为RNA。DNA是由配对碱基形成的双链。核糖体RNA（rRNA，以rRNA为主）、信使RNA（mRNA）和转移RNA（tRNA）是目前已知的三种RNA类型。在RNA和DNA中，酸性和负电荷都是由聚合物链中的磷酸引起的。

核酸被用作生物制药，用于治疗传染病和不治之症，如癌症和遗传疾病。治疗方法取决于要么用健康的基因替换一个修改过的基因，要么完成一个缺失的基因来表达所需的蛋白质[111]。这意味着核酸药物需要通过细胞膜运输（对于RNA），并进一步进入细胞核（对于DNA）。裸露的RNA或DNA很难在运输过程中存活下来。病毒最初被用作载体，将RNA/DNA运送到细胞或细胞核中。然而，使用病毒作为传播媒介来触发免疫反应具有很大的风险。此外，病毒制剂的制备和储存成本非常高。因此，非病毒基因携带者被广泛研究和使用[111]。

基于核酸的疗法包括质粒DNA（pDNA，将转基因导入细胞）、寡核苷酸（DNA的短单链片段，与mRNA双链用于反义应用，与DNA的三链用于抗基因应用），核酶（能够特异性切割mRNA的RNA分子），脱氧核酶（更稳定的核酶类似物），适体（小的单链或双链片段，直接与之相互作用），核酶（核酶的类似物，具有更高的稳定性），适体（小的单链或双链片段，直接与其相互作用），核酶（能够特异性切割mRNA的RNA分子），DNA酶（稳定性更高的核酶类似物），适体（小的单链或双链片段，直接与蛋白相互作用），小的干扰RNAs（siRNAs，短双链RNA片段，通过RNA干扰下调治病基因）[117]。pDNAs通常含有5000个碱基对或更多，而siRNA通常只有20～25个碱基对[112]。为了传递DNAs/RNAs，常用的非病毒载体是阳离子载体，通过静电作用与DNAs/

RNAs 形成复合物。这些载体包括脂质（形成脂复合物）、聚合物（形成聚合物复合物）和表面带正电荷的纳米颗粒[111]。不同的脂质和聚合物，如聚乙烯亚胺（polyethyleneimine，PEI）、聚赖氨酸、壳聚糖和树枝状大分子聚酰胺胺已被广泛使用。聚阳离子和 pDNAs 的络合作用可以将大的 pDNA 分子凝聚成非常小的结构，从而增强其通过细胞屏障的运输。但这种缩合效应可能仅限于大于 400 个碱基的多核苷酸[112]。

液体制剂易于制备，使用方便，特别是在非肠道给药中。然而，水介质中的聚合复合物和脂复合物不适合运输和长期储存[113]。冷冻干燥的液体制剂是提高贮存稳定性的有效途径。线性 PEI（分子量 800 Da–800 kDa）与寡核苷酸（oligodeoxynucleotide，ODN）和核酶形成复合物。冻干产物对 ODN–PEI 和核酶 –PEI 没有活性损失，但对质粒 –PEI 的转染效率降低。然而，这可以通过添加海藻糖、甘露醇或蔗糖作为冻干保护剂来解决[114]。在另一项研究中，冻干的质粒 /PEI（分子量 22 kDa）多聚体表现出长期的稳定性。含 14% 乳糖、10% 羟丙基甜菜碱 /6.5% 蔗糖或 10% 聚维酮 /6.3% 蔗糖的等渗制剂在 40 ℃存放 6 周后，颗粒大小无明显变化。含有乳糖或羟丙基甜菜碱 / 蔗糖的复合体具有较高的转染效率和细胞代谢活性。介孔二氧化硅纳米粒子被 PEI 包覆，然后与 DNA 络合。冻干制剂的基因表达增强，效率较高。使用海藻糖作为冻干保护剂有助于提高制剂的稳定性，在室温下保存至少 4 个月的活性。以葡萄糖、蔗糖或海藻糖为冻干保护剂的冻干脂质 /DNA 复合物在 –20 ～ –60 ℃的温度下长期保存（长达 2 年），观察了在所有温度下的转染率、颗粒大小、染料可获得性和超螺旋含量等方面的降解情况。研究发现，在干态储存中防止活性氧物种的形成对保持稳定性是非常重要的[115]。

我们观察到，在离子溶液中冻干 siRNA– 脂质体会导致 65% ～ 75% 的功能损失，而添加糖（海藻糖、蔗糖、乳糖、葡萄糖）可以保持转染效率而不会损失[116]。含有聚乙二醇化脂质的冻干 siRNA 具有黏附性，可被体液复水形成水凝胶，实现 siRNA[117] 的持续释放。合成了基于海藻糖的嵌段共聚，并能与 pDNA 形成稳定的复合物。这些聚合物既可以作为稳定剂，也可以作为溶媒保护剂。在不添加糖的情况下，冻干制剂稳定性好，重构后基因表达量高。从体内 pDNA 传递的研究来看，这些聚合物在细胞毒性、细胞摄取和转染能力方面表现出良好的性能[118]。

喷雾冷冻干燥是核酸制剂，特别是脂质纳米颗粒的冷冻干燥的一种替代技术[119-120]。除了增强稳定性外，喷雾冷冻干燥在通过吸入装置生产用于肺部给药的多孔粉末方面非常有效[113]。特别是，由于其药代动力学较差，最好将 siRNA 用于局部给药，例如吸入治疗呼吸系统疾病[121]。通常添加糖作为冻干保护剂，以提高制剂的稳定性。脂质 /pDNA[122] 和含糖添加剂（蔗糖、海藻糖、甘露醇）的 PEI/DNA 证明了这一点[123]。合成了可生物降解的聚阳离子，并与 pDNA 形成络合物。采用喷雾冷冻干燥法制备了直径为 5 ~ 10 μm 的多孔粉末，并保持了 pDNA 的完整性。还注意到，在制剂中添加亮氨酸可以改善吸入性能[124]。pH 响应肽与 DNA 形成络合物。添加甘露醇作为冻干保护剂来制备可吸入干粉[125]。本研究还比较了喷雾冻干和喷雾干燥两种配方的性能。喷雾干燥粉末显示出一些优点[125]。pH 响应肽也被用于可吸入的 siRNA 制剂中，尽管是通过喷雾干燥方法制备的，但仍显示出对 H1N1 流感病毒的抗病毒活性[126]。

四、药剂学

根据其分子量，药物制剂（pharmaceutics）可分为三类[78]。分子量小于 500 Da 的小分子药物通常被称为药物制剂（pharmaceutics）。蛋白质或生物制品 / 生物制药的分子量通常大于 5000 Da。介于两者之间，多肽类药物的研究正在兴起。以肽为基础的药物、蛋白质和疫苗通常都被归类为生物制药。在本节中，我们主要讨论的是药物制剂（pharmaceutics）或小分子药物。

随着现代高通量合成和筛选技术的应用，大量具有潜在活性的化合物已被鉴定出来。然而，这些化合物中有很高比例都很难溶解于水中，导致生物利用度和治疗效果很差[127]。根据某些标准：例如，基于溶解度和渗透性的生物药剂分类系统（biopharmaceutics classification system，BCS）的分类[128] 和基于溶解度和新陈代谢的生物制药的药物处置和分类系统（biopharmaceutical drug disposition and classification system，BDDCS）的分类[129]，这些药物化合物可以分为不同的类别。这些分类为制药研究和管理机构提供了清晰度和益处[130]。可以不断地将校正和附加药物添加到分类列表[131]。Lipinski 等人提出了一个简单有效的"类药五规则"。如果药物化合物的氢键供体超过 5 个，分子量大于 500 Da，脂水分配系数的以 10 为底的对数超过 5，以及氢键受体超过 10 个，则会预测该化合物可能是吸收效果差或渗透能力不足。需要留意的是，该规则不适用于可用作生物转运体和生物制药底物的化合物[132]。

固体药物配方旨在改善难溶性药物的表观溶解度，从而提高渗透性和生物利用度[133]。这通常包括减小药物颗粒的尺寸和使用赋形剂（excipient），特别是聚合物，作为无定形基质来稳定药物颗粒[127, 134]。化合物的溶解速度与暴露的表面积成正比。因此，较小的药物颗粒可以增加在胃肠道（gastrointestinal，GI）中的溶解速度、过饱和度或表观溶解度。然而，这并不一定会转变到同样高的渗透率。药物配方中赋形剂（excipient，作为辅料）的选择非常重要，因为它会影响溶解度 – 渗透性的相互作用[135]。非晶态固体制剂中的亲脂性药物可以提高表观溶解度和肠膜通透性[136]。然而，由于非晶体的玻璃态在热力学上不稳定，晶化可能会随着时间的推移而发生。这可能会带来药品的稳定性和毒性问题，必须仔细检查[137]。

目前已经报道了一些不同的固体配方方法[133]。在药物制剂中使用冷冻干燥通常可以快速溶解固体制剂，或者为轻型和 / 或漂浮给药系统（floating drug delivery system，FDDS）提供高孔隙率。当然，这是加工温度敏感型药物化合物的必要选择。由于加工后的药物一般在水中溶解性很差，可以添加非水共溶剂来促进初始液体配方[138]。由于非水溶剂的蒸汽压通常很高，这也有助于提高升华速率。然而，随着共溶剂的使用，需要考虑额外的储存和加工安全性。固体制剂中残留溶剂的含量应进行评估，并在规定的限度内由监管机构强制执行。

（一）喷雾冻干（spray freeze-drying）

喷雾冻干工艺可用于生产药粉制剂。生产的制剂可以提高难溶性药物的溶解率和表观溶解度[139-140]。当比较喷雾冷冻干燥和喷雾干燥时，喷雾冷冻干燥产生的粉末可能表现出更高的雾化效率，因此颗粒更细[141]。通常添加糖和 / 或聚合物作为保护剂或稳定剂，以生产稳定的粉末配方。作为喷雾冷冻干燥工艺的结果，可以生产出球形、轻质和多孔的微米级粉末。这提供了快速溶解和良好的空气动力学表现。除了在液体蒸气中喷雾冷冻干燥和在液体中喷雾冷冻干燥之外，还可以在操作室内直接喷雾到冷空气中，这就像喷雾干燥的直接相反版本（冷空气和热空气）。另一种选择是喷洒到固体表面，液滴在固体表面形成一层薄膜，紧接着会以非常快的速度被冻结。因此，这个过程有时被称为薄膜冻结[92]。为了实现薄膜冷冻过程，液体配方的液滴可以简单地落在寒冷的表面上，或者喷到装有干冰或液氮等制冷剂的旋转钢桶上[92, 142-143]。为了最大限度地减少冷面上的水蒸气凝结，整个仪器可以放在湿度可控的干箱中。喷雾冷冻工艺已被广泛用于难溶性药物以及各种蛋白质和疫苗[82, 92, 141-143]。该粉剂已用于肺部、鼻腔和无针弹道皮内（needlefree ballistic intradermal）应用[82]。

（二）口腔崩解片（orally disintegrating tablets，ODT）

口腔崩解片（orally disintegrating tablets，ODTs）又称口腔分散给药系统。口服崩解片的特点是，当它们与唾液接触时，可以立即释放药物[144]。这种类型的药物制剂对通过口服途径给药有困难的患者非常有益。儿科、老年科、精神科、恶心或昏迷的病人都属于这一类。一旦进入口腔，唾液就会渗透到高度多孔的ODT 中，这些 ODT 会迅速解体，形成细小颗粒的悬浮液。口服崩解片通常含有香料和甜味剂（用于味觉标记），以提高患者的依从性。亲水性聚合物通常用作多孔基质以稳定药物颗粒，并且具有良好的润湿性以快速崩解[134]。单元大小和崩解时间是评估 ODT 时要考虑的两个主要参数。通常预计崩解时间 < 1min[145]。口服崩解片可分为 3 种给药方式：舌下给药、口腔给药和局部给药[144]。

不同的方法已经被用来制造 ODT，例如喷雾干燥、模压、压缩和棉花糖工艺，仅举几例。热熔融挤压法可能具有更重要的工业意义，因为该工艺可以连续操作，并且易于放大。冷冻干燥的使用是独一无二的，因为总能产生高度互联的多孔和可溶性聚合物结构。这会导致冻干产品的快速溶解，并立即形成稳定的含水纳米粒子分散体[146-148]。通过使用冻干法，已经生产出含有布洛芬的 ODT[149]。进一步使用析因设计法来优化 ODTS 的性能条件[150]。可以将添加味觉标记的成分添加到速冻配方中，并对其进行评估[151]。市场上一些商用 ODT 的例子包括Zydis® 片剂、Lyoc® 和 Quicksolv®[144]。冷冻干燥制得的 ODTS 的缺点是机械稳定性差，并且有可能吸湿。因此，这些 ODT 需要适当的密封和包装。

（三）漂浮给药系统（floating drug delivery system）

漂浮给药系统（floating drug delivery system，FDDS）是一种改善胃滞留时间的胃保留药物给药系统[152-153]。药物的长期存在或释放可以提高药物的生物利用度和稳定的血药浓度，从而减少潜在的副作用和剂量。口服药物的释放和吸收与胃肠道转运时间直接相关。胃在解剖学上可分为三个区域：胃底、胃体和幽门窦部。胃底和胃体是未消化混合物的储存库，而胃窦则是混合运动和泵送动作的主要场所[153]。崩解剂的粒径应在 1 ~ 2mm 范围内，通过幽门瓣膜泵入小肠。禁食状态下胃的 pH 为 1.5 ~ 2.0，进食状态下胃的 pH 为 2.0 ~ 6.0。大量的水或其他液体可能会将胃内的 pH 提高到 6.0 ~ 9.0。胃的静息容积约为 25 ~ 50ml[152]。

胃保留药物的释放有不同的机制，包括黏附性、沉降性和扩张性[152]。对于FDDS，一旦注入胃内，湿化剂量的密度低于胃液的密度，从而使其漂浮，防止其迅速进入小肠。这可以通过泡腾药剂和非泡腾药剂来实现。在起泡药剂中，包括可膨胀聚合物和起泡化合物（例如碳酸氢钠）。当与酸性胃液接触时，会形成并释放二氧化碳，这为剂量的漂浮提供了浮力。对于非泡沫药剂，要求具有良好的润湿性或膨胀性的高度多孔结构。当在胃中吸收液体时，膨胀的凝胶状物质和滞留的空气可以漂浮并提供药物的持续释放[152]。冷冻干燥非常适合于生产具有可调孔结构的高孔隙率材料[146]，因此是制备 FDDS 的有效技术。例如，高度多孔羟丙基甲基纤维素（hydroxypropyl methylcellulose，HPMC）片剂是通过冷冻干燥制备的，用于胃保留给药依卡倍特钠（ecabet sodium，一种局部作用的抗胃溃疡药物）。多孔结构降低了片剂的密度，并保持片剂的漂浮，没有任何滞后时间，直到片剂崩解并释放[154]。正如预期的那样，FDDS 不适合于可能导致胃损伤或在酸性条件下不稳定的药物。

（四）乳状液冷冻

由于许多药物化合物的疏水性，水包油（O/W）乳状液被用于输送和增强生物吸附。乳状液是两个不相容的液相的混合物，其中一个相以液滴的形式分散在另一个连续的液相中，通常由两亲性聚合物或表面活性剂[155-156]稳定。胶体或纳米颗粒也可以用作稳定剂，生产皮克林（Pickering）乳剂。根据不相容液相的要求，乳液通常由水和一种不相容的有机溶剂组成。根据连续相的不同，乳状液可分为水包油 O/W 乳状液（其中水是连续相）、油包水 W/O 乳状液（其中油是连续相）或双乳状液 O/W/O 和 W/O/W（基本上预制的乳状液分散到另一相）。根据液滴的大小，乳液可分为乳液（液滴尺寸从亚微米到 100 μm，热力学不稳定）、微乳液或纳米乳液（液滴尺寸约 50 ~ 500 nm，动力学稳定性较好）和微乳液（透明且热力学稳定，液滴直径 < 100 nm）[156]。

水包油 O/W 乳剂通常用于脂溶性药物制剂，其中亲脂性药物溶解在油滴相中。常用的油脂包括卵磷脂、大豆油、油脂、甘油三酯等。冷冻干燥是用来提高配方稳定性和复原性的。因为油可能是液态的，但蒸气压很低，所以冷冻后仍留在配方中。添加低温保护剂和填充剂以产生稳定的冻干制剂。以大豆卵磷脂和中链甘油三酯为油相，添加 10（w/v%）蔗糖作为低温保护剂，制备了抗癌药 Chelienssin A 亚微米乳剂的冻干制剂。冻干制剂表现出更好的稳定性、更低的半抑制浓度（the half maximal inhibitory concentration，IC_{50}）值和更强的抗肿瘤活性[157]。采用乳化冻干技术制备的干乳片用于难溶性药物氢氯噻嗪（hydrochlorothiazide）的释药（delivery）研究[158]。中链甘油三酯为油相，水相含有填充剂麦芽糊精。麦芽糊精浓度越高，孔径越小，片剂强度越高。甲基纤维素作为乳化剂 – 片剂黏合剂对片剂强度和崩解时间也有显著影响[158]。制备了含有蟾蜍二烯内酯（bufadienolides）的亚微米乳液和纳米乳液，并对其进行了冷冻处理。结果表明，纳米乳状液的最佳低温保护剂为 20% 麦芽糖，亚微米乳状液的最佳低温保护剂为 20% 海藻糖。冻干粉末的稳定性可达 3 个月，外观、重构稳定性和颗粒聚集均未发生变化[159]。对含两性霉素 B 的 O/W 型微乳进行冷冻处理，制得油性糕点形的结构，在所研究的条件下易于重构和稳定。将聚山梨酯 80 水溶液加入卵磷脂 / 肉豆蔻酸异丙酯混合物中搅拌，制得微乳。然后将两性霉素 B 在氢氧化钠溶液（1M）中加入形成的微乳中，温度为 80℃ [160]。

乳状冻干法是张等人进一步发展起来的，以期制备水溶性差的药物纳米粒悬浮液 [146-147]。与在乳液中使用非挥发性油相和生产油性蛋糕形结构的产品不同 [157-160]，使用挥发性有机溶剂（如环己烷或二甲苯）来溶解疏水药物。然后将形成的有机溶液乳化成含有聚合物和表面活性剂的水相，形成 O/W 乳状液。冷冻干燥后，水和有机溶剂都被去除，得到干燥的多孔纳米复合材料。高度互联的多孔结构使干燥材料在几秒钟内就能溶解在水中，形成稳定的含水药物纳米颗粒悬浮液。

五、病毒和疫苗

本节所考虑的所有物质如果要保护它们的自然品质只有在有冷冻保护剂（cryoprotectant agent，CPAs）的情况下才能进行干燥。Greiff[161] 研究了纯化的 PR8 菌株流感病毒在生理盐水中与乳酸钙和人血清白蛋白（各占溶液的 1%）的稳定性。以 1℃/min 的冷冻速度，温度降到 -30℃。在冻干过程中，产品温度在 12～16h 内从 -30℃升到 0℃，产品在此温度下进行干燥。24h 后，取出第一批 145 个小瓶，每隔 24h 再取出一个小瓶。残留的水分含量（residual moisture，RM）为 3.0、2.0、1.5、1.0 和 0.5%。冻干病毒的稳定性［以感染性效价（titer）下降 10 倍的天数表示］在 RM0.4 和 3.2% RM 时最不利（温度为 +10℃，稳定性分别为 4d 和 7d），在 RM1.7% 时最好（温度为 -10℃时，稳定性为 145d 或超过 1000 天）。

过度干燥（0.4%RM）和干燥至高 RM（3.2%）会导致干燥产品不稳定。过干去除键合水，这对保持蛋白质结构至关重要；此外，蛋白质的亲水位置暴露于气体中，例如 O_2。在过高的 RM 下，游离水保留在干燥产品中，并引发改变蛋白质分子的反应。

Greiff[162] 将病毒分为五类：①核酸型（要么是 DNA 核，要么是 RNA 核）；②对脂类溶剂的敏感性；③核衣壳周围存在包膜或没有（裸露的）；④ pH 敏感型：暴露在 pH 为 3 的环境中 30 min，可区分效价损失超过 10 的病毒和没有效价损失或效价损失少于 10 的病毒；⑤热敏感病毒不能暴露在 50℃下 30min。

在冷冻干燥试验中，病毒悬浮液是碱性盐培养基（basic salt medium，BSM）或 BSM 加乳糖酸钙（Calcium Lactobionate，CL）加人血清白蛋白（serum albumin，SN），在 –76℃下冷冻，在 0℃或 –40℃下干燥，并在 –4 或 –65℃下储存 30 天后评估活性。在 0℃下用蒸馏水进行再水合。冷冻干燥病毒的结果表明：BSM 中的 Al RNA 病毒显示效价显著下降；随着 CL 和 SN 的加入，没有发现效价下降或只有很小的效价下降；A1 DNA 病毒在 BSM 中仅略有变化；有包膜的对溶剂敏感的 DNA 病毒，比无包膜的对溶剂不敏感的 DNA 病毒更少受到冷冻干燥的影响；对 pH 敏感的 DNA 病毒比对 pH 稳定的 DNA 病毒受冷冻干燥的影响小；冻干 DNA 病毒效价的变化与温度敏感性无关。

Doner 等人[163]研究了牛冠状病毒（bovine corona virus，BCV）和呼吸道合胞病毒（respiratory syncytial virus，RSV）。两种病毒都可以以 0.2 ~ 0.3℃/min 的速度不需要 CPA 的保护下进行冷冻，同时并不损失效价。更快的冷冻（0.4 ~ 30℃/min）导致 1 ~ 3 个成十倍的感染单位效价损失增加。因此，冷冻干燥实验从以 0.25℃/min 的速度冷冻开始，并加入各种 CPAs。在 RSV 和 BCV 病毒的悬浮液中，仅使用 3.6% 葡聚糖 +10% 蔗糖时，没有观察到效价的损失。RSV 也可以在 10% 蔗糖 1.5% 明胶悬浮液中干燥，而不损失效价。两种病毒都属于 RNA 病毒组；因此，用 CPAs 干燥它们而不损失效价[162]这应该是可能的。参考文献中的结果[163]表明未经进一步研究，Greiff 的结论不能适用于其他 CPAs。Bennett 等人[164]研究了水痘带状疱疹病毒（varicella zoster viruses，VZV）的冷冻干燥，这是一种带有包膜的 DNA 病毒，在无细胞悬浮液中非常不稳定。在 3cm³ 小瓶中的 0.7mL 细胞悬浮液的冷冻是在 LN_2 中进行的，之后将小瓶放置在 –45℃的预冷架上，并将操作室抽空至 0.07mbar 并保持 1h。

Terentier 和 Kadeter[165]描述了在含有 10% 蔗糖、1% 明胶和 0.5% 硫脲的溶液中冻干鼠疫耶尔森氏菌 EV 76 疫苗的过程。该产品在冻干机的搁板上以 –8℃/min 的速度冷冻到 –40℃。从电阻测量中得出结论，在 –24.4℃以下开始出现玻璃相，共晶温度 T_e 为 –17.1℃。干燥时间被确定为 9h。如果搁板温度 T_{sh} 被控制在 4.5h 后超过 T_e，病毒菌株的存活率下降到 50%；如果 6h 后搁板温度 T_{sh} 达到 T_e，病毒菌株的存活率为 80%。我们可以假设，初级干燥只应该在 5h 或更长时间后终止，这时可以提高温度。

六、抗生素

抗生素和血清的冷冻干燥在很大程度上代表了工业化冻干的开始。Neumann[166] 在 1952 年写道，时间长的、纯化不好的青霉素制剂必须使用极低的温度冷冻干燥，不能高于 –25℃或 –40℃。今天青霉素是以晶体形式生产的，不需要冷冻干燥。

其他抗生素仍然需要冷冻干燥，例如钠头孢噻吩（Na-cephalotin，Na-CET）。Takeda[167] 表明，Na-CET 的热处理不足以产生纯结晶产品，而且非晶部分在储存期间会变色，必须避免。Takeda 描述了通过向 Na-CET 饱和溶液中添加 Na-CET 微晶来生产纯结晶 Na-CET。如果将该混合物冷冻干燥，则未发现无定形或准晶形形成。Koyama 等人[168] 研究发现，在热处理 24h 后，一些部分仍然没有完全结晶。加入 5%w/w 异丙醇后，热处理 1h 即可。此外，在更高的压力下干燥，可以缩短干燥时间，并得到纯度 100% 的产品。

Ikeda[169] 提出了一种抗生素（帕尼培南，panipenem）的两阶段冷冻法，这种抗生素与药物的另一组分（倍他米隆，betamipron）发生反应，因此在使用前必须分离。第一种物质被装入小瓶并冷冻。然后将预冷的第二种物质填充到冷却的小瓶中并冷冻。通过该工艺，在 40℃下储存 6 个月期间，不良反应产物的量可限制在 0.5%。如果同时冷冻两种产品，不良反应产物的量则为 1.2%。

Jonkman-de Vries 等人[170] 描述了细胞毒性药物 E 09 的稳定肠外剂型的开发。E 09 在水中溶解性差，溶液不稳定。每小瓶添加 200mg 乳糖（含 8mg E 09），就溶解度、E 09 用量和冻干周期长度而言，开发了最佳配方。使用差式扫描量热仪（Different Scanning Calorimetry，DSC）研究最有效的工艺参数。冻干产品在 4℃黑暗环境下保存 1 年，保持稳定。

Kagkadis 等人[171] 开发了一种布洛芬 [（±）-2-（对丁基苯基）丙酸] 的可注射形式，其微溶于水且润湿性差。用 2-羟丙基 - β - 环糊精（2-Hydroxypropyl-β-cyclodextrin，β-HPCD）与布洛芬形成可溶性较好的复合物。此溶液已成功冷冻干燥。在所有实验中，冷冻和冷冻干燥过程都是一致的，尽管不能从最佳数据讨论冷冻和冷冻干燥循环本身，因为没有给出产品数据作为浓度和冷冻速率的函数。

七、脂质体

（一）脂质体和脂质体药物

1. 脂质体

脂质体（liposome）是一个微小的气泡（囊泡），由与细胞膜相同的材料制成。细胞膜通常是由磷脂构成的，磷脂是有头部基团和尾部基团的分子。其头部具有亲水性，而尾部则因为由长碳氢链组成而具有疏水性。脂质体具有生物膜的功能，比如两亲性和流动性[3, 6, 172]。脂质体最早由英国血液学家

Alec・D・Bangham 博士于 1961 年在剑桥 Babraham 研究所实验室发现和描述。事实上，脂质体是 Bangham 和 R.W.Home 在测试研究所一台新的电子显微镜时发现的，当时他们在干燥的磷脂上添加了阴性染剂（negative stain）。脂质体与质膜（plasmalemma）有明显的相似之处，脂质体的显微镜成像第一次证明了细胞膜的磷脂双分子层结构。目前，脂质体主要指人工的脂质囊泡（artificial lipid vesicles）。脂质体制备有以下关键参数：

①待包埋材料和脂质体成分的理化特性。

②脂泡所分散的介质的性质。

③包埋物质的有效浓度及其潜在毒性。

④囊泡的使用 / 输送过程中涉及的附加工艺。

⑤适合预期应用场景的囊泡的最佳大小、多分散性和保质期。

⑥批次间的重现性（产品质量的稳定性）和安全有效的脂质体产品大规模使用的可能性。

需要注意的是，脂质体和纳米脂质体（nanoliposome）的形成不是一个自发的过程。当磷脂（如卵磷脂）置于水中时，脂质囊泡形成，一旦提供足够的能量，就形成一个或一系列的双层，每个双层被水分子隔开。在水中对磷脂进行超声处理（sonicating），进而生成脂质体。低剪切率会产生多层脂质体（multilamillar liposome），这些脂质体有很多层，就像洋葱一样。持续的高剪切超声作用倾向于形成较小的单层脂质体（unilamillar liposome）。在超声处理这项技术中，脂质体的含量与水相的含量相同。超声法通常被认为是一种很"粗略"的制备方法，因为它会破坏要包裹的药物的结构。较新的方法，如挤压法（extrusion）和莫扎法里法（Mozafari），常被用来生产适合人类使用的更加精细的材料。

脂质体的大小和形状不仅决定了膜的流动性和通透性，而且还决定了脂质体内部的其他行为。一般来说，脂质体的直径从 25nm 到 100nm 不等，甚至更大。脂质体的大小取决于其特殊用途。

在医学上，脂质体因其独特的性质常常被用于药物输送。在原理上，脂质体将一定区域的溶液包裹在疏水性膜内，这样溶解在内的亲水性溶质不容易通过脂类，而疏水性化学物质则可以溶解到膜中，这样脂质体既可以携带疏水分子，也可以携带亲水分子。为了将分子输送到其人体内的作用部位，脂质双层还可以与其他双层（如细胞膜）融合，从而输送脂质体内含物。若通过在 DNA 或药物溶液中制造脂质体（该脂质体通常不能通过膜扩散），它们则可以不加区别地通过脂质双层。从几何形态类型，脂质体可以细分为三种，即多小泡（multilamillar vesicle，MLV）、单小泡（small unilamillar vesicle，SUV）和大单层囊泡（large unilamillar vesicle，LUV），它们可以被用来运送不同类型的药物。

在功能上，脂质体一方面可以被用作人造细胞的模型，另一方面也可以设计成以其他方式输送药物。事实上，研究者可以构建含有低（或高）pH 的脂质体，使溶于水的药物在溶液中带电（即 pH 不在药物的范围内）。这样，当 pH 在脂质体内被自然中和（质子可以穿过一些膜）时，药物也会被中和，使其自由通过膜。这些脂质体的作用是通过扩散而不是直接细胞融合来传递药物。

脂质体药物输送的另一个策略是针对内吞作用事件（endocytosis event）。脂质体可以制成特定的大小范围，使其成为天然巨噬细胞吞噬的目标。这些脂质体可以在巨噬细胞的吞噬小体中被消化，从而释放其药物。同样，也可以用调色素（opsonin）和配体（ligand）对脂质体加以修饰（decorate），以激活其他细胞类型的内吞作用（endocytosis）。

此外，除了基因和药物输送应用外，脂质体还可以作为载体将染料输送到纺织品，将杀虫剂输送到植物，将酶和营养补充剂输送到食品，以及将化妆品输送到皮肤。脂质体在纳米美容中的应用也有许多优点，包括改善活性成分的渗透和扩散，选择性转运活性成分，更长的释放时间，更大的活性稳定性，减少不想要的副作用，以及高度的生物相容性（biocompatibility）等。

（二）脂质体药物的特性

由于其独特的结构，脂质体作为药物载体具有以下特点[173-175]：

①靶向性（Targeting）。脂质体最突出的特性之一就是靶向性。靶向性是指药物在人体内的定向分布。吞噬内皮细胞可以吞噬人体内的大部分脂质体。如果肿瘤细胞具有吞噬功能，脂质体也会针对肿瘤细胞。因此，脂质体被用于治疗和预防肿瘤细胞的增殖（proliferation）和转移（metastasis）。

②缓释（slow-releasing）。脂质体药物（包埋）在血液循环中的滞留时间比在体内自由循环的药物长得多。不同脂质体药物的保留时间从几分钟到几天不等。不同半衰期的脂质体可以设计成药物载体，根据患者的需要释放药物，提高治疗效果。

③降低药物毒性。药物被脂质体包裹后，主要被肝、脾、骨髓的网状内皮系统中的吞噬细胞吞噬。释放到心脏和肾脏的药物比在体内自由循环的药物少得多。因此，如果某些药物对心脏和肾脏的健康细胞有特别的毒性，脂质体中的药物可以显著降低它们的毒性。

④提高包埋的药物（encapsulated drugs）的稳定性。实验证明，一些不稳定

的药物一旦被脂质体包裹，由于脂质体双层的保护，其稳定性将得到显著提高。

（三）脂质体药物应用中的几个问题

脂质体与人细胞膜成分相似，可同时包埋水溶性药物（water-soluble drugs）和脂溶性药物（fat-soluble drugs），具有良好的组织相容性（histocompatibility），但也存在一些不足，限制了其临床应用。

这些主要包括：首先，脂质体不稳定，易受 pH 变化和包埋的药物（encapsulated drug）的影响。它只能在液体状态下储存几个星期。有些药物在高温下容易水解或损坏。当与脂质体一起在液态下储存时，这些药物就会失效。此外，脂质体中的脂肪是许多细菌的理想培养物，因此液体脂质体容易被细菌污染。再次，温度对脂质体的结构影响也很大。实际上，当温度高于 50℃时，脂质体结构变得不稳定，其磷脂双分子链结构被破坏。而且，脂质体主要由磷脂组成，极易被氧化。氧化不仅影响药物的包封率，还会产生对人体有害的溶血磷脂酸。最后，由于液体脂质体是一种悬浮乳状液，它还极易结块（agglomerate）、融合（amalgamate）而导致药物外泄。因此，处于这些原因，并为了实现脂质体和包埋的药物在室温下的长期保存，冷冻干燥技术正被广泛应用于脂质体药物的制备[176-179]。

（四）脂质体的制备方法

以含 5%（w/v）葡萄糖的脂质体为例，研究人员介绍了一种用于冻干保护剂的脂质体制备的一般性方法。首先称取大豆卵磷脂 1.2g，胆固醇 0.6g，泊洛沙姆 0.4g，置于喷雾器中。然后，将 10mL 氯仿（CHCl₃）倒入喷雾器中，并将其混合，以确保物质在喷雾器中溶解。之后，将 2.0g 葡萄糖放入包衣盘中，然后旋转包衣盘。接着，将喷涂机中的薄膜材料喷入包衣盘，每 10 min 喷两次。用暖风鼓风机吹扫包衣盘，以挥发膜材料内溶解的有机溶剂。在所有薄膜材料喷涂完毕后，保持包衣盘持续旋转 20 min。之后，将配制好的脂质体从包衣盘中取出，放入小瓶中，密封后存放在干燥器中。最后，将蒸馏水加入小瓶中，制成 40mL 悬浮液液，即含 5%（w/v）葡萄糖的脂质体。同样的方法也可用于制备含葡萄糖、蔗糖、甘露醇、海藻糖的其他脂质体悬浮液。

（五）脂质体的冷冻干燥工艺

为了研究冷冻干燥过程中工艺参数对药品质量的影响，必须测量供热搁板的温度（temperature of heating shelf）、捕集操作室中的水蒸气的冷阱温度（temperature of cold trap）和操作室的真空度（vacuum degree）。为此，研究者[134-136]设计并建立了一套干燥室内配备电子天平的冷冻干燥实验系统。之后，他们将脂质体悬浮液以不同的冷冻速率冷冻至 –65℃，快速送入冻干机干燥室。干燥室的真空度为 10Pa。

（六）干燥前后脂质体颗粒大小的变化

脂质体颗粒的大小对其在体内的功能有重要影响，如与细胞作用的位置、在人体内的分布、吸收等。例如，静脉注射后，小尺寸脂质体可以快速到达肝细胞，中等尺寸脂质体可以在血液循环中维持一定时间，而大尺寸脂质体则不能达到药物靶点。据 Andrew 等人报道，囊泡大小已成为判断脂质体保护效果的重要指标。在其研究中，他们采用 TSM 型超细颗粒分析仪测定了脂质体颗粒的大小，并以脂质体粒径的变化作为评价脂质体冷冻干燥质量的典型参数。其原理是，如果脂质体颗粒在冷冻干燥过程中相互混合，脂质体的粒径和分布会发生明显的变化。最终，其研究结果表明，以海藻糖为保护剂时，脂质体粒径变化最小，而当以葡萄糖为保护剂时，粒径变化最大。其中，10% 海藻糖是脂质体最有效的冻干保护剂。而且，对于甘露醇、蔗糖和葡萄糖，就脂质体的冻干过程而言，以上三者最适宜的浓度分别为 15%、10% 和 15%。

（七）降温速度对冻干脂质体粒径的影响

诸多实验还研究了降温速率对冻干脂质体粒径的影响。例如用程序控制的冷冻机将含 10% 海藻糖的脂质体分别以 1℃ /min 和 20℃ /min 的速率降温至 –65℃。然后，冷冻脂质体在冷冻干燥机中干燥。

在干燥过程中，真空度保持在 10Pa。在初级干燥过程中控制供热搁板的温度。由于脂质体中的游离水容易去除，冷阱温度控制在 –60℃就足够了。次级干燥时结合水相对来说要较难去除。为缩短干燥时间，应提高供热搁板的温度，并且将冷阱温度降至 –100℃，以增大脂质体与冷阱之间的蒸汽压差。最终，他们发现冷冻干燥前脂质体的平均粒径为 281nm。再水化后脂质体的平均粒径分别为 456nm（冻结期间降温速率为 1℃ /min）和 298nm（冻结期间降温速率为 20℃ /min），即降温速率的加快会导致冻干脂质体的粒径相应减少。

（八）脂质体的冻干过程

脂质体来源于两个希腊单词，"Lipos" 的意思是脂肪，"Soma" 的意思是身体。脂质体可以有多种形状，如普遍的层状或多层规格。这个名字指的是它的结构成分—磷脂，而不是它的大小。相比之下，术语纳米体（nanosome）指的是尺寸。脂质体是一种囊泡（vesicle），其材料与细胞膜相同。

脂质体可作为药物活性成分（active pharmacrtucial ingredient，API）的载体，靶向人体疾病的源头。

　　磷脂在某些过量水分的条件下能够形成囊泡，这可以用示意图 5-12 来描述。脂质体可具有多种结构，包括小的单层卵泡（small unilamellar vesicle，suv）、大的单层囊泡（large unilamellar vesicle，luv）、多层囊泡（multilamellar vesicle，mlv）、多卵泡的囊泡（multivesicular vesicles，mvv），如 Talsma[180] 所述。

　　一般来说，只有当悬浮液被冻结在水的玻璃相中时，脂质体才可以无损地进行冷冻。这需要加入低温保护剂（cryoprotectant agent，CPA），例如甘露醇、葡聚糖或海藻糖，并快速冷冻（例如用 LN2 冷冻 10℃/min）。

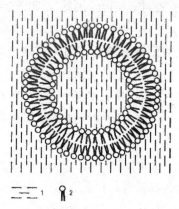

图5-13　小的单层囊泡结构示意图，25 ～ 100nm，1-水；2-磷脂分子

　　为了测试和测量脂质体的保留率，可以使用羧基荧光素（carboxyfluorescein，CF）。Ausborn 和 Nuhn[181] 研究了不同的脂质囊泡，例如鸡蛋卵磷脂（egg lecithin，EPC）、水合鸡蛋卵磷脂（hydrated egg lecithin，HEPC）、胆固醇（cholesterol，CHOL）及其混合物。对于离心 EPC 和离心 HEPC 脂质体，在 0.4mol/L 蔗糖和 0.15mol/L 磷酸盐缓冲液中发现保留率分别为 67.5% 和 75%。此外，他们还报告了不同混合物的实验结果，即 1mol/L 蔗糖的 HEPC-CHOL 的保留率几乎为 100%，而 0.4mol/L 蔗糖溶液中的 HEPC- 脂质体达到 85%。另外，相同脂质体悬浮液的保留率也取决于脂质体大小和在丙酮 - 干冰混合物中冷冻后的储存温度[182]。

　　冻干脂质体不仅需要在冷冻过程中稳定，而且需要在干燥和干燥产品的储存过程中稳定。Crowe[183] 证明，在冷冻和冷冻干燥过程中，用海藻糖或葡聚糖将某些脂质体（如卵磷脂酰胆碱，egg phosphatidylcholine，DPPC）玻璃化是足够的。在海藻糖中保留率接近 100%，在葡聚糖中保留率超过 80%。这不适用于卵磷脂脂质体：葡聚糖作为低温保护剂（cryoprotectant agent，CPA）单独导致羧基荧光素（carboxyfluorescein，CF）指示剂几乎完全丧失，但是将葡聚糖添加到海藻糖溶液中也显著降低 CF 的保留率。例如，如果海藻糖和葡聚糖在溶液中以等量存在，则纯海藻糖中 CF 的保留率会从 90% 降低到 45% 左右。由于葡聚糖的玻璃化转化温度约等于 10℃，海藻糖的温度为 −30 ~ −32℃，因此葡聚糖应在比海藻糖高得多的温度下形成玻璃相。因此，海藻糖对卵磷脂的稳定作用与玻璃化无关。此外，Crowe 还通过红外光谱发现，用 2g 海藻糖 /g 脂质冻干卵磷脂具有与含水脂质（hydrous lipid）基本相同的光谱特征：海藻糖分子取代水分子，形成了海藻糖分子与海藻糖分子之间的氢键。因此，即使去除了水，脂质的稳定性也得以保持。

Hauser 和 Strauss[184] 认为蔗糖与磷脂之间的氢键是导致单层卵泡完整性的原因，并表明包含在卵泡内的离子不能迁移到周围环境中。

Ausborn 等人 [180] 通过红外光谱证实蔗糖和蔗糖 – 棕榈酸 / 硬脂酸盐单酯（sucrose-palmitate/stearate，SPS）与磷酸盐头部基团之间的强氢键，支持水分子的置换理论。

Suzuki 等人 [185] 则通过他们的测量得出结论：葡萄糖和麦芽糖完全阻止脂质体在冷冻干燥过程中的聚集或融合，但其他麦芽糊精则由于其弱疏水性而支持聚集。

Jizomoto 和 Hirano[186] 通过在二甲酰磷脂酰胆碱脂质体（dipalmitoyl-phosphatidylcholine，DPPC）中插入 Ca^{2+} 离子，来尝试增加脂质体中的药物包裹体数量。其中，每克脂质体的包含体积（mL）称为 Vcap，其可随着 Ca^{2+} 浓度的增加而增加，最高可达到最小 Vcap 的 10 倍。Vcap 的增加是由于 Ca^{2+} 离子间的静电排斥作用，使膜层数量减少，脂质体直径有一定程度的增大，但显著增加了Vcap。Jizomoto 和 Hirano[186] 的计算仿真与实测值吻合较好。

通过以下四个例子讨论了脂质体中药物的包合（inclusion）：

Gu 和 Gao[187] 报道了脂质体中冷冻干燥环磷酰胺（cyclophosphamide in liposomes，CPL）的重组效果良好，且在水溶液中具有比脂质体中的环磷酰胺（cyclophosphamide in liposomes，CPL）更大的抗肿瘤活性和较低的毒性。Rudolf 和 Cliff[188] 描述了在脂质体中包含血红蛋白（hemoglobin in liposomes，LEH）以产生稳定的血液替代品的结论。脂质体由大豆磷脂酰胆碱（soya bean-phosphatidylcholine，soy PC）、胆固醇、二肉豆蔻酰磷脂酰甘油（dimyristoylphosphatidyl-DL-glycerol，DMPG）和 α – 生育酚的溶液组成，比例为10：9：0.9：0.1。将产物干燥并在 30mmol/L 海藻糖和磷酸盐缓冲液（pH7.4）

的溶液中再水合。将进化的多层囊泡转化为大的单层囊泡（large unilamellar vesicle，LUV），在液氮中冷冻，然后进行冷冻干燥。LEH 的平均直径为 0.4μm。血红蛋白在冷冻干燥 LEH 中的保留率在 150mmol/L 海藻糖溶液中冷冻干燥后，并储存 13 周，约 87% 的血红蛋白保留在脂质体中。在真空下储存的干燥产品中，高铁血红蛋白的水平在 4 周后约上升至 15%，并在该水平下保持恒定达 12 周。这大约相当于液态 LEH 在 +4℃储存时获得的数据。Rudolf 和 Cliff[188] 希望开发一种可储存的脂质体血液替代品。

Foradada 和 Estelrich[189] 研究了硫代鸟嘌呤（thioguanine，TG）在三种脂质体中的包封（encapsulation），这三种脂质体由挤压、乙醇注射和脱水 – 再水合囊泡制成。在三种不同的浓度（1、0.1 和 0.01mmol/L）和三种不同的 pH（4.7、7.4 和 9.2）下检测包封率。发现脱水 – 再水合囊泡是包封 TG 的最佳方法，与 pH 无关。在 pH 为 4.7 时，截留了 12mmol/mol 的脂质，而用其他方法时，获得了最大 3mmol/mol 的脂质。上述的两位作者将这种行为与 TG 和脂质体之间氢桥的形成联系起来。

Kim 和 Jeong[190] 开发了含有重组乙型肝炎表面抗原（hepatitis B surface antigen，HbsAg）的冻干脂质体，以增强 HbsAg 的免疫原性，并产生储存期间稳定的产品。脱水 – 带有 HbsAg 的再水合囊泡通过 400nm 聚碳酸酯过滤器过滤，并在 4 g 海藻糖 /g 脂质溶液中冷冻干燥。在 4℃下储存 1 年后，囊泡显示出与冷冻干燥前相似的粒径分布和乙型肝炎表面抗原约 70% 的免疫原性。含有乙型肝炎表面抗原的干燥脂质体比游离乙型肝炎表面抗原或磷酸铝和乙型肝炎表面抗原的混合物显示出更早的血清转化和更高的效价。

van Winden 和 Crommelin[191] 将脂质体的冷冻干燥总结如下：脂质体药物制剂的要求是化学稳定；药物仍被包封在脂质体中；储存期间脂质体大小不变。

这种制剂的冷冻干燥有两个主要原因：

①在没有大部分水的情况下磷脂的水解基本上被延迟或避免。

②其他降解过程被延迟，因为分子在固态中的迁移率比在液相中小得多。

然而，脂质体在冷冻和冷冻干燥过程中会发生损坏。为了避免这种损伤，在大多数情况下必须使用冻干保护剂，尽管如果可以确定药物和囊泡之间的某些相互作用，可能会避免使用它们。

冻干保护剂（如双糖）会在脂质体之间形成无定形基质，从而防止脂质体在冷冻干燥期间聚集和融合。如果受保护的脂质体中含有与囊泡相互作用的药物，则药物和脂质体之间不会分离，也不会损坏脂质体。然而，如果药物是水溶性的，在糖与脂质体的高比例（2g 糖 /g 脂质体）下甚至可能发生渗漏。水溶性羧基荧光素（carboxyfluorescein，CF）在冷冻干燥和重构后的保留率取决于脂质组成、囊泡大小和冷冻速率。

冻干 DPPC 脂质体在海藻糖溶液中的研究表明，无定形糖的玻璃化转变温度（glass transition temperature，Tg'）不是贮存期间的关键温度，而脂质体的双层转变温度（bilayer transition temperature，Tm）决定了制剂的短期稳定性。以海藻糖为冻干保护剂和低残留水含量时，Tm 被证明比 Tg' 的起始温度低 10 ~ 30℃；在 Tm 以上但远低于 Tg' 的温度下加热 30 min 会降低复水后羧基荧光素（carboxyfluorescein，CF）的保留率。加热后，温度 Tm 从 40 ~ 80℃降低到 25℃以下。

装载阿霉素（doxorubicin，DXR）的冻干脂质体在 –20℃和 +50℃之间的温度下储存了 6 个月。升温到 30℃，未发现降解迹象，但在 40 ~ 50℃，远低于冻干样品的玻璃化转变温度，DXR 的总含量和脱水后药物的保留率有所降低，而脂质体的粒径有一定程度的增大。RM 小于 1% 时冻干脂质体的稳定性优于 RM2.5% ~ 3.5% 时的稳定性。乳糖、海藻糖和麦芽糖具有相似的冻干保护剂性质，而蔗糖脂质体的粒径增大。

通过前人总结和优化制剂和冷冻干燥方案[191]，载有水溶性羧基荧光素（carboxyfluorescein，CF）或阿霉素（doxorubicin，DXR）的脂质体可以冷冻干燥，在再水合时保留率可以达到 90%。在高达 30℃的温度下，这种冻干后的样品至少可以稳定 6 个月。

Audrupul 等人[192] 研究了在不改变纳米球和纳米胶囊直径的情况下干燥纳米球和纳米胶囊的可能性。除了合适的低温保护剂（cryoprotectant agent，CPA）之外，冷冻和冷冻干燥期间的两个条件是决定性的：冷冻速率和包含在脂质体之内的油的熔化温度。CPA 是 30% 海藻糖溶液（10% 的浓度是不够的）。为了保护胶囊直径，必须在酒精浴中快速冷冻（约 4℃ /min）或在 LN2 中快速冷冻（约 100℃ /min）。在冷冻和冷冻干燥过程中，只要包含在脂质体之内的油的凝固温度低于悬浮液的本征冷冻温度，包含在脂质体之内的油就不影响脂质体的直径。具有 –25℃的温度的油比具有 +4℃的凝固温度的油更加适合被包裹在脂质体内，而且，凝固温度为 –65℃的油通常是最好的，因为它仅略微增加直径或者根本不增加直径。Audrupul 等人[192] 推测，如果胶囊的周围悬浮液已经凝固，而胶囊中的油依然保持柔软，那么纳米胶囊会更容易经受住冷冻和干燥的过程。

对于纳米球，Audrupul 等人[192] 特别强调了缓慢冷冻。实际上，缓慢冷冻有一个比较具有误导性的定义。为了快速冷冻纳米球，将装有悬浮液的容器直接放在经过预冷的 –40℃架子上，产生少量尺寸比较大的晶体。在慢速冷冻期间，搁板和容器之间形成了一层天然的隔离层（冰晶的形成）。这可能导致待冻结的样品显著过冷（subcooling），然后会突然结晶，产生大量尺寸比较小晶体。然而，这一过程不应被称为"缓慢冷冻"（slow freezing）。深度过冷（subcooling）后，样品冻结可能会非常快。如果这一过程可以接受，纳米球的结果与纳米胶囊的结果相当。对于这两种纳米粒子来说，快速生成小晶体似乎很重要。这可以通过在液氮和含有干冰的酒精浴中冷冻来实现，但是过冷（subcooling）和突然冷冻会带来类似的结果。

Nemati 等人 [193] 描述了由单体氰基丙烯酸异己酯（isohexyl cyanoacrylate，IHCA）制备的纳米颗粒的冷冻干燥过程，其中包裹着阿霉素（doxorubicin，DXR）。悬浮液包含：1% 葡聚糖、70.5% 葡萄糖、10mg 氯酸阿霉素、50mg 乳糖，pH 调至 2.3。产品［1.3mL/ 药水瓶（vial）］置于搁板上 –50℃下冷冻 3h，并在 –35℃下热处理 24 h。冷冻干燥后，将装有产品的药水瓶放置在含有 P_2O_5 的干燥器中 48 h。只有经过这一额外干燥后，含阿霉素的纳米粒在复水后的直径（351 ± 52 nm）与冷冻干燥前的直径（334 ± 55 nm）相同。可以肯定的是，如果冷凝器温度足够低，在冷冻干燥装置中也可以进行二次干燥。

Fouarge 和 Dewulf[194] 报道了装载了脱氢吐根碱（dehydroemetine，DHE）的聚异己基氰基丙烯酸酯（poly–isohexyl cyanoacrylate）纳米粒子的冻干反应。吸附性的脱氢吐根碱（dehydroemetine，DHE）在纳米粒子内装载比较均匀，并且可以重现。在 24 个月内，纳米粒子的稳定性保持在一个良好的水平。与纳米颗粒联合使用可，DHE 的急性毒性和自由基浓度均有所降低。

Fattale 等人 [195] 比较了带负电荷脂质体与聚异己基氰基丙烯酸酯（poly-isohexyl cyanoacrylate）纳米粒子，两者均装载有氨苄西林（ampicillin）。两种载体的大小大致相同，200nm，但纳米颗粒的氨苄西林（ampicillin）装载量是带负电荷脂质体装载量的 20 倍。冻干后，在 –4℃下储存后，纳米颗粒中没有氨苄西林（ampicillin）泄漏，而氨苄西林（ampicillin）则可以从脂质体中快速迁移出来。

Zimmermann 等人 [196] 开发了一种装载着水溶性差的药物 RMEZ98（Novartis）的固体脂质纳米颗粒（solid lipid nanopartilce，SLN）冷冻干燥工艺。SLN 分散体中含有 2.5% 的脂质，99% 的颗粒 < 500nm。从 8 种不同的碳水化合物和两种聚合物中，选出海藻糖和果糖作为最有效的低温保护剂（cryoprotectant agent，CPA）。经目视检查，发现以果糖作为低温保护剂的干燥产品存在塌陷情况，但

是该产品在重建（复水）后显示最好的效果（Zimmermann 等人[196] 对贮藏稳定性没有评论）。Zimmermann 等人[196] 所开发的冷冻干燥过程包括以下步骤：

①用海藻糖或果糖稀释 SLN 分散体。

②在冷冻室冷却至 –70℃。

③在 –22℃下热处理 2h（相当于退火）。

④经 2h 冷却至 –40℃。

⑤在 1mbar 下，进行初级干燥，其中搁板温度 T_{sh} 分别为 –30℃下保持 7h，–10℃保持 2h，20℃保持 12h。

⑥操作室压力 0.001 mbar，搁板温度 T_{sh} 为 30℃，次级干燥进行 3h。

对海藻糖和果糖这两种 CPA 来说，冻干和重组前后，99% 的颗粒的粒径都 < 300nm。Zimmermann 等人[196] 打算进一步优化工艺，以供工业使用。我们可以看到，由于原文中没有给出冻干样品的厚度，因此无法讨论工艺过程的时间安排；在 1mbar 的压力下，人们可能会认为升华界面处冰的温度 Tice 在 –20℃左右，并且搁板温度 Tsh 为 –30℃是没有意义的；所建议的初级干燥期间采取较低的操作压力和较高的温度，例如操作压力 0.3 mbar 和搁板温度 Tsh 为 5℃这样的条件，可能导致升华界面处冰的温度 Tice 成为 –25℃，初级干燥期间搁板温度与升华界面处冰的温度之间的温差的时间加权平均值 Ttot 为 30℃。在与海藻糖相同的工艺条件下果糖为保护剂的样品的坍塌是可以理解的：因为果糖的玻璃化转变温度为 –42℃，海藻糖的坍塌温度为 –30℃。

八、移植的胶原蛋白

这里不讨论活细胞或器官的冷冻和保存，只讨论移植物的冷冻和冷冻干燥，其最终目标是要良好地保存冻干后移植物的结构及其化学组成。在这一方面的研究，目前已经有一些学者报道了相关进展。

首先，Hyatt[197] 研究了在冷冻干燥过程中海绵骨（spongiosa）和骨皮质的典型的温度和残留水分变化，如图 5-14 所示。这一研究过程的干燥时间比较长，有以下三个原因：①从搁架到升华界面的热传递比传递到装有冻结液体的小瓶的热传递要小得多，因为材料具有不规则的形状，并且热量必须通过已经干燥的材料传递。②移植物通常装在铝盒中，铝盒用可渗透水蒸气的无菌过滤器密封。即使盒子可以设计成对水蒸气流动的阻力可以忽略不计，热传递推动力还是会大大减少。③移植物可以具有比其他冷冻干燥方法更大的待干燥层厚度。因此，最终 Hyatt 建议最好在一次操作过程同时对具有相似层厚的移植物进行冷冻干燥（尺寸可以不同）。

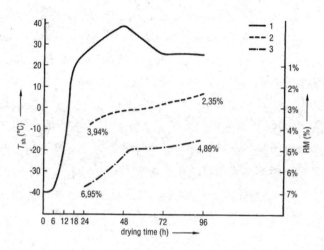

图5-14　海绵骨和骨皮质冻干过程搁板温度、干燥时间、残余含水量关系图（residual moisture，RM）：1.T_{sh}；2.海绵骨中的RM；3.骨皮质中的RM

Bassett[198]特别指出移植物应迅速冷却至 -78℃或更低。在冷冻干燥前，移植物应在此温度下最多保存1年。只有在冻干样品达到1～3%RM后，才应终止干燥过程。Krietsch 等人[199]列举了15种不同的冻干保藏物（preserves），这些保藏物是在过去10年内生产出来的，其中骨片（bone chip）是最大的一组，占34%，其次是海绵骨（spongiosa）占22%，硬脑膜（dura）占19%，肌腱（sinew）占11%。Marx 等人[200]描述了颌骨（jaw）移植方面的冷冻干燥应用。所有移植体在 -70℃至 -80℃下或在液氮（LN2）中冷冻，然后在 0.01mbar 的压力下冷冻干燥21d，使 RM < 5%。Merika[201]从他17年的移植物冻干质量控制经验中强调了无菌性（sterility）和残余水分控制作为冷冻干燥工艺的决定性特征的重要性。此外，对储存容器的密封性（leak-tightness）严加控制。Merika 没有测量干燥过程中的产品温度，而是通过测量水蒸气压力和搁板和冷凝器的温度来控制过程。贮存2年后的残余含水量必须 < 5%。所有产品均经 γ 射线灭菌。

Malinin 等人[202]讨论了冻干骨骼中 RM 的测量，并比较了三种方法：重量法、卡尔费休滴定法（Karl Fischer titration）和核磁共振波谱法（NMR spectroscopy）。在这个比较中，所有的移植都在液氮中冷冻，并在这个温度下保持数周。冷冻干燥期间冷凝器的温度为 -60～-70℃。前3天搁板保持在 -30℃～35℃。在干燥的最后几天，搁板温度升高到 25～35℃。操作室压力（chamber pressure，pch）为 0.1 mbar。在初级干燥过程的初始阶段，输送到冷凝器的水蒸气量非常大，以致冷凝器上的冰晶表面比制冷剂温度高 20℃。3d 后，停止冷却搁板，移植物的温度升至 –15℃。在 50℃的温度下，通过 P_2O_5 或在 50℃的循环空气烘箱中，或在 90℃的温度下，通过硅胶在同一烘箱中测量干燥产品的 RM。Malinin 等人对新鲜的骨头也进行了相同的测量。对于核磁共振测量，数量已知的重水（D_2O）被添加到玻璃容器中的骨头中。在 D_2O 和 H_2O 达到平衡后，从溶液中除去已知数量的产物并在 Perkin–Elmer NMR 光谱仪中进行研究。通过核磁共振和重量分析法在 90℃下测量新鲜的和冻干的骨骼的含水量。数据表明，在 90℃下，只有一定量的总水分可以去除，而另一部分结合非常强烈，无法通过加热去除。数据还表明，重量法和核磁共振法测得的水总量一致。

　　Malinin 等人的工作的优点是他们通过可重复的方法对骨骼的含水量进行了比较研究。干燥过程中的水蒸气汽压测量不能直接用于测定 RM，正如 Malinin 等人正确指出的那样。解吸速率（desorption rate，DR）的测量提供了一种定量跟踪解吸干燥过程的方法，但不能应用于 Malinin 等人使用的装置中，因为冷凝器不能通过阀门与腔室分离。利用 Malinin 等人在论文中给出的数据，可以如下估计骨骼移植的冷冻干燥过程。在最初的 3d 里，搁板温度 Tsh 在 –30℃到 –35℃之间，冷凝器温度在 Tco 在 –60 ~ –75℃之间。在这个过程的早期阶段，大量的水被输送到冷凝器，以至于一层厚厚的冰层在表面凝结，产生了 –50℃的表面温度。这些水不能从骨头中升华。在搁板温度 Tsh 为 –35℃和产品温度为 –35℃时，只有在挂在寒冷的搁板和运输箱上期间凝结的冰才能升华。在开始出现真空（commencing evacuation）后，骨骼中的温度从 –70℃以 5 ~ 10℃为步幅升高到 –65℃，然后骨骼温度进一步升高到 –35℃，这一现象也证实了前述的冰晶升华的描述。如果大量的水从骨骼中升华，则他们的温度应该降低，因为升华需要能量输入。而温度的升高表明，水不是来自骨头的。冷凝器的冰晶覆盖应该避免。运输箱在运输过程中应尽可能地隔离，装置的门只能短时间打开。在这一短时间内，一小段干燥（露点 –40℃）无菌空气应流过该腔室，产生一个小的正压力（几毫米水柱）。如果冷凝器可以通过阀门与腔室分离，如进一步讨论中所假设的那样，在腔室加载期间，冷凝器上不会有水蒸气凝结。3d 后，搁板冷却结束，骨骼温度上升至 –15℃。装置中操作压力始终为 0.1mbar 或以下。前 3d 可以保存，因为在产品温度为 –35℃，水的饱和蒸汽压（saturation vapor pressure，ps）约为 0.2 mbar。与此后在产品温度为 –15℃下升华的水量相比，这 3d 升华的水量很小，因为在 –15℃下，水的 ps 约为 1.5 mbar。从第三天开始，单位时间的水升华量可比前几天多出 7 倍。因此，建议将搁板温度 Tsh 从开始增加到 –15℃。在这些条件下建立的升华界面处的冰的温度可通过气压温度测定（barometric temperature measurement，BTM）测量。通过操作压力是控制升华界面处的冰的温度最简单方法。它只依赖于两个过程：从搁板到升华界面的热量传递；从升华界面到冷凝器的质量传递。

从搁板到升华界面的热传递取决于操作压力以及搁板和产品之间的距离。质量传递（g/s）随压力增加而增加，但也取决于已经干燥的产品和骨骼包装对水蒸气的流动阻力。如果定义了最大容许升华界面处的冰的温度，则干燥时间仅取决于上述两个过程。在给定的几何条件和选定的升华界面处的冰的温度下，干燥时间不能被缩短。控制升华界面处的冰的温度的方法不需要热电偶，也不会污染产品。

Willemer[203]通过对均质组织（homogenized tissue）的测量得出结论，最大升华界面处的冰的温度为 –25℃，而 Malinin 等人 [202] 表示持续 3d 后升华界面处的冰的温度会达到 –15℃。需要留意的是，–15℃可能不代表升华界面处的冰的温度，而是代表骨骼的表面温度。

在初级干燥期间，可以对升华界面处的冰的温度进行严格控制，并记录从初级干燥到次级干燥的变化，如果需要，可以自动执行。在次级干燥过程中，可以关闭压力控制，压力会下降，次级干燥的进程可以通过解吸速率（desorption rate，DR）测量来跟踪。DRs 给出了每小时解吸的水的量，以固体的百分比表示。通过随时间积分，可以确定何时达到 5% 的可解吸水，并且可以预期后续 48h 干燥的结果。

九、抗体

在人体免疫系统中，单克隆抗体（monoclonal antibody）在癌症诊断和治疗控制方面扮演者重要角色。抗体（antibody，Ab）是一类蛋白质分子，它们在免疫防御中发挥作用。它的另一个术语是免疫球蛋白（immunoglobulin，Ig）。今天抗体在癌症治疗中已经成为不可或缺的一部分。150 多种相关药物已经获得美国食品和药物管理局的批准，可以自由出售。

抗体药物共轭物（antibody drug conjugates，ADCs），也称为免疫缀合物（immune-conjugates，一种有机化合物），正在成为一种越来越重要的治疗方法。新一代 ADCs 的关键特征是天然和合成高效抗肿瘤药物的光毒性（phototoxcicity）的有效结合。斯图加特大学的 Roland Kontermann 报道了用于靶向给药的抗体共轭物纳米粒子；将药物包封在脂质体载体中延长了血浆半衰期，并保护药物免受降解和不良副作用的影响。

抗体药物的冻干需要非常精确的过程控制和监控。冷冻过程特别重要。Draber 等人[204] 则在一项研究中报告了在海藻糖存在下冻干的单克隆免疫球蛋白 M（immunoglobulin M, IgM）抗体的稳定性。他们描述了二糖海藻糖在冷冻干燥和高温长期储存过程中稳定单克隆抗体的用途。发现，将海藻糖应用于不稳定单克隆 IgM 抗体的冷冻干燥，可以方便、长期地储存大量抗体，并促进它们在环境温度下的运输。此外，Pikal 等人[205] 还研究了在冷冻干燥和储存期间蛋白质稳定性研究和糖促使蛋白质结构和功能稳定的机制。该研究的目的是探讨固态情况下，糖稳定蛋白质的机制。它探索了稳定性是由"玻璃动力学"（glass dynamics）控制还是由糖和蛋白质之间的"特定相互作用"（specific interaction）控制。为此，研究者用山梨醇、海藻糖和蔗糖配制了免疫球蛋白 G1（immunoglobulin G1, IgG1）抗体和重组人血清白蛋白（recombinant human albumin, rHSA）制剂。

冷冻干燥是稳定活泼物质的首选方法。虽然许多生物技术的产品是经过冷冻干燥处理过的，以获得足够的保质期，但蛋白质在冷冻干燥过程中和 / 或储存期间可能是不稳定的。通常通过在相关的玻璃化转变温度以下快速冷冻和干燥至最佳残留水分（通常小于 1%）来最小化过程中蛋白质的降解。

在开始冷冻干燥过程之前，必须测量冷冻行为和坍塌温度（collaspe temperature, T_c），T_c 和 T_g' 是通过调制差示扫描量热法测量的。根据前人经验[206]，比较适合的工艺参数为：在 $-40℃$ 以下进行冷冻（搁板温度 $-45℃$），初级干燥期间的搁板温度为 $-30℃$，操作室压力 60mTorr（0.085mbar）的。产品范围从最初的 $-39℃$ 到初级干燥结束时的 $-35℃$，在山梨醇配方中用热电偶测量。除山梨糖醇制剂外，所有制剂的初级干燥都在低于 T_g' 的温度下进行，山梨糖醇制剂在高于 T_g' 之上 1℃ 的温度下完成初级干燥。次级干燥在 40℃ 下进行 4h。

使用卡尔·费休比色滴定法（Karl Fischer colorimetric titration）测定出每种制剂的含水量（残留水分）小于 1%。该实验最终发现，制剂中糖的存在可以提高蛋白质的稳定性并保持蛋白质的天然结构。

十、蛋白质
（一）引言

冷冻干燥技术已经成为生物制品保存的最重要的方法之一。当前，虽然蛋白质正在成为人类保健中的一类重要药物，然而，它们的边缘稳定性（marginal stability）总是对它们在制药和其他工业应用中的发展提出挑战。由于许多蛋白质在含水状态下不能长期储存稳定，因此优选固态剂型。在蛋白质纯化、蛋白质试剂制备和用于治疗和诊断应用的蛋白质生物分子的制造领域中，冷冻干燥最常用于制备脱水蛋白质。由于这样处理后得到的冻干蛋白质在室温下具有长期稳定性，这就为储存以及运输和分配蛋白质提供了优势。大树基团在活性肽等冷冻干燥方面颇有建树，成功生产出了大豆肽冻干粉、胶原蛋白肽冻干粉、小分子活性肽冻干粉等产品，下面是若干产品的展示图。

图5-15　大豆肽冻干粉、胶原蛋白肽冻干粉、小分子活性肽冻干粉产品展示

（二）冷冻干燥理论

冷冻干燥过程主要包括三个阶段。其中，第一个阶段是冷冻，包括冷冻产品并形成适合干燥的固体基质；第二阶段是初级干燥，有时在此之前还有一个称为退火或热循环的附加步骤。初级干燥包括降低产品环境的压力通过升华除去冰，同时将产品温度保持在低目标水平；第三个阶段则称为次级干燥，在这个阶段中，结合水被去除，直到 RM 达到其目标水平。虽然目前冷冻干燥是提高蛋白质保质期的首选方法，但该方法本身和随后的长期储存都会产生几个导致蛋白质变性的应力。在冷冻干燥以及在分配和使用过程中，即使蛋白质在固态下也会发生化学和物理降解，如脱酰胺、氧化和聚集。加工或储存过程中出现的蛋白质稳定性的问题通常通过工艺和制剂（formulation）优化来解决。

为设计最佳的冷冻干燥工艺，工艺开发科学家需要了解蛋白质制剂的关键特性，以及如何应用这些信息来设计工艺。关键的制剂特性包括制剂的坍塌温度（collapse temperature）、蛋白质的稳定性和所用赋形剂（excipient）的特性。迄今，科学家们已经探索了许多方法来确定冻干制剂的热性质，包括差热分析（different thermal analysis，DTA）、差示扫描量热法（different scanning calorimetry，DSC）[207]、电阻分析（electrical resistace analysis，ERA）[208]和冻干显微镜法（freeze drying microscopy，FDM）[209]等。

为开发一种在冷冻和干燥过程中最大限度地减少蛋白质变性的蛋白质制剂，建立最佳蛋白质稳定性的特定条件（如 pH 和特异性稳定配体），并在制剂中加入适当的非特异性稳定添加剂（nonspecific stabilizing additives）（即通常稳定任何蛋白质的赋形剂）是至关重要的。其他物理因素也必须进行优化以确保干燥状态下的储存稳定性[210]，如玻璃化转变温度和干燥固体的残余水分含量。在这里，我们将描述如何设计在冷冻和干燥过程中保护蛋白质的制剂，并讨论添加剂稳定蛋白质的机制。

需要强调的是，每种蛋白质都有独特的理化特性，这些特性通常表现为特定的化学和物理降解途径。因此，非常需要增加对蛋白质稳定剂作用机制的理解，并通过案例研究证明适用个别蛋白质的一般规则。

（三）冷冻干燥对蛋白质的影响

冷冻干燥过程中会产生各种压力，而这些压力都会使蛋白质变性。这些压力包括[62, 211]：

1. 低温胁迫（low temperature stress）

对蛋白质模型低温变性的研究表明，存在一个最稳定的温度，高温和低温都会使蛋白质不稳定。可能的机制是蛋白质中减少的疏溶剂相互作用（solvophobic interaction）可以使蛋白质稳定性达到零的程度，导致冷变性。

2. 浓度效应

冷冻蛋白质溶液会因结冰而迅速增加所有溶质的浓度。因此，与浓度相关的所有物理性质都可能改变，例如离子强度和溶质的相对组成因选择性结晶而改变。这些变化可能会破坏蛋白质的稳定性。通常，降低温度会降低化学反应的速度。然而，由于溶质浓度的增加，化学反应实际上可能在部分冷冻的水溶液中加速进行。

3. 冰水界面的形成

冷冻蛋白质溶液会产生冰水界面。蛋白质可以吸附在界面上，使蛋白质的天然折叠结构变得松弛，并导致表面诱导的变性。在冷冻干燥过程中，如果发生快速（淬火）冷却，就会产生大的冰水界面，而若是慢速冷却则会产生较小的界面。

4. 冷冻过程中的 pH 变化

许多蛋白质只在狭窄的 pH 范围内稳定。在极端的 pH 下，蛋白质中带电基团之间增加的静电排斥作用就会容易导致蛋白质去折叠结构或发生变性。冷冻蛋白质缓冲溶液可以选择性地使一种缓冲物质结晶，从而引起 pH 的变化。由于 Na_2HPO_4 比 NaH_2PO_4 更容易结晶，因此，pH=7 的磷酸钠缓冲液中的 $[NaH_2PO_4]$：

[Na$_2$HPO$_4$]摩尔比为 0.72，但在冷冻过程中，该摩尔比会在三元共晶温度（ternary eutectic temperature）下会增加到 57。这可能导致冷冻过程中 pH 显著下降，进而使对 pH 敏感的蛋白质变性。

5. 冷冻过程中的相分离

冷冻聚合物溶液可能会导致相分离，因为聚合物在低温下的溶解度发生变化，并产生相当多的相界面，使蛋白质变性。在含有两种不相容聚合物［如葡聚糖和菲科尔（Ficoll）］的溶液中，容易发生冷冻诱导的相分离。目前，研究者已经提出了几种策略来减轻或防止冷冻期间相分离诱导的蛋白质变性。这其中就包括使用替代盐，调整聚合物的相对组成以绕过或快速通过系统可能导致液—液相分离的温度区域，以及蛋白质的化学修饰，如聚乙二醇化（PEGylation）等方法。

6. 脱水压力

完全水合的蛋白质有一层覆盖在蛋白质表面的水，称为蛋白质的水化膜（hydration shell）。冻干去除了部分水合外壳。水合外壳的去除可能会破坏蛋白质的天然状态并引起变性。水合蛋白质在脱水过程中暴露于缺水环境时，往往会将质子转移到离子化的羧基上，从而尽可能多地消除蛋白质中的电荷。电荷密度的降低可能会促进蛋白质 – 蛋白质的疏水相互作用，导致蛋白质聚集。

（四）蛋白质低温保护剂和冻干保护剂

为了保护蛋白质免受冷冻（冷冻保护）和 / 或脱水（冻干保护）带来的损害，可以使用蛋白质稳定剂。常见的蛋白质稳定剂有：

1. 糖 / 多元醇

糖和多元醇具有相似的保护机制，因为它们具有相同的官能团（羟基）。当它们被添加到蛋白质制剂中时，稳定剂中的羟基可以像水一样与蛋白质分子表面形成氢键，并代替在干燥过程中失去的蛋白质与水的氢键相互作用。一般来说，蔗糖和海藻糖是最广泛使用的稳定蛋白质的保护剂。而甘露醇和山梨醇则用作填充剂（bulking agent），甘油用作低温保护剂（cryoprotective agent）。

2. 聚合物

聚合物被用作保护剂，因为它们可以提高溶液的玻璃化转变温度。聚合物型保护剂一般具有以下特点：①在冷冻过程中容易结晶；②具有较高的表面活性；③在蛋白质分子间产生空间位阻效应；④提高溶液的黏度；⑤显著提高玻璃化转变温度；⑥用小分子（如蔗糖）抑制赋形剂（excipient）结晶；（7）保持溶液 pH。

3. 表面活性剂

表面活性剂是由亲水和亲油基团组成的润湿剂，可以降低液体的表面张力，降低两种液体之间的界面张力。因为结构中含有碳－氢链，故它可溶于油，又因为它还含有极性基团（－COOH，－OH），故也可溶于水。当这些分子位于空气－水或油－水界面时，其结构中的亲水基团面向水相，而亲油基团指向气相和油相。在蛋白质的冷冻干燥中，表面活性剂可以减少冷冻和脱水过程中的变性，在再水合过程中也起到增湿剂的作用。

4. 氨基酸

氨基酸是含有胺和羧基官能团的分子。它能抑制蛋白质低温储存和冷冻干燥过程中溶液的 pH 变化。

5. 其他赋形剂（excipient）

填充剂（bulking agent）是能防止制剂中有效成分随水蒸气逸出，促进有效成分在材料中固定的物质。典型的填充化合物有甘露醇、乳糖和明胶。在冻干产品制剂中添加填充剂（易于结晶）具有一系列附加功能，例如：①为最终冻干产品提供足够的机械支撑；②改善冻干产品的外观；③增加溶质的溶解性；④防止冻干产品倒塌或溢出等。抗氧化剂（如维生素 D、维生素 E、蛋白质水解物和硫代硫酸钠）则均用于防止冷冻干燥和储存过程中的氧化。而缓冲剂和螯合剂（如磷酸、氨基酸和乙二胺四乙酸（Ethylenediaminetetraacetic acid，EDTA））则用于调节材料的 pH 和螯合离子。

（五）冷冻干燥系统

冷冻干燥系统包括：

①冷冻干燥机。

②适用于冷冻干燥产品的容器，如圆底玻璃瓶、玻璃瓶。

③冷冻系统，如液氮及一个 80℃的商用冷冻机。

（六）蛋白质冷冻干燥制剂

在对蛋白质进行冷冻干燥之前，需要制备适用于冷冻和干燥的蛋白质制剂，尤其需要慎重考虑以下参数的设定。

1. 最佳 pH 的选择

最佳的 pH 用于保持蛋白质在溶液中稳定和溶解的状态。在冷冻干燥过程中，溶液的 pH 必须是最佳的，以尽量减少冻干过程中的蛋白质变性，并使冻干蛋白质具有最大的长期稳定性。因此，蛋白质的冷冻干燥配方需要确定一个最佳的酸碱度来保持蛋白质在溶液中的稳定性和可溶性。即为满足不同阶段的所有这些要求，需要仔细选择制剂的 pH。通常，溶液中蛋白质最稳定的 pH 并不能提供最佳的固态稳定性。这是因为蛋白质的失活机制在两种不同的状态下是不同的。在这种情况下，必须使用能够平衡两种不同状态的 pH。

2. 缓冲剂（buffer agent）的选择

在配制固体蛋白质时，可以选择许多覆盖很宽的 pH 范围的缓冲剂（buffer agent）。这些试剂包括醋酸盐、柠檬酸盐、甘氨酸、组氨酸、磷酸盐和三羟甲基氨基甲烷［tris（hydroxymethyl）aminomethane，Tris］（优选稳定蛋白质的缓冲剂，例如用于冷冻干燥凝血蛋白（Factor VIII，FVIII SQ 的组氨酸。对于 pH 敏感蛋白，应避免磷酸钠，因为 Na_2HPO_4 的选择性结晶在冷冻过程中会导致 pH 明显下降，从而使蛋白质变性。相反，磷酸钾、柠檬酸盐、组氨酸或 Tris 可被使用，这会最小化冷冻期间 pH 变化幅度。此外，降低缓冲液浓度也能减轻 pH 的变化。

3. 填充剂（bulking agent）的选择

甘露醇和甘氨酸是两种典型的填充剂（bulking agent）。大多数氨基酸是潜在的填充剂，因为它们容易结晶出来。蛋白质制剂中的无定形赋形剂（如蔗糖、海藻糖）可能会抑制填充剂的结晶，从而影响蛋白质的稳定性。因此，适当选择合适的填充剂及其相对用量是至关重要的。

4. 低温保护剂和冻干保护剂的选择

固体蛋白质产品的稳定剂应该至少是部分无定形的，并且能够代替水，与蛋白质形成紧密的氢键。

5. 制剂赋形剂的总体考虑

通常，蛋白质制剂中固体的含量在 2% ~ 10% 之间。当重量分数小于 2% 时，不能获得硬的冻干产品。当重量分数超过 10% 时，产品则很难完全干燥，再水合也很困难。此外，添加剂之间的物理/化学作用是相互的，因此在配方中保持适当的添加剂量也很重要。如果一种类型的添加剂同时具有几种保护功能，则是优选的。例如，一些糖类物质可以用作冷冻保护剂和冻干保护剂。此外，许多缓冲溶液或盐不能使用，因为它们可能在冷冻过程中改变 pH 或降低制剂的玻璃化转变温度。

（七）方法

1. 材料准备

对于蛋白质来说，为了保持其活性，获得高质量的最终产品，在冷冻干燥前加入一些添加剂是必要的。它被称为蛋白质和添加剂混合物的"制剂"（formulation）。其中，使用的添加剂是出于稳定制剂或用于治疗的原因，而不同类型的蛋白质，应该使用不同的稳定剂。添加剂依据作用可分为冻干保护剂、乳化剂、填充剂、抗氧化剂和缓冲剂多个类别。

2. 灌装容器

罐装容器的几个注意事项：

①冷冻前必须将制剂装入容器中；

②选择玻璃器皿制成的容器，如圆底玻璃瓶或玻璃瓶。其中，玻璃器皿应在没有洗涤剂的情况下清洗，并加热/高压灭菌。所用的容器应能经受快速冷冻，如浸入液氮或在冷冻机内 –70℃ 或更低温度下冷冻而不破裂。容器必须能够承受暴露在高真空条件下。

③分配产品的方法取决于要灌装的容器数量，以及所需灌装量的准确性和一致性。

④容器罐装量不应超过其总容积的三分之一。突然的体积和热量变化可能会导致容器破碎，从而造成灾难性的损失或有价值样品的交叉污染。

3. 冷冻干燥方案的步骤

蛋白质冷冻干燥的一般步骤如下：

①打开冷冻干燥机和真空泵。

②通过向蛋白质溶液中加入添加剂来制备制剂混合物。

③将混合物分配到玻璃器皿。

④冷冻装有样品混合物的容器。

⑤初级干燥。

⑥次级干燥。

⑦按照条件包装和储存。

4. 冷冻干燥循环设计

通常，冷冻干燥循环包括冷冻（固化）、初级干燥（升华）和次级干燥（解吸）这几个步骤[212]，因此要对每个步骤详细设计才能保证最终达到良好的冻干效果。

5. 冷冻

样品应在冷冻步骤中适当冷冻，即一方面不仅要使制剂中的游离水被冷冻以完全形成结晶冰，另一方面也要保证配方中的其他成分被凝固以形成非结晶固体（即玻璃状固体）。在这一过程中建议采用快速冷冻速率，特别是如果目标蛋白在液态下迅速失去活性，或者如果选定的制剂在冷冻和变性过程中易导致明显的 pH 变化。然而，快速冷冻可能会导致小冰晶和更长的干燥时间。如果需要快速冷冻，可能需要采用退火（anneal）这一方法来纠正这种影响[213]。具体的合适的冷冻步骤如下：

①通过以下 3 种方式中的任何一种均可以实现冷冻：浸入液氮中；放入特定的冷冻室；放入冷冻干燥机。其中，冻结速率对整个冻干过程非常关键。其原因主要在于，冷却速度和凝固过程对冷冻效率是重要因素。一般来说，快速冷却会导致部分玻璃态的形成，并防止材料在冷却过程中过度脱水。但是，若冷却速度过快则可能会导致断裂。这个过程中的温度变化称为"热变史"（thermal history）。冷却过程中的热变史很重要，因为它影响制剂的热力特性（thermal property）。实际上退火对玻璃化转变温度有影响。

②通过差示扫描量热法对临界玻璃化转变的研究，或者通过冷冻干燥显微实验对崩塌温度的研究，可以得到最终的冻结温度。

③应在整个冷冻和干燥过程中测量样品温度。即将热电偶插入样品中，以监控冷冻和干燥过程。然而，应该注意的是，热电偶会影响样品的成核点（nucleation point）。

④应确保冷冻的时长足以确保所有样品完全冷冻。具体来说，材料冷却后应该完全凝固，其中凝固的蛋白质包含结晶固体和非结晶硬网状结构固体。冷却和凝固过程是一个极其重要的过程，经常被低估。而冷冻步骤后样品的最终温度应低于共晶温度（Eutectic temperature，T_e）或玻璃化转变温度（glass transition temperature，T_g）。

（八）初级干燥（升华干燥）

水可以分为在低温下可冻结的自由水和不能冻结的结合水。初级干燥是指将冻结的"游离水"直接升华成蒸汽。初级干燥过程的设计要点为：

①对于蛋白质，搁板温度可根据冷冻干燥机的规格设定在 -40℃至 -80℃之间。

②将升华期间的温度设置为低于蛋白质的最大允许温度。该最高允许温度是指玻璃化转变温度，或共晶温度。如果升华期间样品温度过高，样品材料会出现软化或塌陷。

③冷冻干燥机内部的真空通常保持在 10 ～ 100μbar[214]。

④初级干燥时间从几个小时到几天不等，这取决于干燥系统和被除去的溶剂。

⑤在初级干燥过程中，热量可以通过传导或辐射提供给样品。实际上，为保证升华过程的进行，必须满足两个基本条件，即蒸汽必须不断地从升华界面移开，并且必须为升华提供热量。如果两者中任何一个不能得到满足，可能会发生

软化、融化、膨胀或塌陷。事实上，升华是一个热量传递和质量传递同时发生并耦合的一个过程。只有当传递到升华界面的热量等于蒸汽从界面逸出所需的热量时，升华才能顺利进行。

（九）次级干燥（解吸干燥）

初级干燥后，此时样品中的大部分水分被去除，可以开始次级干燥过程。实际上，在初级干燥结束时，仍有未冻结的水吸附在多孔结构表面和蛋白质的极性基团上。而次级干燥是在较高的温度下进行的，这样，未冻结的结合水吸收了解吸热后会成为自由水。然后游离水吸收蒸发所需的热量，最终变成蒸汽从物质中逸出。这一过程中，由于吸附能相当高，结合水的解吸需要较高的温度和足够的热量。但温度也不能太高，以避免蛋白质发生变性。

次级干燥过程的设计要点为：

①在次级干燥过程中，样品温度应低于最大允许温度。

②最大允许温度取决于蛋白质的类型。即对于药用蛋白质，最高允许温度通常应低于40℃；而对于食品（如肉类、水果和蔬菜），最高允许温度可为60 ~ 70℃或更高。

③真空压力应保持与初级干燥时相同。

④当蛋白质的最终剩余水分含量（residual moisture final，RMF）< 5%，次级干燥过程应该结束。在解吸干燥过程的结束时，样品会达到最终残余含水量（residual moisture final，RMF）。干燥蛋白质的最佳残留水分含量应根据具体情况确定。如果 RMF 过高或过低均可能对蛋白质有害，其中，若 RMF 过高可能会导致储存过程中的降解，而 RMF 太低也会损害蛋白质的活性[215]。因此，样品需要保持在最佳含水量，以保持蛋白质的活性[216]。故水分含量的测量是必要的，以预测干燥蛋白质制剂的储存稳定性。可以使用比色卡尔费休法［colorimetric Karl Fischer）或热重分析法（thermogravimetric）测定水含量[217]］。

（十）根据具体条件进行包装（conditioning-packing）和储存

冻干产品的密封和包装应通过在干燥环境中打破真空（breaking vacuum）来进行。避免与空气中的氧气或水蒸气接触可提高冻干产品的储存稳定性。而当需要该产品时，在大多数情况下需要在水中进行再水合。

包装和密封应在真空室或有惰性气体（氮气或氩气）的室内进行。对于普通瓶中的冻干蛋白质，可以在干燥室中用橡胶塞进行密封。安瓿瓶中的散装产品可以通过真空通道从干燥室中取出，输送到真空室或者有足够惰性气体的室，并由机械手密封。注意在该过程中，应评估产品的参数。其中，冻干蛋白质的回收率和功能活性应在加工后进行评估，并还应评估产品的外观和残余含水量。一般通过目视检查批次中的所有样品瓶，并评估冻干样品的外观。此外，还应记录异质性，以了解其是否与冷冻干燥机中的特定位置相关。若外观不佳可能表明干燥效果不理想。

冻干样品可以储存在特定的温度下。其中，一些冻干蛋白质可以在室温下储存，而其他蛋白质则需要在 4 ~ -18℃下储存。在高温和高湿度下的加速老化研究可用于评估冻干蛋白质的储存稳定性。产品活性损失的趋势则可以使用阿伦尼乌斯（Arrhenius）或其他动力学模型进行分析，并用于预测储存温度下的稳定性[218]。并应对照冻干前的控制组的样品，测量再水合后的蛋白质生物活性，以确定复水后活性最佳的制剂。

九、酶

几乎所有的酶都是催化化学反应的蛋白质。核糖核酸酶（ribonuclease，RNase）也不例外，它是用来催化核糖核酸（ribomucleic acid，RNA）的聚合酶。Townsend 和 De Lucal [219] 以 RNase 为蛋白质模型，研究了冻干保护剂的功能。在他们的实验中，RNase 溶液在 pH 为 3 ~ 10 的磷酸盐缓冲溶液中制备。在没有冻干保护剂的情况下，冻干 RNase 在 45℃时以共价键的形式发生变性。对 RNase 的冷冻干燥来说，Ficoll 70（水溶性聚蔗糖）是一种有效的冻干保护剂。磷酸盐溶液浓度的增加对蛋白质活性有消极影响，因为蛋白质分子是由重金属离子聚合而成。冻干产品中剩余水分的增加、缓冲溶液浓度的增加以及包装瓶中滞留的空气都会增加蛋白质的失活和变性。

葛宇研究了海藻糖对铜锌超氧化物歧化酶（Cropper-Zinc Superoxide Dismutase，Cu/Zn SOD）[220] 的保护作用，为做对比他们还研究了不同碳水化合物对 Cu/Zn SOD 活性的影响。结果表明，与其他碳水化合物相比，海藻糖具有最好的保护性能，而且该研究还确定了海藻糖的最佳用量为 5% ~ 10%（w/v）。他们还发现添加海藻糖作为保护剂可使冻干的 Cu/Zn SOD 的活性保持在 100% 的水平。葛宇还研究了 4 种典型缓冲液，即三羟甲基氨基甲烷 – 盐酸溶液［tris（hydroxymethyl）aminomethane，Tris-HCl］、磷酸盐缓冲溶液（phosphate-buffered saline solution，PBS）、硼酸钠缓冲液和 Na_2HPO_4– 柠檬酸对 Cu/Zn SOD 活性的影响。结果表明，硼酸钠缓冲液和 Na_2HPO_4– 柠檬酸对 SOD 活性有较好的保护作用。

此外，Nail[179] 研究了对乳酸脱氢酶（lactate dehydrogenase）进行冷冻干燥的工艺流程。他们发现过冷度（supercooling）对乳酸脱氢酶（lactate dehydrogenase）

的活性有很大影响，即过冷度越大，活性越小。此外，蔗糖能提高冻干乳酸脱氢酶的活性。甘氨酸本身不是乳酸脱氢酶的保护剂，但蔗糖和甘氨酸按适当比例混合则可以保护乳酸脱氢酶的活性，其机制可能是由于甘氨酸的加入可以提高乳酸脱氢酶的愈伤组织温度，并抑制蔗糖在贮藏过程中的结晶。该实验还发现，Tween80 或人血清白蛋白等表面活性剂有利于提高干乳酸脱氢酶的活性，但过量的表面活性剂（尤其是 Tween80）则不利于乳酸脱氢酶的冷冻干燥。

十、白细胞介素（Interleukin）

细胞因子或生长因子是用来调节细胞增殖和分化的多肽，其中，与免疫相关的细胞因子被称为白细胞介素（interleukin）。白细胞介素 –1（interleukin–1，IL–1）又称为淋巴细胞激活因子，是一种分子量在 12000 ~ 18000 之间的糖蛋白。Byeong 等人 [220] 研究了不同冻干保护剂和缓冲液对冻干 IL–1 受体拮抗剂的玻璃化温度和贮存稳定性的影响。在其实验中，他们以蔗糖、甘露醇和甘氨酸为冻干保护剂，制备了几组样品。结果发现，若在冷冻干燥后立即复水，受体拮抗剂的恢复率可达 100%。如果冻干受体拮抗剂（冷冻保护剂为分别含有 1% 蔗糖、4% 甘露醇和 2% 甘氨酸的磷酸钠溶液）在 40℃ 下保存（冻干样品的玻璃化转变温度为 51℃），其活性损失仍然较大。但当冻干保护剂中的蔗糖浓度增加到 5% 时，冻干的重组人干扰素抗体可在低于玻璃化转变温度的温度下保存较长时间。因此，玻璃化转变温度是保证干燥样品贮存稳定性的必要条件，但不是充分条件。

白细胞介素 –2（interleukin–2，IL–2）是淋巴细胞分泌的一种促进 T 淋巴细胞增殖的细胞因子。Hora 等人研究了人 IL–2[180] 的稳定性。他们发现，当与氨基酸、甘露醇和蔗糖一起使用时，IL–2 对压力非常敏感。当与羟基 –β– 夏丁格糊精（hydroxy–β–schardinger dextrin）一起使用时，IL–2 更稳定，对氧气更敏感。而当与表面活性剂 Tween80 一起使用时，产品的机械稳定性更高。如果羟基 –β– 夏丁格糊精（hydroxy–β–schardinger dextrin）被污染，或者 Tween80 中有水，IL–2 则更容易被氧化。Prestrelski 等人 [221-222] 用红外光谱研究了 pH 和冻干保护剂对 IL–2 稳定性的影响。结果表明，在不添加保护剂的情况下，pH 对酶活性有较大影响。其中，当 pH 为 7 时，IL–2 的分子结构展开。而当 pH < 5 时，IL–2 能保持其天然结构，比在 pH 为 7 时更稳定。此外，冻干保护剂可以改变药物制品的稳定性。该保护剂能在干燥过程中取代水的位置，保护 IL–2 的原有分子结构。玻璃化转变温度较高的冻干保护剂可以提高冻干药物的稳定性，但不能阻止蛋白质分子结构的扩散。Qi[223] 研究了人类白细胞干扰素的冻干保护剂。结

果发现，浓度为 0.8 ~ 1.0% 的人血白蛋白是最好的冻干保护剂，在其作用下干扰素的生物活性 100% 得到了恢复。

第三节　人体细胞的冷冻干燥

一、哺乳动物精子

哺乳动物精子在零上温度（suprazero temperature）下的长期保存是为了节省存储和空间成本以及便于保存样品的运输。这可以通过冷冻干燥精子的样品来实现。虽然冷冻干燥会导致丧失游动能力和膜受损的精子形成，但卵细胞胞浆内单精子注射（intracytoplasmic sperm injection，ICSI）可用于将这种丧失游动能力的精子引入卵母细胞，从而开始受精过程。到目前为止，已经表明改进的冷冻干燥方案能够在 4℃ 下保存染色体完整性和卵母细胞激活因子长达数年之久的时间，并能够在环境温度下保存约 1 个月，这些都确保了在环境温度下运输冻干样品的可能。本节首先简要回顾了哺乳动物精子的冷冻干燥发展历史，然后介绍了一个较为简洁的冷冻干燥方案。

（一）导言

尽管人们对精子保存的兴趣可以追溯到几个世纪前 [224]，但是直到 1949 年才首次实现了精子的可靠冷冻保存。当时，Polge 等人在研究家禽精子时偶然发现了甘油具有冷冻保护特性 [225]，而这一发现最终导致了开发了低温储存公牛精子 [226, 227] 和人类精子 [228] 的成功方法。最初，干冰（在 –78.5℃ 下）被用于冷冻保存和储存精子，尽管这也导致了精子的活力随着储存时间的增加而下降。1963年，这一问题通过将精子储存在液氮（LN2，–196℃）中得以解决 [229]。精子冷冻保存技术的发展极大地促进了人类不育和人工授精的治疗，从而改善了家畜的遗传机制。精子冷冻保存的其他应用还包括：男性癌症患者的生育力保存；濒危物种的保护和遗传多样性的维护；人类疾病基因工程动物模型的储存。同时，尽管不同物种的精子的冷冻保存的成功率差异很大，但目前世界上已经建立了不同物种精子的冷冻保存技术。然而，在某些情况下仍不令人满意 [224, 230, 231]。

虽然哺乳动物精子在 LN_2 中长期保存是目前的首选方法，但出于许多原因，在更高温度（理想情况下是在环境温度）下保存精子的能力是我们更想追求的。这将显著降低样品的储存成本和空间，方便样品的运输，同时降低相关费用，避免样品间的病毒污染风险 [231, 232]。此外，在某些国家，LN_2 的获取并不容易。因此，长期以来人们对细胞的保存方法始终保持着极大的兴趣，尤其是可以在零上温度（suprazero temperature）下保存样品的方法。冷冻干燥技术则代表了这样一种方法，它是通过初级和次级干燥以及两个相变的多步骤过程使样品达到干燥状态。对于初级干燥，首先通过冷却至低于共晶温度将样品从液相转变为固相（冰）。从本质上说，这一步骤导致了水（作为冰）与样品中存在的固体的物理分离。接下来，向样品环境中施加真空，以将水的分压降低到低于三相点（见图 2-1），从而通过直接将其从固体转变为气体（水蒸气）而不再次通过中间液相来去除冷冻水。后一种相变称为升华，理论上可以通过进一步降低压力或向系统供热来实现。比较而言，向系统供热这一方法更加实用，通常用于冷冻干燥实验规程（protocol）中升华冰。为了实现有效的升华，必须在干燥界面或干燥室和冷凝器之间实现水蒸气的浓度梯度，冷凝器处的温度比干燥界面或干燥室中的温度低得多，因此水蒸气迁移到冷凝器并在那里冻结。初级干燥通过去除冻结的未结合水而结束，并根据样品成分产生约 8% ~ 10% 的水分含量。为了确保样品的稳定性，剩余的未冻结的结合水可在次级干燥步骤中通过解吸去除，其中样品在可达到的最低真空下进一步加热以从结合水形成水蒸气。由此产生的样品将有可能储存在环境温度下，并在需要时通过加水进行重组。

关于精子冷冻干燥的早期研究，研究者已经报告了一些令人鼓舞的结果，其中包括用家禽精子[225]和公牛精子[233]进行再水化后，其存活率高达50%。用冷冻干燥的兔子精子顺利产下了12胎幼仔[234]，用冷冻干燥的公牛精子人工授精后也成功怀孕[235, 236]。然而，随后的研究未能再现最初的成功[237-241]，并导致学术界一度丧失对精子冷冻干燥技术的研究兴趣。1998年，当 Wakayama 和 Yanagimachi 证明了他们手中的正常小鼠是从与冷冻干燥精子受精的卵母细胞发育而来时[242]，这一研究终于出现了突破。有趣的是，他们的冷冻干燥方法并无特别之处，在再水合后没有产生有活力的精子。事实上，在他们的研究中，根据红/绿双荧光活力测定，所有再水合的精子都是死的。使用卵细胞胞浆内单精子注射（intracytoplasmic sperm injection，ICSI）将冷冻干燥的精子引入卵母细胞是其成功的关键。显然，他们的结果表明，在细胞培养基中冷冻干燥小鼠的精子足以实现精子 DNA 和卵母细胞激活因子的完整性在4℃下和环境温度下分别可以保存3个月和数周。值得注意的是，在早期的一项研究中，Goto 等人[243]在显微注射由于无冷冻保护剂的冷冻和解冻而死亡的牛精子也报道了类似的结果（即牛幼崽出生至发育）。综上所述，这些研究表明，为了支持个体的全面发育，哺乳动物的精子不需要在传统意义上是可行的，只要它的遗传完整性保持完好无损即可。Wakayama 和 Yanagimachi 的突破性研究重新唤起了人们对冷冻干燥哺乳动物精子的兴趣。

随后，几项研究也报告了不同物种冷冻干燥精子的成功结果。这些物种包括大鼠[242, 244]、仓鼠[245]、兔子[246]、牛[247, 248]、猪[249-251]、马[252]、犬[253]、恒河猴[254] 和人[255, 256] 等。虽然这些研究共同证明了哺乳动物精子的冷冻干燥的可行性，但改进程序的努力仍在进行中。

事实上，研究者的实验已经表明，冷冻干燥的小鼠精子的稳定性可以通过使用简单的含有钙螯合剂如乙二醇四乙酸（ethylene glycol tetraacetic acid，EGTA）和乙二胺四乙酸（Ethylenediaminetetraacetic acid，EDTA）的三羟甲基氨基甲烷［tris（hydroxymethyl）aminomethane，Tris］缓冲冷冻干燥溶液来提高[257, 258]。钙的螯合似乎对抑制破坏 DNA 完整性的核酸内切酶很重要[257, 259]。此外，就染色体完整性和发育潜力而言，微碱性冷冻干燥溶液（pH 8）也被证明优于近中性或酸性（pH 7.4 ~ 6.0）的溶液[260]。此外，研究发现冷冻干燥的结果似乎也受精子成熟状态的影响，即与成熟的附睾精子不同，未成熟的睾丸精子在染色质中缺乏大量的二硫键，这似乎使其细胞核容易受到冷冻干燥相关的压力。然而，未成熟精子可以通过补充二酰胺将其游离硫醇氧化成二硫化物来抵抗这种压力[261]。作为这些改进的结果，冷冻干燥的大鼠精子可以在 4℃下储存长达 5 年，而不会显著降低其支持全面发育的能力[244]。相比之下，冷冻干燥精子在环境温度下的长期储存研究仍未得到令人满意的结果。模型和实验数据都表明，冷冻干燥精子的染色体的完整性在环境温度下储存超过 1 个月时会受到损害[262, 263]。实际上，经过冷冻干燥脱水后，糖和蛋白质包裹的精子核很可能稳定在类似于玻璃的玻璃化状态。然而，如果不将其周围环境稳定在玻璃化状态，就可能不足以支持其在环境温度下长期保存。事实上，据报道，在冷冻干燥溶液中加入海藻糖（一种良好的玻璃化形成剂）后，DNA 完整性得到了改善[251, 264]。总之，目前仍需要进一步的综合研究来实现哺乳动物精子在环境温度下的长期保存。

在下文中，我们基于歧管型冻干机的利用提出了一个冷冻干燥实验规程（protocol）。稍加修改，它应该适用于使用搁板的冷冻干燥机冷冻干燥哺乳动物的精子。

（二）材料

除标准实验室设备和用品外，冷冻干燥还需要下列物品：

①歧管型冷冻干燥机，如 Flexi-Dry（FTS 系统公司，纽约州 Stoner Ridge 12484）和 FreeZone 77530-00（美国密苏里州 Kansas 城 Labconco 公司）。注：出

于研究目的，搁板冷冻干燥机可能更好，因为它可以更精确地控制不同的参数，如保持温度以及初级和次级干燥期间的加热，并避免达到基质的崩塌温度等。

②长颈硼硅酸盐玻璃安瓿瓶（如美国新泽西州 Millville Wheaton W651506）。这些玻璃安瓿瓶可以预先高压灭菌或加热灭菌，其中，带有条形码的预刻安瓿可能有助于样本库存的无错维护。

③用于火焰密封的空气/气体火炬。

④含有钙螯合剂的 Tris 缓冲冷冻干燥溶液。其中，两种最常用的冷冻干燥溶液是（1）含有 1mmol/L 乙二胺四乙酸（Ethylene Diamine Tetraacetic Acid，EDTA）（pH 8）的 10mmol/L 三羟甲基氨基甲烷 – 盐酸溶液（tris（hydroxymethyl）aminomethane，Tris–HCl）和（2）含有 50mmol/L NaCl 和 50mmol/L 乙二醇双（2-氨基乙基醚）四乙酸（Ethylenebis（oxyethylenenitrilo）tetraacetic acid，EGTA）（pH=8）的 10mmol/L Tris–HCl。我们建议选择其中一种溶液，并在超纯水中制备其浓缩的两倍原液。接下来，可以将其 pH 调节至 8，然后通过加入超纯水稀释至 1 倍溶液。使用 $0.22\mu m$ 过滤器灭菌后，最终溶液在环境温度或 4℃下稳定。

（三）方法

1. 冷冻干燥

①完整的特定物种的精子收集步骤。以下包括为了冷冻干燥准备小鼠精子的步骤，不同物种的有活力的精子可以通过不连续的佩尔科尔密度梯度（Percoll density gradient）[265] 或类似的梯度系统 [247] 进行分离。或者，可以将一份液化的精液样本转移到含有 1mL 冻干溶液的 1.5mL 显微离心管的底部，然后在 37℃孵育 10min 进行分散。接下来，可以小心地将含有有活力的精子的冷冻干燥溶液的上层部分抽吸并分配到冷冻干燥玻璃安瓿瓶中 [255]。这样有助于测定分离出的有活力的精子的浓度，并将其调节到 0.5×10^5 个精子 /mL，然后将其分配到玻璃安瓿瓶中。

②无菌解剖两个附睾尾，并将它们放入空的无菌培养皿中。

③在立体显微镜下用 30-G 针头轻轻刺穿附睾尾，并将其转移到含有 1mL 冻干溶液的 1.5mL 显微离心管的底部（注意：为了防止附睾尾和精子的蒸发干燥，在这一步快速工作是很重要的。此外，在此步骤和整个过程中，只能使用无菌的溶液、工具和用品）。

④将显微离心管在 37℃孵育 10min，以分散精子。

⑤小心地吸出顶部的 0.8mL 精子悬浮液，并以 $100\mu L$ 等份分配到无菌玻璃安瓿瓶中。

⑥打开冻干机，根据冻干机的规格为冷冻干燥过程做好准备。

⑦将装有100μL精子悬浮液的玻璃安瓿部分浸入液氮中30～60s，以冷冻精子样品。

⑧将每个安瓿瓶快速连接到歧管冷冻干燥机上。

⑨在约0.03mbar（0.003kPa）的真空压力下冷冻干燥精子样品4h。

⑩冷冻干燥后，在真空（0.03mbar）下用气枪火焰密封每个安瓿瓶。

⑪将密封的安瓿瓶在4℃置于暗处储存，以避免任何潜在的光诱导损伤（冷冻干燥的精子样品可以在环境温度下运输和储存长达几周，而没有任何明显的副作用）。

2. 卵胞浆内单精子注射（ICSI）用冷冻干燥精子的在水合和制备

①打开安瓿瓶，最好在层流罩下，通过加入100μL无菌超纯水来再水合精子。

②抽吸5μL精子悬液，并将其与一小滴（20～30μL）含有12%（w/v）聚乙烯吡咯烷酮（polyvinylpyrrolidone，PVP，摩尔质量360000；ICN制药公司）的4-（2-羟乙基）-1-哌嗪乙磺酸［4-（2-hydroxyethyl）-1-piperazineethanesulfonic acid，HEPES］缓冲培养基（如HEPES-CZB）混合。

③对于ICSI，只选择形态正常的精子。在进行卵胞浆内单精子注射之前，重要的是在另一滴含12%PVP的HEPES缓冲培养基中清洗精子，以尽量减少钙螯合剂（即EGTA或EDTA）进入卵母细胞的细胞质中，因为它可能干扰显微注射卵母细胞的正常激活。

二、脱细胞心脏瓣膜组织

脱细胞去异种抗原猪肺动脉瓣组织可用作心脏瓣膜功能障碍患者的基质植入物。脱细胞组织（decellularized tissue）是由细胞外基质成分组成的生物支架。生物支架与天然组织的性质非常相似，但缺乏细胞成分的免疫原性因子。因此，在医学上需要储存脱细胞心脏瓣膜支架，以便随时可用。支架可以通过冷冻保存或冷冻干燥处理而储存在低于零度的温度下。冷冻干燥的优点是它还允许在室温下长期储存。本节概述了从脱细胞到冷冻干燥以获得干燥的脱细胞猪心脏瓣膜支架的整个过程。此外，还描述了一种标准的组织学方法来评估再水合后的组织结构。

（一）导言

和瓣膜（valve）相关的疾病会导致向前血流减少，从而限制了人体组织的氧合作用。而医学上，可以用心脏瓣膜基质植入物来替换衰竭的心脏瓣膜，而这些心脏瓣膜植入物则可以使用脱细胞方法生产[266-268]。脱细胞（decellularization）是指去除细胞和细胞残余物，同时留下由细胞外基质成分组成的生物支架材料，这样所获得的细胞外基质非常类似于天然组织的性质，但没有导致患者免疫反应的细胞成分的免疫原性因子。细胞外心脏瓣膜小叶基质的成分主要是胶原蛋白、弹性蛋白和蛋白聚糖，其中胶原蛋白是最丰富的蛋白质（约占干重的60%[269]）。在生物样本库设施中储存着脱细胞心脏瓣膜支架，就可以在需要时随时获得样本。

组织支架可以在降低的零上温度（suprazero temperature）下储存（即在标准冰箱中即可）。这可以通过将组织储存在高浓度甘油[270]或蔗糖[271]溶液中来实现。或者，它们也可以通过玻璃化低温保存[272]或冷冻干燥[273]。冷冻干燥的优点是允许其在干燥状态下储存，使储存和运输更容易。冷冻干燥过程包括冷冻和干燥两个步骤。其中，干燥过程又分为一次干燥步骤和二次干燥步骤。在初步干燥过程中，可冻结的水有一部分在减压下通过升华从冷冻材料中除去。在第二次干燥过程中，那些未冻结的水则通过解吸被除去，其所产生的含水量通常小于3%（w/w）的产品。这是一个较慢的过程，需要较高的温度。需要注意的是，冷冻干燥过程对大多数生物材料都具有一定破坏性，均需要蔗糖等保护性添加剂来稳定生物分子的结构和功能。蔗糖和其他二糖通过取代通常意义上的氢键结合的水[274]和形成稳定的玻璃态[275]来保护生物分子。另外，还要注意在整个冷冻干燥过程中，应使产品保持玻璃态。

实际上，如果可以克服冷冻干燥对细胞的破坏性这一不良影响，那么冷冻干燥将会是脱细胞组织生物样本库的优选方法。

（二）材料

1. 心脏瓣膜的脱细胞和冷冻干燥

①布劳诺尔消毒液（Braunol disinfection solution）（7.5%聚维酮碘）。

②脱细胞溶液：0.5%（w/v）脱氧胆酸钠和0.5%（w/v）十二烷基硫酸钠（sodium dodecyl sulfate，SDS），溶解在过滤灭菌水中。

③磷酸盐缓冲溶液（phosphate-buffered saline solution，PBS）：mmol/L NaCl，27mM KCl，10mmol/L Na_2HPO_4，1.8mmol/L KH_2PO_4，pH 7.4。

④PBS+：添加了1%（w/v）青霉素（penicillin）/链霉素（streptomycin）、1%（w/v）多烯类抗生素帕曲星（partricin）和1%（w/v）庆大霉素（gentamicin）的PBS。

⑤脱细胞和洗涤过程中持续摇动的摇动培养箱（shaking incubator）。

⑥冻干保护剂和冻干介质。a.PBS/蔗糖：PBS中5%（*w/v*）的蔗糖。准备100mL，用0.22μm过滤器过滤–灭菌，并在4℃保存直至使用；b.PBS/蔗糖/HES：PBS中2.5%（*w/v*）蔗糖和2.5%（*w/v*）羟乙基淀粉（Hydroxyethyl starch，HES）。准备100mL，用0.22μm过滤器过滤–灭菌，并在4℃保存直至使用。

⑦水浴或培养箱，用于在高温（37℃）下将保护剂装入支架。

⑧冷冻干燥机，最好使用带有温控搁板和室压控制的冷冻干燥机系统。不过冷冻干燥也可以用更简单的台式多支管冷冻干燥系统来完成，该系统没有温度控制搁板或操作室压力控制。在这种情况下，可以通过将样品放在零下80℃的冰箱中进行冷冻。冷冻样品可以在干冰上运输到冷冻干燥机，以避免样品解冻。

2. 组织结构的组织学评估

①用于组织标本固定的福尔马林（3.5% *v/v*）溶液。

②乙醇（70、75、80、85、90、95和100% *v/v*蒸馏水溶液）、异丙醇（100%）和Roticlear（德国卡尔斯鲁厄卡尔罗斯有限公司）用于组织标本脱水，液体石蜡用于包埋。

③徕卡（Leica TP 1020）自动组织处理器（Leica，Wetzlar，德国），用于随着酒精浓度的增加和最终包埋在液体石蜡中对组织样品进行脱水。

④用于制备组织切片的切片机（如德国Wetzlar徕卡的Reichert–Jung 2040自动切片机）。

⑤科尔比特–香脂封片剂（Corbit–Balsam mounting medium）（德国汉堡赫克特）。

⑥苏木精–伊红染色液（Hematoxylin–eosin staining solution，H&E）。注意使用前要先过滤溶液。

（三）方法

1. 心脏瓣膜的准备和去细胞化

①从当地屠宰场获得猪心，并从心脏中解剖心脏瓣膜。

②通过在布劳诺溶液（Braunol disinfection solution）中孵育5 min进行消毒，然后通过在PBS+中孵育20 min移除该溶液。

③在室温下将组织放入脱细胞溶液中两次，每次1h，同时持续摇动溶液。

④用蒸馏水洗涤两次，每次12h，除去洗涤剂。

⑤将组织转移到PBS+中，在室温下孵育5天，同时每12h连续摇动并更换溶液（注意这一步骤是为了去除组织中残留的洗涤剂，残留的洗涤剂可能会抑制体内细胞的再生）。

⑥将脱细胞组织储存在 4℃的 PBS+ 中，直到下一步处理。猪肺动脉瓣导管质量通过脱细胞程序减少。

2. 用冻干保护剂加载脱细胞心脏瓣膜组织并冷冻干燥

①将脱细胞的心脏瓣膜组织在冷冻干燥介质 / 冻干保护剂溶液 ［PBS/ 蔗糖或 PBS/ 蔗糖 / 羟乙基淀粉（HES）］中于 37℃孵育 4h。用蔗糖装载猪心脏瓣膜组织不需要 4h[273]。应该注意的是，HES 或其他聚合物在组织中的扩散明显较慢。因此，如果使用配方 HES 或其他聚合物，应增加孵育时间（即 8 ~ 24h）。

②将瓣膜组织转移到一打开的容器（即培养皿）中，并放在冷冻干燥机的搁板上，搁板温度设置为 20℃。

③启动冷冻干燥程序：a. 通过以 1℃ /min 的冷却速度冷却搁板来冷冻样品，直到搁板温度达到 –40℃，并在 –40℃下保持 3h；b. 以 1℃ /min 的速度将搁板温度提高到 –30℃。c. 对于初级干燥，将室压降至 60mTorr，同时保持货架温度在 –30℃，并干燥 16h（其中，初级干燥阶段的结束可以通过压力上升测试来检测。在此过程中，冷凝器和干燥室之间的阀门关闭。阀门关闭后压力增加表明并非所有的冷冻水都已蒸发）。d. 对于二次干燥，以 0.1℃ /min 的速度将搁板温度从 –30℃提高至 20℃，同时将压力保持在 60mTorr。达到 20℃后，再干燥 6 ~ 9h。进行二次干燥，以去除样品中未冻结的水。样品的含水量取决于二次干燥循环中选择的搁板末端温度。如果需要较低的水含量，搁板的末端温度可以升高到较高的末端温度（即 40℃）。

④冷冻干燥后，将干燥的瓣膜组织转移到干燥环境或用真空密封器密封，并在室温下储存。大多数冷冻干燥系统都有一个加塞装置，可以在真空下密封样品。目前没有合适的商业容器（小瓶 + 塞子）可用于心脏瓣膜的冷冻干燥。然而，适用于心脏瓣膜冷冻干燥的容器可以被构造成允许在真空下密封样品。或者，使用真空密封器也可用于密封冻干样品。注意在任何情况下，样品都应储存在干燥的环境中（即使用干燥剂）。样品可以储存在室温、标准冰箱或 –20℃冰箱中。

⑤将干燥的瓣膜组织在蒸馏水中再水合至少 1h。期间水可以用淡水替换几次，以去除保护剂。然而，蔗糖和 HES 是无毒的保护剂，在移植前不需要完全去除。

3. 组织分析

①组织结构学检查前，在室温下将干燥的瓣膜组织在水中再水合至少 1h。

②室温下在福尔马林溶液中孵育 24h，以固定水合瓣膜组织。

③将组织样品分别转移到蒸馏水（两次）、25% 乙醇（两次）和 50% 乙醇（两

次）中，在每种溶液中保持样品 30 min。

④将组织样本转移到自动组织处理器（或者可以在不同的溶液中手动转移样品）中，通过将样本暴露于乙醇浓度不断增加的乙醇溶液中进行脱水。在乙醇中脱水后，渗入到液体石蜡中。将样品浸入下列溶液中：a.75 % 乙醇，30 min；b.80 % 乙醇，30 min；c.85 % 乙醇，30 min；d.90 % 乙醇，30 min；e.95 % 乙醇，45 min；f.100 % 乙醇，45 min；g. 异丙醇，45 min；h. 异丙醇，45 min；i.Roticlear，45 min；j.Roticlear，45 min；k. 石蜡，6h；l. 石蜡，24h。

⑤将浸有石蜡的组织样品转移到包埋模板中，并将更多的热石蜡（60℃）倒在样品上。在冷盘（-10℃）上冷却石蜡块。

⑥使用手动旋转切片机制作 10μm 厚度的系列切片，然后将切片转移到载玻片上。

⑦在加热的平板（40℃）上干燥和稀释样品数小时。

⑧为了从切片中去除石蜡，首先将载玻片在 60℃ 孵育 30 min。为了再水合样品，将载玻片在室温下进行以下孵育：a. 二甲苯，10 min；b. 二甲苯，10 min；c.100 % 乙醇，2 min；d.90 % 乙醇，2 min；e.80 % 乙醇，2 min；f.70 % 乙醇，2 min；g. 蒸馏水，0.5 min。

⑨用苏木精 - 伊红染色溶液对载玻片进行染色，以观察细胞核和一般组织结构。苏木精呈深蓝紫色，非特异性地对蛋白质进行染色。在典型的组织中，细胞核被染成蓝色，而细胞质和细胞外基质被染成不同程度的粉红色。a. 在苏木精溶液中孵育载玻片 8 min，然后在流动自来水下洗涤 10 min；b. 在伊红溶液中孵育载玻片 5 min。c. 将载玻片在 80% 和 90 % 乙醇中孵育，每次 2 min；d. 将载玻片在二甲苯中孵育两次，每次 5min。e. 最后，将样品封存在封片剂中。

⑩使用光学显微镜检查样品。苏木精 - 伊红（H&E）染色可用于研究天然和脱细胞组织的整体组织结构。在脱细胞标本中，暗紫色染色细胞核显著减少。

参考文献

[1] Rey L，May J C. Freeze-drying/lyophilization of pharmaceutical and biological products [M]. New York：Marcel Dekker Inc.，2004.

[2] Hua T C. New technology of freeze-drying.Science Press [M]，Beijing，2006.

[3] Lu B. New dosage form and technology of pharmaceuticals [M]. People's

Medical Publishing House, Beijing, 2000.

[4] Xlao H H, Li J, Hua T C. Research on freeze-dryingofthe nucleated cell ofhuman cord blood [J]. Chinese Journal of Cell Biology, 2003, 25（6）: 389-393.

[5] Xiao H H, Hua T C, Li J, et al. Freeze-drying ofmononuclear cells and whole blood ofhuman cord blood [J]. CryoLetters, 2004, 25（2）: 111-120

[6] Li J, Hua T C, Gu X L, et al. Morphological study of freeze-drying mononuclear cells of human cord blood [J]. CryoLetters, 2005, 26（3）: 193-200.

[7] Deluca P P. Fundamentals of freeze-drying pharmaceuticals in Fundamentals and Applications of Freeze-Drying to Biological Materials, Drugs and Foodstuffs [M], International Institute of Refrigeration, Commission CI, Tokyo, 1985, pp.79-85.

[8] Mackenzie A P. A current understanding of the freeze-drying of representative aqueous solutions, in Refrigeration Science and Technology : Fundamentals and Applications of Freeze-Drying to Biological Materials, Drugs, and Foodstuffs （International Institute of Refrigeration, ed.）[M], International Institute of Refrigeration. Paris, 1985, pp.21-34

[9] Willemer H. Additional Independent process control by process sampling for sensitive biomedical products, in International du Froid, Vol. C [M]. International Institute of Refrigeration, XV-II Congress, Wien, 1987, pp.146-152.

[10] Willemer H. Freeze-drying and advanced technology, in Fundamentals and Applications of Freeze-Drying to Biological Materials, Drugs, and Foodstuffs [M], International Institute of Refrigeration, Commission, CI, Tokyo, 1985, pp.201-207.

[11] Rey L R. Principes g é n é raux de la lyophilisation et humidité résiduelle des produits lyophilis é s, Publications de la Sociedad Espanola de Farmacotecnica, [M] Barcelona, 1963.

[12] Franks F. Freeze drying : from empiricism to predictability[J]. Cryo-Lett., 1990, 11: 93-110.

[13] Meryman, H T. Freeze-drying, in Cryobiology（Meryman, H. T., ed.）[M], Academic, London, 1966, pp.609-663.

[14] Mackey B M. Lethal and sublethal effects of refrigeration, freezing and freeze-drying on micro-organisms [C]. Society for Applied Bacteriology symposium series. 1984, （12）: 45-75.

[15] Crowe J H, Carpenter J F, Crowe L M, et al. Are freezing and dehydration

similar stress vectors? A comparison of modes of interaction of stabilizing solutes with biomolecules [J]. Cryobiology, 1990, 27（3）: 219-231.

[16] Rudge, R H. Maintenance of bacteria by freeze-drying, in Maintenance of Macro-Organisms and Cultured Cells : A Manual of Laboratory Methods, 2d ed [M]. （Kirsop, B. E. and Doyle, A., eds.）, Academic, London, 1991, pp.31-44.

[17] Morichi T, Irie R, Yano N, et al. Protective effect of organic and related compounds on bacterial cells during freeze-drying [J]. Agric.Biol.Chem., 1965, 29, 61-65.

[18] Gehrke H H, Kritzfeld R, Deckwer W D. Gefriertrocknen von Mikro-organismen.I. Experimentelle Methoden und typische Ergebnisse [J]. Chem.Ing. Tech. 1990.

[19] Israeli E, Shaffer B T, Lighthart B. Protection of freeze-dried Escherichia coli by trehalose upon exposure to environmental conditions [J]. Cryobiology, 1993, 30, 510-523.

[20] Lapage S P, Shelton J E, Mitschell T G, et al. Culture collections and the preservation of bacteria, in Methods in Microbiology, vol. 3A（Norris, J. R. and Ribbons, D. W., eds.）[M], Academic, London, 1970, pp.135-228.

[21] Alexander M, Daggatt P M, Gherna R, et al. American Type Culture Collection Methods 1. Laboratory Manual on Preserva- tion Freezing and Freeze-Drying : As Applied to Algae, Bacteria, Fungi and Proto- zoa（Hatt, H., ed.）[M], American Type Culture Collection, Rockville, MD, 1980, pp.3-45.

[22] Kirsop, B E. Maintenance of yeasts, in Maintenance of Microorganisms : A Manual of Laboratory Methods（Kirsop, B. E. and Snell, J J. S., eds）[M], Academic, London, 1984, pp.109-130.

[23] TSUBOUCHI, J. TAKADA, N. Sporobolomyces odorus no touketsu narabini kansou [J]. Jpn.J. Freezing Drying, 1974, 20: 24-28.

[24] Kabatov A I, Nikonov B A, Sventitskii E N, et al. Working out the means of recreating the biological activity of Saccharomyces cerevisiae yeast at sublimation drying [J]. Biotekhnologiya, 1991, 1: 45-46.

[25] Pitombo R N M, Spring C, Passos R F, et al. Effect of moisture content on the interface activity of freeze-dried scerevisiae [J]. Cryobiology, 1994, 31: 383-392.

[26] Lodato P, Segovia De Huergo M, Buera M P. Viability and thermal stability of

a strain of Saccharomyces cerevisiae freeze-dried in different sugar and polymer matrices [J]. Appl.Microbiol.Biotechnol, 1999, 52: 215-220.

[27] Rakotozafy H, Louka N, Therisod H, et al. Drying of baker's yeast by a new method : dehydration by successive pressure drops (DDS) . Effect on cell survival and enzymatic activities [J]. Drying Technol, 2000, 18: 2253-2271.

[28] Smith D, Onions A H S. The Preservation and Maintenance of Living Fungi [M]. Wallingford, UK, CAB Mycological Institute, 1983.

[29] Raper, K B, Alexander D F. Preservation of moulds by the lyophil process [J]. Mycologia, 1945, 37: 499-525.

[30] Heckly R J. Preservation of microorganisms [J]. Adv.Appl.Microbial. 1978, 24: 1-53.

[31] Jong S C, Levy A, Stevenson R E. Life expectancy of freeze-dried fungus cultures stored at 4 ℃, in Proceedings of the Fourth International Confer- ence on Culture Collections (Kocur, M. and dasilva, E., eds.), World Federation of Culture Collections [M], London, 1984, pp.125-136.

[32] Von Arx J A, Schipper M A A. The CBS fungus collection Adv [J]. Appl. Microbial. 1978, 24: 215-236.

[33] Smith, D. The Evaluation and Development of Techniques for the Preser- vation of Living Fungi [M]. Thesis submitted to London University for the degree of Doctor of Philosophy. 1986.

[34] SMITH D. KOLKOWSKI J. In Preservation and Maintenance of Cultures Used in Biotechnology and Industry [M], Butterworth, Stoneham, MA, 1992.

[35] Jennings T. Lyophilization : introduction and basic principles. CRC, Washington, DC, 2002.

[36] Roy M L, Pikal M J. Process control in freeze drying : determination of the end point of sublimation drying by an electronic moisture sensor [J]. J Parenter Sci Technol, 1989, 43: 60-66.

[37] Searles J A, Carpenter J F, Randolph T W. The ice nucleation temperature determines the primary drying rate of lyophilization for samples frozen on a temperature-controlled shelf [J]. J Pharm Sci, 2001, 90: 860-871.

[38] Fonseca F, Passot S, Cunin O, et al. Collapse temperature of freeze-dried Lactobacillus bulgaricus suspensions and protective media [J]. Biotechnol Prog, 2004,

20: 229–238.

[39] Fonseca F, Passot S, Lieben P, et al. Collapse temperature of bacterial suspensions : the effect of cell type and concentration [J]. Cryo Letters, 2004, 25: 425–434.

[40] Passot S, Cenard S, Douania I, et al. Critical water activity and amorphous state for optimal preservation of lyophilised lactic acid bacteria [J]. Food Chem, 2012, 132: 1699–1705.

[41] Font De Valdez G, Savoy De Giori G, Pesce De Ruiz Holgado A, et al. Comparative study of the efficiency of some additives in protecting lactic acid bacteria against freeze- drying [J]. Cryobiology, 1983, 20: 560–566.

[42] Miyamoto-Shinohara Y, Sukenobe J, Imaizumi T, et al. Survival curves for microbial species stored by freeze-drying [J]. Cryobiology, 2006, 52: 27–32.

[43] Crowe J H, Crowe L M, Carpenter J F, et al. Interactions of sugars with membranes [J]. Biochim Biophys Acta, 1988, 947: 367–384.

[44] Crowe J H, Crowe L M, Carpenter J F. Preserving dry biomaterials : the water replacement hypothesis, part 1 [J]. Biopharmacology, 1993, 6: 28–33.

[45] Leslie S B, Israeli E, Lighthart B, et al. Trehalose and sucrose protect both membranes and proteins in intact bacteria during drying [J]. Appl Environ Microbiol, 1995, 61: 3592–3597.

[46] Carvalho A S, Silva J, Ho P, et al. Relevant factors for the preparation of freeze-dried lactic acid bacteria [J]. Int Dairy J, 2004, 14: 835–847.

[47] Kurtmann L, Carlsen C U, Skibsted L H, et al. Water activity-temperature state diagrams of freeze-dried Lactobacillus acidophilus (La-5): infl uence of physical state on bacterial survival during storage [J]. Biotechnol Prog, 2009, 25: 265–270.

[48] Castro Hp, Teixeira Pm, Kirby R. Storage of lyophilized cultures of Lactobacillus bulgaricus under different relative humidities and atmospheres [J]. Appl Microbiol Biotechnol, 1995, 44: 172–176.

[49] Champagne C P, Gardner N, Brochu E, et al. The freeze-drying of lactic acid bacteria. A review [J]. Can Inst Food Sci Technol, 1991, 24: 118–128.

[50] Meng X C, Stanton C, Fitzgerald G F, et al. Anhydrobiotics : the challenges of drying probiotic cultures [J]. Food Chem, 2008, 106: 1406–1416.

[51] Tymczyszyn E E, Sosa N, Gerbino E, et al. Effect of physical properties on

the stability of Lactobacillus bulgaricus in a freeze-dried galacto-oligosaccharides matrix [J]. Int J Food Microbiol, 2012, 155: 217-221.

[52] Santivarangkna C, Aschenbrenner M, Kulozik U, et al. Role of glassy state on stabilities of freeze-dried probiotics [J]. J Food Sci, 2011, 76: R152-R156.

[53] Santivarangkna C, Kulozik U, Foerst P. Effect of carbohydrates on the survival of Lactobacillus helveticus during vacuum drying [J]. Lett Appl Microbiol, 2006, 42: 271-276.

[54] Castro H P, Teixeira P M, Kirby R. Changes in the cell membrane of Lactobacillus bulgaricus during storage following freeze- drying [J]. Biotechnol Lett, 1996, 18: 99-104.

[55] Teixeira P, Castro H, Kirby R. Evidence of membrane lipid oxidation of spray-dried Lactobacillus bulgaricus during storage [J]. Lett Appl Microbiol, 1996, 22: 34-38.

[56] Schoug A, Olsson J, Carlfors J, et al. Freeze-drying of Lactobacillus coryniformis Si3: effects of sucrose concentration, cell density, and freezing rate on cell survival and thermophysical properties [J]. Cryobiology, 2006, 53: 119-127.

[57] Zhang J, Du G C, Zhang Y P, et al. Glutathione protects Lactobacillus sanfranciscensis against freeze- thawing, freeze-drying, and cold treatment [J]. Appl Environ Microbiol, 2010, 76: 2989-2996.

[58] Guo Y. Bio-pharmaceutical Technology [M]. China Light Industry Press, Beijing, 2000.

[59] Wang P S, Wang Y M. Status and development of biopharmaceutical industry in the world [J]. Chinese Journal of Fine and Specialty Chemicals, 2003,(5): 8-9;(6): 8-11.

[60] Llu Z J, Hua T C. The denaturation mechanism of protein pharmaceuticals in freeze-drying process [J]. Chinese Journal of Biochemical Pharmaceutics, 2000, 21 (5): 263-265.

[61] Cromwell M E M, Hilario E, Jacobson F. Protein aggregation and bioprocessing [J]. AAPS J, 2006, 8: E572-E579.

[62] Wang W. Lyophilization and development of solid protein pharmaceuticals [J]. Int. J. Pharm, 2000, 203: 1-60.

[63] Carpenter J F, Chang B S, Garzonrodriguez W, et al. Rational design of

stable lyophilized protein formulations : theory and practice. In : Rationale Design of Stable Protein Formulations – Theory and Practice (ed. J.F. Carpenter and M.C. Manning) [M]，2002，109–133. New York : Kluwer Academic/Plenum Publishers.

[64] Carpenter J F，Pikal M J，Chang B S，et al. Rational design of stable lyophilized protein formulations : some practical advice [J]. Pharm. Res. 1997，14：969–975.

[65] Frauenfelder H，Chen G，Berendzen J，et al. A unified model of protein dynamics [J]. PNAS，2009，106：5129–5134.

[66] Manning M C，Chou D K，Murphy B M，et al. Stability of protein pharmaceuticals : an update [J]. Pharm. Res，2010，27：544–575.

[67] Timasheff S N. Control of protein stability and reactions by weakly interacting cosolvents : the simplicity of the complicated [J]. Adv. Protein Chem. 1998，51：355–432.

[68] Alison S D，Dong A，Carpenter J F. Counteracting effects of thiocyanate and sucrose on chymotrypsinogen secondary structure and aggregation during freezing, drying and rehydration [J]. Biophys. J. 1996，71：2022–2032.

[69] Grasmeijer N，Stankovic M，De Waard H，et al. Unravelling protein stabilization mechanisms : vitrification and water replacement in a glass transition temperature controlled system [J]. Biochim. Biophys. Acta，2013，1834：763–769.

[70] Cicerone M T，Pikal M J，Qian K K. Stabilization of proteins in solid form [J]. Adv. Drug Delivery Rev. 2015，93：14–24.

[71] Cicerone M T，Douglas J F. Relaxation governs protein stability in sugar glass matrices [J]. Soft Matter. 2012，8：2983–2991.

[72] Martins S I F S，Jongen W M F，Van Boekel M A J S. A review of Maillard reaction in food and implications to kinetic modelling [J]. Trends Food Sci. Technol. 2001，11：364–373.

[73] Philo，J S，Arakawa T. Mechanisms of protein aggregation [J]. Curr. Pharm. Biotechnol. 2009，10：348–351.

[74] Wang W，Singh S K，Li N，et al. Immunogenicity of protein aggregates – concerns and realities [J]. Int. J. Pharm. 2012，431：1–11.

[75] Ohrem H L，Schornick E，Kalivoda A，et al. Why is mannitol becoming more and more popular as a pharmaceutical excipient in solid dosage forms [J]? Pharm. Dev.

Technol. 2014，19：257–262.

[76] Cao W，Xie Y，Krishnan S，et al. Influence of process conditions on the crystallization and transition of metastable mannitol forms in protein formulation during lyophilisation [J]. Pharm. Res. 2013，30：131–139.

[77] Fosgerau K，Hoffmann T. Peptide therapeutics：current status and future directions [J]. Drug Discovery Today，2015，20：122–128.

[78] Craik D J，Fairlie D P，Liras S，et al. The future of peptidebased drugs [J]. Chem. Biol. Drug Res. 2013，81：136–147.

[79] Antosova Z，Mackova M，Kral V，et al. Therapeutic application of peptides and proteins：parenteral forever [J]. Trends Biotechnol. 2009，27：628–635.

[80] Fang W，Qi W，Kinzell J，et al. Effects of excipients on the chemical and physical stability of glucagon during freezedrying and storage in dried formulations [J]. Pharm. Res. 2012，29：3278–3291.

[81] Srinivasan C，Siddiqui A，Korangyeboah M，et al. Stability characterization and appearance of particulates in a lyophilized formulation of a model peptide hormonehuman secretin [J]. Int. J. Pharm. 2015，481：104–113.

[82] Wanning S，S ü verkr ü p R，Lamprecht Λ. Pharmaceutical spray freeze drying [J]. Int. J. Pharm. 2015，488：136–153.

[83] Depaz R A，Pansare S，Patel S M. Freezedrying above the glass transition temperature in amorphous protein formulations while maintaining product quality and improving process efficiency [J]. J. Pharm. Sci. 2016，105：40–49.

[84] Katz J S，Tan Y，Kuppannan K，et al. Aminoacidincorporating nonionic surfactants for stabilization of protein pharmaceutics [J]. ACS Biomater. Sci. Eng. 2016，2：1093–1096.

[85] Tonnis W F，Mensink M A，De Jager A，et al. Size and molecular flexibility of sugars determine the storage stability of freezedried proteins [J]. Mol. Pharm. 2015，12：684–694.

[86] Fonte P，Andrade F，Azevedo C，et al. Effect of the freezing step in the stability and bioactivity of proteinloaded PLGA nanoparticles upon lyophilisation [J]. Pharm. 2016，Res. 33：2777–2793.

[87] Lipiäinen T，Peltoniemi M，Sarkhel S，et al. Formulation and stability of cytokine therapeutics [J]. J. Pharm. Sci. 2015，104：307–326.

[88] Pisano R, Rasetto V, Barresi A A, et al. Freezedrying of enzymes in case of waterbinding and nonwaterbinding substrates [J]. Eur. J. Pharm. Biopharm. 2013, 85: 974-983.

[89] Ó' fágáin C, Collition K. Storage and lyophilization of pure proteins. In : Protein Chromatography : Methods and Protocols, Methods in Molecular Biology (ed. D. Walls and S.T. Loughran) [M], 2017, 159-190. New York : Springer Science + Business Media.

[90] Yoshioka S, Miyazaki T, Aso Y. Relaxation of insulin molecule in lyophilized formulations containing trehalose or dextran as a determinant of chemical reactivity [J]. Pharm. Res. 2006, 23: 961-966.

[91] GEIDOBLER R. WINTER G. Controlled ice nucleation in the field of freeze drying : fundamentals and technology review [J]. Eur. J. Pharm. Biopharm. 2013, 85: 214-222.

[92] Overhoff K A, Johnston K P, Tam, et al. Use of thin film freezing to enable drug delivery : a review [J]. J. Drug Delivery Sci. Technol. 2009, 19: 89-98.

[93] Hawe A, Frie W. Impact of freezing procedure and annealing on the physicochemical properties and the formation of mannitol hydrate in mannitolsucrose NaCl formulations [J]. Eur. J. Pharm. Biopharm. 2006, 64: 316-325.

[94] Webb S D, Cleland J L, Carpenter J F, et al. Effects of annealing lyophilized and spraylyophilized formulations of recombinant human interferon [J]. J. Pharm. Sci. 2003, 92: 715-729.

[95] Grohganz H, Lee Y, Rantanen J, et al. The influence of lysozyme on mannitol polymorphism in freezedried and spraydried formulations depends on the selection of the drying process [J]. Int. J. Pharm. 2013, 447: 224-230.

[96] Truongle V, Lovalenti P M, Abdulfattah A M. Stabilization challenges and formulation strategies associated with oral biologic drug delivery systems [J]. Adv. Drug Delivery Rev. 2015, 93: 95-108.

[97] Fonte P, Reis S, Sarmento B. Facts and evidences on the lyophilisation of polymeric nanoparticles for drug delivery [J]. J. Controlled Release, 2016, 225: 75-86.

[98] Fonte P, Soares S, Sousa F, et al. Stability study perspective of the effect of freezedrying using cryoprotectants on the structure of insulin loaded into PLGA nanoparticles [J]. Biomacromolecules, 2014, 15: 3753-3765.

[99] Varshosaz J, Eskandari S, Tabbakhian M. Freezedrying of nanostructured lipid carriers by different carbohydrate polymers used as cryoprotectants [J]. Carbohydr. Polym. 2012, 88: 1157–1163.

[100] Dadparvar M, Wagner S, Wien S, et al. Freezedrying of HIloaded recombinant human serum albumin nanoparticles for improved storage stability [J]. Eur. J. Pharm. Biopharm. 2014, 88: 510–517.

[101] Abdelwahed W, Degobert G, Fessi H. Freezedrying of nanocapsules: impact of annealing on the drying process [J]. Int. J. Pharm. 2006, 324: 74–82.

[102] Niaid, 2017, https: //www.niaid.nih.gov/research/vaccinetypes (accessed 27 January 2017).

[103] Hansen L J J, Daoussi R, Vervaet C, et al. Freezedrying of live virus vaccines: a review [J]. Vaccine, 2015, 33: 5507–5519.

[104] Shah R R; Hassett K J; Brito L A. Overview of vaccine adjuvants: introduction, history, and current status, Chapter 1 Vaccine Adjuvants: Methods and Protocols [M], Method in Molecular Biology, Fox, C.B., Springer Science + Business Media New York. 2017.

[105] Kumru O S, Joshi S B, Smith D E, ct al. Vaccine instability in the cold chain: mechanisms, analysis and formulation strategies [J]. Biologicals, 2014, 42: 237–259.

[106] Amorij J P, Hickriede A, Wilschut J, et al. Development of stable influenza vaccine powder formulations: challenges and possibilities [J]. Pharm. Res. 2008, 25: 1256–1273.

[107] Brandau D T, Jones L S, Wiethoff C M, et al. Thermal stability of vaccines [J]. J. Pharm. Sci. 2003, 92: 218–231.

[108] Morris G J, Acton E. Controlled ice nucleation in cryopreservation – a review [J]. Cryobiology, 2013, 66: 85–92.

[109] Orr M T, Kramer R M, Barnes L V, et al. Elimination of the coldchain dependence of a nanoemulsion adjuvanted vaccine against tuberculosis by lyophilisation [M]. 2014.

[110] Lovalenti P M, Anderl J, Yee L, et al. Stabilization of live attenuated influenza vaccines by freeze drying, spray drying, and foam drying [J]. Pharm. Res. 2016, 33: 1144–1160.

[111] Ibraheem D，Elaissari A，Fessi H. Gene therapy and DNA delivery systems [J]. Int. J. Pharm. 2014，459：70–83.

[112] Xu L，Anchordoquy T. Drug delivery trends in clinical trials and translational medicine：challenges and opportunities in the delivery of nucleic acidbased therapeutics [J]. J. Pharm. Sci. 2011，100：38–52.

[113] Chow M Y T，Lam J K W. Dry powder formulation of plasmid DNA and siRNA for inhalation [J]. Expert Opin. Drug Delivery，2015，21：3854–3866.

[114] Brus C，Kleemann E，Aigner A，et al. Stabilization of oligonucleotide-polyethylenimine complexes by freezedrying：physicochemical and biological characterization [J]. J. Controlled Release，2004，95：119–131.

[115] Molina M C，Armstrong T K，Zhang Y，et al. The stability of lyophilized lipid/DNA complexes during prolonged storage [J]. J. Pharm. Sci. 2004，93：2259–2273.

[116] Yadava P，Gibbs M，Castro C，et al. Effect of lyophilization and freezethawing on the stability of siRNA–liposome complexes [J]. AAPS PharmSciTech，2008，9：335–341.

[117] Furst T，Dakwar G R，Zagato E，et al. Freezedried mucoadhesive polymeric system containing PEGylated lipoplexes：towards a vaginal sustained released system for siRNA [J]. J. Controlled Release，2016，236：68–78.

[118] Tolstyka Z P，Philips H，Cortez M，et al. Trehalosebased block copolycations promote polyplex stabilization for lyophilization and in vivo pDNA delivery [J]. ACS Biomater. Sci. Eng. 2016，2：43–55.

[119] Ali M E，Lamprecht A. Spray freeze drying as an alternative technique for lyophilization of polymeric and lipidbased nanoparticles [J]. Int. J. Pharm. 2017，516：170–177.

[120] DE JESUS M B，ZUHORN. I S. Solid lipid nanoparticles as nucleic acid delivery system：properties and molecular mechanisms [J]. J. Control. Release，2015，201：1–13.

[121] Merkel O M，Rubinstein I，Kissel T. siRNA delivery to the lung：what's new [J]? Adv. Drug Delivery Rev. 2014，75：112–128.

[122] Seville P C，Kellaway I W，Birchall J C. Preparation of dry powder dispersions for nonviral gene delivery by freezedrying and spraydrying [J]. J. Gene Med. 2002，4：428–437.

[123] Kuo J S, Hwang R. Preparation of DNA dry powder for nonviral gene delivery by sprayfreeze drying : effect of protective agents (polyethyleneimine and sugars) on the stability of DNA [J]. J. Pharm. Pharmacol. 2004, 56: 27-33.

[124] Okuda T, Suzuki Y, Kobayashi Y, et al. Development of biodegradable polycationbased inhalable dry gene powders by spray freeze drying [J]. Pharmaceutics. 2015, 7: 233-254.

[125] Liang W, Kwok P C L, Chow M Y T, et al. Formulation of pH responsive peptides as inhalable dry powders for pulmonary delivery of nucleic acids [J]. Eur. J. Pharm. Biopharm. 2014, 86: 64-73.

[126] Liang W, Chow M Y T, Lau P N, et al. Inhalable dry powder formulations of siRNA and pHresponsive peptides with antiviral activity against H1N1 influenza virus [J]. Mol. Pharmaceutics. 2015, 12: 910-921.

[127] Wais U, Jackson A W, He T, et al. Nanoformulation and encapsulation approaches for poorly watersoluble drug nanoparticles [J]. Nanoscale, 2016, 8: 1746-1769.

[128] Amidon G L, Lennernas H, Shah V P, et al. A theoretical basis for a biopharmaceutic drug classification : the correlation of in vitro drug product dissolution and in vivo bioavailability [J]. Pharm. Res. 1995, 12: 413-420.

[129] Wu C Y, Benet L Z. Predicting drug disposition via applications of BCS : transport/absorption/elimination interplay and development of a biopharmaceutics drug disposition classification system [J]. Pharm. Res. 2005, 22: 11-23.

[130] Chen M L, Amidon G L, Benet L Z, et al. The BCS, BDDCS, and regulatory guidances [J]. Pharm. Res. 2011, 28: 1774-1778.

[131] Hosey C M, Chan R, Benet L Z. BDDCS predictions, selfcorrecting aspects of BDDCS assignments, BDDCS assignment corrections, and classification for more than 175 additional drugs [J]. AAPS J. 2016, 18: 251-260.

[132] Lipinski C A, Lombardo F, Dominy B W, et al. Experimental and computational approaches to estimate solubility and permeability in drug discovery and development settings [J]. Adv. Drug Delivery Rev. 2001, 46: 3-26.

[133] Janssens S, Van Den Mooter G. Review : Physical chemistry of solid dispersions [J]. J. Pharm. Pharmacol. 2009, 61: 1571-1586.

[134] Liu Z J. Experimental study and mechanism analysis on lipofectin drug duroing

the low temperature freeze–drying. Doctoral dissertation of Shanghai University of Science and Technology, 2001.

[135] Lou Z J, Hua T C, Li B G. Experimental study on liposome Freeze–drying Process. Chemical Industry and Engineering Process, 2000, 19（11）: 69–72.

[136] Liu Z J, Hua Z Z. The effect of the optimal freeze–drying cycle on the quality of liposome. Millennium international Symposium on Thermal and Fluid Sciences, Xi' an, Chna, September 18–22, 2000.

[137] Roberts C J, Debenedetti P G. Engineering pharmaceutical stability with amorphous solids [J]. AIChE J. 2002, 48: 1140–1144.

[138] Teagarden D L, Baker D S. Practical aspects of lyophilisation using non aqueous cosolvent systems [J]. Eur. J. Pharm. Sci. 2002, 15: 115–133.

[139] Rogers T L, Nelsen A C, Sarkari M, et al. Enhanced aqueous dissolution of a poorly water soluble drug by novel particle engineering technology : sprayfreezing into liquid with atmospheric freezedrying [J]. Pharm. Res. 2003, 20: 485–493.

[140] Hu J, Rogers T L, Brown J, et al. Improvement of dissolution rates of poorly water soluble APIs using novel spray freezing into liquid technology [J]. Pharm. Res. 2002, 19: 1278–1284.

[141] Yu H, Teo J, Chew J W, et al. Dry powder inhaler formulation of highpayload antibiotic nanoparticle complex intended for bronchiectasis therapy : spray drying versus spray freeze drying preparation [J]. Int. J. Pharm. 2016, 499: 38–46.

[142] Engstrom J D, Lai E S, Ludher B S, et al. Formation of stable submicron protein particles by thin film freezing [J]. Pharm. Res. 2008, 25: 1334–1346.

[143] Overhoff K A, Engstrom J D, Chen B, et al. Novel ultrarapid freezing particle engineering process for enhancement of dissolution rates of poorly watersoluble drugs [J]. Eur. J. Pharm. Biopharm. 2007, 65: 57–67.

[144] Manyikana M, Choonara Y E, Tomar L K, et al. A review of formulation techniques that impact the disintegration and mechanical properties of oradispersible drug delivery technologies [J]. Pharm. Dev. Technol. 2016, 21: 354–366.

[145] Schiermeier S, Schmidt P C. Fast dispersible ibuprofen tablets [J]. Eur. J. Pharm. Sci. 2002, 15: 295–305.

[146] Grant N, Zhang H. Poorly watersoluble drug nanoparticles via an emulsion freezedrying approach [J]. J. Colloid Interface Sci. 2011, 356: 573–578.

[147] Zhang H, Wang D, Butler R, et al. Formation and enhanced biocidal activity of waterdispersible organic nanoparticles [J]. Nat. Nanotechnol. 2008, 3: 506–511.

[148] Roberts A D, Zhang H. Poorly watersoluble drug nanoparticles via solvent evaporation in watersoluble porous polymers [J]. Int. J. Pharm. 2013, 447: 241–250.

[149] Ahmed I S, Nafadi M M, Fatahalla F A. Formulation of fastdissolving ketoprofen tablet using freezedrying in blisters technique [J]. Drug Dev. Ind. Pharm. 2006, 32: 437–442.

[150] Ahmed I S, Shamma R N, Shoukri R A. Development and optimization of lyophilized orally disintegrating tablets using factorial design [J]. Pharm. Dev. Tech. 2013, 18: 935– 943.

[151] Strange U, F ü hrling C, Gieseler H. Formulation, preparation, and evaluation of novel orally disintegrating tablets containing tastemasked naproxen sodium granules and naratriptan hydrochloride [J]. J. Pharm. Sci. 2014, 103: 1233–1245.

[152] Arora S, Ali J, Ahuja A, et al. Floating drug delivery systems : a review [J]. AAPS PharmSciTech. 2005, 6: E372–E390.

[153] Yadav S, Nyola N K, Jeyabalan G, et al. Gastroretentive drug delivery system : a concise review [J]. Int. J. Res. Pharm. 2016, Sci. 6: 19–24.

[154] Kim J Y, Seo J W, Rhee Y S, et al. Freezedried highly porous matrix as a new gastroretentive dosage form for ecabet sodium : in vitro and in vivo characterizations [J]. J. Pharm. Sci. 2014, 103: 262–273.

[155] Zhang H, Cooper A I. Synthesis and applications of emulsiontemplated porous materials [J]. Soft Matter, 2005, 1: 107–113.

[156] Morais A R, Alencar E, Junior F H, et al. Freezedrying of emulsified systems : a review [J]. Int. J. Pharm. 2016, 503: 102–114.

[157] Zhao D, Gong T, Fu Y, et al. Lyophilized Cheliensisin A submicron emulsion for intravenous injection : characterization, in vitro and in vivo antitumor effect [J]. Int. J. Pharm. 2008, 357: 139–147.

[158] Corveleyn S, Remon J P. Formulation of a lyophilized dry emulsion tablet for the delivery of poorly soluble drugs [J]. Int. J. Pharm. 1998, 166: 65–74.

[159] Li F, Wang T, He H B, et al. The properties of bufadienolidesloaded nanoemulsion and submicroemulsion during lyophilisation [J]. Int. J. Pharm. 2008, 349:

291–299.

[160] Moreno M A, Frutos P, Ballesteros M P. Lyophilized lecithin based oil water microemulsions as a new and low toxic delivery system for Amphotericin B [J]. Pharm. Res. 2001, 18: 344–351.

[161] Greiff D. Important variables in the long term stability of viruses dried by sublimation of ice in vacuo [C]. XIIIth International Congress of Refrigeration, International Institute of Refrigeration（IIR）, Washington, DC, 1971, pp.657–667.

[162] Greiff D. The cryobiology of viruses classified according to their chemical, physical and structural characteristics [C]. International Institute of Refrigeration（IIR）（Comm.C1）, 1982, pp.8–11.

[163] Doner T, Dundrarova D, Teparicharova I, et al. Choice of cryoprotective media and freeze–drying parameters of bovine corona–virus and respiratory syncytial virus [C]. IVth International School Cryobiology and Freeze–Drying, Sofia, 1989, pp.31–32.

[164] Bennett P S, Maigetter R Z, Olson M G, et al. The effects on freeze–drying of the potency and stability of live varicella virus vaccine, in Developments in Biological Standardication, vol.74（eds J.C. May and F. Brown）[M], Karger, Basel, 1992, pp.215–221.

[165] Terentier A N, Kadeter V V. Freeze–drying of the vaccine strain Yersinia pestis EV 76 [C]. IVth International School Cryobiology and Freeze–Drying, 1989, Sofia, pp.29–30.

[166] Neumann K H. Grundriss der Gefriertrocknung, 2. Auflage, Musterschmidt Wissenschaftlicher Verlag [M], Göttingen, 1952, pp. 102–103.

[167] Dong A, Prestrelski S J, Allison S D, et al. Infrared spectroscopy studies of lyophilization– and temperature–induced protein aggregation [J]. J. Pharm. Sci., 1995, 84, 415–424.

[168] Koyama Y, De Angelis R J, De Luca P P. Effect of solvent addition and thermal treatment on freeze–drying of cefazolin [J]. PDA J. Parenteral Sci. Technol., 1988, 42, 47–52.

[169] Ikeda M. Development of a multilayer lyophilization technique for parenteral dosage forms [J]. PDA Asian Symposium, Tokyo, 1994, pp. 261–266.

[170] Jonkman–De Vries J D, Talsma H, Henrar R E C, et al. Pharmaceutical

development of a parenteral lyophilized formulation of the novel indoloquinone antitumor agent E 09 [J]. Cancer Chemother. Pharmacol., 1994, 34, 416–422.

[171] Kagkadis K A, Rekkas D M, Dallas P P, et al. A freezedried injectable form of ibuprofen : development and optimization using respond surface methodology [J]. PDA J. Pharm. Sci. Technol., 1996, 50, 317–323.

[172] BI D Z. PHARMACEUTICS [M]. People's Medical Publishing House, Beijing, 1999.

[173] Ge Y, Liu L, Gao J J. Protective effect oftrehalose on recombinant human copper and zinc superoxide dismutase(rhCuZn–SOD) [J]. Chinese Journal of Biological Products, 2003, 16(1): 42–45.

[174] Nail S, Liu W, Wang D Q. Loss of protein activity during lyophilization as an interfacial phenomenon : formulation and processing effects [M]. Freeze–Drying of Pharmaceuticals and Biologicals, August 1 – 4, 2001, The Village at Breckenridge, Colorado, USA.

[175] Hora M S, Rana R K, Wilcox C L. Development of lyophilized formulation ofinterleukin [J]. Developments in biological Standardization, 1992, 74: 295–306.

[176] Kreilgaard L, Frokjaer S, Flink J M, et al. Effects of additives on the stability of humicola lanuginosa lipase during freeze–drying and storage in the dried solid [J]. J. Pharm. Sci., 1999, 88: 281–290.

[177] Hua T C, Li B G, Liu Z Z, et al. Freeze–drying of liposomes with cryopetectants and its effect on retention rate ofencapsulated florafur and vitamin A [J]. Drying Technology, 2003, 21(8): 1491–1505.

[178] Su S Q, Hua T C, Ding Z H, et al. Effects of Iyoprotectants and rehydrated solutions on the encapsulation ofHB– I a liposomes [J]. Chinese Journal of New Drugs, 2004, 13(9): 809–812.

[179] Su S Q, Hua T C, Ding Z H, et al. Vesicles size and diameter distribution of HB– I a liposomes during freeze–drying [J]. Chinese Journal of Pharmaceuticals, 2004, 35(3): 154–157.

[180] Ausborn M, Schreier H, Brezesinnski G, et al. The protective effect of free and membrane–bound cryoprotectants during freezing and freeze–drying of liposomes [J]. J. Controlled Release, 1994, 30, 105–116.

[181] Ausborn M, Nuhn P. Möglichkeiten und Probleme der Stabilisierung von

Liposomen durch Frierund Lyophilisationsverfahren. 2. Mitteilung：Einfluss von Saccharose und Saccharose–Fettsäureestern auf das Verhalten von Lecithin–Cholosterol-Liposomen. Pharm. Ztg. Wiss., No. 1–4/ 136. Jahrgang, Govi–Verlag, Eschborn, 1991, pp. 17–24.

[182] Brewster M E. Use of 2–hydroxypropyl–beta–cyclodextrin（HPCD）as a solubilizing and stabilizing excipient for protein drugs [J]. Pharm. Res., 1991, 8, 792–795.

[183] Crowe L M, Crowe J H. Stabilization of dry liposomes by carbohydrates, in Developments in Biological Standardization, vol. 74（eds J.C. May and F. Brown）[M], Karger, Basel, 1992, pp. 285–294.

[184] Hauser H, Strauss G. Stabilization of small unilamellar phospholipid vesicles by sucrose during freezing and dehydration [J]. Adv. Exp. Med. Biol., 1988, 238, 71–80.

[185] Suzuki T, Komtatse H, Miyajima K. Effects of glucose and its oligomers on the stability of freeze–dried liposomes [J]. Biochim. Biophys. Acta, 1996, 1278：176–182.

[186] Jizomoto H Hirano K. Encapsulating of drugs by lyophilized empty dipalmitoylcholine（DPPC）liposomes：effects of calcium ion [J]. Chem. Pharm. Bull., 1989, 37, 3066–3069.

[187] Gu X Q, Gao X Y. A novel procedure for preparing liposome entrapment of cyclophosphamine（CPL）in its reconstituted form, the properties and antitumor activities of the reconstituted CPL [M]. Congr. Int. Technol. Pharm. 5th, vol. 3, 1989, pp. 60–65.

[188] Rudolph A S, Cliff R O. Dry storage of liposome–encapsulated hemoglobin：a blood substitution [J]. Cryobiology, 1990, 27, 585–590.

[189] Foradada M, Estelrich J. Encapsulation of thioguanine in liposomes [J]. Int. J. Pharm., 1995, 124, 261–269.

[190] Kim Ch K, Jeong E J. Development of dried liposomes as effective immuno-adjuvants for hepatitis B surface antigen [J]. Int. J. Pharm., 1995, 115, 193–199.

[191] Van Winden E C A, Crommelin D J A. Freeze–drying of liposomes. International Conference on Freeze Drying [C], National Science Foundation, Industry/University Cooperative Research Center for Pharmaceutical Processing, CPPR,

Brownsville，VT. 1998.

[192] Auvillain M，Caré G，Fessi H，et al. Lyophilisation de vecteurs colloidaux submicromiques [J]. S.T.P. Pharma，1989，5，738–747.

[193] Nemati F，Cave G N，Couvreur P. Lyophilization of substances with low water permeability by a modification of crystallized structures during freezing [M]. Assoc. Pharm. Galenique Ind.，Chatenay Malabry，vol. 3，1992，pp. 487–493.

[194] Fouarge M，Dewulf D. Development of dehydroematine（DHE）nanoparticles for the treatment of visceral leishmaniasis [J]. J. Microencapsulation，1989，6，2 9–34.

[195] Fattale E，Rojas J，Roblot–Treupal L，et al. Ampicillin–loaded liposomes and nanoparticles：comparison of drug loading，drug release and in vitro antimicrobial activity [J]. J. Microcapsulation，1991，8，29–36.

[196] Zimmermann E，Müller R H，Mader K. Influence of different parameters on reconstitution of lyophilized SLN [J]. Int. J. Pharm.，2000，196，211–213.

[197] Hyatt G W. Procédés employés pour obtenir des tissus humain à usage chirurgical et，en particulier，méthode de conversion par lyophilisation，in Traité de Lyophilisation（eds L. Rey et al.）[M]，Hermann，Paris，1960，pp. 279–301.

[198] Bassett C A L. A survey of the current status of tissue procurement，processing and use，in Aspects Theoriques et Industriels de la Lyophilisation [M]，Hermann，Paris，1964，pp. 332–339.

[199] Krietsch P，Hackensellner H，Näther J. 10 jährige Erfahrung bei der Herstellung und Anwendung von Gewebekonserven in der DDR [M]. 6. Gefriertrocknungstagung Leybold–Hochvakuum–Anlagen，Köln. 1965.

[200] Marx R E，Kline S N，Johnson R P，et al. The use of freeze–dried allogeneic bone in oral and maxillofacial surgery [J]. J. Oral Surg.，1981，39：264–274.

[201] Merika P. Quality control of freeze–dried tissue grafts [C]. International Institute of Refrigeration（IIR）（Comm. C1），Paris，1983，pp. 102–105.

[202] Malinin T I，Wu N M，Flores A. Freeze–drying of bone for allotransplantation，in Osteochondral Allografts（eds G.E. Friedlaender，H.J. Mankin，and K.W. Sell）[M]，Little，Brown & Co.，Boston，1983，pp. 183–192.

[203] Willemer H. Data to be considered for freeze dryers to be used in freezedrying of transplants（especially bones）[C]. 1st European Congress of Tissue Banking and Clinical Application，Berlin，October 1991.

[204] Draber P, Draberova E, Novakova M. Stability of monoclonal IgM antibodies freeze-dried in the presence of trehalose [J]. J. Immunol. Methods, 1995, 181（1）: 12.

[205] Pikal M J, Rigsbee D, Roy M L. The stability of freeze-dried biosynthetic human growth hormone（hGH）I. The effect of formulation on storage stability [J]. Pharm. Res., 2005, 14: 1379-1387.

[206] Pikal M J, Chang L, Shepherd D, et al. Mechanism of protein stabilization by sugar during freeze-drying and storage : native structure preservation, specific interaction, and/or immobilization in a glassy matrix [J]. J. Pharm. Sci., 2005, 94（7）: 1427-1444.

[207] Passot S, Fonseca F, Alarcon-Lorca M. Physical characterisation of formulations for the development of two stable freeze-dried proteins during both dried and liquid storage [J]. Eur J Pharm Biopharm, 2005, 60: 335-348.

[208] Ma X, Wang W, Bouffard R. Characterization of murine monoclonal antibody to tumor necrosis factor（TNF-MAb）formulation for freeze-drying cycle development [J]. Pharm Res, 2001, 18: 196-202.

[209] Nail S L, Her L M, Proffi Tt Cpb. An improved microscope stage for direct observation of freezing and freeze drying [J]. Pharm Res, 1994, 11: 1098-1100.

[210] Carpenter J F, Chang B S. Lyophilization of protein pharmaceuticals. In : Avis KE, Wu VL（eds）Biotechnology and biopharmaceutical manufacturing, processing and preservation [M]. Interpharm Press, Buffalo Grove, IL, 1996, pp 199-264.

[211] Chang L L, Pikal M J. Mechanisms of protein stabilization in the solid state [J]. J Pharm Sci, 2009, 98: 2886-2908.

[212] Hua T C, Liu B L, Zhang H. Freeze- drying of pharmaceutical and food products [C]. Cambridge, Science Press, Beijing and CRC Press LLC, Boca Raton, 2010.

[213] Searles J A, Carpenter J F, Randolph T W. Annealing to optimize primary drying rate, reduce freeze-induced drying rate heterogeneity and determine the Tg in pharmaceutical lyophilization [J]. J Pharm Sci. 2001, 90: 872-877

[214] Matejtschuk P. Lyophilization of proteins. In : Day JG, Stacey GN（eds）Cryopreservation and freeze-drying protocols [C], 2nd edn. Humana Press, Totowa, NJ, 2007, pp 59-72.

[215] Jiang S, Nail S L. Effect of process conditions on recovery of protein activity after freezing and freeze–drying [J]. Eur J Pharm Biopharm, 1998, 45: 245–257.

[216] Breen E D, Curley J G, Overcashier D E, et al. Effect of moisture on the stability of a lyophilized humanised monoclonal antibody formulation [J]. Pharm Res, 2001, 18: 1345–1353.

[217] May J C, Wheeler R M, Etz N, et al. Measurement of final container residual moisture in freeze dried biological products [J]. Dev Biol Stand, 1992, 74: 153–164.

[218] Kirkwood T B L. Design and analysis of accelerated degradation tests for the stability of biological standards III [J]. Principles of design. J Biol Stand, 1984, 12: 215–224.

[219] Townsend M W. Use of Iyoprotectants in the freeze–drying ofa modal protein ribonuclease [J]. PDA J. Pharm. Sci. Tech., 1998, 42 (6): 190–196.

[220] Bycong S C, Robert M B, Aichun D. Physical factors affecting the storage stability offreeze– dried Interleukin–I receptor antagonist : Glass transition and protein conformation [J]. Archives Biochem. Biophys., 1996, 331 (2): 249–258.

[221] Arakawa T, Prestrelski S J, Kenney W C. Factors affecting short–term and long–term stabilities ofproteins [J]. Adv. Drug Deliv. Rev., 2001, 46: 307–326.

[222] Carpenter J F, Prestrelski S J, Dong A. Application of infrared spectroscopy to development of stable lyophilized protein formulations [J]. Eur. J. Pharm. Biopharm. 1998, 45 (3): 231–239.

[223] Qi Y Y. Protective agent's screening and freeze–drying technology of human leukocyte interferon [J]. Acta Universitatis Medicinalis Nanjing, 1997, 17 (3): 284–286.

[224] Walters E M, Benson J D, Woods E J, et al. The history of sperm cryopreservation [J]. Sperm banking : theory and practice. Cambridge University Press, Cambridge, UK, 2009: 2–10.

[225] Polge C, Smith A U, Parkes A S. Revival of spermatozoa after vitrification and dehydration at low temperatures [J]. Nature, 1949, 164 (4172): 666–666.

[226] Polge C, Rowson L E A. Fertilizing capacity of bull spermatozoa after freezing at– 79° C [J]. Nature, 1952, 169 (4302): 626–627.

[227] Stewart D L. Storage of bull spermatozoa at low temperature [J]. Vet Rec,

1951，63：65–66.

[228] Bunge R G，Sherman J K. Fertilizing capacity of frozen human spermatozoa [J]. Nature，1953，172（4382）：767–768.

[229] Curry M R. Cryopreservation of semen from domestic livestock [J]. Reviews of reproduction，2000，5（1）：46–52.

[230] Mazur P，Leibo S P，Seidel Jr G E. Cryopreservation of the germplasm of animals used in biological and medical research：importance，impact，status，and future directions [J]. Biology of reproduction，2008，78（1）：2–12.

[231] Tedder R S，Zuckerman M A，Brink N S，et al. Hepatitis B transmission from contaminated cryopreservation tank [J]. The Lancet，1995，346（8968）：137–140.

[232] Bielanski A，Nadin–Davis S，Sapp T，et al. Viral contamination of embryos cryopreserved in liquid nitrogen [J]. Cryobiology，2000，40（2）：110–116.

[233] Meryman H T，Kafig E. Survival of spermatozoa following drying [J]. Nature，1959，184（4684）：470–471.

[234] Juscenko N P. Proof of the possibility of preserving mammalian spermatozoa dry [J]. Dokl. Akad. Seljskahas. Neuk（Leningrad），1957，22：37–40.

[235] Meryman H T. Drying of living mammalian cells [J]. Annals of the New York Academy of Sciences，1960，85（2）：729–734.

[236] Larson E V，Graham E F. Freeze–drying of spermatozoa [J]. Developments in biological standardization，1976，36：343–348.

[237] Sherman J K. Freezing and freeze–drying of human spermatozoa [J]. Fertility and sterility，1954，5（4）：357–371.

[238] Bialy G，Smith V R. Freeze–drying of bovine spermatozoa [J]. Journal of Dairy Science，1957，40（7）：739–745.

[239] Saacke R G，Almquist J O. Freeze–drying of bovine spermatozoa [J]. Nature，1961，192（4806）：995–996.

[240] Nei T，Nagase H. Attempts to freeze–dry bull spermatozoa [J]. Low Temp. Sci.，1961，19：107–115.

[241] Meryman H T，Kafig E. Freeze–drying of bovine spermatozoa [J]. J Reprod Fertil，1963，5：87–94.

[242] Kaneko T，Kimura S，Nakagata N. Offspring derived from oocytes injected

with rat sperm, frozen or freeze-dried without cryoprotection [J]. Theriogenology. 2007, 68: 1017-1021.

[243] Goto K, Kinoshita A, Takuma Y, et al. Fertilisation of bovine oocytes by the injection of immobilised, killed spermatozoa [J]. Vet Rec, 1990, 127: 517-520.

[244] Kaneko T, Serikawa T. Successful long- term preservation of rat sperm by freeze- drying [J]. PLoS One, 2012, 7: e35043.

[245] Muneto T, Horiuchi T. Full-term development of hamster embryos produced by injecting freeze-dried spermatozoa into oocytes [J]. J Mamm Ova Res. 2011, 28: 32-39.

[246] Liu J L, Kusakabe H, Chang C C, et al. Freeze-dried sperm fertilization leads to full- term development in rabbits [J]. Biol Reprod, 2004, 70: 1776-1781.

[247] Keskintepe L, Pacholczyk G, Machnicka A, et al. Bovine blastocyst development from oocytes injected with freeze-dried spermatozoa [J]. Biol Reprod, 2002, 67: 409-415.

[248] Martins C F, Bao S N, Dode M N, et al. Effects of freeze-drying on cytology, ultrastructure, DNA fragmentation, and fertilizing ability of bovine sperm [J]. Theriogenology, 2007, 67: 1307-1315.

[249] Hara H, Abdalla H, Morita H, et al. Procedure for bovine ICSI, not sperm freeze-drying, impairs the function of the microtubule-organizing center [J]. J Reprod Dev, 2011, 57: 428-432.

[250] Kwon I K, Park K E, Niwa K. Activation, pronuclear formation, and development in vitro of pig oocytes following intracytoplasmic injection of freeze-dried spermatozoa [J]. Biol Reprod 2004, 71: 1430-1436.

[251] Men N T, Kikuchi K, Nakai M, et al. Effect of trehalose on DNA integrity of freeze-dried boar sperm, fertilization, and embryo development after intracytoplasmic sperm injection [J]. Theriogenology, 2013, 80: 1033-1044.

[252] Choi Y H, Varner D D, Love C C, et al. Production of live foals via intracytoplasmic injection of lyophilized sperm and sperm extract in the horse [J]. Reproduction, 2011, 142: 529-538.

[253] Watanabe H, Asano T, Abe Y, et al. Pronuclear formation of freeze-dried canine spermatozoa microinjected into mouse oocytes [J]. J Assist Reprod Genet, 2009, 26: 531-536.

[254] Sanchez-Partida Lg, Simerly Cr, Ramalho- Santos J. Freeze-dried primate sperm retains early reproductive potential after intracytoplasmic sperm injection [J]. Fertil Steril, 2008, 89: 742-745.

[255] Kusakabe H, Yanagimachi R, Kamiguchi Y. Mouse and human spermatozoa can be freeze-dried without damaging their chromosomes [J]. Hum Reprod, 2008, 23: 233-239.

[256] Gianaroli L, Magli Mc, Stanghellini I, et al. DNA integrity is maintained after freeze-drying of human spermatozoa [J]. Fertil Steril, 2012, 97: 1067-1073.

[257] Kusakabe H, Szczygiel M A, Whittingham D G, et al. Maintenance of genetic integrity in frozen and freeze-dried mouse spermatozoa [J]. Proc Natl Acad Sci USA, 2001, 98: 13501-13506.

[258] Kaneko T, Nakagata N. Improvement in the long-term stability of freeze-dried mouse spermatozoa by adding of a chelating agent [J]. Cryobiology, 2006, 53: 279-282.

[259] Nakai M, Kashiwazaki N, Takizawa A, et al. Effects of chelating agents during freeze-drying of boar spermatozoa on DNA fragmentation and on developmental ability in vitro and in vivo after intracytoplasmic sperm head injection [J]. Zygote, 2007, 15: 15-24.

[260] Kaneko T, Whittingham D G, Yanagimachi R. Effect of pH value of freeze-drying solution on the chromosome integrity and developmental ability of mouse spermatozoa [J]. Biol Reprod, 2003, 68: 136-139.

[261] Kaneko T, Whittingham D G, Overstreet J W, et al. Tolerance of the mouse sperm nuclei to freeze-drying depends on their disulfi de status [J]. Biol Reprod, 2003, 69: 1859-1862.

[262] Kawase Y, Araya H, Kamada N, et al. Possibility of long-term preservation of freeze-dried mouse spermatozoa [J]. Biol Reprod, 2005, 72: 568-573.

[263] Kaneko T, Nakagata N. Relation between storage temperature and fertilizing ability of freeze-dried mouse spermatozoa [J]. Comp Med, 2005, 55: 140-144.

[264] Martins C F, Dode M N, Bao S N, et al. The use of the acridine orange test and the TUNEL assay to assess the integrity of freeze-dried bovine spermatozoa DNA [J]. Genet Mol Res, 2007, 6: 94-104.

[265] Donnelly E T, Mcclure N, Lewis S E. Cryopreservation of human semen

and prepared sperm : effects on motility parameters and DNA integrity [J]. Fertil Steril, 2001, 76: 892-900.

[266] Lichtenberg A, Tudorache I, Cebotari S, et al. In vitro re-endothelialization of detergent decellularized heart valves under simulated physiological dynamic conditions [J]. Biomaterials, 2006, 27 (23): 4221-4229.

[267] Cebotari S, Lichtenberg A, Tudorache I, et al. Clinical application of tissue engineered human heart valves using autologous progenitor cells [J]. Circulation, 2006, 114 (1_supplement): I-132-I-137.

[268] Cebotari S, Tudorache I, Ciubotaru A, et al. Use of fresh decellularized allografts for pulmonary valve replacement may reduce the reoperation rate in children and young adults : early report [J]. Circulation, 2011, 124 (11_suppl_1): S115-S123.

[269] Kunzelman K S, Cochran R P, Murphree S S, et al. Differential collagen distribution in the mitral valve and its influence on biomechanical behaviour [J]. The Journal of heart valve disease, 1993, 2 (2): 236-244.

[270] Aidulis D, Pegg D E, Hunt C J, et al. Processing of ovine cardiac valve allografts : 1. Effects of preservation method on structure and mechanical properties [J]. Cell and tissue banking, 2002, 3 (2): 79-89.

[271] Drury P J, Olsen E G, Ross D N. Morphological assessment of sucrose preservation for porcine heart valves [J]. Thorax, 1982, 37 (6): 466-471.

[272] Brockbank K G M, Schenke-Layland K, Greene E D, et al. Ice-free cryopreservation of heart valve allografts : better extracellular matrix preservation in vivo and preclinical results [J]. Cell and tissue banking, 2012, 13 (4): 663-671.

[273] Wang S, Goecke T, Meixner C, et al. Freeze-dried heart valve scaffolds [J]. Tissue Engineering Part C : Methods, 2012, 18 (7): 517-525.

[274] Crowe J H, Crowe L M, Carpenter J E, et al. Anhydrobiosis : cellular adaptation to extreme dehydration [J]. Comprehensive Physiology, 2010: 1445-1477.

[275] Crowe J H, Carpenter J F, Crowe L M. The role of vitrification in anhydrobiosis [J]. Annual review of physiology, 1998, 60 (1): 73-103.

第六章　冷冻干燥的保护剂与
添加剂、常用辅料

　　冷冻干燥在食品、药品等领域有着广泛的应用，目前上市的生物制品中约有30%是冻干产品[1]。典型的冷冻干燥过程包括3个阶段：冷冻、一次干燥和二次干燥。冷冻是一个有效的干燥步骤，其中大部分溶剂从溶质中分离出来形成冰。随着冷冻的进行，溶质相变得高度浓缩，称为"冷冻浓缩物"。在一次干燥过程中，冰通过升华从产品转移到冷凝器。初级干燥阶段通常最长，其优化对工艺经济性有很大影响。在二次干燥过程中，水通常在高温低压下从冷冻浓缩物中解吸出来。

　　在进行冷冻干燥的过程中，有两种方式可供选择。一是直接进行冷冻干燥，这种可以冷冻干燥的产品较少，主要有一些食品、人血浆、牛奶等。再就是加入合适的冷冻干燥保护剂和添加剂，与物料混合，得到有效的冷冻干燥和贮藏，大多数的药品和生物制品都采取这种方式。所以说，冷冻干燥保护剂的选择在该技术应用的过程中，有着很重要的影响。

　　冷冻储存和冻干是为了保存和稳定生物制剂，但在冷冻和干燥过程中可能会受到多种应力。这些应力可能会导致可逆或不可逆的变化，也可能导致其生物活性的损失。有很多因素都会影响其中活性成分的稳定性，甚至会导致活性成分的失活。这些因素主要包括化学成分、冻结速率、冻结和脱水应力、玻璃化转变温度、干燥固体中剩余水分、贮藏环境的温度和湿度等。通常，在一次干燥过程中，干燥温度低于冷冻浓缩物的玻璃化转变温度，在二次干燥过程中，干燥温度低于冷冻干燥保护剂的玻璃化转变温度[2]。所以，一般在冷冻干燥配方中，除了活性组分和溶剂以外，还要使用多种添加剂。这些添加剂，有很多不同的名字，保护剂、添加剂、赋形剂等等。在这3个常用的名称当中，根据文献资料统计，"赋形剂"这一词在冷冻干燥配方中用得比较多。

　　可是保护剂在配方中具体起什么作用，其实是难以具体区分开来的。在生物制品的冷冻干燥配方中，有些保护剂只能起到某一特定的作用；而有些保护剂可以同时起到几方面的作用。如聚乙烯吡咯烷酮（PVP）既可用作低温保护剂，同时也可以用作填充剂。所以，就算是同一种物质，在不同的冷冻干燥的物料中也很有可能表现出不同的作用 [3]。

本章集中于介绍生物制品冷冻和冻干制剂中辅料的合理选择，同时将讨论各种类型的稳定剂和稳定机理，也给出了冷冻干燥配方举例。

第一节　冷冻干燥加工诱发应力和稳定机制

在冷冻干燥的冷冻和干燥步骤中，原料受到的应力通常被一起考虑。这两个过程都涉及脱水，例如通过冷冻过程中的冰结晶和干燥过程中的升华和解吸。然而，在每一步中，与溶质相关的未冻结的水有细微的差别。在冷冻过程中，未冷冻的水保留在冷冻浓缩物中，而干燥过程导致其被除去。因此，原料在这些步骤中承受的应力是完全不同的 [4]。由于生物制品中普遍含有蛋白质，而且蛋白质在冷冻干燥的过程中对条件的变化比较敏感，因此在这本节中，主要对生物制品中蛋白质的加工诱发应力和稳定机制进行说明，将冷冻和冷冻储存以及干燥和储存期间的应力和机制分别进行讨论。

一、冷冻和冷冻储存

冷冻阶段在概念上涉及两个互不排斥的物理事件，即过冷和冰结晶，导致最大冷冻浓缩溶液的形成。因此，主要通过蛋白质所经受的压力和赋形剂稳定天然蛋白质状态的可能的冷冻保护机制来进行说明。下面分为过冷、冰结晶和冷冻浓缩、冷冻储存以及防冻剂的作用机理4个部分进行介绍。

（一）过冷

在冷冻阶段，当含有原料和赋形剂的溶液冷却时，系统趋向于过冷，此时可能观察不到自发的冰结晶。在不受控制的冻结情况下，这种情况一般会持续到 −10 ~ −12℃ [5]。决定过冷度的因素主要包括冷却速度以及溶质的类型和浓度。在冷冻干燥过程中，蛋白质具有冷变性，冷变性是蛋白质在冰结晶之前由于低温去折叠而变性的过程。与冷冻干燥的时间尺度相比，蛋白质去折叠是相对较慢的，所以这并不是主要问题 [6-7]。当混合液中存在添加剂（如蔗糖和海藻糖）和高蛋白质浓度时可降低冷变性温度 [8]。

（二）冰结晶和冷冻浓缩

温度的进一步降低最终会导致冰核的形成，随后是晶体的生长。冰结晶会产生冰水和冰空气界面，这会引发应力，导致蛋白质不稳定[9-10]。除水（以冰的形式存在）将溶液浓缩在间隙区域，并可能改变其离子强度、黏度和 pH。此外，在多组分系统中，该过程可能导致溶质组成不同的相分离。随之而来的变化有可能破坏蛋白质的稳定性[6-7]。

（三）冷冻储存

在实际生产过程中，蛋白质经常需要冷冻储存。通常储存在大容器中，冷却速度可能无法控制。最佳储存温度可以通过在不同温度下储存前后表征蛋白质的方法来确定[11]。在冷冻储存的情况下，由于冷冻和解冻，以及在冷冻状态下的长期储存而产生的应力需要仔细考虑。而且长期储存会导致一些赋形剂结晶，导致蛋白质不稳定。

（四）防冻剂的作用机理

在冷冻和冷冻储存的过程中，会用到多种多样的添加剂，这些添加剂被称为低温保护剂，它们可以保护蛋白质免受冷冻引起的压力。现在已经提出了多种机制来解释它们在冷冻系统中的稳定作用，主要有优先排斥假说、玻璃化假说和水置换假说。

1. 优先排斥假说

在水溶液中，水分子与蛋白质表面的极性基团相互作用，使蛋白质优先与水结合。在冷冻过程的初始阶段，低温保护剂分子被选择性地排除在蛋白质表面的紧邻区域之外。这种对溶质分子的排斥增加了去折叠的自由能，从而有利于稳定本征状态[12]。

2. 玻璃化假说

冰的结晶和冷冻浓缩最终使系统接近玻璃态，流动性受到限制。糖和聚合物等低温保护剂的存在会增加冷冻浓缩物的黏度，从而降低分子流动性，从而减缓所有动态过程。这种情况下蛋白质实际上是固定的。由于流动性是变性和降解反应的先决条件，玻璃态下受限的流动性使得蛋白质在冷冻干燥过程中相对稳定[7, 13]。然而，根据储存温度和随之而来的赋形剂结晶，长期储存会显示出一定的流动性，从而导致蛋白质不稳定。

3. 水置换假说

由于冷冻浓缩，可能没有足够的水分子与极性蛋白质表面形成足够的氢键。这允许溶质与蛋白质的选择性相互作用，这就提出了另一种合理的机制，称为水置换假说或"优先溶质相互作用"[14]。使用原位拉曼对细胞进行冷冻保存的研究表明，蔗糖的冷冻保护作用可归因于其与细胞膜的直接相互作用[15]。它包含了这样的概念，即糖的羟基与蛋白质形成氢键，从而取代了水和蛋白质之间的氢键。氢键的置换使得蛋白质的天然构象得以保持。

冷冻过程中的蛋白质稳定可能通过这些机制中的任何一种发生。特别的是，优先排斥假说在冷冻过程的初始阶段占主导地位，而玻璃化和水置换假说可能会在溶液冷冻浓缩时占据主导地位[9]。为了使稳定剂有效，它必须是无定形的并且是冷冻浓缩物的一部分。

二、干燥和储存

在冷冻干燥的干燥阶段，一次干燥通过升华除去冰，二次干燥通过解吸来解冻"结合水"干燥。由于水和蛋白质之间的氢键对蛋白质的热力学稳定性至关重要，因此脱水构成了干燥过程中的主要压力，并可能造成一些不稳定蛋白质生物活性的发生不可逆损失[16]。许多有效的低温保护剂在干燥过程中不能保持其稳定的效果。在冷冻干燥和储存过程中能够保护蛋白质的稳定剂通常被称为冻干保护剂[17]。

（一）干燥和储存的异同点

蛋白质在干燥和储存期间的物理状态是相似的，唯一的区别是在这些条件下无定形相的含水量。从这个角度来看，假设控制干燥期间稳定性的基本机制也控制干燥产品储存期间的稳定性[17]。储存期间的额外压力因素包括产品保质期内的意外温度偏移和赋形剂相分离。此外，在储存期间观察到蛋白质会通过化学过程如脱酰胺和氧化降解改变稳定性[18]。

赋形剂诱导的蛋白质在干燥和贮藏过程中的稳定机制与冷冻贮藏有一定的相似性。在干燥和储存过程中，两种被广泛接受的稳定机制是"玻璃化"和"水置换"，这两种机制分别通过降低分子流动性和防止蛋白质结构的变化来保持蛋白质结构。虽然潜在的机制不同，但两种假设都要求蛋白质和稳定剂处于相同的非晶相[19-20]。

（二）冻干保护剂的作用机理

1. 玻璃化假说

玻璃化假说是基于将蛋白质固定在刚性、无定形玻璃糖基质中。翻译和松弛过程的限制抑制了蛋白质去折叠过程[16]。无定形糖的动力学通常以全局迁移率为特征，以 α-松弛来衡量。这种最慢的动态过程，表现出很强的温度依赖性。在接近和高于玻璃化转变温度（T_g）时，α－松弛动力学随温度快速变化，糖的动力学固定和相关的稳定能力大大丧失 [17]。

2. 水置换假说

水置换假说假设良好的稳定剂与蛋白质相互作用，就像水一样，促进天然构象，因此在干燥过程中通过置换被去除的水来稳定蛋白质。冻干蛋白质－糖基质的傅里叶变换红外光谱（FTIR）测量表明，糖通过氢键结合到干燥蛋白质上来代替损失的水，从而防止脱水诱导的去折叠。理论上，蛋白质分子周围的糖单层应该足以通过取代所有氢键位点的水来保持完整的蛋白质活性 [17-18]。

然而，这在实践中并没有实现。所有与稳定性相关的运动都与玻璃化转变温度密切相关的基本假设并不普遍成立。尽管有许多证据表明玻璃中的近天然构象与抗降解稳定性之间存在相关性，但这种关系尚未量化，也没有扩展到蛋白质－糖组成的整个范围 [17, 21]。

3. 局部分子迁移率的相关性

研究表明，隔离在糖玻璃中的蛋白质的稳定性与相对高频率的 β－松弛过程或局部迁移率直接相关，而不是糖基质的全局迁移率（松弛）。据推测，这是由于 β－松弛与局部蛋白质运动和玻璃中小分子活性物质扩散的耦合所致。使用抗增塑剂进一步证实了这一假设，抗增塑剂是一种加速玻璃中 α－松弛同时减缓松弛（局部流动性）的添加剂。向蔗糖抗体制剂中添加少量的抗增塑剂（山梨醇或水），导致 T_g 和整体迁移率（α－松弛）单调下降，但在添加山梨醇或水的中间水平获得最佳稳定性 [22]。有趣的是，局部迁移率（松弛）随着反增塑剂浓度的变化而变化，其变化方式与稳定性相同，这表明更快的分子动力学与蛋白质降解速率相关联 [23]。

4. 锚地假说

蛋白质的动力学通过氢键与糖基质的动力学耦合 [24-25]。大量的模拟和实验研究表明，界面水在玻璃态宿主（糖）与蛋白质的动力学耦合中起着重要作用。虽然水氢键结合到蛋白质和糖上，但是界面水比蔗糖玻璃更有效地锚定到海藻糖玻璃上。这可能是由于海藻糖更倾向于形成分子间而不是分子内氢键。

5. 堆积密度

作为水置换理论的进一步完善，在冷冻干燥后的储存过程中，较小且分子更灵活的糖类比较大且分子更刚性的糖类更能稳定蛋白质。较小的糖分子在与蛋白质相互作用时空间位阻较小，从而能够形成氢键。更强的相互作用和更紧密的堆积导致密度增加，因此这些制剂的自由体积减少 [26-27]。

除上述 5 种机制外，人们普遍认为，为了有效稳定，蛋白质和糖必须处于同一阶段。糖通过形成明显的无定形区域或通过结晶进行相分离。这一过程导致了必要的相互作用的丧失，再加上蛋白质上剪切应力的诱导[28]。并且这些机制之间并不相互排斥，通常很难将稳定性归因于一种特定的机制。然而，对这些机制的理解使配制者能够尝试不同的方法来设计稳定的冻干制剂。

第二节　冷冻干燥保护添加剂的分类

冷冻干燥保护剂主要可以从 3 个角度进行分类，分别为相对分子量、功能性质以及物质的种类[29]。

一、按相对分子量分类

对冷冻干燥保护剂按照分子量进行分类，可分为低分子化合物和高分子化合物。其中，低分子量化合物又可以分为酸性物质、中性物质和碱性物质。

表6-1　低、高分子物质化合物及主要物质举例

分类		主要物质举例
低分子量化合物	酸性物质	谷氨酸、天冬氨酸、苹果氨酸、乳酸等
	中性物质	葡萄糖、肌醇、乳糖、蔗糖、棉籽糖、海藻糖、山梨醇D、L-苏氨酸、肌醇、木糖醇等
	碱性物质	精氨酸和组氨酸等
高分子量化合物		明胶、蛋白胨、可溶性淀粉、糊精、肉汁、果胶、阿拉伯胶、羟甲基纤维素、藻类等以及天然混合物如脱脂牛奶、血清等

一般认为，在制备保护剂配方时，常常将低、高分子化合物配合使用。因为二者在冷冻干燥的过程中发挥作用的方式是不相同的，所以常常将二者配合进行使用。低分子量化合物在冷冻干燥的过程中直接发挥作用，而高分子化合物则是促进低分子化合物的保护作用。

二、按保护剂的功能与性质分类

按照冷冻干燥保护剂的功能和性质分类，可分为冻干保护剂、填充剂、抗氧化剂和酸碱调整剂。

表6-2　按保护剂的功能与性质分类及主要物质举例

分类	主要物质举例	作用
冻干保护剂	甘油、二甲亚砜（DMSO）、海藻糖、蔗糖、聚乙烯吡咯烷酮（PVP）等	在冷冻和干燥过程中，可以防止活性组分发生变性
填充剂	甘露醇、乳糖、明胶等	能防止有效组分随水蒸气一起升华逸散，并使有效组分成形
抗氧化剂	维生素D、维生素E、蛋白质水解物、硫代硫酸钠等	用作防止生物制品在冷冻干燥过程以及贮藏过程中发生氧化变质
酸碱调整剂	磷酸、山梨醇、EDTA（乙二胺四乙酸二钠）、氨基酸等	在冷冻干燥过程和贮藏过程中，能将生物制品的pH调整到活性物质的最稳定区域

三、按照物质的种类分类

按照冷冻干燥保护剂的物质种类，主要可以分为以下5种，主要为糖/多元醇类、聚合物类、表面活性剂类、氨基酸类、盐类。

表6-3　按照物质的种类分类及主要物质举例

分类		主要物质举例
糖/多元醇类	单糖	葡萄糖、半乳糖、甘露糖、果糖、核糖、木糖等
	低聚糖	蔗糖、乳糖、麦芽糖、海藻糖、棉籽糖等
	多元醇	甘露醇、丙三醇（甘油）、山梨醇、木糖醇、肌醇
聚合物类	–	聚乙二醇、葡聚糖（右旋糖酐）、羟乙基淀粉、聚蔗糖、阿拉伯树胶、凝胶、聚乙烯吡咯烷酮、纤维素、β-环式糊精、甲基纤维素、麦芽糊精860、交联葡聚糖G200、牛血清白蛋白等
表面活性剂类	–	吐温80、曲拉通X-100、羟丙基-β-环糊精、蔗糖脂肪酸酯、十二烷基硫酸钠脂肪醇聚氧乙烯醚等
氨基酸类	–	脯氨酸、甘氨酸、谷氨酸、组氨酸、精氨酸、4-羟基脯氨酸、L-丝氨酸、β-丙氨酸、盐酸赖氨酸、赖氨酸肌氨酸、γ-氨基丁酸等
盐类	–	硫代硫酸钠、乙酸钾、柠檬酸钾、磷酸二氢钾、乙酸钠、碳酸钠、柠檬酸钠、磷酸二氢钠等

第三节　冷冻干燥保护添加剂具体说明

一、糖和多元醇类保护剂

（一）简要介绍

糖类，其主要有 C、H、O 三种元素构成，也叫做碳水化合物。主要有单糖、低聚糖和多糖三类。糖类可以和生物制品中的活性组分形成氢键，代替原来水的位置，从而对生物制品产生保护作用。多糖指能被水解成更多的单糖和低聚糖的糖，主要有淀粉、纤维素、果胶等。多元醇，指含有两个或两个以上羟基的醇，又称为糖醇。在冷冻干燥及其储存中使用较多的多元醇为丙三醇（甘油）、山梨醇和甘露醇。糖和多元醇的官能团都是羟基，所以他们用作冷冻干燥保护剂时，存在一定的相似性。在实际应用的过程中，糖和多元醇类作为冷冻干燥保护剂有着很广泛的应用。

（二）常用糖以及多元醇保护剂在冷冻干燥中的作用

1. 单糖

单糖是糖类中不能再水解的化合物，是最小分子的糖，如葡萄糖、果糖、半乳糖、核糖等。单糖在蛋白质的冷冻干燥的过程中一般不能起到保护作用，因为单糖只能在冻结的过程中起到微弱的保护作用，在蛋白质的脱水干燥之前使其发生不可逆变性。所以，在实际应用过程中，一般和其他的冷冻干燥保护剂配合使用。

2. 低聚糖

低聚糖指能被水解成 2 ~ 10 个单糖分子的糖，主要有蔗糖、麦芽糖、乳糖、海藻糖、棉籽糖等。在冷冻干燥的过程中，低聚糖得到了广泛的应用，尤其是二糖。因为二糖可以在冻结阶段可以起到低温保护的功能，在脱水干燥阶段可以起到脱水保护的作用。二糖又分还原性的二糖和非还原性的二糖，在研究的过程中发现还原性保护糖的醛基能与蛋白质的伯氨基发生非酶性棕色反应，从而影响蛋白质的功能。所以，可得出结论，糖的还原性越弱，对冷冻干燥制品的贮存稳定性越强[30]。在非还原性二糖中蔗糖和海藻糖在食品、药品以及生物制品的冷冻干燥应用较多。

研究发现，蔗糖作为冷冻干燥保护剂，可以对作为填充剂对冻干制品粒子赋形，所具有的空间位阻效应也能起到较好的保护作用[31]。海藻糖是一种天然的糖类，作为一种非还原性糖，由于其分子较小，所以很容易进入蛋白质的空隙中，作为填充剂进行填充，从而有效地限制蛋白质分子的结构发生变化。与蔗糖相比，二者水化能力相同，但是在保护作用方面海藻糖的效果更好，除此之外，海藻糖具有高玻璃化温度、低吸湿性等优点。

表6-4　冷冻和冷冻干燥蛋白制剂中使用蔗糖或海藻糖作为稳定剂的选择标准[2]

过程	蔗糖	海藻糖
冷冻储存	有效的低温保护剂	有效的低温保护剂
	高溶解度和低黏度有利于溶液加工	低溶解度和高黏度使溶液加工变得复杂
	在pH<5的溶液中会发生酸水解。有冷冻引起的pH变化的风险	没有酸水解的风险
	在冷冻溶液中保持无定形。	冷冻溶液在高温下长时间退火时，容易结晶成海藻糖二水合物。-20℃（高于T_g'）导致防冻剂活性丧失
冷冻干燥	保持无定形，并给予溶液保护。最低蛋白质比例：需要蔗糖	保持无定形，并给予溶液保护。最低蛋白质比例：需要海藻糖
	应避免使用pH<5的预冻干液。在冻干固体中观察到蔗糖水解	无酸水解风险
	与膨胀剂甘露醇配合使用的考虑：膨胀剂对结晶的抑制作用呈浓度依赖性。对于蔗糖/甘露醇比>1：1的甘露醇–蔗糖体系，甘露醇保持无定形状态	与膨胀剂甘露醇配合使用的注意事项：在冷冻溶液退火时，甘露醇和海藻糖的行为都高度依赖于海藻糖与甘露醇的比值R。R=3：1，抑制甘露醇结晶；R=1：1，甘露醇促进海藻糖以二水海藻糖的形式结晶；R=1：3，甘露醇结晶，海藻糖无定形。
	冻干制剂的T_g低于含海藻糖的制剂	冻干制剂的T_g高于含蔗糖的制剂。优势：即使有较高的残余水含量，配方中的T_g可能高于产品的储存温度

3. 多元醇

多元醇的官能团和糖类是一样的，都是羟基，所以也能在生物制品的冷冻干燥过程中起到保护剂的作用。常用的有丙三醇（甘油）、山梨醇和甘露醇这三种。在生物制品的冷冻干燥的过程中，甘露醇和山梨醇一般用作填充剂，二者为同分异构体。甘露醇为无色味甜的白色结晶粉末，在无菌溶液中较为稳定，不易被空气氧化。在慢速冻结时会结晶，从而为活性组分提供支撑结构，同时甘露醇也不会与活性组分发生反应。山梨醇常温下为略有甜味的黏稠状透明液体，有旋光性和吸湿性，可以溶解多种金属，在高温下不稳定。丙三醇是一种无色无臭有点味的黏稠状液体，吸水能力较强、能从空气中吸取水分，冷冻干燥配方中一般用作低温保护剂。

二、氨基酸类保护剂

氨基酸，是一种同时含有氨基和羧基的有机化合物，是蛋白质的基本构成单位。蛋白质水解后得到的氨基酸都是 α-氨基酸，化学式为 RCHNH2COOH，共有 22 种 α-氨基酸。氨基酸类保护剂在冷冻干燥中也有着较多的应用，其中主要集中在发酵菌种的冻干保存。由于氨基酸同时含有碱性的氨基和酸性的羧基的这种特殊结构，所以氨基酸可在冷冻干燥过程中作为 pH 调节剂，防止因 pH 变化导致的大分子物质变性，从而达到保护活性组分的目的。常见的氨基酸类保护剂在冷冻干燥保护添加剂的分类部分已介绍。下面介绍几种常用的氨基酸类保护剂。

低浓度的甘氨酸可抑制因磷酸缓冲盐结晶引起的 pH 改变，从而避免蛋白质药物变性。结晶型甘氨酸能提高冻干产品的塌陷温度，从而减少形变及塌陷所造成的蛋白质变性。脯氨酸能够有效抑制由冷冻造成的磷脂膜间的融合，从而很好地保存冻干产品细胞膜的结构和功能的稳定性。有研究指出，组氨酸能对冻干乳酸菌提供一定的保护效果，其保护机制可能是由于组氨酸等小分子物质能透过细胞膜进入细胞内部，作为填充剂提高细胞内液浓度，从而减少由于冷冻过程中细胞外液先结冰而导致的细胞外液浓度过高造成的细胞尖而产生的损伤[32]。组氨酸作为缓冲剂已经越来越受欢迎，但它作为稳定剂的效用可能需要更系统的研究。精氨酸是生物体和细胞中的一种天然代谢物，具有低毒性。精氨酸可以增加蛋白质的溶解度，减少溶液中的聚集。精氨酸作为稳定剂，通过直接相互作用在热力学上和动力学上通过玻璃化和控制硬质非晶态玻璃中的快速分子动力学为蛋白质提供固态稳定性。除了良好的液态特性及其稳定特性之外，精氨酸还提供了通过改变反离子类型来改变其玻璃化转变温度的能力，这对于冷冻干燥制剂非常有价值。在含精氨酸的赋形剂体系中选择最佳的共溶质，可以在不损害最终产品外观的情况下，实现更快、更有效的冷冻干燥循环[33]。有研究还报道了组氨酸[34-35]、丙氨酸、赖氨酸、脯氨酸[36]、丝氨酸[37] 和苯丙氨酸[37] 能增强冻干产品中的蛋白质稳定性。在一项研究中，发现使用酸性原子吸收光谱法作为精氨酸和组氨酸的抗衡离子可以增强它们的稳定作用[35]。

表6-5　冻干蛋白质制剂中用作稳定剂的氨基酸[2]

作为稳定剂的氨基酸	蛋白质	结论
精氨酸	单克隆抗体（mAbs）、牛血清白蛋白（BSA）、Humanized anti-IL8 IgG1	精氨酸/蔗糖的稳定效果优于单独蔗糖
15 AAs	rHSA a-糜蛋白酶（rHSA a-糜蛋白酶）	蛋白质∶蔗糖∶氨基酸（1∶1∶0.3w/w）改善了基于二糖的冻干蛋白质制剂的长期储存稳定性
丝氨酸、苯丙氨酸和甘氨酸	免疫球蛋白G（IgG）	海藻糖比氨基酸更能稳定抗体。氨基酸的有效性：丝氨酸＞苯丙氨酸和甘氨酸
组氨酸	乳酸盐脱氢酶（LDH）	组氨酸在乳酸脱氢酶的稳定性方面表现出依赖于酸碱度和浓度的改善。在pH=6（保留组氨酸无定形）和组氨酸浓度下达到最大稳定性≥10mg/mL
精氨酸、谷氨酸和异亮氨酸混合物	重组因子VIII；绿色基因F（GreenGene F）	三种氨基酸的混合物稳定了冻干蛋白质
组氨酸与天冬氨酸或谷氨酸，和/或精氨酸	单克隆抗体（mAbs）	天冬氨酸和谷氨酸作为抗衡离子提高了组氨酸和精氨酸的稳定性
精氨酸、甘氨酸、赖氨酸、脯氨酸、丙氨酸	Human IgG1，单克隆抗体（mAb）	糖原子吸收光谱法提高了高浓度蛋白质制剂的稳定性和重构性。
精氨酸	IgG1 mAb	具有高残留水分水平（2.5% w/w）的精氨酸制剂显示出比单独蔗糖制剂更好的蛋白质稳定性
精氨酸与苯丙氨酸	IgG1mAb	与基于精氨酸-甘露醇、精氨酸-蔗糖和蔗糖的配方相比，该组合产生优异的蛋白质稳定性

三、表面活性剂类保护剂

表面活性剂，是指加入少量能使其溶液体系的界面状态发生明显变化的物质。具有固定的亲水亲油基团，在溶液的表面能定向排列。表面活性剂的分子结构具有两性：一端为亲水基团，另一端为疏水基团。表面活性剂分为离子型表面活性剂（包括阳离子表面活性剂与阴离子表面活性剂）、非离子型表面活性剂、两性表面活性剂、复配表面活性剂、其他表面活性剂等。

表面活性剂在生物制品的冷冻干燥过程中主要有两个功能，一方面是在冷冻和脱水过程中降低冰水界面张力所引起的冻结和脱水变性，另一方面是在复水过程中对活性组分起到润湿剂和重褶皱剂的作用。

　　表面活性剂在蛋白质制品的冷冻干燥中起到了重要的作用。由于蛋白质通常是表面活性的，并且由于表面诱导的变性而易于聚集[38]。吸附或结合可能发生在各种界面上，例如，由于液体制剂成分的混合，在空气－液体界面上，以及在冷冻和解冻或干燥过程中在冰－液体或冰－空气界面上。在这种情况下，向蛋白质制剂中加入表面活性剂可以通过两种可能的机制稳定蛋白质：①表面活性剂分子在界面上的优先结合。因此，较小的表面活性剂分子战胜了较大的蛋白质分子，并结合到疏水表面。吸附的表面活性剂分子在界面上形成涂层，阻止蛋白质吸附。②表面活性剂与蛋白质分子相互作用，形成表面活性剂－蛋白质复合物，阻止蛋白质进一步相互作用[38]。

　　在液体和冻干制剂中，使用非离子表面活性剂可以防止或抑制表面诱导聚集。聚山梨醇酯（20和80）和泊洛沙姆P188是广泛用于蛋白质制剂的表面活性剂。尽管聚山梨醇酯在蛋白质配方中具有优势并被广泛使用，但它们会发生自动氧化[39]。结果形成的过氧化物被证明会导致蛋白质氧化[40]。此外，已知基于溶液环境聚山梨醇酯也会经历长链脂肪酸的水解。使用精制的聚山梨醇酯，在氮气氛围下低温储存溶液并避光，至少可以部分防止降解。

四、缓冲剂

　　蛋白质具有两性，既可以与酸作用，又可以与碱作用。所以，蛋白质的稳定性极易受其所处环境酸碱性的影响，所以缓冲液对蛋白质制剂是必需的。在极端的pH环境下，高静电荷引起强烈的分子内电推斥力，会导致分子的展开。这种展开多数情况下是可逆的，然而在某些碱性环境中，肽键会部分水解，或者聚集作用都会导致蛋白质的不可逆变性。蛋白质在冷冻过程中，溶液浓度会逐渐升高，在高浓度时，会改变溶液的pH，严重时会导致蛋白质变性，从而直接使得生物制品失活[3]。所以，溶液的酸碱度可能是蛋白质稳定性的决定因素之一。

　　在选择缓冲液pH时需注意pH不要接近蛋白质的等电点，以避免蛋白质聚集。磷酸盐是蛋白质制剂中最常用的缓冲剂之一，其有效pH范围为5.8～8，且具有生物相容性。然而，有些盐类在冻结过程中pH变化较大，比如磷酸钠缓冲液，这种pH的迁移可能是因为该缓冲组分在冷冻过程中易结晶，对pH变化比较敏感的蛋白质选择这些盐类时需谨慎。相反，磷酸钾、Tris和枸橼酸盐缓冲液在冷冻过程中显示出最小的pH变化[74]。蛋白质配方中最常用的缓冲体系包括组氨酸、磷酸钠、磷酸钾、柠檬酸、三聚氰酸和琥珀酸缓冲液[6]。

表6-6　冻干常用的盐类缓冲体系[74]

Bufer	Type	Approximate bufering range
Sodium phosphate	Phosphate	5.8–8.0
Sodium acetate	Carboxylic acid salt	3.6–5.8
Sodium citrate	Carboxylic acid salt	3.0–6.6
Tirs–HCl	Amine	7.1–9.1
Citrate–phosphate	Combination	2.2–8.0
Potassium phosphate	Phosphate	5.8–8.0

　　预冷冻前蛋白质制剂混合液总是包含缓冲液，以控制预冷冻溶液、最大冷冻浓缩系统和重构溶液的pH。类似地，在冷冻状态下长时间储存的蛋白质溶液通常被缓冲，以保持"冷冻状态"和随后解冻的溶液的酸碱度。药物蛋白制剂缓冲液的选择通常基于所需的酸碱度范围、缓冲能力和缓冲液特异性催化的可能性[41]。理想情况下，在酸碱度为1单位的酸溶解常数（pKa）时需要使用缓冲液，在酸碱度=pKa时缓冲能力最高。

　　对于冻干和冷冻制剂，冷冻浓缩过程中缓冲组分的结晶倾向成为一个重要的考虑因素[42]。冷冻过程中缓冲组分的选择性结晶可能导致酸碱度的变化，从而影响蛋白质的稳定性。磷酸钠缓冲液是一个被广泛研究的例子，其中十二水合磷酸二钠（$Na_2HPO_4 \cdot 12H_2O$）磷酸盐缓冲液的基本成分会降低冷冻浓缩物的酸碱度，并可能改变蛋白质的稳定性[43-45]。

　　在冷冻过程中，缓冲液的结晶行为和相关的酸碱度变化取决于几个因素，包括缓冲液的类型和浓度、初始溶液的酸碱度和其他制剂成分的浓度。缓冲液浓度对酸碱度变化的幅度和性质都有显著影响。常用的缓冲剂有一水柠檬酸、乙二胺四乙酸、磷酸、酒石酸、组氨酸、乙酸钾、柠檬酸钾、磷酸二氢钾、乙酸钠、碳酸钠、柠檬酸钠、磷酸二氢钠等。

五、聚合物类保护剂

　　聚合物一般指的是高分子化合物，是由一种或几种单体聚合而成，一般相对分子量巨大，可达到几千到几百万。大分子链是以结构单元借共价键结合而成，许多大分子链通过分子间相互作用聚集成聚合物材料，因此，聚合物结构可分为链结构和聚集态结构。

聚合物可用于稳定溶液中的蛋白质，也用于冷冻、解冻和冷冻干燥过程。在生物制品的冷冻干燥过程中，聚合物一般充当低温保护剂和脱水保护剂。通常聚合物的稳定作用取决于聚合物的蛋白质表面的优先排斥作用、表面活性作用、提高体系浓度从而阻止其他小分子（如糖及多羟基化合物）的结晶以及防止 pH 的剧烈变化等多重性质[32]。

常用的聚合物类保护剂有聚乙二醇（PEG）、葡聚糖和聚乙烯吡咯烷酮（PVP）等。三者均常用于蛋白质的冷冻保存。聚乙二醇是一种结晶聚合物，但在干燥过程中对蛋白质没有保护作用。葡聚糖和聚乙烯吡咯烷酮是无定形的聚合物，可以通过增加制剂的玻璃化转变温度来稳定干燥状态下的蛋白质[20]。然而，聚合物通常不能与蛋白质的表面极性基团相互作用。事实上，尽管葡聚糖的玻璃化转变温度很高，但它在脱水过程中不能保护过氧化氢酶，这证明了无定形玻璃态的形成虽然是一个必要条件，但不足以稳定蛋白质[12, 17]。此外，与刚性葡聚糖相比，分子柔性的菊粉具有更好的稳定性，这表明聚合物的柔性也会影响其稳定蛋白质的能力[27]。

六、冻干加速剂

由于冷冻干燥的时间较长且耗能较多，因为需要对该过程的能量循环进行优化，从而降低生产的成本。有文献报道，在冻干溶液中加入适量的叔丁醇（TBA），可以加快冷冻干燥的过程，使过程更加节能，降低成本[3]。在 TBA 的存在下，冻干溶液会形成针状的冰晶，导致在初级干燥过程中形成低阻力的干燥产品层。较低的产品阻力导致了更快的升华速度。快速升华可以防止产品达到崩溃温度，因为冰汽界面的水的表面浓度将开始迅速减少，无定形相的玻璃转化温度将增加[46]。

TBA 使产品具有非常高的比表面积。细小的针状在 TBA 存在的情况下形成的细针状冰晶比 TBA 不存在时形成的较大的球形冰晶有很大的表面积。较高的比表面积有助于更快地去除水分[47]。TBA 能提高的疏水或水敏感药物的溶解度和稳定性。针状的 TBA 晶体使它能够快速、完全地冷冻和干燥。冻干加入 TBA 后形成的高结晶度提高了药物的稳定性和保质期。由于 TBA 的高挥发性、高黏度、晶体形态和低反应性，被确定为适合水稳定性差、水溶性差的药物的冷冻干燥介质[47]。

第四节　配方成分的相互作用

一般来说，冻干蛋白质制剂通常是多组分系统，提供了赋形剂－赋形剂和蛋白质－赋形剂相互作用的多种可能性。在冷冻过程的不同阶段，这种相互作用会影响某些赋形剂的物理形态，也会影响最终药物产品的物理形态。物理形态会影响赋形剂的功能性，从而影响活性物质的稳定性。活性成分是一种蛋白质，很可能保持无定形状态。在本节中，重点介绍赋形剂－赋形剂和蛋白质－赋形剂的相互作用。

一、赋形剂–赋形剂相互作用

（一）糖和其他赋形剂

糖在蛋白质的冷冻干燥过程中应用最为广泛，对共溶物的相行为有潜在影响。蔗糖和海藻糖都是冻干制剂中广泛使用的赋形剂，当冷冻溶液进行较长时间退火时，海藻糖可以结晶为海藻糖二水合物 [48-50]。因此，这两种糖影响共溶物的方式可能会有显著的差异。海藻糖结晶有可能损害其稳定功能。下面主要讨论糖－填充剂以及糖加缓冲剂的组合使用。

1. 糖－填充剂的组合使用

糖－填充剂组合使用，可以在短周期时间获得稳定的冻干产品 [51-53]。二者分别起到不同的作用。糖是无定形的，充当稳定剂。填充剂结晶，使其具有刚性结构，因此能够快速短周期时间内的冷冻干燥，并改善重构性能 [54]。然而，已经发现两种赋形剂的物理状态及其在冷冻溶液中的功能性取决于糖与填充剂的比例。根据文献报道，糖对甘露醇和甘氨酸等填充剂的结晶有浓度依赖性的抑制作用 [55-58]。不适当的糖与填充剂的比例会造成填充剂保持无定形或促进糖结晶的风险，从而导致其所需功能的丧失。

糖－填充剂相互作用可能会使填充剂出现低温保护能力。甘氨酸在蔗糖存在下保持无定形时，在冷冻过程中对蛋白质产生额外的稳定作用。虽然蔗糖仍然是固态蛋白质的主要稳定剂，但一些无定形甘氨酸的加入使稳定性显著提高 [59]。如果填充剂在随后的干燥步骤中完全结晶，这可能是一种潜在有用的方法。否则，从物理稳定性的角度来看，填充剂在溶液中保持无定形状态是不理想的。无定形膨胀剂在储存或运输过程中可能会结晶，从而释放出相关的吸附水。这种释放的水可能与其他制剂成分相互作用[60]。

所以，在设计配方时，必须明智地选择糖与填充剂的重量比，并且优化加工条件，才能获得具有所需特性的稳定冻干产品。

2. 糖加缓冲剂的组合使用

糖的加入可以抑制冷冻溶液中缓冲盐的结晶，从而减弱缓冲组分选择性结晶带来的任何酸碱度变化。这种影响的大小取决于糖和缓冲液的单独浓度，以及初始配方的 pH。如文献报道，海藻糖和蔗糖以浓度依赖的方式抑制了冷冻过程中磷酸盐缓冲液结晶（160mm，初始 pH=7.2）引起的 pH 变化[61]。在初始 pH 为 6.0 时，海藻糖和蔗糖对缓冲结晶均有抑制作用，但在 pH 为 4.0 时不能抑制缓冲结晶。在较低的 pH 下，琥珀酸缓冲液成分的结晶诱导海藻糖结晶。另一方面，蔗糖会降解，产生结晶分解产物，因此不能防止 pH 变化[62]。

在选择缓冲液和糖浓度时，这种相互作用值得谨慎。具体地说，在低缓冲浓度（≤ 50mmol/L）下，糖的抑制作用有望帮助将缓冲无定形保留在冰冻溶液中，从而防止其功能性的丧失。此外，当缓冲液保持无定形状态时，糖可以减少冷冻干燥引起的电离和表观 pH 的变化[63]。

（二）填充剂和其他赋形剂

填充剂通常用于低剂量蛋白质配方，其本身没有必要的体积来支撑其自身结构。虽然甘露醇和甘氨酸是最常见的填充剂，但也有使用葡萄糖、蔗糖、乳糖、葡聚糖和氨基酸的例子。在最终的冻干体系中，填充剂可以是结晶的或无定形的[64]。对于甘露醇和甘氨酸等结晶剂，其结晶倾向和晶型受其他配方成分的影响。

当使用缓冲液时，冷冻溶液中缓冲液成分的选择性结晶会导致明显的酸碱度变化。重要的是，填充剂和缓冲剂可能会影响彼此的结晶倾向。理解助溶剂对缓冲液结晶的影响很重要，因为这会影响冷冻浓缩物的酸碱度，从而影响蛋白质的稳定性。

二、蛋白质-赋形剂相互作用

（一）蛋白质对赋形剂相行为的影响

抑制糖醇结晶。在多组分体系中，非结晶溶质（冻干保护剂和蛋白质）会影响填充剂或其他可结晶溶质的结晶行为。甘露醇结晶受到单克隆抗体的抑制，这种效应与浓度有关，在单克隆抗体浓度 > 20mg/ml 时尤为明显[56]。当 Fc 融合蛋白浓度为 80mg/ml 抑制山梨醇结晶[65]。

抑制缓冲液结晶。磷酸钠缓冲液会因选择性缓冲液成分结晶而发生酸碱度变化。在低磷酸钠缓冲液浓度（10mmol/L）下，BSA 和 β - 半乳糖苷酶（10mg/mL）抑制缓冲盐结晶并减弱 pH 偏移。当缓冲液浓度增加到 100mmol/L 时，蛋白质不会显著抑制缓冲液结晶。随之而来的酸碱度变化导致蛋白质聚集[66]。

改变赋形剂物理形态。填充剂，如甘露醇和甘氨酸，预计会在冷冻干燥的过程中结晶。当蛋白质与辅料之比较高时，蛋白质对填充剂的结晶有抑制作用，当蛋白质与辅料之比较低时，蛋白质会影响填充剂的晶型。例如，在冷冻干燥甘露醇 - 溶菌酶制剂中，随着蛋白质浓度的增加，甘露醇的晶型的 β - 甘露醇转变为 δ - 甘露醇[67]。

（二）赋形剂相行为对蛋白质稳定性的影响

1. 冻干过程中的意外结晶

冷冻是生物制剂生产中冷冻干燥和冷冻储存的常见单元操作。在稳定剂的存在下，蛋白质通常在制成药物前冷冻储存数月产品。储存温度对于确定冷冻系统的长期稳定性至关重要。从经济和实用的角度来看 -20℃（±5℃）是方便的储存温度[68]。然而，大多数蛋白质配方在这个温度下并没有完全冷冻，可以作为冰和冷冻浓缩物的混合物存在。有如下举例：

一种含山梨醇（5%w/v）的 Fc 融合蛋白（2mg/ml）冷冻保存在 -20℃，-30℃和 -70℃超过 1 年。在 -30℃导致最不稳定[69]。在 -30℃，也就是比基质的 Tg'（-45℃）高 15℃时，山梨醇的意外结晶导致其低温保护性丧失。在后续研究中，将两株单抗（IgG1 和 IgG2）保存在含有 274mmol/L 山梨醇和 10mmol/L 醋酸钠缓冲液的溶液中，浓度范围为 0.1 到 120mg/mL。当 IgG2 在 -30℃保存时，对山梨醇的结晶有抑制作用，且呈蛋白浓度依赖性。在浓度 < 60 mg/mL 时，山梨醇有结晶现象，蛋白质有聚集现象。然而，当较高浓度为 80 ~ 120mg/mL 时，山梨醇结晶受到抑制，阻止蛋白质聚集。

2. 冻干过程中的有意结晶

在高浓度蛋白质配方（> 50mg/mL）中，通常不需要填充剂。然而，在含有 100mg/mL 重组蛋白的配方中，甘露醇在退火时结晶的能力，导致了重组时间的显著减少。虽然增加蛋白质浓度会抑制甘露醇的结晶，但即使是一小部分甘露醇的结晶也促进了快速重组[70]。当含有精氨酸和甘氨酸的单克隆抗体溶液（100mg/mL）冷冻干燥时，为部分结晶。与无定形相比，它的形成时间更短[71]。

在含有甘露醇和蔗糖的蛋白质配方中，甘露醇结晶作为填充剂是理想的。然而，退火诱导的甘露醇结晶导致乳酸脱氢酶活性恢复下降，蔗糖不作为保护剂。

添加吐温 80 后，乳酸脱氢酶活性恢复增加，表明界面现象导致不稳定，这可能是由于冰或甘露醇结晶 [72]。研究表明，稳定剂如海藻糖或山梨醇的结晶可以显著破坏蛋白质制剂的稳定性。

第五节　配方应用举例

在实际应用中，一种保护剂通常不能解决冻干过程中所有蛋白质引起的稳定性问题。由于干燥条件不同，相同的蛋白质也可能具有不同的应力条件。因此，选择冷冻干燥保护剂时需要考虑以下问题：能否保证蛋白质药品本身的疗效；能否在冻干及贮藏过程中维持相对恒定 pH；能否形成稳定均一、蓬松不塌陷的骨架；能否保证后续贮藏的稳定性，成品是否有好的溶出度；配方的成本是否合适等 [74]。

在实际应用过程中，保护剂可能没有上述所有性能，此时可以与其他保护剂结合使用以达到最佳效果。例如，糖在冻干过程中更可能与蛋白质产生氢键，但缓冲能力相对较弱，因此可以使用氨基酸或盐保护剂进行补偿；聚合物具有较高的玻璃化转变温度，但相对分子质量通常较大，因此可以与糖或氨基酸保护剂结合使用以增强效果；表面活性剂在冷冻阶段具有良好的保护作用，而在干燥阶段却几乎没有作用，因此可以将其他保护剂与其他保护剂一起添加以保护蛋白质 [74]。表 6-7 给出了部分商业生物制药产品的冷冻干燥配方实例，表 6-8 给出了冷冻干燥蛋白质所用的配方实例。

表6-7　商业生物制药产品的冷冻干燥配方[73]

通用名称	商标名	制造商	物理形态	配方组成
阿地白介（转移性肾细胞癌）	Proleukin	ChironCorp	Lyophilized 22×106IU/vial （Use within 48h after recons）	Proleukin 1.1mg/ml 甘露醇 50mg/ml 十二烷基硫酸钠 0.18mg/ml 磷酸二氢钠 0.17mg/ml 磷酸氢二钠 0.89mg/ml
α1蛋白酶抑制剂（α1蛋白酶抑制因子缺乏症伴肺气肿）	Zemaira	Aventis behring	Lyophilized （recons withsterile WFI）	A1-PI 1000mg/vial 钠 81mmol/L 氯化物 38mmol/L 磷酸盐 17mmol/L 甘露醇 144mmol/L

续表

通用名称	商标名	制造商	物理形态	配方组成
α1蛋白酶抑制剂 （α1蛋白酶抑制物缺乏症合并肺气肿）	Aralast	Alpha therapeutics	Lyophilized	弹性蛋白酶抑制活性 400~800mg 白蛋白 5mg/mL 聚乙二醇 112 mg/mL 聚山梨酯80 50 mg/mL 钠 230mEq/L 磷酸三丁酯 1.0mg/mL 锌 3ppm
阿替普酶 （急性心肌梗死； 肺栓塞）	Activase®	Genentech	Lyophilized 50，100mg（recons. with sterile WFI）	阿尔替普酶 100mg L-精氨酸 3.5g 聚山梨酸酯80 <11mg 磷酸 1g
抗血友病因子	Koate®-DVI	Bayer	Lyophilized 250，500，1000U（recons. with sterile WFI）	聚乙二醇 1.5mg/mL 甘氨酸 0.05mmol/L 聚山梨酯80 25mcg/mL 磷酸三正丁酯 5mcg/g 钙 3mmol/L 白蛋白 10mg/mL 铝 1mcg/mL 组氨酸 0.06M
抗血友病因子	Recombinate®	Baxter Genetics Inst	Lyophilized 250，500，1000U（recons. with sterile WFI）	聚乙二醇 1.5mg/mL 聚山梨酯80 1.5mcg/IU 钙 0.2mg/mL 白蛋白 12.5mg/mL 钠 180mEq/L 组氨酸 55mmol/L
抗凝血剂复合维生素K依赖凝血因子（肝素）	Autoplex® T	Nabi	Lyophilized（recons. with sterile WFI）	肝素 2units/mL 聚乙二醇 2mg/mL 柠檬酸钠 0.02mmol/L
抗胸腺细胞球蛋白（移植排斥反应）	Thymoglobulin	SangStat	Lyophilized（recons. with sterile WFI）	抗胸腺细胞球蛋白 25mg 甘氨酸 50mg 甘露醇 50mg 氯化钠 10mg
天冬酰胺酶（急性淋巴细胞白血病）	Elspar	Merck	Lyophilized（recons. with WFI，NaCl or D5W）	天冬酰胺酶 10，000IU 甘露醇 80mg

续表

通用名称	商标名	制造商	物理形态	配方组成
巴利昔单抗（器官排斥）	Simulect	Novartis	Lyophilized（recons. with sterile WFI）	巴利昔单抗 10mg 磷酸二氢钾 3.61mg 磷酸二钠 0.5mg NaCl 0.8mg 蔗糖 10mg 甘露醇 40mg 甘氨酸 20mg
凝血因子VIIa（血友病治疗）	NovoSeven	Novo Nordisk	Lyophilized 60, 240 IU（recons. with sterile WFI）	NovoSeven 0.6mg/mL NaCl 3mg/mL 二水氯化钙 1.5mg/mL 双甘氨肽 1.3mg/mL 聚山梨酯 80 0.1mg/mL 甘露醇 30mg/mL
屈曲霉素2α（脓毒症）	XigrisTM	Eli Lilly	Lyophilized 5 & 20 mg（recons. with sterile WFI）	屈曲霉 2α 5.3 or 20.8mg 氯化钠 40.3 or 158.1mg 柠檬酸钠 10.9 or 42.9mg 蔗糖 31.8 or 124.9mg
人绒毛膜促性腺激素	Pregnyl®	Organon	Lyophilized 10, 000 U/vial（recons. with special diluent）	磷酸二氢钠 5mg 磷酸二钠 4.4mg 氯化钠（稀释剂）0.56% 苯甲醇（稀释剂）0.90%
人生长激素	Humatrope®	Lilly	Lyophilized 2, 5, 10, 000 U/vial（recons. with special diluent）	生长抑素 5mg 甘露醇 25mg 甘氨酸 5mg 磷酸二钠 1.13mg 间甲酚（稀释剂）0.30% 甘油（稀释剂）1.70%
英夫利西单抗（类风湿性关节炎和慢性疾病）	Remicade	Centocor, Inc	Lyophilized（recons. with sterile WFI）	英夫利西单抗 100mg 蔗糖 500mg 聚山梨酯 80 0.5mg 磷酸二氢钠 2.2mg 磷酸二钠 6.1mg
干扰素 β-1a（多发性硬化症）	Avonex	Biogen	Lyophilized（recons. with sterile WFI）	干扰素 β-1a 33mcg 人白蛋白 16.5mg 氯化钠 6.4mg 磷酸二氢钠 1.3mg 磷酸二钠 6.3mg

续表

通用名称	商标名	制造商	物理形态	配方组成
白细胞介素–2（转移性肾细胞癌）	Proleukin®	Chiron	Lyophilized（recons. with sterile WFI）	Proleukin 1.1mg/mL 甘露醇 50 mg/mL 二烷基硫酸钠 0.18mg/mL 磷酸二钠 0.89mg/mL 磷酸二氢钠 0.17mg/mL
亮丙瑞林（前列腺癌）	Lupron Depot® 3.75 mg, 1 mo to 30 mg, 4 mo	TAP	Lyophilized（recons. with special diluent）	醋酸亮丙瑞林 3.75mg 纯化明胶 0.65mg DL–乳酸/乙醇酸共聚物 33.1mg 甘露醇 6.6mg 羧甲基纤维素钠（稀释剂）5mg 聚山梨酯80（稀释剂）1mg 甘露醇（稀释剂）50mg
瑞替普酶（心肌梗死后的心功能）	Retavase®	Centocor, Inc	Lyophilized（recons. with sterile WFI）	瑞替普酶 18.1mg/vial 氨甲环酸 8.32mg/vial 磷酸氢二钾 136.24mg/vial 磷酸 51.27mg/vial 蔗糖 364.0mg/vial 聚山梨酯80 5.20mg/via
曲妥珠单抗（与HER2蛋白结合；治疗乳腺癌）	Herceptin®	Genentech	Lyophilized 440 mg/vial（recons. with bact. WFI）	曲妥珠单抗 440mg L–组氨酸盐酸盐 9.9mg L–组氨酸 6.4mg 海藻糖 400mg 聚山梨酯20 1.8mg

WFI：注射用水

表6–8　冷冻干燥蛋白质所用的配方实例[3]

蛋白质名称	配方组成	保护效果	实验条件
过氧化氢酶（牛肝）	8.4μg/mL过氧化氢酶、100mol/L磷酸盐缓冲液（pH 7.0）+1mmol/L甘油+0.5mmol/L十二烷基硫酸钠	活性保持率80%，95%90%	在–70～–15℃之间冻结10min
弹性蛋白酶	20mg/mL弹性蛋白酶、10mmol/L乙酸钠缓冲液（pH 5.0）+10%（质量浓度）蔗糖+10%（质量浓度）右旋糖苷40	活性保持率33%，86%82%	在40℃、79%相对湿度的环境中储藏2周
β–半乳糖苷酶	20μg/mL半乳糖苷酶、200mmol/L磷酸盐缓冲液（pH 7.4）+100mmol/L肌 醇+400mmol/L肌 醇+400mmol/L肌醇、1mg/mL右旋糖苷+400mmol/L肌醇、1mg/mL CMC–Na	活性保持率47%，90%100%	冷冻干燥

续表

蛋白质名称	配方组成	保护效果	实验条件
重组因子XIII	2 mg/mL重组因子XIII、0.1mmol/L EDTA、10mmol/L Tris缓冲液（pH 8）+100 mmol/L甘露醇+1%（质量浓度）右旋糖苷+100 mmol/L海藻糖+100 mmol/L蔗糖+0.002%（质量浓度）吐温20	活性保持率 82%，90% 115%，109% 117%，111% 106%	冷冻干燥
乳酸脱氢酶（LDH）	2μg/mL乳酸脱氢酶、50mmol/L磷酸钠缓冲液（pH 7.4）+400mmol/L甘露醇+200mmol/L蔗糖+10mg/mL CHAPS+10 mg/mL HP-β-CD+10 mg/mL胆酸钠+10 mg/mL PEG3000+10 mg/mL PEG20000	活性保持率 9%，14% 30%，76% 73%，60% 30%，38%	冷冻干燥
磷酸果糖激酶（PFK）	2mg/mL磷酸果糖激酶、20 mmol/L磷酸钾缓冲液（pH 8.0）+1% PEG+10mmol/L甘露醇+10mmol/L乳糖+10mmol/L海藻糖+1% PEG+10mmol/L甘露醇+1% PEG+10mmol/L乳糖+1% PEG+10mmol/L海藻糖	活性保持率 0%，20% 5%，5% 0%，30% 103%，100%	冷冻干燥
造血干细胞	+40%PVP（质量分数）+20%蔗糖（质量分数）+10%牛血清+10%（质量分数）甘露醇+10%（质量分数）甘露醇+10%牛血清	活性保持率 31%，99% 69%，98%	冷冻干燥
H+-腺苷三磷酸酶（H+-ATPase）	1 mg/mL H+-腺苷三磷酸酶、1mmol/L EDTA-Tris缓冲液（pH 7.0）+20mg海藻糖/1mg蛋白质+20mg麦芽糖/1mg蛋白质+20mg蔗糖/1mg蛋白质+20mg葡萄糖/1mg蛋白质+20mg半乳糖/1mg蛋白质	活性保持率 4%，100% 91%，84% 72%，37%	冷冻干燥
喃氟啶（Ftorafur）脂质体	+10%葡萄糖+10%蔗糖+10%甘露醇+10%海藻糖	冻干后包封率 25%，46.90% 45.40%，57%	冷冻干燥

参考文献

[1] Gervasi V，Agnol R D，Cullen S，et al. Parenteral protein formulations：An overview of approved products within the European Union [J]. European Journal of Pharmaceutics and Biopharmaceutics，2018，131：8-24.

[2] Thakral S，Sonje J，Munjal B，et al. Stabilizers and Their Interaction with

Formulation Components in Frozen and Freeze-dried Protein Formulations [J]. Advanced Drug Delivery Reviews，2021，173：11-19.

[3] 华泽钊，刘宝林，左建国. 药品和食品的冷冻干燥 [M]. 北京：科学出版社，2006.

[4] Arakawa T，Prestrelski S J，Kenney W C，et al. Factors affecting short-term and long-term stabilities of proteins [J]. Advanced drug delivery reviews，2001，46（1-3）：307-326.

[5] Kasper J C，Friess W. The freezing step in lyophilization：physico-chemical fundamentals，freezing methods and consequences on process performance and quality attributes of biopharmaceuticals [J]. European Journal of Pharmaceutics and Biopharmaceutics，2011，78（2）：248-263.

[6] Arsiccio A，Pisano R. The Ice-Water Interface and Protein Stability：A Review [J]. Journal of Pharmaceutical Sciences，2020，109（7）：2116-2130.

[7] Bhatnagar B S，Bogner R H，Pikal M J. Protein stability during freezing：separation of stresses and mechanisms of protein stabilization [J]. Pharmaceutical Development and Technology，2007，12（5）：505-523.

[8] Authelin J R，Rodrigues M A，Tchessalov S，et al. Freezing of biologicals revisited：scale，stability，excipients，and degradation stresses [J]. Journal of Pharmaceutical Sciences，2020，109（1）：44-61.

[9] Assegehegn G，Brito-De La Fuente E，Franco J M，et al. The importance of understanding the freezing step and its impact on freeze-drying process performance [J]. Journal of Pharmaceutical Sciences，2019，108（4）：1378-1395.

[10] Fang R，Bogner R H，Nail S L，et al. Stability of Freeze-Dried Protein Formulations：Contributions of Ice Nucleation Temperature and Residence Time in the Freeze-Concentrate [J]. Journal of Pharmaceutical Sciences，2020.

[11] Rathore N，Rajan R S. Current perspectives on stability of protein drug products during formulation，fill and finish operations [J]. Biotechnology Progress，2008，24（3）：504-514.

[12] Arakawa T，Prestrelski S J，Kenney W C，et al. Carpenter. Factors affecting short-term and long-term stabilities of proteins [J]. Advanced Drug Delivery Reviews，2001，46（1）：307-326.

[13] Pikal J M. Mechanisms of protein stabilization during freeze-drying and

storage : the relative importance of the thermodynamics stabilization and glassy state relaxation dynamics [J]. Freeze–Drying/Lyophilization of Pharmaceutical and Biological Products, 1999: 161–198.

[14] Arsiccio A, Pisano R. Stability of proteins in carbohydrates and other additives during freezing : the human growth hormone as a case study [J]. The Journal of Physical Chemistry B, 2017, 121 (37): 8652–8660.

[15] Dong J, Hubel A, Bischof J C, et al. Freezing–induced phase separation and spatial microheterogeneity in protein solutions [J]. The Journal of Physical Chemistry B, 2009, 113 (30): 10081–10087.

[16] Carpenter J F, Chang B S, Garzon–Rodriguez W, et al. Rational design of stable lyophilized protein formulations : theory and practice [J]. Rational Design of Stable Protein Formulations, 2002: 109–133.

[17] Chang L L, Pikal M J. Mechanisms of protein stabilization in the solid state [J]. Journal of Pharmaceutical Sciences, 2009, 98 (9): 2886–2908.

[18] Chang L L, Shepherd D, Sun J, et al. Mechanism of protein stabilization by sugars during freeze–drying and storage : native structure preservation, specific interaction, and/or immobilization in a glassy matrix [J]. Journal of Pharmaceutical Sciences, 2005, 94 (7): 1427–1444.

[19] Ohtake S, Kita Y, Arakawa T. Interactions of formulation excipients with proteins in solution and in the dried state [J]. Advanced Drug Delivery Reviews, 2011, 63 (13): 1053–1073.

[20] Horn J, Mahler H C, Friess W. Drying for Stabilization of Protein Formulations [J]. Drying Technologies for Biotechnology and Pharmaceutical Applications, 2020: 91–119.

[21] Cicerone M T, Douglas J F. β –Relaxation governs protein stability in sugar–glass matrices [J]. Soft Matter, 2012, 8 (10): 2983–2991.

[22] Chang L L, Shepherd D, Sun J, et al. Effect of sorbitol and residual moisture on the stability of lyophilized antibodies : Implications for the mechanism of protein stabilization in the solid state [J]. Journal of Pharmaceutical Sciences, 2005, 94 (7): 1445–1455.

[23] Cicerone M T, Pikal M J, Qian K K. Stabilization of proteins in solid form [J]. Advanced Drug Delivery Reviews, 2015, 93: 14–24.

[24] Hill J J, Shalaev E Y, Zografi G. The importance of individual protein molecule dynamics in developing and assessing solid state protein preparations [J]. Journal of Pharmaceutical Sciences, 2014, 103（9）: 2605-2614.

[25] Cordone L, Cottone G, Cupane A, et al. Proteins in saccharides matrices and the trehalose peculiarity : Biochemical and biophysical properties [J]. Current Organic Chemistry, 2015, 19（17）: 1684-1706.

[26] Mensink M A, Frijlink H W, Van Der Voort Maarschalk K, et al. How sugars protect proteins in the solid state and during drying（review）: Mechanisms of stabilization in relation to stress conditions [J]. European Journal of Pharmaceutics and Biopharmaceutics, 2017, 114: 288-295.

[27] Tonnis W F, Mensink M A, De Jager A, et al. Size and molecular flexibility of sugars determine the storage stability of freeze-dried proteins [J]. Molecular Pharmaceutics, 2015, 12（3）: 684-694.

[28] Mensink M A, Nethercott M J, Hinrichs W L J, et al. Influence of miscibility of protein-sugar lyophilizates on their storage stability [J]. The AAPS Journal, 2016, 18（5）: 1225-1232.

[29] 华泽钊. 冷冻干燥新技术 [M]. 北京: 科学出版社, 2006.

[30] 杨小民, 杨基础. 几种糖对纤维素酶热稳定性影响的研究 [J]. 清华大学学报, 200040（2）: 51.

[31] 温朗聪, 袁杰利, 卢行安, 等. 冻干微生物与保护剂 [J]. 中国微生态学杂志, 1997, 9（1）: 56.

[32] 吴宝川, 李敏. 冷冻干燥保护剂在改善冻干食品品质中的应用进展 [J]. 中国食品添加剂, 2012（06）: 219-224.

[33] Stärtzel P. Arginine as an excipient for protein freeze-drying : a mini review [J]. Journal of Pharmaceutical Sciences, 2018, 107（4）: 960-967.

[34] Al-Hussein A, Gieseler H. Investigation of histidine stabilizing effects on LDH during freeze-drying [J]. Journal of Pharmaceutical Sciences, 2013, 102（3）: 813-826.

[35] Al-Hussein A, Gieseler H. Investigation of histidine stabilizing effects on LDH during freeze-drying [J]. Journal of Pharmaceutical Sciences, 2013, 102（3）: 813-826.

[36] Faustino C, Serafim C, Rijo P, et al. Bile acids and bile acid derivatives :

use in drug delivery systems and as therapeutic agents [J]. Expert Opinion on Drug Delivery, 2016, 13 (8): 1133–1148.

[37] Mirfakhraei Y, Faghihi H, Zade A H M, et al. Optimization of Stable IgG Formulation Containing Amino Acids and Trehalose During Freeze–Drying and After Storage : A Central Composite Design [J]. AAPS PharmSciTech, 2019, 20 (4): 1–11.

[38] Lee H J, Mcauley A, Schilke K F, et al. Molecular origins of surfactant–mediated stabilization of protein drugs [J]. Advanced Drug Delivery Reviews, 2011, 63 (13): 1160–1171.

[39] Kerwin B A. Polysorbates 20 and 80 used in the formulation of protein biotherapeutics : structure and degradation pathways [J]. Journal of Pharmaceutical Sciences, 008, 97 (8): 2924–2935.

[40] Knepp V M, Whatley J L, Muchnik A, et al. Identification of antioxidants for prevention of peroxide–mediated oxidation of recombinant human ciliary neurotrophic factor and recombinant human nerve growth factor [J]. PDA Journal of Pharmaceutical Science and Technology, 1996, 50 (3): 163–171.

[41] Zbacnik T J, Holcomb R E, Katayama D S, et al. Role of buffers in protein formulations [J]. Journal of Pharmaceutical Sciences, 2017, 106 (3): 713–733.

[42] Shalaev E Y, Johnson–Elton T D, Chang L, et al. Thermophysical properties of pharmaceutically compatible buffers at sub–zero temperatures : implications for freeze–drying [J]. Pharmaceutical Research, 2002, 19 (2): 195–201.

[43] Roessl U, Humi S, Leitgeb S, et al. Design of experiments reveals critical parameters for pilot–scale freeze–and–thaw processing of L–lactic dehydrogenase [J]. Biotechnology Journal, 2015, 10 (9): 1390–1399.

[44] Krauskov á Ľ, Proch á zkov á J, Klaškov á M, et al. Suppression of protein inactivation during freezing by minimizing pH changes using ionic cryoprotectants [J]. International Journal of Pharmaceutics, 2016, 509 (1–2): 41–49.

[45] Cao E, Chen Y, Cui Z, et al. Effect of freezing and thawing rates on denaturation of proteins in aqueous solutions [J]. Biotechnology and Bioengineering, 2003, 82 (6): 684–690.

[46] Ni N, Tesconi M, Tabibi S E, et al. Use of pure t–butanol as a solvent for freeze–drying: a case study [J]. International Journal of Pharmaceutics, 2001, 226 (1–2): 39–46.

[47] Silva-Espinoza M A，Garc í a-Mart í nez E，Mart í nez-Navarrete N. Protective capacity of gum Arabic，maltodextrin，different starches，and fibers on the bioactive compounds and antioxidant activity of an orange puree（Citrus sinensis（L.）Osbeck）against freeze-drying and in vitro digestion [J]. Food Chemistry，2021，357：129724.

[48] Sundaramurthi P，Patapoff T W，Suryanarayanan R. Crystallization of trehalose in frozen solutions and its phase behavior during drying [J]. Pharmaceutical Research，2010，27（11）：2374-2383.

[49] Sundaramurthi P，Suryanarayanan R. Trehalose crystallization during freeze-drying：Implications on lyoprotection [J]. The Journal of Physical Chemistry Letters，2010，1（2）：510-514.

[50] Connolly B D，Le L，Patapoff T W，et al. Protein aggregation in frozen trehalose formulations：effects of composition，cooling rate，and storage temperature [J]. Journal of Pharmaceutical Sciences. 2015，104（12）：4170-4184.

[51] Tang X C，Pikal M J. Design of freeze-drying processes for pharmaceuticals：practical advice [J]. Pharmaceutical Research，2004，21（2）：191-200.

[52] Johnson R E，Kirchhoff C F，Gaud H T. Mannitol - sucrose mixtures——versatile formulations for protein lyophilization [J]. Journal of Pharmaceutical Sciences，2002，91（4）：914-922.

[53] Chatterjee K，Shalaev E Y，Suryanarayanan R. Partially crystalline systems in lyophilization：II. Withstanding collapse at high primary drying temperatures and impact on protein activity recovery [J]. Journal of Pharmaceutical Sciences，2005，94（4）：809-820.

[54] Kulkarni S S，Suryanarayanan R，Rinella Jr J V，et al. Mechanisms by which crystalline mannitol improves the reconstitution time of high concentration lyophilized protein formulations [J]. European Journal of Pharmaceutics and Biopharmaceutics，2018，131：70-81.

[55] HAWE A，FRIEß W. Impact of freezing procedure and annealing on the physico-chemical properties and the formation of mannitol hydrate in mannitol - sucrose - NaCl formulations [J]. European Journal of Pharmaceutics and Biopharmaceutics，2006，64（3）：316-325.

[56] Liao X，Krishnamurthy R，Suryanarayanan R. Influence of the active

pharmaceutical ingredient concentration on the physical state of mannitol–implications in freeze–drying [J]. Pharmaceutical Research, 2005, 22（11）: 1978–1985.

[57] Bai S J, Rani M, Suryanarayanan R, et al. Quantification of glycine crystallinity by near–infrared（NIR）spectroscopy [J]. Journal of Pharmaceutical Sciences, 004, 93（10）: 2439–2447.

[58] Pyne A, Surana R, Suryanarayanan R. Crystallization of mannitol below Tg' during freeze–drying in binary and ternary aqueous systems [J]. Pharmaceutical Research, 2002, 19（6）: 901–908.

[59] Meyer J D, Nayar R, Manning M C. Impact of bulking agents on the stability of a lyophilized monoclonal antibody [J]. European Journal of Pharmaceutical Sciences, 2009, 38（1）: 29–38.

[60] Jena S, Suryanarayanan R, Aksan A. Mutual influence of mannitol and trehalose on crystallization behavior in frozen solutions [J]. Pharmaceutical Research, 2016, 33（6）: 1413–1425.

[61] Burcusa M R. Excipient phase behavior in the freeze–concentrate [J]. 2013.

[62] Sundaramurthi P, Suryanarayanan R. The effect of crystallizing and non–crystallizing cosolutes on succinate buffer crystallization and the consequent pH shift in frozen solutions [J]. Pharmaceutical Research, 2011, 28（2）: 374–385.

[63] Govindarajan R, Chatterjee K, Gatlin L, et al. Impact of freeze–drying on ionization of sulfonephthalein probe molecules in trehalose – citrate systems [J]. Journal of Pharmaceutical Sciences, 2006, 95（7）: 1498–1510.

[64] Cappola M L. Freeze–drying concepts : The basics [J]. Drugs and The Pharmaceutical Sciences, 2000, 99: 159–199.

[65] Piedmonte D M, Hair A, Baker P, et al. Sorbitol crystallization–induced aggregation in frozen mAb formulations [J]. Journal of Pharmaceutical Sciences, 2015, 104（2）: 686–697.

[66] Thorat A A, Munjal B, Geders T W, et al. Freezing–induced protein aggregation–Role of pH shift and potential mitigation strategies [J]. Journal of Controlled Release, 2020, 323: 591–599.

[67] Grohganz H, Lee Y Y, Rantanen J, et al. The influence of lysozyme on mannitol polymorphism in freeze–dried and spray–dried formulations depends on the selection of the drying process [J]. International Journal of Pharmaceutics, 2013, 447

（1–2）: 224–230.

[68] Authelin J R, Rodrigues M A, Tchessalov S, et al. Freezing of biologicals revisited : scale, stability, excipients, and degradation stresses [J]. Journal of Pharmaceutical Sciences, 2020, 109（1）: 44–61.

[69] Piedmonte D M, Summers C, Mcauley A, et al. Sorbitol crystallization can lead to protein aggregation in frozen protein formulations [J]. Pharmaceutical Research, 2007, 24（1）: 136–146.

[70] Kulkarni S S, Suryanarayanan R, Rinella Jr J V, et al. Mechanisms by which crystalline mannitol improves the reconstitution time of high concentration lyophilized protein formulations [J]. European Journal of Pharmaceutics and Biopharmaceutics, 2018, 131: 70–81.

[71] Kulkarni S S, Patel S M, Bogner R H. Reconstitution Time for Highly Concentrated Lyophilized Proteins : Role of Formulation and Protein [J]. Journal of Pharmaceutical Sciences, 2020, 109（10）: 2975–2985.

[72] Al–Hussein A, Gieseler H. The effect of mannitol crystallization in mannitol – sucrose systems on LDH stability during freeze–drying [J]. Journal of Pharmaceutical Sciences, 2012, 101（7）: 2534–2544.

[73] Schwegman J J, Hardwick L M, Akers M J. Practical formulation and process development of freeze–dried products [J]. Pharmaceutical Development and Technology, 2005, 10（2）: 151–173.

[74] 薛菲，王凤山. 蛋白质的冻干保护剂及其保护机制研究进展 [J]. 中国药学杂志, 2018, 53（10）: 765–770.

第七章　真空冷冻技术存在的问题及解决措施

第一节　现阶段真空冷冻技术存在的问题及相关解决措施

冷冻真空干燥工艺适用于水溶液不稳定、热不稳定、易氧化、易变质、用量小的药品。其原理是将要干燥的药液预先冷冻成固体，使药液中的水在低温低压下从冷冻状态直接升华。冷冻真空干燥包含三个阶段，分别为预冻、升华、干燥。冷冻干燥工艺的控制特别重要，冻干后的制品质量及外观应符合要求。而实际生产中受到各种因素的影响，使得制品的外观及质量一般达不到要求。本部分是对冻干过程中存在的问题及相关解决措施进行的总结。

问题一：制品水分含量偏高[1-2]。

产品干燥后，水分去除率大于 95% ~ 99%，水分含量应小于 2%。水分含量高的主要原因是：容器内液体层太厚，产品本身吸湿性强，解吸干燥温度过低。解决方法：装入容器内的药液不能过厚，一般不宜超过 12mm；用于开启箱门的空气应经硅胶脱水再过滤或用 99% 氮气；出箱后制品应立即封口，若时间过长，制品需在真空状态下保存；解吸干燥中，搁板温度应在 30℃左右恒定，以除去残余的水分。

问题二：重新吸潮[2]。

原因为：产品干燥后处理不当，会再次吸收水分，增加产品的含水量。

解决方法：如果排气时气体进入冻干箱，则需要对进入冻干箱的气体进行消毒、过滤和脱水；产品的温度也会影响产品出盒时的含水量。因此，产品出盒时的温度应为 2 ~ 3℃高于洁净室，防止空气中的水分凝结在产品上。另外，洁净室的相对湿度也会对此产生影响。对于冻干产品，洁净室空气的相对湿度应严格控制在 50% 以下。

问题三：制品外形不饱满或萎缩成团块[1]。

温度太高或太低，升华时温度高于共熔点且解吸时升温过快。解决方法：在制备过程中应加入葡聚糖、甘露醇、人血清白蛋白等填充剂以改善产品外观。升华过程中产品的温度应严格控制在共熔点以下；解吸时搁板升温速度不宜太快，一般控制每小时在 5℃左右。

问题四：喷瓶[1-2]。

原因为：①预冻不实：解冻温度不够低或保温时间不够长，液体未完全冻结，真空升华干燥时液体沸腾，导致瓶内喷雾。②升温过快：在升华干燥的第一阶段，如果温度升得太快，大量的水气将无法抽出，产品温度会超过共晶点，一些产品会融化成液体，从干燥后的固体下面喷出，导致瓶子喷溅。解决方法：①在预冻期间，应保持在 10 ~ 15℃ 低于共晶点 2 ~ 3h，以确保完全冻结。②在升华的第一阶段，必须控制加热速率，特别是在共晶点附近。

问题五：分层[1]。

原因为：在升华过程中，停机 10min 以上或干燥箱漏气。解决方法：产品入盒时，应检查门封条，防止老化，必要时在四周涂少许真空润滑脂；升华过程中，如遇停电或其他原因停机时，应立即关闭真空蝶阀，使产品处于真空状态，并尽快修复产品继续升华。

问题六：结晶[1]。

原因为：冻干箱提前冷却时，箱内大量水分在货架上结霜。当产品进入盒子时，霜从货架上落入产品中形成结晶中心，使产品结晶。解决方法：产品提前封堵或封盖，或产品进盒后开机预冻。

问题七：制品上升[2]。

原因为：产品的上升主要与箱体的真空度有关。升华过程中，当泵组真空度很高时，突然打开大蝶阀，箱内真空度会急剧上升，导致产品上升。解决方法：运行时，先缓慢打开大蝶阀，再打开罗茨泵。不同的产品有不同的浓度、载量、共晶点，对水分的要求也不同，所以每个产品都应该有自己的冻干曲线。对于新产品，在具体冻干参数不确定的情况下，可以延长冻干周期，采用缓慢加热的方法是安全的，经过小规模试验、中试和中试生产几个阶段，选择合适的冻干曲线。最重要的是在产品投产前按照 GMP 的要求对环境、设备和工艺曲线进行充分的验证，确保各部分的技术参数符合要求，最大限度地减少各种异常现象的发生概率。

问题八：制剂瓶破碎。

原因为：在正常情况下，玻璃瓶在均匀加热的情况下，可以承受更高的温度而不破裂，比如在烤箱中烘烤或在零下几十摄氏度的环境中冷冻。但是，如果对同一块玻璃的不同部位施加不同的温度，并形成一定的温差，那么不同的部位会受到不同的膨胀力。当这个力超过玻璃的承受力时，必然会导致玻璃的损坏。这种情况与冷冻干燥非常相似[3-4]。解决方法：减少玻璃瓶各部位的温差是解决玻璃瓶碎裂脱底问题的关键。冻干过程曲线是为了缩短货架温度曲线与样品温度曲线之间的温度线间距。在实际操作中可以通过真空控制和温度控制来实现。冻干技术涉及多个领域，由于物理、化学和药学知识的交叉和融合，其研究和开发取得了很大的进展。

第二节　真空冷冻干燥设备

　　真空冻干机主要由真空冻干箱、真空系统、制冷系统、加热系统和自动控制系统组成。干燥仓内的加热架主要通过辐射换热提供物料中水分升华所需的热量；真空单元通过抽出干燥仓中的不凝性气体，有效地保持冻干过程所需的真空；冷阱用于冷凝材料中水升华产生的水蒸气；制冷系统用于物料预冻结和冷阱管冷却[6]。其工作原理是将物料冷冻到共晶点温度以下，将水变成固体冰，然后将经过预处理的预冻食品放入干燥仓，再利用加热板在低温真空状态下进行加热或辐射，所以里面的水可以直接从冰升华成水蒸气[7]。

　　国产设备和进口冻干设备存在价格高、能耗高、投资回收慢等缺点。降低成本和能耗是未来冻干机的主要发展方向。具体来说，食品冻干机的研究方向和发展趋势有以下 4 点。

一、食品冻干机的研究方向和发展趋势
（一）改进结构、优化设计、降低成本、减少能耗
　　国外一些冻干机是用低碳钢代替不锈钢制造的。涂层厚度为 0.12 ~ 0.20mm，可在室温下发射红外。搁板表面涂有高性能远红外发射材料，增强其辐射能力；托盘表面经过处理，以提高其吸热能力。由于目前捕水器的成本相当于冻干箱，且运行耗电量大，因此对捕水器的结构、尺寸和结霜特性进行优化更具有实际意义。对于冻干机来说，加热系统只是补充升华热，耗电量不宜过高，但现有设备不尽如人意，因此应优化结构，降低能耗。
（二）保证质量，提高性能
　　部分厂家的冻干机安装后不能正常生产；有些冻干机虽然能生产，但能耗太

高。他们生产的产品越多，损失的钱就越多；此外，一些部件不断出现故障，影响正常生产。因此，冻干机的质量必须得到保证。除了加热速率、抽气速率、温度均匀性和真空稳定性外，提高性能还意味着增强设备的新功能，如在冻干结束时增加判断功能。最简单的方法是称重法。目前，它已经过测试，但并不成功。究其原因是没有离开天平和地磅的模式，使得小型设备安装困难，大型设备笨重不稳定。应开发一种质量传感器，用较小的一次元件提供质量随时间的变化。

（三）开发连续式冻干设备

目前生产的冻干机都是间歇式产品。随着工业技术的发展和人民生活水平的提高，消费将会增加。因此，发展连续冻干设备，提高冻干产品产量是必然趋势。

（四）提高卫生标准

近年来，西方国家开始在食品生产企业实施 HACCP（危害分析关键控制点）体系，对食品加工设备的消毒灭菌和健康管理提出了更为严格的要求。以此为契机，日本许多厂家将原来的镀锌钢板真空干燥室改为不锈钢真空室，因为在对真空室进行蒸汽灭菌的过程中，镀锌层会在 60 ~ 80℃与湿热蒸汽发生反应，生成微粉，污染食品。冻干设备的使用寿命一般为 20 ~ 25 年。考虑到 HACCP 体系迟早会进入我国，国内冻干行业的生产厂家应未雨绸缪，早做准备。

二、一般真空冷冻干燥机在操作中的注意事项

①干燥前，应对样品材料进行简单处理，使样品的形状和尺寸一致。样品应松散地放在金属板上或放在玻璃器皿和其他容器中，以使厚度一致。一般厚度不超过 2cm[8]。

②样品容器应放置在金属板上，容器之间不得重叠。容器和金属板之间不应有空隙。

③由于不同样品的性质不同，所需的最低温度和保温时间也不同。一般含水量高、营养丰富、有特殊气味的物品需要快速冷冻，以防止营养物质受损，保持原有气味。

④样品材料冷冻时，一般要求将样品冷冻至设定的最低温度，并保持 1 ~ 2h 后真空干燥。如果不冷冻，样品会在真空作用下破裂。如果样品是液体，会喷发，导致冻干失败。

⑤在冷冻干燥过程中，冷凝室的温度应保持在 –40℃以下，而真空泵应能保持一定的真空度，一般压力在 0.1 ~ 0.3mbar 之间。

⑥升华是样品冷冻干燥的关键阶段。样品室的层板不仅能产生冷，还能产生热。如果将层压板的温度设置得较高，样品得到的热量较大，升华干燥时间较短；如果平板温度设置较低，样品的热量会减少，升华时间会延长；如果层压板温度过高，产品受热过多，使产品迅速解冻，导致冻干失败；如果层压板温度过低，产品得不到足够的热量，会延长升华干燥时间。因此，温度设定是关键。随时观察样品的颜色变化，随时调整样品室的设定温度。样品室的温度应保持在 -10 ~ 20℃升华阶段 10 ~ 18h；最后，要使样品完全干燥，应将温度提高到 0℃保存 4 ~ 6h。

⑦样品材料干燥后，样品室的温度应上升（下降）至室温。先关闭真空泵与样品室、冷凝室之间的阀门，然后关闭真空泵，慢慢打开排气阀。不要一次全部打开，以免吹掉干燥的样品。

⑧每次启动前检查制冷系统是否正常，真空泵油位是否在两条红线之间。

⑨样品材料干燥后，请关闭总电源，全开排气阀，同时排出真空泵内的水，打开真空泵的放油阀，先排出真空泵内的水，直至排尽油为止，然后从注油孔向两条红线之间的位置加入真空泵油。

三、系统常见故障、原因和排除方法

（一）真空系统

问题一：真空度不高[8]。

原因为：如果泵的温度过高，可能是泵的阀板或内腔划伤磨损，转子轴移位，造成单侧磨损。泵油有问题：油位过低，密封不严；油被污染时呈乳黄色；油位正常，油路堵塞，泵室内没有保持适当的油量。泵本身漏气：密封圈、气体针阀垫片损坏或未压缩，排气阀板损坏，造成密封不良。进气滤清器堵塞。排除方法：修理后重新装配，然后更换机油；检查油路进油口和油阀。根据具体情况更换密封圈或阀板。拆下垫圈。

问题二：电机超负荷运转，泵运转中有异常杂音、噪声，旋转困难。

原因为：如果泵温过高，可能是泵的阀板或内腔划伤磨损，转子轴移位，造成单侧磨损。弹簧变形或断裂，使转盘受力不均，发出撞击声。滤网损坏，碎屑落入泵内。泵腔污染严重，零件腐蚀。泵腔轴与轴套配合过紧，导致润滑不良。排除方法：修理后，重新组装，更换弹簧，拆卸，清洁，换油，重新组装，疏通油路。

问题三：漏油、喷油

原因为：转轴、油窗、放油孔密封圈损坏或装配不当。进口压力过高。燃油过多会导致喷油。排气盖下的油网安装反了，导致燃油喷射。排除方法：更换密封圈或重新组装，尽量减少进油量，排出部分油后重新组装。

（二）制冷系统

问题一：电动机启动不起来。

原因为：电源不通，电压过低。

排除方法：按说明接通电源，电压正常，复位触点。

问题二：电动机拖不动。

原因为：由于冰箱的负荷过大，远远超过电机的额定功率，压缩机不运转或运转明显减慢。

排除方法：检查三相是否通电，电源电压是否正常。

问题三：水压力报警停机。

原因为：当冷凝器的冷却水压力低于水压继电器的设定值时，压缩机将自动停止。

排除方法：解除报警，检查水管，恢复水压正常，重启压缩机。

问题四：油压差报警停机。

原因为：回油不畅，导致压缩机曲轴箱油位不够，油泵吸油不畅；脏油导致油泵滤清器堵塞；油压差继电器故障。

排除方法：更换新的机油分离器。更换机油并清洁机油滤清器。更换新的压差继电器。

问题五：高压报警停机。

原因为：制冷剂过多，排气压力高。冷却水温度高，水冷凝器流量不足或结垢。制冷管低压段泄漏，吸入空气。高压排气阀未完全打开或损坏，导致排气不良。

排除方法：放出部分制冷剂。使用冷却水温度、流量符合要求，清洗水冷凝器。制冷管路检漏。高压排气阀开足或更换新阀。

问题六：电机热保护停机。

原因为：系统回风不足，电机未完全冷却。

排除方法：调整膨胀阀，增加系统的循环量，使电机得到充分冷却。检查供液管路是否堵塞（供液截止阀、干燥过滤器、电磁阀、膨胀阀前滤网）。如果它被阻塞，则相应地解决它。检查压缩机的回风管路和吸入过滤器是否堵塞，如堵塞则修理。检查制冷剂是否不足。如果缺少制冷剂，请补充。

问题七：冷凝器性能变差。

原因为：由于除霜不完全，冷凝器的传热性能较差。产品装载量超过设定值。产品升华加热量过大，升华过快。

排除方法：彻底除霜并排水。不要超过最大捕获量。放慢加热速度。

问题八：制冷量不足或无制冷量。

原因为：当膨胀阀开得太大时，搁板或水汽冷凝器的温度没有降到设定值，压缩机结霜严重。当膨胀阀开得太小时，温度不能下降，但压缩机的温度很高，吸入阀处没有结霜，与吸入压力和搁板或水汽冷凝器相对应的蒸发温度远低于搁板或水汽冷凝器。制冷系统堵塞，如过滤器堵塞、阀门未打开、电磁阀失灵、膨胀阀堵塞等。制冷剂未充满时，温度不能下降，吸入压力低，吸入阀无结霜。压缩机阀板上部或气缸下部的纸垫破损或破损，或压缩机吸入阀片、排出阀片破损。

排除方法：调整膨胀阀。疏通制冷系统，更换零件。加注制冷剂。更换纸垫或阀板。

（三）循环系统

问题一：导热油压力低。

原因为：导热油中有空气。

排除方法：打开循环泵。软管的一端连接导热油排气口，另一端连接平衡筒。打开排气阀，排出管路中的空气。

问题二：导热油进出口温差大。

原因为：导热油流量不足（导热油性能下降，循环泵性能下降）。温度探头有故障。空气与导热油混合。

排除方法：更换导热油，检修循环泵。更换温度探头。排出空气。

问题三：循环泵切换。

原因为：压力不稳定。循环泵损坏。压力继电器损坏。

排除方法：排出空气。更换或修理循环泵。更换或修理继电器。真空冷冻干燥机的常见故障及排除是一项基础性工作。设备的正常运行和使用寿命的延长将为企业创造更多的效益。

第三节 影响药品冷冻干燥技术的因素及优化

通过对药品冷冻干燥过程的分析，得出了影响药品冷冻干燥效果的因素。

一、药品准备环节

药品的成分会影响冻干的效果。生物活性、共熔点和液固比是冻干的重要参考指标。为了保证新产品冻干的顺利进行，制药企业应重视对药品冻干工艺的研究，通过热分析确定药品共熔点，寻求最佳的解决方案。

二、药液预冻环节

在冷冻干燥技术中，预冻是一个重要的组成部分，其目的是使游离水和物化水凝固，保证产品主要性能的稳定和材料结构的合理。如果药液的预冻做得不好，产品就不会冻成固体，这会影响冰晶的形状和大小，进一步影响药品生产后期的干燥速度和质量。目前，有两种预冻结方法：整体过冷结晶法和定向结晶法。全局过冷结晶和定向结晶的区别在于是否在相同或相近的过冷环境中冻结全部或部分溶液。根据冻结速率的不同，全球过冷结晶可分为缓慢冻结和快速冻结。速冻法形成的冰晶较小，不集中，但部分冻结；缓冷法形成的冰晶大而集中。相关实验表明，定向结晶法冷冻药品的干燥速度快于整体过冷结晶法，但操作技术相对困难。另外，影响药品质量的因素包括：温度控制、退火措施、水冷冻过程中的机械效应和溶质效应。制药企业在生产过程中要注意温度的控制，保证部分或全部液体必须玻璃化，或采取速冻法、添加保护剂等措施，保证冻干药品的质量。

三、升华干燥环节

药品的冷冻干燥过程可分为升华干燥和解吸干燥两个阶段。在升华干燥阶段，除去所有冻结的游离水，在解吸干燥阶段，除去部分结合水。升华干燥阶段，将预冻药品放入冻干箱后，启动真空泵，使干燥箱和捕水器获得冻干所需的真空度，加热板，提供药品升华所需的热量。因此，影响冻干药品质量的因素有真空度、温度等，当真空度低于10Pa或高于30Pa时，会阻碍热传导；温度是否合适也会影响升华速率。冻干捕水器的温度一般应小于或等于-40℃，货架温度

应该在 –10 ~ 10℃。同时，应充分考虑药品的共熔点、物料的厚度、货架提供的热量以及冻干机的性能。制药企业要严格控制上述指标，为药材升华干燥创造一个良好的环境，避免由于某些因素导致整个干燥过程的失败。

四、解吸干燥环节

升华干燥阶段后，药物中仍有 10% 左右的理化结合水和结构水，解吸干燥阶段是为了尽可能地去除理化结合水和结构水。解吸干燥阶段开始时，应提高货架温度，通过控制货架温度和控制箱内真空度来调节产品温度。冻干箱的真空度应保持在 10 ~ 30Pa，干燥结束前 2 ~ 3h 内，冻干箱的真空度应保持在 2 ~ 3Pa，直至解吸干燥阶段结束。实验证明，解吸干燥所需时间与药物成分、共熔点、物化结合水比例、真空度及冻干机性能密切相关。

五、密封保存环节

密封保存作为药品冻干生产的最后一步，不容忽视。冻干药品对密封保存有较为严格的要求。医药企业应加大这方面的投入，根据冻干药品的性质设计相应的密封保存方案，严格执行操作规程，确保冻干药品在一定时期内的稳定性。真空冷冻干燥设备可用于加工各种食品，如蔬菜、水果、鱼虾肉、快餐、婴儿食品、老年食品、军用航天食品、中草药、人参、速溶茶、植物提取物等，控制精度高、可靠性强的冻干设备是保证冻干产品质量的前提，也是提高冻干设备生产效率、降低能耗的关键。

第四节　现阶段研究的重点

一、基本参数的研究

物理参数和工艺参数是本研究的两个基本参数，是真空冷冻干燥工艺的基础。这些数据的缺乏使得冻干过程难以实现原料的优化，不能充分发挥系统的效率。

①物理参数及其影响因素：其中物理参数是指材料的导热系数和传热系数。研究内容包括物理参数数据的确定和确定方法，以及压力、温度、相对湿度、物料颗粒取向等环境条件对物理参数的影响。

②过程参数工艺参数包括冻结、加热和物料形态。研究冻结过程的目的是寻

找系统的最佳冻结曲线。加热过程的研究主要集中在两个方面：一是原料载体的改进；二是加热方式的选择（传热方式和热源）。确定合适的材料形状，包括原材料的颗粒形状和材料层厚度也是一个重要的研究内容。

二、过程机理和模型的研究

从传热传质入手，研究了真空冷冻干燥的机理，建立了相应的数学模型，找出了影响真空冷冻干燥过程的因素，预测了时间、温度和蒸汽压力的分布。目前的研究主要局限于均相液相，提出了一些数学模型，如冰锋均匀后退模型、升华模型、吸附升华模型等。虽然这些模型对真空冷冻干燥过程进行了不同程度的描述，但在实际应用中仍存在许多局限性。

三、过程优化控制的研究

过程优化控制是基于上述数学模型。控制方案分为准稳态模型和非稳态模型。目前，冷冻干燥法已成功应用于鱼油、核桃油、橄榄油等油脂的微胶囊化。结果表明，冻干样品具有较强的抗氧化能力和较低的微胶囊化程度[5]。对乳糖和酪蛋白酸钠中鱼油的冷冻干燥研究表明，微胶囊化效率的提高与冷冻速率成反比，这与以往对单糖、双糖和多糖中有机挥发物的保留率的研究一致[9-12]。其他作者观察到，通过缓慢冷冻和快速冷冻获得的基质的微观特征之间存在显著差异。具体来说，在麦芽糊精 - 亚油酸体系中，由于更完整的晶体生长和相分离，缓慢冷冻导致基质更多孔和膨胀。有趣的是，Heinzelmann 和他的同事发现，通过降低冷冻速率或增加均质压力获得的更高的微胶囊化效率并不一定具有更高的氧化稳定性[13-14]。冻干组件可能具有更高的孔隙率，使芯材暴露在周围环境中。然而，冻干生物活性产品的多孔结构提供了更高的药物释放[15]。

此外，冷冻干燥被广泛用于稳定蛋白质配方和实现商业上可行的保质期。目前，超过 50% 的蛋白质药物产品是冷冻干燥的，这表明冷冻干燥是公认的通用制造方法。在固体状态下，蛋白质 / 蛋白质药物的物理和化学降解减少，因此有望获得长期稳定性。此外，固态提供了方便的处理，运输和储存。然而，在冻干蛋白配方的研制中，建立高效的冻干工艺是最有效的方法。有必要了解冷冻干燥步骤和工艺参数在优化中的重要性。此外，蛋白质容易受到与过程相关的压力。应通过工艺优化和考虑稳定赋形剂来确定和将这些压力最小化。因此，了解冻干应力和冻干蛋白制剂中使用的辅料对开发更有效的冻干循环和稳定的蛋白制品具有重要作用。另外，冷冻干燥技术可以减少药物的变性或失活，从而减少制药过程中的损失。由于这一特点，冷冻干燥技术在今天的应用范围如此之广。然而，该技术的缺点之一是成本高，这就要求药物研发人员使该技术达到高效率、低损耗的理想状态。总之，我们的目标是通过技术改造和优化，提高药品的实用效率，更好地为人民服务，为人民健康提供有力保障。

第五节　发展趋势及展望

真空冷冻干燥是对物料进行低温低压脱水的一种干燥技术。现代生物药物大多具有热敏感性。在对热敏性生物药品进行干燥时，广泛采用真空冷冻干燥技术，可防止药品因高温变性而影响质量的现象[16]。在冻干生产中，药品质量控制模式已从"检验决定质量"逐步发展到"质量源于设计"的模式。过程分析技术（Process analysis technology，PAT）是实现 QBD 的有效工具。PAT 技术可以实时监控冻干过程中的关键参数，保证过程输出质量，缩短冻干时间，节约能源。

目前，PAT 技术包括动态压力温度测量技术、可调谐二极管激光吸收光谱（TDLAS）技术、无线温度测控系统（TEMPRIS）、在线称重法和压力比法。它们是获得冻干产品良好设计的有效工具。在冻干过程中，PAT 增加了对产品特性的认识，实现了对冻干过程的控制。理想的 PAT 应该是对整批药品进行监控，但是监控单个瓶装材料的技术可以帮助分析批次中样品的个体差异。结合风险管理，可以有效地建立产品生产控制策略。在上述几种 PAT 中，动压测温技术、TDLAS 技术、压力比值法在冷冻干燥过程中都是对于整个冻干批次的药品进行监控，获得的冻干参数都是整个批次药品的平均值。TEMPRIS 以及称重法是对单瓶冷冻干燥药品进行监控的技术。其中动压测温技术以及称重法只适合在试验型冻干机应用，TDLAS 技术、压力比值法、TEMPRIS 可以在试验机及生产机上应用。在药品冷冻干燥的生产过程中，上述几种 PAT 应根据自身特点从工艺开发阶段以及商业化大生产阶段对冻干药品进行严格控制[17]。

虽然国内冻干机制造已由早期的模仿转向自主研发，但与发达国家的冻干机相比，国内冻干机在整体性能和新技术应用方面还相对落后。另外，相关的研究成果较少，特别是在冻干分析技术方面，甚至有些技术研究还处于空白。即便如此，国内研究人员也面临着困难，借鉴国际先进的过程分析技术，不断创新国产冻干机的过程监控和自动化技术。随着研究的不断深入和完善，这些新的过程分析技术将能够分别应用于实验性、中试性和生产性冻干机上，对冻干过程中的更多关键参数进行实时监控，保证过程输出的质量。过程分析技术在冻干系统中的应用将使冻干机的开发更加智能化。

目前，真空冷冻干燥技术主要应用于医药、食品等领域。在医学上，主要用于血清、血浆、疫苗、酶、抗生素等药物的生产，也用于生化、免疫学、细菌学等临床试验药物的干燥。它能使药品长期保存，药量准确，便于批量无菌操作。在食品中，主要用于烘干咖啡、果汁等高档食品，特别适用于烘干草莓、整虾、鸡丁、蘑菇片、猪、牛排等大件以及速食食品。还可用于干燥人参、蜂王浆、蜂巢、龟甲粉等营养补充剂，能保持食品的色、香、味、营养和原形，便于长期储存和运输。此外，还可用于生物保存，主要用于血液、细菌、骨骼、皮肤、角膜、神经组织和各种器官的长期保存。它能使有机体不被破坏，并使其像以前一样存活[18]。

真空冷冻干燥技术在西药中的应用已发展成为一项非常成熟的技术。现阶段，我国许多大型西药制药厂都有真空冷冻干燥设备，这项技术的运用大大提高了西药的贮存和质量，也对药品的稳定性起到了一定的作用。如临床治疗高血压的常用药物氨氯地平，口服后会产生较大的肝脏首过效应，严重影响生物利用度，产生较高的胃肠道反应。而采用真空冷冻法制备的苯磺酸氨氯地平柔性纳米脂质体可以避免首过效应，提高药物的药效。其次，真空冷冻技术可以实现颗粒的均匀分布，提高药物的稳定性[19]。

我国是原料药生产大国，真空冷冻干燥在医药生产方面应用前景广阔。然而，我国的真空冷冻干燥技术的发展还处于起步阶段。与发达国家相比，无论是在实际应用还是理论研究上都存在较大差距，实践者寥寥无几。目前，真空冷冻干燥技术已成功应用于医药领域。然而，与其他干燥方法相比，冷冻干燥法的主要缺点是能耗高、加工时间长、生产成本高，这也在一定程度上使得该技术的进一步发展受到了限制。因此，如何在保证药品质量的同时，实现节能降耗，降低生产成本是真空冷冻干燥技术最重要的问题。真空冷冻干燥设备虽然已经比较完善，但由于技术的发展比较曲折，近年来应用推广非常迅速，使得基础理论研究相对落后，相对薄弱。为了使这一有前途的应用技术在我国得到更好更快的发展，需要大量的研究人员从事冻干技术的研究，了解冻干技术及其发展趋势。此外，我们还应明确目前的研究内容和与国际先进水平的差距，积极将这项技术投入使用，对应用理论进行深入研究。除此之外，我国已成为世界上最大的药品生产国，人们对药品质量的要求不断提高，真空冷冻干燥技术将具有非常广阔的应用前景[20]。

参考文献

[1] 王健. 冻干技术中常见的异常现象和解决方法 [J]. 江苏药学与临床研究, 1996, 02: 61-62.

[2] 林彤慧, 李世旭. 冻干过程中常见异常现象的处理 [J]. 中国药业, 2002, 11（11）: 44-44.

[3] 赵鹤高. 冷冻干燥技术 [M]. 南京: 华中理工大学出版社, 1990.195.

[4] 包春杰. 生物制剂冻干品萎缩原因的探讨 [J]. 中国生物药物杂志, 1997, 18（4）: 207.

[5] Velasco J, Dobarganes C, Marquez-Ruiz G. Variables affecting lipid oxidation in dried microencapsulated oils [J]. Grasas Aceites, 2003, 54: 304-14.

[6] 黄松连. 对食品真空冷冻干燥设备的探讨 [J]. 科技促进发展, 2010（S1）: 181.

[7] 谢国山, 王立业. 国内食品真空冷冻干燥机的研究现状和发展趋势 [J]. 冷饮与速冻食品工业, 2003（04）: 39-42.

[8] 李燕. 真空冷冻干燥机操作中的注意事项及故障判断 [J]. 教育教学论坛, 2013（10）: 218-220.

[9] Heinzelmann K, Franke K, Velasco J, et al. Microencapsulation of fish oil by freeze-drying techniques and influence of process parameters on oxidative stability during storage [J]. Eur. Food Res. Technol, 2000, 211: 234-239.

[10] Flink j. Karel m. Effects of process variables on retention of volatiles in freeze-drying [J]. Food Sci, 1970, 35: 444-447.

[11] Menting L C, Hoogstad B, Thijssen H A C. Aroma retention during the drying of liquid foods [J]. Food Technol, 1970, 5: 127-139.

[12] Gejl-Hansen F, Flink J M. Freeze-dried carbohydrate containing oil-in-water emulsions: microstructure and fat distribution [J]. Food Sci, 1977, 42: 1049-1055.

[13] Flink J, Karel M. Effects of process variables on retention of volatiles in freeze-drying [j]. Food sci, 1970, 35: 444-447.

[14] Heinzelmann K, Franke K, Velasco J, et al. Microencapsulation of fish oil by freeze-drying techniques and influence of process parameters on oxidative stability

during storage [J]. Eur. Food Res. Technol，2000，211：234–239.

[15] Sinha V R，Agrawal M K，Kumria R. Influence of operational variables on properties of piroxicam pellets prepared by extrusionspheronization：a technical note [j]. Aaps pharm sci tech，2007，8：e137–41.

[16] 华泽钊 . 冷冻干燥新技术 [M]. 北京：科学出版社，2006.

[17] 郭彦伟，李保国，郭柏松，等 . 药品冻干工艺过程分析技术研究进展 [J]. 流体机械，2014（6）: 75–79.

[18] 任红兵 . 真空冷冻干燥技术及其在中药领域的应用 [J]. 机电信息，2016（20）: 12–21.

[19] 刘彦昌，于辛，尹晓旭 . 真空冷冻干燥技术在制药中的应用 [J]. 临床医药文献电子杂志，2020，7（41）: 194.

[20] 宋凯，徐仰丽，郭远明，等 . 真空冷冻干燥技术在食品加工应用中的关键问题 [J]. 食品与机械，2013（6）.